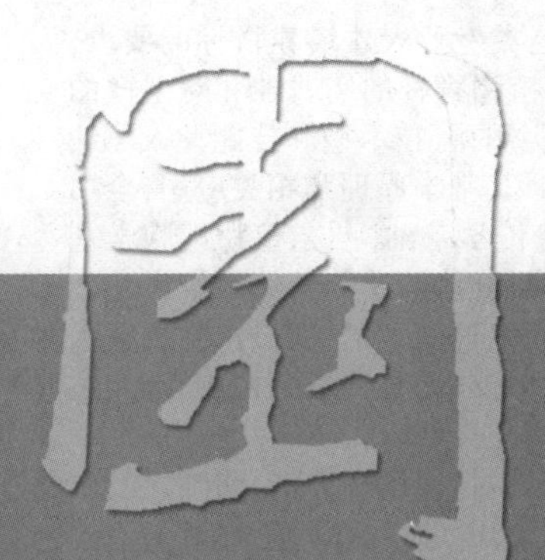

GAOZHI GAOZHUAN

YUANYI ZHUANYE XILIE GUIHUA JIAOCAI 高职高专园艺专业系列规划教材

园艺植物遗传育种

YUANYI ZHIWU YICHUAN YUZHONG

主 编 章承林

副主编 张永福 刘松虎 孙景梅

主 审 宋丛文

重庆大学出版社

内容提要

本书是高职高专园艺类专业系列规划教材，是根据高等职业院校园艺类专业人才培养目标的要求，在植物遗传理论的基础上，从生产实际的角度来构建内容体系，注重园艺植物育种的实践性和对生产的指导性，为培养既具有一定理论基础，又具有较强动手能力和创新精神的实用型、技术型和技能型人才编写而成的。本书系统阐述了蔬菜、花卉和果树遗传育种3个方面的基础知识、基本原理和相关应用，全书分为3个板块（绪论、3篇17章、实验实训指导）。第一篇介绍园艺植物遗传学基础（园艺植物细胞学基础、遗传物质的分子结构、遗传的基本规律、数量性状遗传、遗传物质的变异、群体的遗传）；第二篇讲述园艺植物育种技术（种质资源、育种对象和育种目标、引种、选择育种、杂交育种、诱变及倍性育种、生物技术在园艺植物育种中的应用、品种审定和良种繁育）；第三篇主要园艺植物育种技术（主要蔬菜植物育种、主要花卉育种、主要果树育种）。除此之外，教材还配有电子教案。

本书定位准确、注意面向、富有弹性，突出了科学性、实用性、先进性和针对性，语言简洁、明晰、规范、内容全面、实用、可操作性强，适用于园艺类高等职业技术学院、成教学院等，也可作为园林、种植类等相关专业及园艺行业人员自学参考用书。

图书在版编目(CIP)数据

园艺植物遗传育种／章承林主编．—重庆：重庆大学出版社，2013.8(2021.8重印)
高职高专园艺专业系列规划教材
ISBN 978-7-5624-7470-8

Ⅰ.①园… Ⅱ.①章… Ⅲ.①园艺作物—遗传育种—高等职业教育—教材 Ⅳ.①S603.2

中国版本图书馆CIP数据核字(2013)第128390号

高职高专园艺专业系列规划教材
园艺植物遗传育种
主 编 章承林
副主编 张永福 刘松虎 孙景梅
策划编辑：屈腾龙
责任编辑：李定群 姜 凤 版式设计：屈腾龙
责任校对：刘雯娜 责任印制：赵 晟
*
重庆大学出版社出版发行
出版人：饶帮华
社址：重庆市沙坪坝区大学城西路21号
邮编：401331
电话：(023) 88617190 88617185(中小学)
传真：(023) 88617186 88617166
网址：http://www.cqup.com.cn
邮箱：fxk@cqup.com.cn（营销中心）
全国新华书店经销
重庆市联谊印务有限公司印刷
*
开本：787mm×1092mm 1/16 印张：22 字数：549千
2013年8月第1版 2021年8月第4次印刷
ISBN 978-7-5624-7470-8 定价：55.00元

GAOZHIGAOZHUAN

YUANYI ZHUANYE XILIE GUIHUA JIAOCAI

高职高专园艺专业系列规划教材

编委会

GAOZHIGAOZHUAN

YUANYI ZHUANYE XILIE GUIHUA JIAOCAI

高职高专园艺专业系列规划教材

参加编写单位

（排名不分先后）

安徽林业职业技术学院
安徽滁州职业技术学院
安徽芜湖职业技术学院
北京农业职业学院
重庆三峡职业学院
甘肃林业职业技术学院
甘肃农业职业技术学院
贵州毕节职业技术学院
贵州黔东南民族职业技术学院
贵州遵义职业技术学院
河南农业大学
河南农业职业学院
河南濮阳职业技术学院
河南商丘学院
河南商丘职业技术学院
河南信阳农林学院
河南周口职业技术学院
华中农业大学
湖北生态工程职业技术学院
湖北生物科技职业技术学院
湖南生物机电职业技术学院
江西生物科技职业学院
江苏畜牧兽医职业技术学院
辽宁农业职业技术学院
山东菏泽学院
山东潍坊职业学院
山西省晋中职业技术学院
山西运城农业职业技术学院
陕西杨凌职业技术学院
新疆农业职业技术学院
云南临沧师范高等专科学校
云南昆明学院
云南农业职业技术学院
云南热带作物职业学院
云南西双版纳职业技术学院

园艺植物遗传育种是园艺技术专业的专业必修课程之一，在实用型、技术型和技能型园艺人才培养中具有重要地位。园艺植物遗传育种是研究园艺植物的遗传和变异规律，并将规律指导和应用于园艺植物育种实践的科学，是植物遗传育种学的一个分支。它是以现代遗传学、生态学、生物进化论为主要理论基础，综合运用多学科的相关理论和技术，对园艺植物的遗传性状进行改良的一门应用性学科。其主要任务就是根据社会和生产对园艺植物品种的要求，研究园艺植物遗传变异规律，并利用适当的育种途径和方法，选育出符合市场需求的优良品种，提供数量充足、质量可靠、成本低廉的繁殖材料，促进高产、优质、高效园艺业的发展。

随着高等职业技术教育的兴起和发展，提高学生动手能力、培养学生实践技能是我国高等职业技术教育的主要目标。基于此，我们组织了长期从事《园艺植物遗传育种》理论和实践教学的教师、研究员、高级工程师参与编写了这本教材。本书在编写过程中，贯穿"少而精"的原则，力求定位准确、注意面向、富有弹性，突出了科学性、实用性、先进性和针对性，做到语言简洁、明晰、规范、内容全面、实用、可操作性强。全书分为 3 个板块（绪论、3 篇 17 章、实验实训指导）。第一篇介绍园艺植物遗传学基础，包括园艺植物细胞学基础、遗传物质的分子结构、遗传的基本规律、数量性状遗传、遗传物质的变异、群体的遗传等内容；第二篇讲述园艺植物育种技术，含种质资源、育种对象和育种目标、引种、选择育种、杂交育种、诱变及倍性育种、生物技术在园艺植物育种中的应用、品种审定和良种繁育等内容；第三篇主要园艺植物育种技术，有主要蔬菜植物育种、主要花卉育种、主要果树育种等内容。

本书在编写过程中力求突出以下 7 大特色：

①定位准确：培养目标为技术技能型专门人才，培养高素质的劳动者及中高级专门技术人才，从整个高职学生的职业需要这一实际现实出发，降低了理论，强化了技术体系。

②注意面向：根据教育部《关于全面提高高等职业教育教学质量的若干意见》（教高〔2006〕16 号）文件精神，本书主要面向高职高专园艺技术类专业的学生，同时兼顾全国各地的从事园艺植物的工作者，以满足各地高职院校的使用。

③突出特色：教材在内容取材和编写上，贯穿以能力培养为本位和以人为本的思想，突破以往的以学科体系为本的思路。理论浅一点、宽一点，实践性强一点，实现理论和实践一体化教学。

④体现出"四新"原则：即新知识，新工艺，新技术，新方法。反映出新技术、新发展，不强调难点和重点，教材内容上安排了一部分内容作为知识拓展使用。

⑤富有弹性：适应灵活的教学要求，可适应工学交替、学分制、模块化教学、分阶段学

习、基于育种过程等多样的人才培养模式。

⑥强化实践性：本书坚持了理论以够用为度，注重实践性原则。重视知识体系和能力体系的结合，注意理论和实践的结合，充分体现学生在学习中的主体性，将有利于教师教学转化为有利于学生学习。注意技能教学的分量，从讲授型向技能训练型转化。

⑦规范性：本书语言规范、简洁、内容清晰，逻辑严谨，详略得当；计量单位一律采用法定单位。

本书的学时分配建议：总学时 90 ~ 120 学时，全国各地学校专业情况不同，教学内容和学时数，可灵活掌握。

本书由章承林担任主编，张永福、刘松虎、孙景梅担任副主编，宋丛文担任主审。本书编写工作具体如下：绪论、第 6 章、第 7 章、第 8 章由章承林（湖北生态工程职业技术学院）编写；第 13 章、第 17 章、实验实训 10、实验实训 12、实验实训 13 由张永福（昆明学院）编写；第 2 章、第 12 章、第 14 章、第 15 章由刘松虎（信阳农林学院）编写；第 4 章、第 16 章、实验实训 3 由孙景梅（商丘职业技术学院）编写；第 9 章、第 10 章、第 11 章、实验实训 5、实验实训 6、实验实训 7、实验实训 8、实验实训 9、实验实训 11 由妙晓莉（杨凌职业技术学院）编写；第 5 章由李金月（毕节职业技术学院）编写；第 1 章由周忠诚（湖北生态工程职业技术学院）编写；第 3 章由周席华（湖北省林业厅林木种苗管理总站）编写；实验实训 4 由徐永杰（湖北省林业科学研究院）编写；实验实训 14 由章璐（湖北生态工程职业技术学院）编写；实验实训 1、实验实训 2 由李小平（江苏畜牧兽医职业技术学院）编写。章承林对全书进行统稿，最后由宋丛文教授（湖北生态工程职业技术学院）负责审稿。在编写过程中得到湖北生态工程职业技术学院、昆明学院、信阳农林学院、商丘职业技术学院、杨凌职业技术学院、毕节职业技术学院、湖北省林业厅林木种苗管理总站、湖北省林业科学研究院、江苏畜牧兽医职业技术学院等各编写单位的大力支持与协助，同时搜集引用了国内外先进科学技术资料，参阅了部分专家学者的相关成果，在此一并致以衷心的感谢。

由于编写时间仓促，编者水平有限，加之所涉及专业领域宽泛，参编学校及编写人员较多，写作风格不够统一，书中难免有不妥之处，敬请读者提出宝贵意见，以便在修订时进一步完善。

编　者
2013 年 5 月

目 录
Contents

第三篇 主要园艺植物育种技术

绪 论

学习目标

- 理解园艺植物遗传育种的定义、研究对象和基本任务。
- 了解园艺植物遗传育种的历史与发展，对我国园艺植物遗传育种概况和园艺植物遗传育种的发展趋势有个总体把握。
- 掌握品种的概念和良种的作用。

0.1 园艺植物遗传育种的定义、研究对象和基本任务

0.1.1 园艺植物遗传育种的定义

园艺植物遗传育种是研究园艺植物的遗传和变异规律，并指导和应用于园艺植物育种实践的科学，是植物遗传育种学的一个分支学科。它以现代遗传学、生态学、生物进化论为主要理论基础，综合运用多学科的相关理论和技术，是对园艺植物的遗传性状进行改良的一门应用性学科。

0.1.2 园艺植物遗传育种的研究对象

园艺植物遗传育种的研究对象是属于一定植物属、种、变种、类型的园艺植物及其近缘野生植物。园艺植物包括果树、蔬菜和观赏植物，有时也将茶叶、药用植物和芳香植物等列入其中。果品和蔬菜为人类提供了大量的维生素、粗纤维、矿物质和许多次生代谢产物等人体所需的营养物质；观赏植物则是改善生态环境、净化空气、陶冶情操，多层次提高精神文明的重要途径。随着人们生活水平的不断提高，人们对优质果品、蔬菜以及由花、木、草坪等组成的观赏植物在质和量上的需求也日益增加。因此，如何不断提高园艺植物品质和产量，已成为农业生产中的一项重要任务。园艺植物生产的最终目标是达到高产、优质和高效，而提高园艺植物产量和品质，在技术上一般通过两个密切相关的途径：一是改良园艺

植物的遗传特性,选育符合农业技术进步要求,有更强适应性的新品种;二是改进栽培技术和改善栽培条件,使品种遗传潜力得到更为充分的发挥。前者解决的是内因问题,属于园艺植物遗传育种的内容;后者是外因问题,是园艺植物栽培所研究的领域。

园艺植物遗传育种涉及园艺植物遗传学基础和园艺植物育种两个方面的内容。园艺植物遗传学研究园艺植物遗传和变异的基本规律。遗传和变异是由遗传信息决定的,因此,园艺植物遗传学也是研究园艺植物遗传信息的组成、传递和表达规律的科学。鉴于遗传信息是由基因的结构所决定,遗传信息表达和转化为具体性状则是基因功能的实现,是基因的结构和功能之间因果关系的体现。从这个意义上说,遗传学的主题是研究基因的结构、传递和表达的规律。本书所述,园艺植物遗传学是以具体的各类园艺植物为研究材料,以其所具有的各种性状为研究对象,以其生物个体为研究单位,研究各类园艺植物遗传变异的基本规律,为有目的地改良园艺植物提供理论依据。园艺植物育种则是在研究和掌握园艺植物遗传变异规律的基础上,根据各地区的育种目标和原有品种的基础,发掘、研究和利用各类园艺植物种质资源,采用适当的育种途径和方法,选育适合于该地区生态、生产条件,符合生产发展需要的高产、稳产、优质、抗逆、成熟期适当和适应性广的优良品种,甚至新的园艺植物品种,并通过行之有效的繁育措施,在繁殖、推广过程中,保持并提高种性,提供优质、足量、成本低的生产用种,实现生产用种良种化,种子质量标准化,达到提高产量和品质,充分发挥优良品种在园艺植物生产中的作用。

0.1.3 园艺植物遗传育种的基本任务

园艺植物遗传育种的基本任务是研究和掌握园艺植物性状遗传变异规律及其本质;科学地制订先进而切实可行的育种目标;搜集、评价和利用种质资源;开发和利用适当的育种途径和方法,选育符合市场需求的优良品种,乃至新的园艺植物;在繁殖、推广的过程中保持及提高其种性,提供数量充足、质量可靠、成本低廉的繁殖材料,促进高产、优质、高效园艺业的发展。

0.2 园艺植物遗传育种的历史与发展

0.2.1 纪元前的无意识选择

原始人类从山野里采集野生植物的果实、嫩的茎叶和挖掘根茎等直接食用,把种子、根茎等扔到住处周围,当看到种子、根茎等再长出植株时,将其移栽或种植到居住区内,人们就开始了野生植物的驯化和无意识选择。这也为遗传理论的建立积累了素材。

0.2.2 用进废退学说和进化论

拉马克(J. B. Lamarck,1744—1829)提出了用进废退(use and disuse of organ)和获得性遗传(inheritance of required characters)等学说,为进化论及遗传变异的研究取到了很大的推动作用。19世纪上半叶英国的产业革命促进了畜牧业、农业和园艺业的发展,加之在细胞学、胚胎学、分类学和解剖学等领域的研究成果,有力地促进了品种选育工作的发展。到19世纪中叶和末叶,瑞典、法国、德国、荷兰、丹麦等国相继出现了许多选种和良种繁育的专业种苗公司。在园艺植物遗传育种领域第一个具有划时代意义的人物无疑是达尔文(C. Darwin,1809—1882),他通过大量的调查研究,于1859年发表巨著《物种起源》(*Origin of Species*),系统地总结了生物在自然选择和人工选择下的遗传变异和进化,论述了自然选择和人工选择的原理,阐明了杂交和选择在育种中的重要作用,为品种选育奠定了理论基础,对园艺植物遗传育种事业起了巨大的推动作用。以魏斯曼(A. Weismann,1834—1914)为代表的新达尔文主义,提出了种质连续论(theory of continuity of germplasm),认为生物体由种质和体质两部分组成,体质是由种质产生的,种质是世代连绵不绝的。环境只影响体质,而不能影响种质,因此获得性状不能遗传。它在遗传育种领域也产生了广泛地影响。但新达尔文主义绝对地将生物体划分为种质和体质,在生物界一般是不存在的。

0.2.3 孟德尔遗传规律的提出及遗传定律重新发现

在园艺植物遗传育种领域,第二个具有划时代意义的人物是孟德尔(G. J. Mendel,1822—1884)。他于1856—1864年进行豌豆杂交试验,第一次运用统计方法进行遗传分析,并于1866年发表"植物杂交试验"论文,首次揭示了分离规律和独立分配规律,并认为性状遗传受细胞内的遗传因子控制。这一理论当时未受到足够重视,直到1900年,荷兰的狄·弗里斯(H. de Vries)、德国的柯伦斯(C. Correns)和奥地利的柴马克(E. Tschermark)重新发现孟德尔遗传规律,并得到进一步证实和引起重视后,促进了遗传学研究的迅速发展。人们把1900年孟德尔论文被重新发现之时定为遗传学形成和建立的开端。狄·弗里斯于1901—1903年发表了"突变学说";贝特生(W. Bateson)于1906年首先提出了遗传学(genetics)作为一个学科名称;1909年约翰生(W. L. Johannsen,1859—1927)发表了"纯系学说",并提出"基因"一词。1927年穆勒(H. J. Muller)和斯特德勒(L. J. Stadler)几乎同时采用X射线,分别诱发果蝇和玉米突变成功;1937年布莱克斯里(A. F. Blakeslee)等利用秋水仙素诱导植物多倍体获得成功。使品种选育工作逐步进入科学育种的新阶段,开创了诱变育种和多倍体育种的新途径。

0.2.4 连锁遗传规律的发现及基因理论的创立

1906年贝特生等发现了香豌豆的性状连锁现象;1910年左右,美国遗传学家摩尔根

(T. H. Morgan,1866—1945)等以果蝇为材料同样发现了连锁遗传现象,提出了基因的连锁遗传规律,并创立了基因理论,使遗传学的第三个遗传规律得以系统阐述。为园艺植物遗传育种的发展起到了相当大的作用。

0.2.5 20 世纪 30 年代开始利用杂种优势和抗病育种

20 世纪 30 年代后,园艺植物杂种优势利用和抗病育种逐步开展,并陆续育成许多优良品种。20 世纪 60 年代,日本、美国、荷兰、保加利亚等国在番茄、茄子、甜椒、黄瓜、甜瓜、甘蓝、白菜、洋葱、胡萝卜等蔬菜上普遍应用一代杂种。并且相继培育出了一大批兼抗多种病害的蔬菜良种。

0.2.6 微生物遗传学和生化遗传学的发展

1941 年,比德尔(G. W. Beadle)等人以红色面包霉为材料,着重研究基因的生化功能、分子结构及诱发突变等问题,推动了微生物遗传学与生化遗传学的发展。

0.2.7 20 世纪中叶 DNA 结构的发现及以后的高技术育种

20 世纪 50 年代前后,由于物理、化学学科理论的发展及先进技术和设备的应用,遗传物质研究取得了重大突破。1944 年埃弗里(O. T. Avery)等在格里菲斯(F. Griffth,1928)开展肺炎双球菌的转化试验的基础上,直接证明了脱氧核糖核酸(DNA)是遗传物质;特别是遗传学上第三个具有划时代意义的人物——沃森(J. D. Watson)和克里克(F. H. C. Crick)通过 X 射线的衍射分析,于 1953 年提出了 DNA 分子的双螺旋结构模型,使遗传学的研究由细胞水平发展到分子水平,20 世纪 60 年代,又发现了遗传信息的转录和翻译。随着分子遗传学的发展,特别是在人工分离基因和人工合成基因取得初步成功的基础上,创建了分子育种。20 世纪 70 年代以来,单倍体育种、体细胞杂交、基因工程技术和分子标记技术等相继应用于园艺植物遗传育种。

0.3 中国园艺植物遗传育种概况

中国园艺植物遗传育种有着悠久的历史和有过辉煌的过去。我们的祖先在长期改造自然的斗争中把众多的野生植物驯化成栽培类型,培育创造了丰富多彩的果树、蔬菜、观赏植物品种,为全世界所瞩目:中国是世界农业及栽培植物起源最早、栽培植物数量极大的独立起源中心;古文献中记载了有关选择育种的宝贵经验,如汉代《范胜之书》(公元前 1 世纪)中已有关于注意选留种株、种果和单打、单存等选种留种方法的记载。北魏贾思勰的

《齐民要术》(532)中已有论述种子混杂的害处,主张穗选,设置专门的留种地和选优、汰劣等措施,以及对无性繁殖的园艺植物采用有性和无性繁殖结合的方法进行实生选种等记载。《洛阳牡丹记》(1031)、《菊谱》(1104)和《荔枝谱》(1059)等专著中记述了无性繁殖的花卉、果树植物的芽变选种和选育重瓣、并蒂的菊花、牡丹、芍药等花卉品种的经验。这些对整个世界的园艺植物遗传育种事业作出了巨大的贡献,并拥有中国是世界“园林之母”的美誉。然而在19世纪以后,当世界进入科学育种阶段,整个育种事业迅速发展时,中国正处于腐朽的封建统治和帝国主义的双重压迫之下,民不聊生,遗传育种工作长期处于停滞状态。20世纪20年代之后,随着留学欧美的陈桢、李汝祺、赵连芳、谈家桢、陈子英、李先闻、冯泽芳、杨允奎等学者相继回国,我国的遗传育种才得以形成和发展。新中国成立以后,我国的遗传育种事业得到了极大发展,特别是1956年8月10日召开的青岛遗传学座谈会,1959年和1961年相继在北京和上海成立的中国科学院遗传研究所、复旦大学遗传研究所,1978年10月7日在南京召开的中国遗传学会成立大会,对我国遗传育种事业的发展起到了转折作用。

0.3.1 全国性资源调查、地方品种整理和种质资源工作体系

1956年的全国科学规划将作物资源调查、整理和利用列为重点课题后,各地陆续开展了园艺植物资源调查工作,在普查中发现和整理的果树和蔬菜品种均以万计。据2001年统计资料,中国国家种质库拥有的资源总份数已达到37万份,规模仅次于55万份的美国,居世界第二。2003年该库长期保存的种质数量处于世界第一。按植物学分类统计,国家种质库保存资源种类隶属35科192属725种。

观赏植物种质资源工作相对滞后。从1929年南京植物园建园开始,各地建立了以不同观赏植物为主的较大规模植物园10多个,为种植资源的搜集和保存起到了很大作用。20世纪80年代,由广州华南植物园、昆明园林研究所等单位协作调查,搜集我国木兰科植物11属90种200多份资源,先后在浙江富阳和建德建立了木兰资源圃。中国梅花研究中心在武汉东湖磨山植物园建立的梅花资源圃,搜集并保存梅花200多个品种。山东菏泽、河南洛阳建立的牡丹资源圃,搜集并保存牡丹、芍药资源500多份,广西南宁建立了两座金花茶资源圃,拥有金花茶类20多个种和变种,以及成千的杂种株系,南京和北京建有保存近3 000个品种的菊花资源圃等。

2003年6月26日,原农业部第17次常务会议审议通过了《农作物种质资源管理办法》,并从2003年10月1日起施行,该办法的施行进一步推动了我国园艺植物种质工作的进程。

0.3.2 广泛进行了园艺植物的引种工作

新中国成立以来,广泛进行了国内不同地区间相互引种和国外引种工作,大大丰富了各地园艺植物的种类和品种,扩大了良种的种植面积。四川榨菜通过引种不仅在长江流

域,江、浙各省,而且南自广东、广西,北至山西、辽宁等省均进行了引种栽培。南方的莴笋、白菜、丝瓜、苦瓜等都在北方试种成功,北方的大白菜、黄瓜良种也在南方广泛栽培。西藏自治区从20世纪50年代开始陆续从内地引种苹果、梨、桃、葡萄、西瓜、甜瓜、番茄、茄子、菜豆、白菜、马铃薯、月季、牡丹、芍药、大丽花、百合、唐菖蒲等良种,都已进行大面积商品性生产,结束了长期以来缺果无花和少菜的问题。近年来,从国外引种的园艺植物种类,如果树中的芒果、红毛丹、面包果、倒捻子、星苹果、腰果;蔬菜中的西芹、球茎茴香、石刁柏、锦葵菜、四棱豆、莳萝、独行菜、黄秋葵等;观赏植物中,从日本引进的日本五针松、樱花、红槭;从北美引入香柏、铅笔柏、墨西哥柏、池杉、加勒比松、湿地松、火炬松、晚松、油棕等都取得显著成效。许多国外优良品种经引种试验有望成为我国园艺生产中的主栽品种,如苹果品种红富士、新乔纳金,葡萄鲜食品种巨峰、乍娜、布朗无核、红瑞宝、晚红等,番茄品种强力米寿、弗罗雷德等。

0.3.3 新品种选育和杂种优势利用研究成效显著

新中国成立以来,通过各种育种途径选育的园艺植物新品种数以千计,主要果树、蔬菜作物品种已更换过2~4次,比较充分地发挥了良种在园艺生产中的作用。国家科委(科技部)和地方政府在“六五”至“十一五”期间,集中对大白菜、白菜、甘蓝、番茄、黄瓜、辣椒等园艺植物的新品种选育和育种技术进行了联合攻关,育成优良的抗病、丰产、优质新品种逾百种,在农业产业结构调整和蔬菜生产上取得了巨大的经济效益、社会效益和生态效益。在苹果、梨、桃、柑橘、葡萄等主要果树上,育成了许多品种,在果树生产上发挥了重要作用。在菊花、梅花、荷花等观赏植物中,也取得了举世瞩目的成果。尤其是梅花的优质和抗寒育种,国庆节前后开花早菊选育,抗逆性和适应性更强的月季品种选育等。

0.3.4 育种理论和育种方法的研究也取得了较大的成效

近60多年来,对园艺植物主要经济性状的遗传规律、多倍体的诱发、辐射诱变、克服远缘杂交的障碍等方面开展了许多研究。我国较早地通过花药培养获得了苹果、柑橘、葡萄、白菜、茄子、番茄、辣椒等园艺植物的单倍体,有的获得了后代,苹果、柑橘、葡萄、桃、马铃薯、大蒜的分生组织培养和脱毒,苹果、葡萄、草莓、甘蓝、花椰菜、芥菜、石刁柏、百合、水仙等的离体快繁均获得成功。20世纪70年代后期以来,我国在同工酶、分子标记技术应用于研究园艺植物的分类、演化、遗传及品种、杂种亲缘及纯度鉴定方面取得了可喜的进展。通过转基因技术,获得的各种转基因园艺植物,包括苹果、柑橘、葡萄、胡桃、猕猴桃、竹、草莓、番木瓜、番茄、茄子、辣椒、甘蓝、白菜、黄瓜、石刁柏、花芋、杨树等,有些已进入大田试验。

0.4　品种的概念和良种的作用

0.4.1　品种的概念

品种是经人类培育选择创造的、经济性状及农业生物学特性符合生产和消费要求，在一定的栽培条件下，依据形态学、细胞学、化学等特异性可与其他群体相区别，个体间的主要性状相对相似，以适当的繁殖方式（有性或无性）能保持其重要特性的一个栽培植物群体。它是具有一定经济价值的重要农业生产资料，是农业生产上栽培植物特有的类别，在野生植物中就没有品种，只有当人类将野生植物引入栽培，通过长期的栽培驯化和选择等一系列的劳动，才能创造出生产上栽培的品种。同时，品种必须通过审定，得到有关部门的认可。品种有其在植物分类上的归属，往往属于植物学上的一个种、亚种、变种乃至变型，但是不同于植物学上的变种、变型。

0.4.2　品种的特性

从品种的概念可知，每个园艺植物品种具有区别于其他品种的一定特异性，群体内相对整齐，适应一定地区栽培和在一定时期起作用，因此，品种都具有特异性、一致性、地区性和时间性等特性。

1）特异性

品种特异性是指作为一个品种，至少有一个以上明显不同于其他品种的可辨认的标志性状。品种在选育或生产栽培过程中，如发生个别性状的变异，而其他性状基本与原品种相同，这种只是个别性状与原品种不同的群体，习惯上称为该品种的品系。如果主要性状发生变异，而且具有一定的经济价值，并能稳定遗传，那就是形成另外的新品种了。

2）一致性

品种一致性是指采用适于该类品种的繁殖方式的情况下，除可以预见的变异外，经过繁殖，其相关的特征或特性一致。品种内个体间在株型、生长习性、物候期和产品主要经济性状等方面应是相对整齐一致。可以预见的变异主要是指受到外界环境因素的影响，有的特征或特性有一定变异，如植物的株高和生育期等。品种性状的一致性很重要，对于现代化的园艺商品生产尤其如此。园艺产品的整齐一致性，不仅直接影响其商品价值，而且其成熟期、株高、结果部位等的一致性对于机械化收获也有很大影响。但对品种在形态、生物学和经济性状上的一致性要求，有时针对一些特殊情况可以在一定程度上放松。例如，美国曾由于劳力紧张，对一些制种成本过高的园艺植物如番茄、香瓜、矮牵牛、三色堇的某些杂交种品种，允许利用杂种二代但不能利用以后的世代。再如，观赏植物中有不少扇形嵌合体品种，如刚竹、桂竹、龙头竹等种类，都有所谓黄金间碧玉、碧玉间黄金等用于观赏的体细胞突变类型。在利用竹鞭繁殖时，往往黄金或碧玉部分有时扩大，有时缩小，甚至消失，只能靠在繁殖中选择适当的繁殖部位，通过选择保持品种的稳定连续。

3）**地区性**

品种的地区性是指品种的生物学特性适应于一定地区生态环境和农业技术的要求。每个品种都是在一定的生态和栽培条件下形成的，它都有一定的适应地区和适宜的栽培条件。利用品种要因地制宜，如果将某一品种引种至不适宜的地区或采用不恰当的栽培技术措施，就不会有好的结果，良种必须与良法配套。不同品种的适应性有广有窄，但绝对没有一个能对所有地区和一切栽培方法都表现适应的品种。

4）**时间性**

品种也有一定的时间性。一定时期内在产量、品质和适应性等主要经济性状上符合生产和消费市场的需要。随着每个地区的经济、自然和栽培条件的变化，原有的品种便不能适应。因此，必须不断创造符合需要的新品种来更换过时的老品种。一些过时的、不符合当前要求的老品种和不符合当地要求的外地品种，不完全具备生产上的要求，习惯上仍称为品种，但常常只是用于选育新品种的种质资源。

另外，品种与植物分类学的变种不同。品种是栽培植物的类别，是一种生产资料。而变种则是根据植物的亲缘关系、进化系统等来区分的植物学分类单位，是种以下的人为分类单位。从分类学来讲，无论是野生植物还是栽培植物都可以根据植物的亲缘关系、进化系统区分为不同的科、属、种、变种等分类单位。也就是说，品种从分类学的角度都有一定归属，但品种只是栽培植物特定群体，在野生植物中，只有不同的类型，没有品种之分。

0.4.3 园艺植物良种的作用

良种是优良品种的简称。它是指在适应的地区，采用优良的栽培技术，能够生产出高产、优质，并能适时供应产品的品种。它在下列方面起着重要作用：

1）**提高单位面积产量**

增加产量的良种一般都有较大的增产潜力。园艺植物推广的高产品种增产效果一般在15%～30%以上。高产品种在大面积推广过程中保持连续而均衡增产的潜力，也就是说，在推广范围内对不同年份、不同地块的土壤和气候等因素的变化造成的环境胁迫具有较强的适应能力。对多年生果树和花木类植物来说，更重要的是品种本身有较高的自我调节能力。

2）**改善产品品质**

对于园艺植物来说，提高和改善产品品质的重要性常远远超过产量。在市场上，大田作物产品的品种间质量差价大体上不超过一倍，而果品、蔬菜、观赏植物由于外观品质、食用品质、加工品质和贮运品质方面的差异，市场价格相差几倍到几十倍的情况是常见的。这反映出园艺植物良种在改善品质、提高经济效益等方面的重要作用。

3)提高抗病虫害能力,减少农药污染

病虫害是发展园艺生产的重要障碍因子。生产者每年不仅在防治病虫的农药方面的耗费很大,而且在产品、土壤、大气、水源方面造成严重污染,危害人们的健康。抗病虫品种的育成可起到少用或不用农药,起到减少污染,降低成本的作用。

4)增强适应性和抗逆性,节约能源

环境适应性广、抗逆性强的良种,不仅可以扩大种植区域,也可以在一定程度上降低能耗。蔬菜、果树和花卉一般品种在保护地生产中,常因光照、温度不足而难以正常开花结果,为满足这方面要求,需要较多的能源。育成适应于保护地生产的品种可显著降低设施园艺的能耗。例如,象牙红一般品种开花要求白天 28 ℃,夜间 25 ℃的条件,而新育成的温室品种要求白天 14 ℃,夜间 12 ℃就能正常开花。

5)延长产品的供应和利用时期

良种的不同成熟期与耐贮运能力,可以起到延长产品的供应和利用时期的作用。一、二年生园艺植物,选育不同成熟期的品种可以调节播种时期,利于安排适当的茬口,延长供应和利用时期,解决市场均衡供应问题。如早熟而不易抽薹的春甘蓝和中熟而耐高温的秋甘蓝,对解决春淡季和秋淡季的蔬菜供应有着重要意义。菊花在原有盆栽秋菊的基础上育成了夏菊、夏秋菊和寒菊新品种,大幅度地延长了其观赏期及利用方式。提高品种耐贮运性,也是延长扩大园艺产品供应时期和范围的重要途径。例如,苹果晚熟耐贮品种供应期,可以和第二年早熟品种成熟期衔接。

6)适应集约化管理、节约劳动力

园艺生产都是集约化生产,播种、育苗、整枝、包装、采收等工序都需要比较多的劳动力。适应集约化生产的良种,可以大幅度的提高劳动生产率。例如,花坛用和盆栽用小花菊、万寿菊、一串红、熊耳草等要求分枝多、株型紧凑。过去用多次摘心的办法促进分枝则用工较多,通过选育出分枝性强的矮生品种后可免除摘心用劳动力。美国伊利诺斯大学育成了“分枝菊”品种系列后,除了节减疏蕾、摘芽用工外,随着生育期的缩短可提高设施利用率,减少管理和包装用工,从而大幅度提高劳动生产率。苹果矮化砧和短枝型品种的育成,番茄矮生直立机械化作业品种的育成也能大幅度地节约整枝、采收等工序的用工量。

0.5 园艺植物遗传育种的发展趋势

0.5.1 育种目标更加注重园艺植物生产发展与市场竞争的需要

育种目标总的趋势是培育“高产、优质、高效”的品种。在激烈的市场竞争中,园艺植物育种者为了满足生产者和消费者的需求,都十分重视品质育种,注重产品的外观、整齐性、货架寿命等商品性状，提高鲜食及加工品质，提高营养保健功能和消除有害成分。由于农药用量不断增加，不仅增加生产成本，而且严重污染生态环境，残毒影响人体健康，培育抗病虫品种已经成了蔬菜和果树育种的重点。在人口增长，耕地减少及生态环境恶化的情况下，有些专家预言，将来多数植物将需要在目前认为不适合的区域种植，有些园艺植物需要种植到废弃的工地和矿物、废物垃圾场地，因此，提高园艺植物对各种逆境的适应性也会逐渐提到日程中来。为了提高产量和品质，不仅要考虑产量、品质的构成性状，而且要考虑它们的生理基础。提高品种的光合效率及光合产物的利用率，以及理想株型的育种等也相继引起育种界的重视。另外，还有选育适于机械化作业的品种，针对产品不同用途和加工方式分别选育专用及兼用品种等。

0.5.2 重视种质资源的搜集、评价和开发利用

种质资源是育种事业成就大小的关键，随着园艺生产的规模化，种质资源多样性正在不断减少，为此各个国家都非常重视种质资源调查、搜集工作，许多国家都建立了一定规模的种质资源库。发达国家已经建立起比较完善、规范化的资源工作体系，如美国农业部、日本农林水产省都设置专门机构，负责各类作物种质资源的考察、搜集、保存、评价工作，以及建立管理资料档案、种子种苗检疫、繁殖、分发、交换等制度，使种质资源工作和育种工作密切联系，及时满足育种的需要。

0.5.3 重视育种应用基础及育种技术的研究

要提高育种效率，必须加强和育种关系密切的应用基础学科的研究，只有育种者对他所从事育种的植物，特别是对目标性状的遗传、生理、生态、进化等方面的知识有深刻的了解，并且以这些知识为基础，采取切合实际的育种方法，才能提高育种效率。近年来主要园艺植物有关产量、品质、抗病性、株型、雄性不育等主要经济性状遗传研究方面的进展，对提高育种效率起到了积极的推动作用。

0.5.4 加强多学科协作和鼓励企业投资育种

对于解决复杂的育种任务，从种质资源的评价、筛选，杂种后代的鉴定、选择，品系、品种的比较鉴定等，必须根据实际需要，组织育种、遗传、生理、生化、植保、土肥、栽培等不同学科的专业人员参加，统一分工、协同攻关提高效率的有效方式，正受到比较普遍的重视。园艺植物遗传育种是一个周期长、投入多、风险大，但对发展现代化农业举足轻重，并且回报率也是非常高的事业。许多国家不仅明确规定对品种选育等工作拨专款予以推动和扶持，而且鼓励工商企业投资农业育种。

0.5.5 育种途径及育种方法、手段的更新

对新的育种途径和方法的研究,如细胞工程、染色体工程、基因工程和分子辅助育种等都在积极探索。以现代化的仪器设备改进鉴定手段,提高育种效率。利用先进的仪器设备对大批量的小样品进行快速准确的定性和定量鉴定,对含量极少的成分进行微量和超微量的分析;对植物的组织、细胞结构的解剖学性状利用扫描和透射电镜观察;利用分子标记技术等标记有用性状;利用电子计算机等技术分析处理大量数据资料等,这些都将极大地提高育种的效率和精确度。

复习思考题

1. 园艺植物遗传育种涉及哪些相关内容?其基本任务怎样?
2. 简述遗传育种领域三次具有划时代意义的杰出人物及其贡献。
3. 分析我国园艺植物遗传育种概况。
4. 什么是品种?品种有哪些特性?
5. 园艺植物良种的作用有哪些?
6. 谈谈园艺植物遗传育种的发展趋势。

第一篇

园艺植物遗传学基础

园艺植物细胞学基础

学习目标

- 掌握植物细胞的结构和功能。
- 掌握染色体的形态结构和功能。
- 掌握有丝分裂的特点及意义。
- 了解减数分裂的过程。
- 掌握减数分裂的遗传学意义。

自然界各种生物之所以能够表现出复杂的生命活动，主要是由于生物体内的遗传物质的表达，推动生物体内新陈代谢过程的结果。生命之所以能够在世代间延续，也主要是由于遗传物质能够绵延不断地向后代传递的缘故。遗传物质主要存在于细胞中，其贮存、复制、表达、传递和重组等重要功能都是在细胞中实现的。因此，研究园艺植物的遗传机理，应以细胞学为基础。

1.1 细胞的结构与功能

园艺植物细胞属真核细胞，最主要的特点是细胞内有膜，把细胞分隔成许多功能区，其中最明显的是含有由膜包围的细胞核，此外还有膜围成的细胞器，细胞外有以纤维素为主要成分的细胞壁（见图1.1）。

1.1.1 细胞膜和细胞壁

细胞膜也称为质膜，是细胞表面的膜，由类脂分子和蛋白质组成。主要功能包括：

①使细胞和外界分开，具保护细胞的功能。

②使细胞保持一定的形态功能。

③和细胞的吸收、分泌、内外物质的交流、细胞的识别等有密切关系。

在电子显微镜下观察细胞的结构，不仅可以看到细胞膜的超微结构，而且还可以看到细胞内许多物体也具有膜的结构。因此，根据膜的有无，可以把整个的细胞结构分为两大

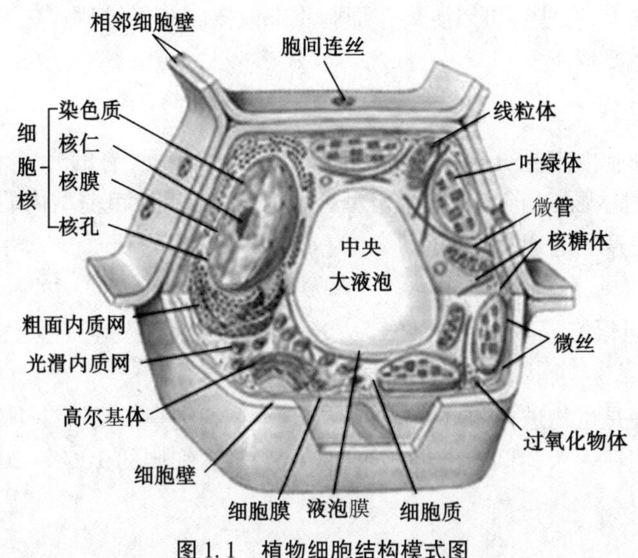

图 1.1 植物细胞结构模式图

类别:

①膜相结构。包括细胞膜、线粒体、质体、内质网、高尔基体、液泡和核膜等。

②非膜相结构。包括细胞壁、核糖体、中心体、染色体和核仁等。

植物细胞在细胞膜外还存在一种特殊的结构称为细胞壁,它是无生命的结构,主要是由纤维素组成的。细胞壁的功能是支持和保护细胞内的原生质体,保持细胞的正常形态。

1.1.2 细胞质

细胞膜以内细胞核以外的原生质,称细胞质。呈半透明、黏稠的胶体状态。在光镜下带折光性的颗粒为内含物和细胞器。内含物是细胞内的代谢产物或贮存的营养物质,如油滴、色素、贮存蛋白质、淀粉等。细胞器则是细胞内具有一定形态和功能的重要结构,其中线粒体、质体、核糖体和内质网是细胞中具有遗传功能的主要细胞器。

1)线粒体

它是细胞里进行氧化作用和呼吸作用的中心,有细胞的动力工厂之称。线粒体含有脱氧核糖核酸(DNA)、核糖核酸(RNA)和核糖体等,具有独立合成蛋白质的能力,也具有自行加倍和突变的能力,因此,具有遗传功能,是核外遗传物质的载体之一。

2)质体

它是植物细胞特有的细胞器,有叶绿体、有色体和白色体 3 种。白色体主要存在于分生组织以及不见光的细胞中;有色体含有各种色素,有些有色体含有类胡萝卜素,花、成熟的水果以及秋天落叶的颜色主要是这种质体所致;叶绿体和线粒体一样含有 DNA,还有 RNA 及核糖体,能够分裂增殖,并能发生白化等突变,表明叶绿体本身是具有一定独立的遗传功能。

3)核糖体

普遍存在于活细胞内,主要成分大约由 40% 的蛋白质和 60% 的 rRNA 所组成。核糖体可以附着在内质网上，有些也可以游离在细胞质中或核内，它是细胞内一个很重要的成分，是合成蛋白质的主要场所。

4）内质网

内质网是在细胞内广泛分布的膜相结构，内质网的表面，有的光滑，有的附着直径为100～200埃的核糖体颗粒，前者称为平滑型内质网，后者称为粗糙型内质网。内质网是输送合成原料和最终产物的通道。

1.1.3 细胞核

细胞核的出现是生物进化的重要标志之一。生物细胞一般具有一个核，也有具有两个或多个核的。细胞核一般为圆形或椭圆形，大小一般占细胞的10%～20%。细胞核由核膜、核仁、核质组成。

1）核膜

核膜为双层膜，双层膜上有相连通形成的核孔，核孔是RNA和核糖体亚基进入细胞质的通道。

2）核仁

核内一般有一个或几个折光率很强的核仁，其形态为圆形。电镜观察表明，各种细胞的核仁都裸露在核质中，没有外膜包被，呈团块状或线网状。在细胞分裂过程中，核仁有短时间的消失，实际上只是暂时的分散，以后又重新聚集起来。核仁的功能是合成rRNA，与核糖体的合成有关，是核内蛋白质合成的重要场所。

3）核质

核仁以外，核膜以内的物质是核质。经适当的药剂（如洋红、苏木精）处理后，核内易着色的部分称染色质，不易着色的部分称核液。核液是充满核内空隙的无定型基质，染色质悬浮其中。

在细胞分裂间期核内染色质分散在核液中呈细丝状，光学显微镜下不能分辨。当核进入细胞分裂期时，染色质便蜷缩而呈现为光镜下可见的染色体。当细胞分裂结束进入间期时，染色体又逐渐松散而回复为染色质。因此，染色质和染色体实际上是同一物质在细胞分裂中所表现的不同形态。

染色体是核中最重要而稳定的成分，它具有特定的形态结构和一定的数目，具有自我复制的能力，并且积极参与细胞的代谢活动，能出现连续而有规律的变化，是生物遗传物质的主要载体。

1.2 染色体

染色体是在1848年由哈佛迈特在观察紫鸭跖草花粉母细胞时发现的，直到1888年才被命名为染色体。染色体是细胞核中最重要、最稳定的成分。其基本化学成分是DNA、组蛋白、非组蛋白和少量RNA等。染色体是生物遗传物质的主要载体,对生物的繁殖和遗传信息的传递具有重要作用,在细胞分裂过程中,染色体的形态和结构出现了一系列规律性的变化。

1.2.1　染色体的形态

每一物种的染色体都有特定的形态特征。在细胞分裂的不同时期,染色体形态有规律的变化,其中以有丝分裂的中期和早后期表现得最为典型。在细胞分裂的中期,每个染色体通常包括着丝点和由着丝点分成的两条臂。每条染色体含有纵向并列的两条姊妹染色单体,由一个着丝点相连。细胞分裂时,纺锤丝就附着在着丝点上,着丝点对染色体在细胞分裂期间向两极移动起决定性作用。不含着丝点的染色体片段,常常在细胞分裂期间被丢失在细胞质中。坐落着丝点的部位称为主缢痕,有的染色体还有一个很细的凹陷部位称为次缢痕,次缢痕末端的圆形或长形的突出体称为随体(见图1.2)。以上各部分的相对位置和形态大小,不同物种的不同染色体是相对恒定的,这是区别不同染色体的重要标志。

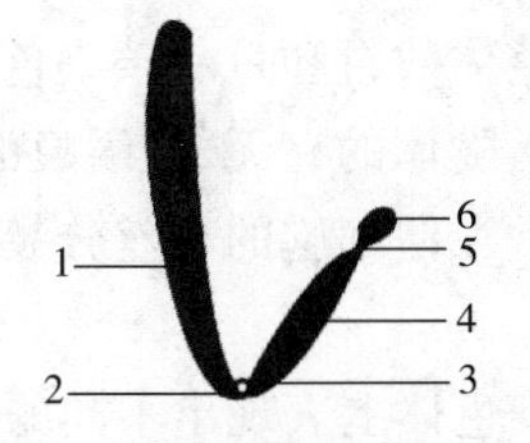

图1.2　中期染色体形态示意图

1—长臂;2—主缢痕;3—着丝点;
4—短臂;5—次缢痕;6—随体

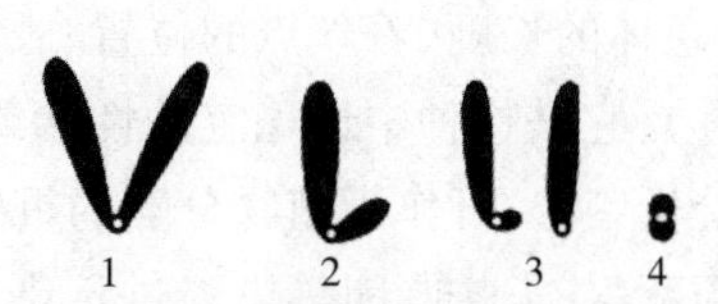

图1.3　后期染色体的形态

1—V形染色体;2—L形染色体;
3—棒状染色体;4—颗粒状染色体

着丝点的位置关系着染色体的形态,染色体形态大致分为以下4种(见图1.3):

①V形染色体,着丝点位于染色体中间,两臂大致等长,因而在细胞分裂后期染色体形状呈V形。

②L形染色体,着丝点偏向染色体一极,两臂长短不一,因而在细胞分裂后期染色体向两极移动时呈L形。

③棒状染色体,着丝点靠近染色体一个末端,因而在细胞分裂后期呈棒形。

④颗粒状染色体,染色体极小,呈粒状。

1.2.2　染色体的数目与组型

1)染色体的数目

每种生物的染色体的数目是相对恒定的。高等动植物的体细胞中染色体大多成对存在。二倍体物种的体细胞中的染色体数目用$2n$表示,性细胞染色体数的生物体为单倍体,用n表示。例如,银杏$2n=24$,$n=12$;一串红$2n=32$,$n=16$;茶花$2n=30$,$n=15$;百合$2n=$

24, $n=12$ 等。不同生物的染色体在形态上各有差异,而在同一生物的不同染色体之间也存在着形态上的差异。例如,银杏的24条染色体中,从具有相同形态的染色体而言,可分为12对。我们把这种在形态和结构上相同的一对染色体,称为同源染色体;而把这一对与另一对形态、结构不同的染色体,称为非同源染色体。在体细胞中成对存在的各对同源染色体分别来自父本和母本。

各种生物的染色体数目差别很大,被子植物中,有一种菊科植物只有2对染色体,而隐花植物瓶尔小草属的一些物种含有400~600对以上的染色体。染色体数目的多少一般与该物种的进化程度无关。含有某种生物全部遗传信息最少的染色体数,称为一个染色体组,用X表示。含有一个染色体组的生物称一倍体;含有两个的称二倍体,以此类推。大部分植物,几乎全部动物为2X。香蕉、水仙(3X),梅花(4X),小麦(6X),小黑麦(8X)。

2)染色体大小

不同物种和同一物种的染色体大小差异都很大,而染色体大小主要指长度而言,在宽度上,同一物种的染色体大致是相同的。一般染色体长度变动为0.20~50 μm;宽度变动为0.20~2.00 μm。

3)染色体组型(核型)分析

所谓染色体组型(核型)是指一个物种所特有的染色体数目和每一条染色体所特有的形态特征(染色体的长度、着丝点的位置、长短臂的比率、随体的有无、次缢痕的数目、异染色质的分布等),它是物种中最稳定的性状或标志。通常在体细胞的有丝分裂中期进行染色体核型的分析鉴定,可作为植物分类的重要依据。

利用吉姆萨、芥子喹吖因等染料进行染色,使各对染色体上表现出不同的染色带型或荧光区域,从而可以在染色体的长度、着丝点位置、长短臂比率、随体的有无等特点的基础上,进一步根据染色的显带表现区分出各对同源染色体,这样对生物核内的全部染色体的形态特征进行详细的分析,称为染色体组型分析或核型分析。如人类的23对染色体,其中22对为常染色体,另一对为性染色体,它的染色体组型图已作出(见图1.4)。

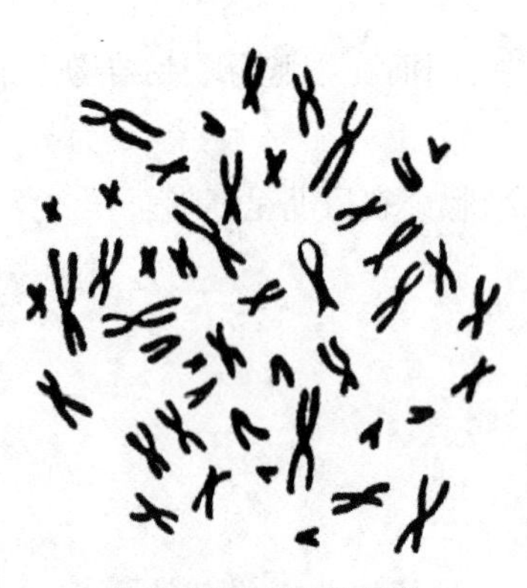

(a)中期的染色体图像

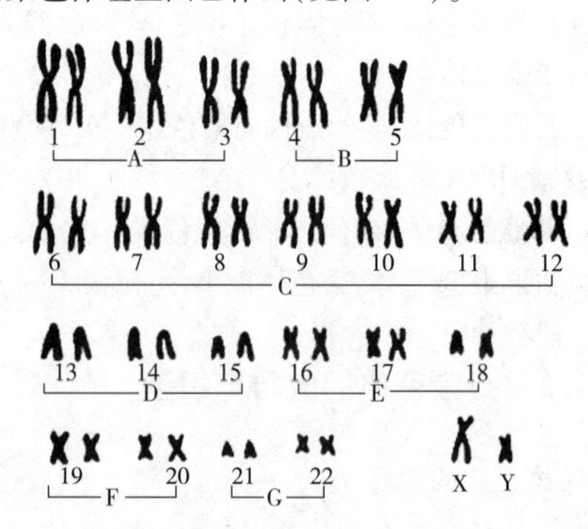

(b)染色体分组

图1.4 男性染色体的组型及其编号

1.2.3　染色体的结构

染色体的化学组成主要有蛋白质、DNA 和 RNA 等 3 部分组成。其中,DNA 的含量约占染色质质量的 30%,蛋白质含量约为 DNA 的两倍,根据组成蛋白质的氨基酸特点分为组蛋白和非组蛋白两类。RNA 含量很少,还不到 DNA 量的 10%。

生物化学分析和电子显微镜观察均已证实,除了个别多线染色体外,每一条染色单体(相当于复制前的染色体)只含有一个 DNA 分子,这一特性称为染色体的单线性。DNA 如何与蛋白质结合形成染色质,直至形成有一定形态结构的染色体?1974 年科恩伯格(Komberg)提出了串珠模型来解释 DNA-蛋白质纤丝的结构,1977 年,贝克(Bak,A. L.)提出了目前被认为较为合理的四级结构学说,解释从 DNA-蛋白质纤丝到染色体的结构变化(见图 1.5)。一级结构是指染色质基本单位的核小体;二级结构是指核小体的长链进一步螺线缠绕形成直径为 30 nm 左右的染色质纤丝,即螺线体;三级结构是指进一步螺旋化和蜷缩,形成一条直径为 400 nm 的染色线,称为超螺线体;四级结构是指超螺线体再次折叠和缠绕形成染色体。

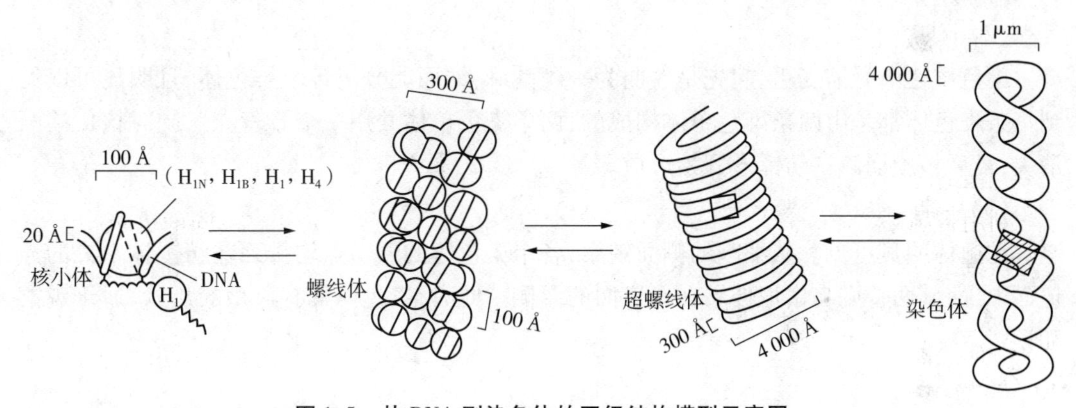

图 1.5　从 DNA 到染色体的四级结构模型示意图

由于染色体上各部分的染色质组成不同,对碱性染料的反应也不同,染色较深的区段为异染色质,染色较淡的区段为常染色质。两者相比,异染色质和常染色质在结构上是连续的,只是 DNA 的紧缩程度和含量不同。在同一染色体上所表现的这种差别成为异固缩现象。异染色质在染色体上的分布以及含量的多少,因不同植物不同染色体而异。例如,茅膏菜的异染色质位于染色体的末端;番茄、蚕豆和月见草则分布于着丝点附近,这些也是识别不同物种染色体的重要标志。

1.3　细胞分裂

细胞分裂是生物繁衍的基础。通过细胞分裂,生物细胞得到增殖,生物体得到成长;通过细胞分裂,亲代的遗传物质传给子代。细胞分裂有3种方式:无丝分裂、有丝分裂和减数分裂。植物的个体发育是以有丝分裂为基础,减数分裂是在配子形成时所发生的一种特殊的有丝分裂,这里主要叙述这两种分裂方式。

1.3.1 有丝分裂

有丝分裂也称为体细胞分裂或等数分裂。在有丝分裂中,细胞核和细胞质都发生了很大的变化,但变化最明显的是细胞核,特别是核内的染色体。一般根据细胞核分裂的变化特征,把有丝分裂分为前期、中期、后期和末期。另外,在两次细胞分裂之间的时期,称为间期。从上一次细胞分裂完成到下一次细胞分裂结束所经历的全过程称为细胞周期。

1)有丝分裂过程

(1)间期

间期指两次分裂期的中间时期,这时一般看不到染色体的结构。细胞核生长增大,代谢旺盛,储备了细胞分裂时所需的物质。DNA在间期进行复制合成。间期结束后,进入分裂期的前期。

(2)前期

染色质逐渐凝缩变粗,起先是卷曲为一团乱麻,继而能分清各个染色体,且明显可以见到每条染色体都是由两条染色单体构成的,两条染色单体共用一个着丝点。同时核仁逐渐消失,最后核膜崩解。纺锤丝开始形成。

(3)中期

纺锤体明显可见。从细胞的侧面观察,各个染色体的着丝点均排列在纺锤体中央的赤道面上,而其两臂则自由地伸展在赤道面的两侧。此时,染色体具有典型的形状,适于观察和记数。

(4)后期

每个染色体的着丝粒分裂为二,每条染色体的两条染色单体各自分开而成为两条独立的染色体,并在纺锤丝的牵引下分别移向两极。移向两极的染色体数目是完全一样的,且同分裂前母细胞的染色体数目、形态完全一样。

(5)末期

两组染色体分别到达两极,染色体的螺旋结构逐渐消失,出现核的重建过程,这正是前期的倒转,最后两个子核的膜重新形成,核旁的中心粒又成为两个,重新出现核仁,纺锤丝消失,染色体又重新变得松散细长,回复为染色质的状态。

(6)胞质分割

两个子核形成后,接着便发生胞质的分割过程。植物细胞的两个子核中间残留的纺锤丝先形成赤道板,最后成为细胞膜,把母细胞分隔成两个子细胞,到此一次细胞分裂结束(见图1.6)。

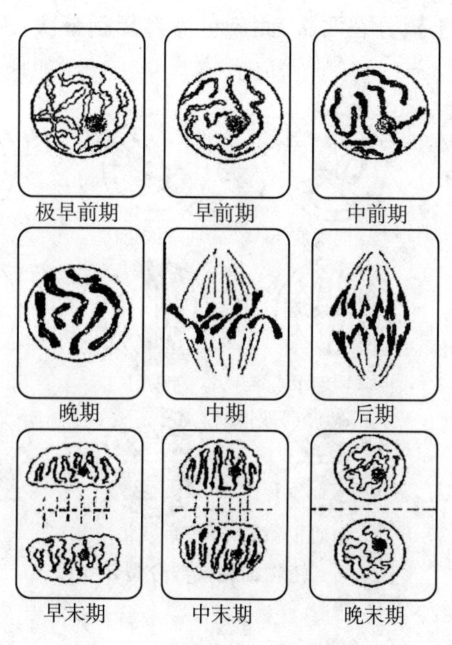

图 1.6 细胞有丝分裂模式图

2)有丝分裂的遗传学意义

首先,是核内每个染色体都能准确地复制分裂为二,为形成的两个子细胞在遗传组成上与母细胞完全一样提供了基础。其次是复制的各对染色体有规则而均匀地分配到两个子细胞的核中去,从而使两个子细胞与母细胞具有同样质量和数量的染色体。也就是说,不论根、茎、叶、花、果实、种子等任何一部分的体细胞,都有同等数量和质量的染色体。

由于染色体是遗传物质 DNA 的载体,染色体在有丝分裂中的复制和分配,也就是 DNA 的复制和分配,这样就使得每一物种在个体发育中保持着遗传的稳定性。大多数园艺植物采用嫁接、扦插、压条与分株等进行无性繁殖,以及某些蔬菜和花卉植物利用块茎、球茎、鳞茎和根茎等器官进行无性繁殖,从同一个体的不同部分产生的后代,都能保持与母体相同的遗传性状,其原因就在于体细胞都是从合子开始,通过无数次细胞的有丝分裂而形成的。通过细胞有丝分裂,能保证繁殖后代在遗传上的相似性。

对于细胞质来说,在细胞分裂时,它们是随机而不均等地分配到两个子细胞中去。因此,由细胞质中的线粒体、叶绿体等细胞器所决定的遗传表现,不可能与染色体所决定的遗传表现有同样的规律性。

1.3.2 减数分裂

减数分裂也是有丝分裂的一种,是发生在特殊器官,特殊时期的特殊的有丝分裂,又称为成熟分裂,发生在母性细胞形成配子的过程中。因为这种分裂使细胞内的染色体数目减半,所以称为减数分裂(见图 1.7)。减数分裂的主要特点:各对同源染色体在细胞分裂的前期配对,又称为联会;细胞核连续分裂两次,而染色体只复制一次,第一次分裂是减数的,第二次分裂是等数的。由于核分裂两次，而染色体只复制一次，因此，形成染色体数减少一半的配子。

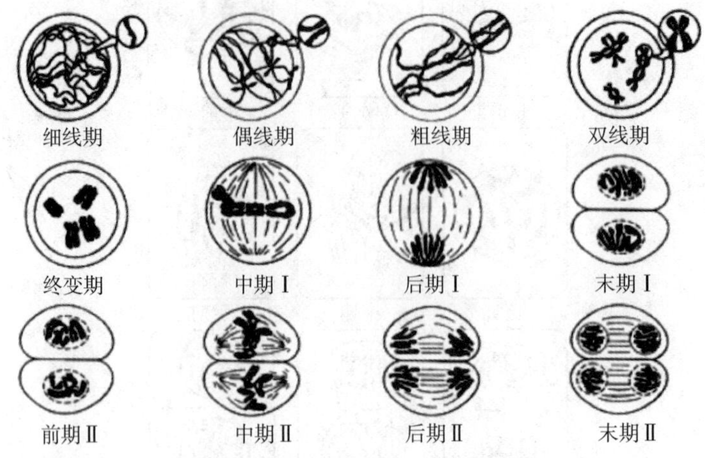

图 1.7　植物细胞减数分裂示意图

1）减数分裂过程

（1）第一次分裂

①前期Ⅰ。经历的时间最长，所发生的生化反应也最复杂。为叙述方便起见，又将其分为 5 个时期：

a. 细线期。核内出现了细长如丝的染色体，染色体在核内缠绕在一起，镜检呈看不出染色体的个体形态。

b. 偶线期。染色体出现联会，所谓联会就是同源染色体配对，也就是各对同源染色体在两端先行靠拢配对，或在染色体全长的各个不同部位开始配对，这是偶线期最显著的特征。镜检仍呈丝状结构，看不出染色体的个体形态。互相配对的同源染色体称二价体。同源染色体中不同着丝点连的染色单体之间互称非姊妹染色单体。

c. 粗线期。配对的染色体进一步变短变粗，非姊妹染色单体之间相应的部位可能发生断裂、错接，这个过程称为交换或互换或重组。发生染色体片段的交换和互换，可能导致基因的互换和交换，只是个别细胞的个别染色体发生这样的变化。

d. 双线期。染色体继续变短变粗，同源染色体之间相互排斥，使同源染色体分开，但因有的同源染色体发生交叉，则出现交叉缠绕，向两极移动，称为交叉端化。可看到 4 个染色单体。

e. 终变期。染色体螺旋化到最短最粗。可见交叉向二价体的两端移动，逐渐到达末端，这一过程称为交叉端化或端化。此时二价体分散在整个核内，可以一一区分。在大多数物种中此时核仁开始消失。

②中期Ⅰ。核仁核膜消失，细胞质内出现纺锤体，纺锤丝与着丝点相连。每个二价体中两个着丝点分别位于赤道面的两侧，也就是说面向相反的两极，而不是像普通有丝分裂那样各染色体的着丝点整齐地排列在赤道面上。来自父本和来自母本的两个着丝点朝向细胞的哪一极是随机的。终变期和中期Ⅰ是观察染色体形态，鉴定染色体数目的最好

时机。

③后期Ⅰ。染色体在纺锤丝的牵引下，同源染色体分开，以着丝点为先导，分别移向两极（此时有丝分裂的着丝点分裂，原来的染色单体变为染色体。而减数分裂着丝点不分裂，使到达两极的染色体数目减半。没有着丝点的复制，同源染色体分开，分别进入不同的极，非同源染色体在两极自由组合，实际到达两极的组合就非常多）。

④末期Ⅰ。染色体到达细胞的两极后逐渐松散变细，恢复为染色质状态，核仁核膜又重新出现，逐渐形成两个子核，紧接着细胞质也分裂为两部分，形成两个子细胞。这两个子细胞一般不分开，称为二分体。在末期Ⅰ之后，大都有一个短暂的停顿时期，称为中间期，相当于有丝分裂的间期，但是与有丝分裂间期相比有两个显著的不同：一是时间很短；二是DNA不复制。因此，中间期前后DNA含量没有变化。在动物中，很多物种没有中间期，末期Ⅰ以后马上进入第二次分裂。

（2）第二次分裂

减数分裂的第二次分裂与普通的有丝分裂基本相似。也可分为4个阶段：前期Ⅱ、中期Ⅱ、后期Ⅱ和末期Ⅱ。

①前期Ⅱ。前期Ⅱ的情况完全和有丝分裂前期一样，也是每条染色体具有两条染色单体。所不同的是只有 n 个染色体，而且每条染色体的两条染色单体并不是在减数分裂中间期进行复制，而是在减数分裂开始前的间期中已复制好了。

②中期Ⅱ。每个染色体的着丝点整齐地排列在各个分裂细胞的赤道板上，着丝点开始分裂。

③后期Ⅱ。着丝点分裂为二，各个染色单体成为一条独立的染色体，由纺锤丝分别拉向两极。

④末期Ⅱ。拉到两极的染色体形成新的子核，同时细胞质又分为两部分。这样经过两次分裂，形成4个子细胞，称为四分体或四分孢子。各细胞核里只有最初细胞的半数染色体，即从 $2n$ 减为 n。

2）减数分裂的遗传学意义

首先，减数分裂时核内染色体严格按照一定的规律变化，最后分裂形成4个子细胞，发育成雌性细胞或雄性细胞，各具有半数的染色体（n），这样雌雄性细胞受精结合为合子，又恢复为全数的染色体（2n）。从而保证了亲代与子代染色体数目恒定，保持了种质的连续性，同时保证了物种相对的稳定性。

其次，性母细胞的各对同源染色体在分裂中期Ⅰ排列在赤道板上，在后期Ⅰ各对同源染色体中的两个成员移向两极时是随机的。同源染色体间分离，各非同源染色体间都可能自由组合于一个子细胞里。有 n 对同源染色体，就可能有 2^n 种自由组合方式。如番茄 $n=12$，其非同源染色体间的可能组合数为 $2^{12}=4\ 096$。

再次，同源染色体的非姊妹染色体间的片段，还可能出现交叉而发生互换，产生的遗传物质重新组合，就会增加这种差异的复杂性，为植物子代的变异提供了物质基础。

1.4 植物配子的形成与受精结实

自然界中,植物的生殖方式基本上有两种:一种是无性生殖,是通过亲本营养体的分割而产生许多后代个体,这一方式也称为营养体生殖。另一种是有性生殖,是通过亲本产生的雌配子和雄配子受精而形成合子,随后进一步分裂,分化和发育而产生后代。这是生物界最普遍而重要的生殖方式,大多数植物都是有性生殖的。

1.4.1 植物雌雄配子的形成

园艺植物的个体成熟后,在花器的雄蕊和雌蕊里由体细胞分化出孢原细胞,孢原性母细胞经过减数分裂发育成为雄配子和雌配子,即精子和卵细胞(见图 1.8)。

1)雄配子的形成

雄蕊的花药中分化出孢原细胞,进一步分化为小孢子母细胞(2n),经过减数分裂形成4个单倍体小孢子(n),每个小孢子形成1个单核花粉粒。在花粉粒发育过程中,它经过一次有丝分裂,产生1个管核即营养核(n)和1个生殖核(n),而生殖核再进行一次有丝分裂,形成2个精核(n)。所以,1个成熟的花粉粒包括2个精核和1个营养核。这样一个成熟的花粉粒称为雄配子体,其中的精核称为雄配子。

2)雌配子的形成

雌蕊子房中分化出孢原细胞,进一步分化为大孢子母细胞(2n),经过减数分裂形成直线排列的4个单倍体大孢子(n),即四分孢子。其中3个退化,只有一个远离珠孔的大孢子又经过3次有丝分裂形成8个单倍体核,其中3个是反足细胞,2个是助细胞,2个是极核,1个是卵细胞,这样由8个核所组成的胚囊称为雌配子体,其中的卵细胞又称雌配子。

1.4.2 植物受精结实

雌雄配子体融合为一个合子的过程即为受精。根据植物的授粉方式不同,可分为自花授粉和异花授粉两类。同一朵花内或同株上花朵间的授粉,称为自花授粉。不同株的花朵间授粉,称为异花授粉。一般以天然异花授粉率来区分植物的授粉类型。授粉后,花粉粒在柱头上萌发,随着花粉管的伸长,营养核与精核进入胚囊内,随后1个精核与卵细胞受精结合成合子,将来发育为胚(2n);另一个精核与2个极核受精结合为胚乳核(3n),将来发育成胚乳(3n),这一过程被称为双受精。双受精现象是被子植物有性繁殖过程中特有的现象。通过双受精最后发育成种子。故种子的主要组成是:

胚(2n):受精产物;种子胚乳(3n):受精产物;种皮(2n):母本的珠被,为营养组织。即胚乳和胚是双受精的产物,其中胚乳的遗传组成里2n来自母本,1n来自父本;胚的遗传组

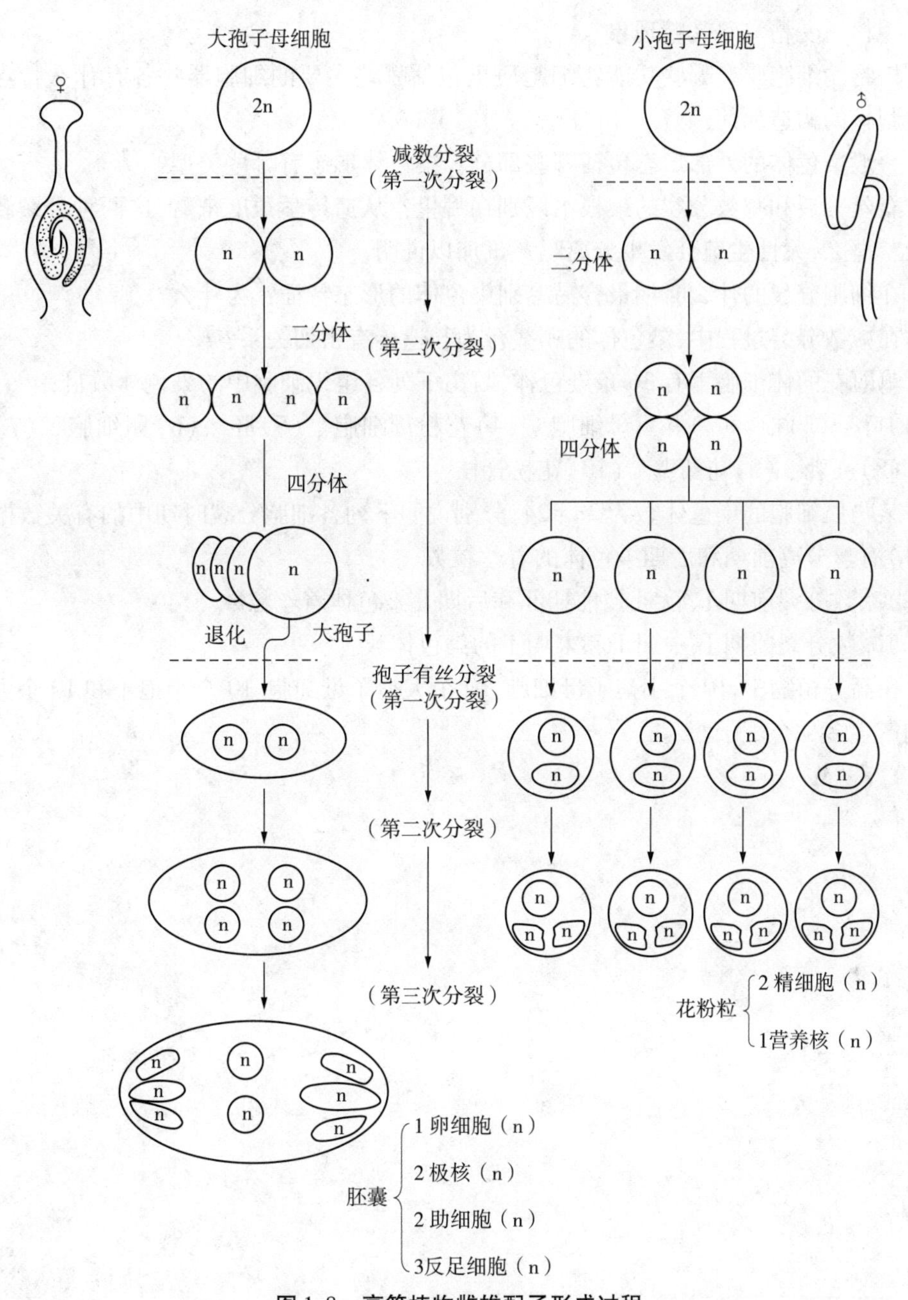

图 1.8 高等植物雌雄配子形成过程

成一半来自母本，一半来自父本。种子播种后，种皮和胚乳提供种子萌发和生长所需的营养而逐渐解体，故它不具遗传效应；只有 2n 的胚才具有遗传效应，才能长成 2n 的植株。另外，在育种上，柑橘、苹果和枣通过胚乳细胞的离体培养已获得三倍体植株。由此可见，双重受精对遗传和育种有重要的理论和实际意义。

复习思考题

1. 名词解释：

染色体　染色单体　着丝点　同源染色体　非同源染色体　有丝分裂　减数分裂

联会　授粉　受精　双受精现象

2. 植物的细胞膜有哪些功能？细胞质里包括哪些主要的细胞器？各有什么特点和作用？细胞核的构造如何？

3. 一般染色体的外部形态包括哪些部分？染色体形态有哪些类型？

4. 有丝分裂和减数分裂的最根本区别在哪里？从遗传学角度来看，这两种分裂各有什么意义？那么，无性生殖会发生分离吗？试加以说明。

5. 在细胞分裂的什么时期最容易鉴别染色体的形态特征？为什么？

6. 在减数分裂过程中，染色体的哪些行为与遗传有密切关系？

7. 鸡冠花的体细胞里有 36 条染色体，写出下列各组织细胞中的染色体数目：

(1)叶　(2)根　(3)胚囊母细胞　(4)花粉母细胞　(5)胚　(6)卵细胞　(7)反足细胞　(8)胚乳　(9)花药壁　(10)花粉管核

8. 某物质细胞的染色体数为 $2n=24$，分别说明下列各细胞分裂时期中的有关数据：

(1)有丝分离前期和后期染色体的着丝粒数。

(2)减数分裂前期Ⅰ、后期Ⅰ、前期Ⅱ和后期Ⅱ染色体着丝粒数。

(3)减数分裂前期Ⅰ、中期Ⅰ和末期Ⅰ的染色体数。

9. 在高等植物中，10 个小孢子母细胞、10 个大孢子母细胞、10 个小孢子和 10 个大孢子能分别产生多少个配子？

第2章 遗传物质的分子结构

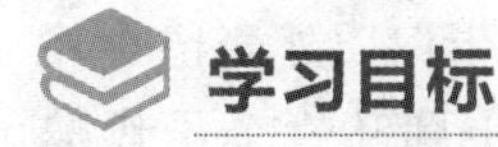

学习目标

- 熟悉 DNA 是遗传物质的直接证据、间接证据。
- 掌握核酸的分子结构和组成成分。
- 掌握 DNA 的复制过程、复制特点、基因的概念及三联体遗传密码的特点。
- 熟悉转录、蛋白质的合成过程。
- 了解中心法则及其发展,基因与性状表达的关系。

2.1 DNA 是主要的遗传物质

染色体的主要成分是核酸和蛋白质,那么两者何为遗传物质?

2.1.1 DNA 作为主要遗传物质的间接证据

DNA 作为主要遗传物质的间接证据主要体现在以下几个方面:

(1)DNA 是所有生物共有的

从噬菌体、病毒到人类染色体中都含有 DNA,而蛋白质则不同,噬菌体和病毒的蛋白质不是存在于染色体上,而是在外壳上,在细菌的染色体上也没有蛋白质,只有真核生物的染色体上才有核蛋白。

(2)DNA 在代谢上比较稳定

利用放射性元素标记,发现细胞内除 DNA 分子外,大部分物质都是一边迅速合成,一边分解,而原子一旦组成 DNA 分子,则在细胞保持健全生长的情况下,不会离开 DNA。

(3)DNA 含量稳定

同一种植物的不同组织的细胞,不论其大小和功能如何,它们的 DNA 含量基本上是相同的,配子的 DNA 含量正好是体细胞的一半,而蛋白质等其他化学物质则不是恒定的。

(4)基因突变与 DNA 分子变异密切相关

用不同波长的紫外线诱发各种生物突变时,最有效的波长是 260 nm,这正是 DNA 的紫外光谱吸收高峰，说明基因突变是与DNA分子变异密切相关的。

2.1.2 DNA作为主要遗传物质直接证据

1)噬菌体的浸染实验

噬菌体是寄生在细菌中的病毒，分子组成比较简单。T_2噬菌体约有60%的蛋白质和40%的DNA组成，蛋白质构成它的外壳，而壳内是一条DNA分子。当T_2噬菌体浸染大肠杆菌时，先用尾丝吸附在菌体上，然后将它的DNA注入细菌内，而蛋白质外壳留在外面。这时，大肠杆菌不再繁殖，约30 min后，菌体裂解并释放出几十到几百个子代噬菌体。

那么噬菌体浸染大肠杆菌时，如何证明进入菌体的是DNA而不是蛋白质呢？1952年Hershey和Chase根据DNA中含磷(P)而蛋白质中含硫(S)的事实，用放射性同位素^{35}S和^{32}P分别标记蛋白质和DNA，然后分别进行浸染实验(见图2.1)。用^{32}P标记的噬菌体去浸染细菌，在细菌没有裂解前，进行搅拌离心，使感染细菌的噬菌体外壳与细菌分开，然后再用测量放射性的仪器来检测。发现被浸染的宿主细菌内含有放射性^{32}P，而在蛋白质外壳中很少有放射性同位素。用^{35}S标记的噬菌体去浸染细菌，发现宿主细胞内很少有同位素标记，而是在脱落的噬菌体外壳中。由此证明，在噬菌体的生活史中，只有DNA是遗传物质，而不是蛋白质。

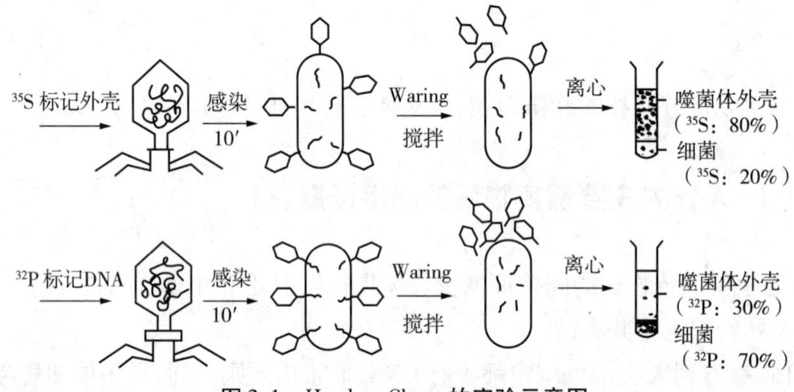

图2.1 Hershey-Chase的实验示意图

2)细菌转化试验

某一受体细菌通过直接吸收来自另一供体细菌的、含有特定基因的脱氧核糖核酸片段，从而获得了供体细菌的相应遗传性状，这种现象称为细菌转化。

肺炎球菌有许多不同的菌株，但只有光滑型(S)菌株能引起人的肺炎和小鼠的败血症。当这种细菌生长在合成培养基上时，每个细菌长成一个明亮、光滑的菌落。其他一些菌株没有荚膜，不会引起疾病，长成粗糙型(R)菌落。1928年，英国微生物学家格里费斯(Fred Griffith)对小鼠进行试验(见图2.2)，他将加热杀死的S型细菌与活的R型细菌加在一起注射到小鼠体内，发现可以致小鼠死亡，而且从鼠尸的血中找到了活的S型细菌，再用这些S型细菌注射到小鼠体内，也能使小鼠得败血症，而用死的S型细菌和活的R型细菌分别注射到小鼠体内,却不能引起败血症。这就说明,死的S型细菌中含有一种物质,能把某些活的R型细菌转化成S型细菌,并能遗传下去。当时格里费斯称这种物质为"转化因素",但是不知道是什么物质。

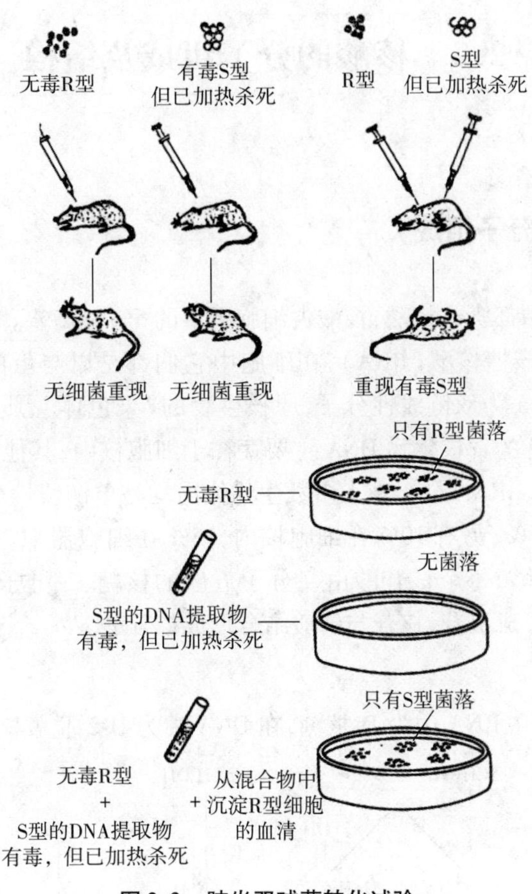

图2.2　肺炎双球菌转化试验

1944年,艾弗里(Osward Avery)等人从S型细菌中分别抽提出DNA、蛋白质和荚膜物质,并把每一种成分同活的R型细菌混合,悬浮在合成培养液中。结果发现只有DNA组分能够把R型细菌转变成S型细菌。而且DNA的纯度越高,这种转化的效率也越高。这说明,一种基因型细胞的DNA进入另一种基因型的细胞后,可引起稳定的遗传变异,如果事先用DNA酶处理DNA,使DNA分解,就不会出现转化现象,说明DNA是遗传物质。

3)烟草花叶病毒(TMV)的感染实验

烟草花叶病毒是一种RNA病毒,它有一圆筒状的蛋白质外壳,由很多相同的蛋白质亚基组成,内有一单链的RNA分子,沿着内壁在蛋白质亚基间盘旋。约含有6%的RNA和94%的蛋白质。把TMV在水和苯酚中震荡,可以把有病毒的蛋白质部分和RNA分开,也可由这分开的两部分重新合成有感染力的病毒。

1956年A. Gierer和G. Schraman将TMV的RNA与蛋白质分开,分别用RNA和蛋白质感染烟草,结果单是病毒的蛋白质,不能使烟草感染;单是病毒的RNA,可以使烟草感染。单是RNA的感染效率很低,可能是因为RNA裸露,在感染过程中容易被酶降解。若用

RNA 酶处理 RNA,就会完全失去感染力,说明在不含 DNA 的 TMV 及其他病毒中,RNA 是遗传物质。

2.2 核酸的分子组成及结构

2.2.1 核酸的分子组成

任何植物的细胞中都含有核酸,核酸占细胞干重的5% ~15%。核酸可分为两大类:脱氧核糖核酸(DNA)和核糖核酸(RNA),在细胞中它们都是以与蛋白质结合的状态存在。真核生物的染色体 DNA 为双链线性分子,原核生物的"染色体"、质粒及真核细胞器 DNA 为双链环状分子。95% 的真核生物 DNA 主要存在于细胞核内,其他 5% 为细胞器 DNA,存在于线粒体、叶绿体等。RNA 分子在大多数生物体内均是单链线性分子,RNA 分子主要存在于细胞质中,约占 75%,另有 10% 在细胞核内,15% 在细胞器中。核酸是一种高分子化合物,基本单位是核苷酸,每个核苷酸由一分子五碳的核糖、一分子磷酸和一分子碱基组成。核糖与碱基结合形成核苷,核苷与磷酸结合形成核苷酸。

1)戊糖

戊糖有两种形式,在 RNA 中为 D-核糖,在 DNA 中为 D-2-脱氧核糖(见图 2.3)。

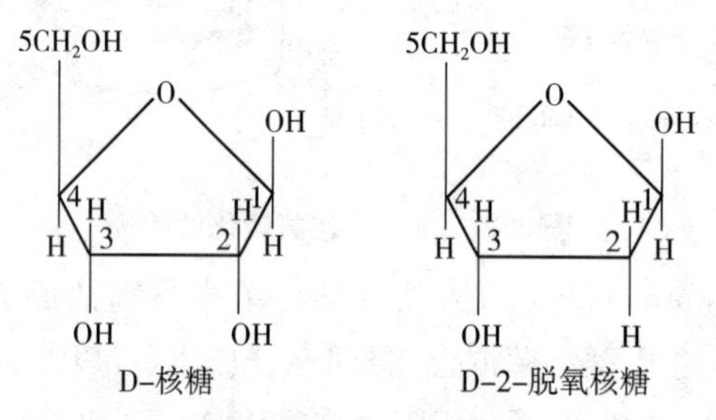

图 2.3 核糖的分子结构

2)碱基

核酸的碱基有 5 种结构(见图 2.4)。DNA 中的 4 种碱基是腺嘌呤(A)、鸟嘌呤(G)、胞嘧啶(C)和胸腺嘧啶(T);RNA 中的碱基也是 4 种,3 种与 DNA 中的相同,只是尿嘧啶(U)替换了胸腺嘧啶(T)。

3)磷酸(H_3PO_4)

磷酸是核酸链上核糖间的连接部分。磷酸的上、下两个羟基分别与两个核糖的 3′,5′碳位上的两个羟基,缩去一分子水,形成 3′,5′磷酸二酯键,核酸链就是多个核苷酸分子通过 3′,5′磷酸二酯键连接而成的。

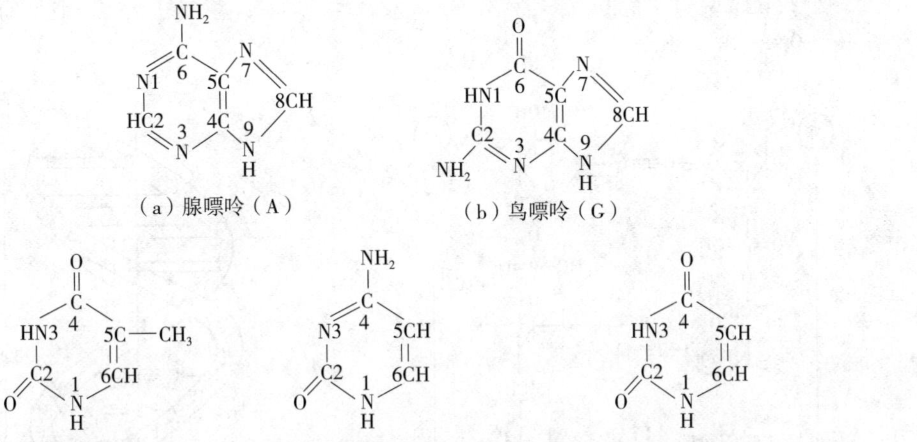

（a）腺嘌呤（A）

（b）鸟嘌呤（G）

（c）胸腺嘧啶（T）

（d）胞嘧啶（C）

（e）尿嘧啶（U）

图 2.4　DNA 和 RNA 中的碱基分子结构

2.2.2　核酸的分子结构

1）DNA 的分子结构

1953 年，沃特森（J. D. Watson）和克里克（F. H. Crick）根据 X 射线对 DNA 衍射的研究结果，提出了著名的 DNA 分子双螺旋结构模型。这个结构模型圆满地解答了 DNA 的复制、遗传信息的贮存与传递及 DNA 的可变性与稳定性等诸多问题，从而为分子遗传学发展奠定了基础。

①DNA 分子是由两条多核苷酸链组成，核苷酸之间通过 3′，5′磷酸二酯键连接。其中一条链 5′→3′；另一条链 3′→5′，这种现象称为反向平行（见图 2.5）。两条核苷酸链围绕一个公共的轴形成右旋的双螺旋结构。

②螺旋的直径为 2 nm，相邻两碱基间的距离为 0.34 nm，每 10 个核苷酸碱基绕螺旋转一圈，螺距为 3.4 nm，如图 2.6 所示。

③碱基位于螺旋的内侧，磷酸和脱氧核糖骨架在螺旋的外侧。2 条反向平行的链通过内侧碱基间形成的氢键相连，A 与 T 之间由 2 个氢键连接，G 与 C 之间由 3 个氢键连接。

④2 条链的碱基是互补配对的，即腺嘌呤（A）与胸腺嘧啶（T）配对，鸟嘌呤（G）与胞嘧啶（C）配对（见图 2.7），配对的碱基称为互补碱基。因此，DNA 分子中 2 条多核苷酸链是互补的，即如果一条链上的碱基顺序确定，那么另一条链上必有相对应的碱基序列。

组成 DNA 分子的脱氧核苷酸虽然只有 4 种，但是构成 DNA 分子的脱氧核苷酸数目极多（实验表明，不同生物染色体的 DNA 分子有几十到几十亿个核苷酸组成），其排列顺序又是随机的，因此，核苷酸对在 DNA 分子中可以排列成无数样式。假如某一段 DNA 分子链有 1 000 个核苷酸对，则该段就可能有 $4^{1\,000}$ 种不同的排列组合形式，其反映出来的就是 $4^{1\,000}$ 种不同性质的遗传信息，这就是生物为什么能表现出千差万别的根本原因。

但对特定物种的 DNA 分子来说，其碱基排列顺序是一定的，且一般保持不变，因此，才保证了生物遗传特性的稳定。只有在特殊条件下，碱基顺序或位置发生改变，才出现遗传

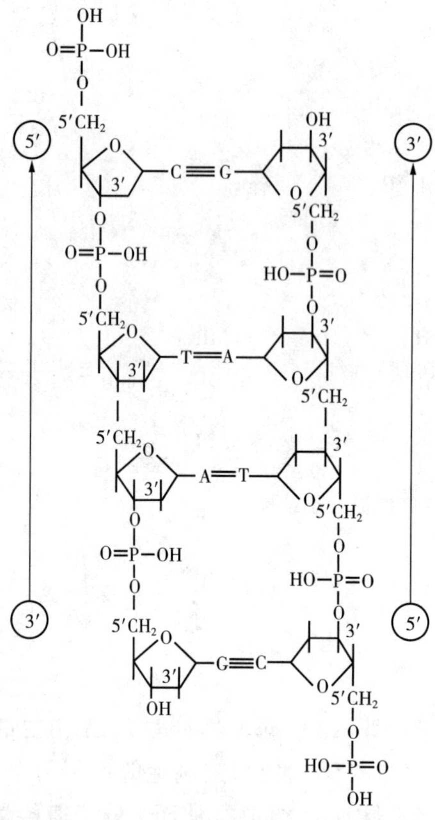

图 2.5　DNA 分子两条反向平行的链

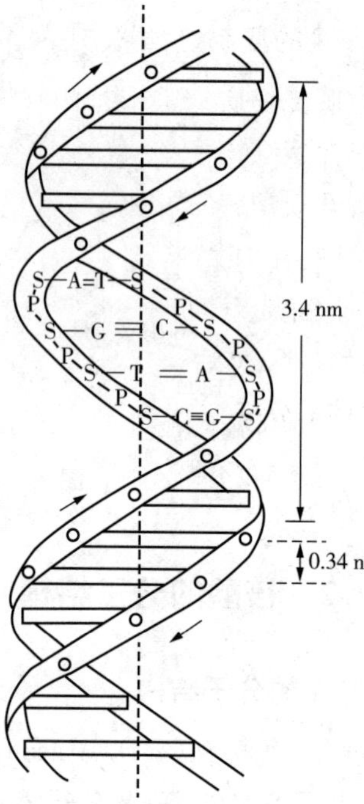

图 2.6　DNA 分子的双螺旋结构模型

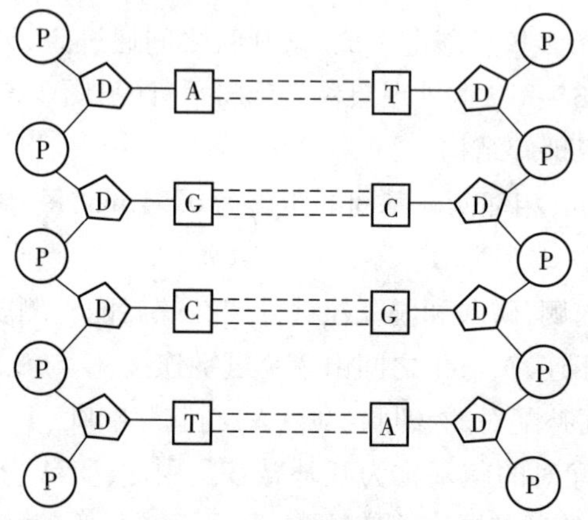

图 2.7　DNA 分子的碱基配对示意图

的变异。

2) RNA 的分子结构

RNA 的分子结构与 DNA 相似，也是由多个核苷酸组成的多聚体，但它与 DNA 存在一些重要的区别。首先，RNA 的核糖取代了 DNA 的脱氧核糖，尿嘧啶（U）取代了胸腺嘧啶（T）；其次，RNA 分子大部分是以单链形式存在，不形成双螺旋，但一条 RNA 链上的互补部分也会产生碱基配对，形成双链区域。如在蛋白质合成中涉及的 rRNA 和 tRNA。

2.2.3　DNA 的复制

1) DNA 的复制过程

作为遗传物质的 DNA,其基本特点是能够准确地自我复制。Watson-Crick 根据 DNA 分子的双螺旋结构模型,认为在细胞分裂间期 DNA 复制时,首先是 DNA 双链在解旋酶的作用下解开双螺旋,局部分解为两条单链。每条链以自身碱基序列为模板,根据碱基互补配对的原则,在 DNA 聚合酶的作用下,选择带有互补碱基的核苷酸与模板链形成氢键。随着 DNA 聚合酶在模板链上的移动,合成了与其互补的一条新链,与原来的模板单链互相盘旋在一起,又恢复了 DNA 分子双螺旋结构。随着 DNA 分子双链的完全拆开,逐渐形成 2 个新的 DNA 分子,与原来的 DNA 分子完全一样,如图 2.8 所示。

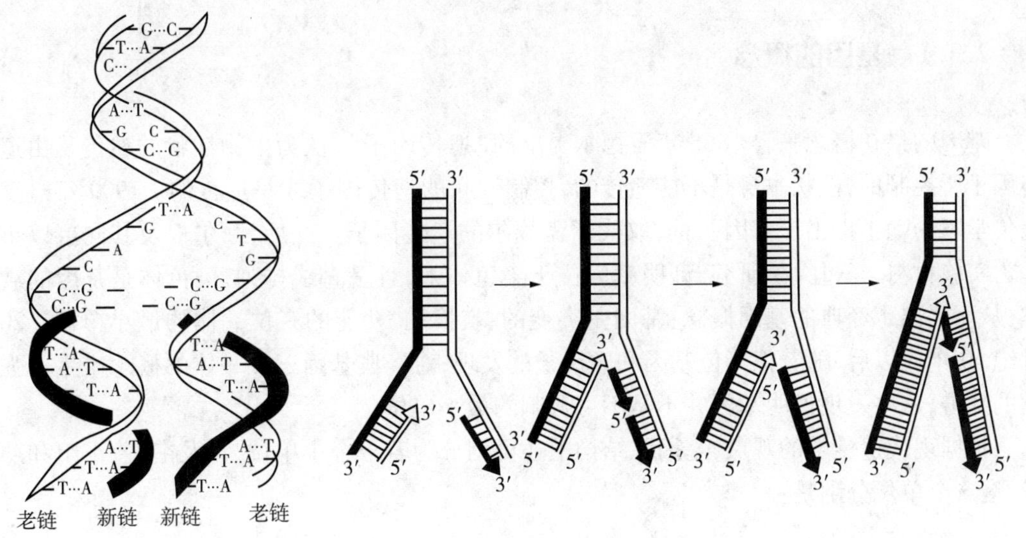

图 2.8　DNA 分子的复制及冈崎片段假说

2) DNA 的复制特点

一是半保留复制。在 DNA 分子的子代双链中,一条是亲本链,另一条是新合成的链,这种复制方式称为半保留复制,这对保持生物遗传的稳定性是至关重要的;二是 DNA 的复制是边解旋边复制的,所以会出现复制叉;三是 DNA 复制有方向性。新链的合成只能按照从 5′→3′的方向,由于组成 DNA 分子的双链反向平行,因此,一条模板链上的 DNA 合成是连续的,而对应的另一条模板链上新链的合成则是不连续的,只是一段一段地合成 DNA 单链小片段,称为冈崎片段(原核生物 1 000 ~ 2 000 个核苷酸,真核生物 100 ~ 200 个核苷酸)。冈崎片段在 DNA 连接酶的作用下连接起来成为新链,完成 DNA 的复制(见图 2.7);四是冈崎片段的合成需要 RNA 引物,位于 DNA 片段的 5′端,在 DNA 短链连接成长链前脱掉。

DNA 分子的这种准确自我复制的能力,使控制性状的遗传物质能够世代相传,从而使性状在繁殖过程中保持其稳定性和连续性,在保证子代和亲代具有相同遗传性状上具有相当重要的意义。但是在DNA复制过程中,也会发生差错,正常情况下,每$10^3 \sim 10^9$碱基对可能出现一次差错。如果在强烈的理化因素影响下,其频率可急剧增加,这是DNA分子可变的一面。如果出现成对碱基排列顺序的重新组合、一对或几对碱基的重复、某些成对碱基的缺失等差错,DNA分子就会按照已发生改变的顺序进行复制,并反映到新合成的蛋白质结构上,使生物的性状和功能发生变异,这样就在分子水平上圆满地解释了生物的遗传变异现象。

2.3 基因的表达调控

2.3.1 基因的概念

基因的最初概念来自1866年孟德尔提出的"遗传因子",认为生物性状的遗传是由遗传因子所控制的,性状本身是不能遗传的,控制性状的遗传因子才是遗传的。1909年丹麦遗传学家约翰生提出了基因一词,取代了孟德尔的遗传因子。此后,摩尔根及其同事以果蝇为实验材料,经过大量研究,证明基因位于染色体上,且呈直线排列,染色体是基因的载体,从而提出了经典的基因概念:基因是突变的、交换的、功能的三位一体的最小单位。20世纪50年代以后,随着拟等位基因和顺反子的发现,对经典基因三位一体的概念产生了强大的冲击,这些发现说明基因并不是不可分割的最小单位。

根据现代遗传学的观点,基因在结构上还可划分为若干个小单位,涉及突变、重组和功能,这3个单位分别是:

1)突变子

突变子是指性状发生突变时产生突变的最小单位,一个突变子可以小到一个核苷酸对。

2)重组子

重组子也称交换子,是指发生性状重组时,产生重组的最小单位,一个重组子可小到只包含一个核苷酸对。

3)顺反子

顺反子也称作用子,是现代分子遗传学中的基因。是DNA分子上具有遗传功能的一个区段(包含有500~1 500个核苷酸对),是一个完整的、不可分割的最小功能单位,决定一个多肽链的合成。一个顺反子内部可有若干个重组子和突变子。

综上所述,基因是一段有功能的特定DNA序列,是一个遗传功能单位,其内部存在许多的重组子和突变子。

2.3.2 遗传密码

1)三联体密码

基因控制性状的表达并不是直接的,而是一个与蛋白质合成密切相关的复杂过程。各种生物遗传性状的差异是由 DNA 分子上碱基排列的差异造成的,由 DNA 分子的碱基序列决定的遗传信息,转录到具有相应序列的信使 RNA (mRNA)分子上,从而翻译出相应的氨基酸序列,合成蛋白质分子。

研究表明,将核苷酸序列翻译成相应氨基酸序列,靠的是 RNA 分子上 3 个连续碱基构成的遗传密码。我们把相对应于 1 个氨基酸的 3 个相连的碱基称为 1 个密码子(codon),即三联体密码(triplet)。4 种碱基能够形成 $4^3=64$ 种密码子,负责编码构成蛋白质的 20 种氨基酸,见表 2.1。

表 2.1 20 种氨基酸的遗传密码

第一位碱基	第二位碱基				第三位碱基
	U	C	A	G	
U	UUU 苯丙氨酸	UCU 丝氨酸	UAU 酪氨酸	UCU 半光氨酸	U
	UUC 苯丙氨酸	UCC 丝氨酸	UAC 酪氨酸	UGC 半光氨酸	C
	UUA 亮氨酸	UCA 丝氨酸	UAA 终止信号	UGA 终止信号	A
	UUG 亮氨酸	UCG 丝氨酸	UAG 终止信号	UGG 色氨酸	G
C	CUU 亮氨酸	CCU 脯氨酸	CAU 组氨酸	CCU 精氨酸	U
	CUC 亮氨酸	CCC 脯氨酸	CAC 组氨酸	CGC 精氨酸	C
	CUA 亮氨酸	CCA 脯氨酸	CAA 谷氨酰胺	CCA 精氨酸	A
	CUG 亮氨酸	CCG 脯氨酸	CAG 谷氨酰胺	CGG 精氨酸	G
A	AUU 异亮氨酸	ACU 苏氨酸	AAU 天冬酰胺	AGU 丝氨酸	U
	AUC 异亮氨酸	ACC 苏氨酸	AAC 天冬酰胺	AGC 丝氨酸	C
	AUA 异亮氨酸	ACA 苏氨酸	AAA 赖氨酸	AGA 精氨酸	A
	AUG 甲硫氨酸 (起始密码)	ACG 苏氨酸	AAG 赖氨酸	AGG 精氨酸	G
G	GUU 缬氨酸	GCU 丙氨酸	GAU 天冬氨酸	GGU 甘氨酸	U
	GUC 缬氨酸	CCC 丙氨酸	CAC 天冬氨酸	CGC 甘氨酸	C
	GUA 缬氨酸	GCA 丙氨酸	GAA 谷氨酸	GGA 甘氨酸	A
	GUG 缬氨酸 (兼做起始密码)	GCG 丙氨酸	GAC 谷氨酸	GGG 甘氨酸	G

2)遗传密码的特点

(1)遗传密码的简并性

从遗传密码表 2.1 可知,除 AUG(甲硫氨酸)和 UGG(色氨酸)以外,每种氨基酸都有 1

个以上的密码子,这种现象称为密码的简并。编码同一氨基酸的不同密码子称为同义密码子。同义密码子之间很相似,例如,GCU,GCC,GCA,GCG 同时编码丙氨酸,同义密码子的差别通常发生在第3个碱基上,这个碱基的位置被称为摆动位置。密码子的简并性可以减少突变对生物的影响,增强其遗传稳定性。值得注意的是,密码虽有简并性,但它们的使用频率并不相等,同时,每种氨基酸所具有的密码子数目并不和该氨基酸在蛋白质中出现的频率成正比。

(2)遗传密码指导蛋白质合成的有序性

遗传密码指导蛋白质合成总是从起始密码开始,到终止密码结束。在蛋白质的合成过程中,编码甲硫氨酸的 AUG 是起始密码子,在少数情况下也用 GUG。UAA,UAG,UGA 是蛋白质合成的终止密码子,又称无义密码子,它们单个或串联在一起用于多肽链翻译的结束。

(3)遗传密码是三联体密码

每一个密码子都是由3个核苷酸构成,其特异的编码多肽链中的一个氨基酸。并且,遗传密码之间没有空格,阅读 mRNA 时是连续的,一次阅读3个核苷酸,不能跳过 mRNA 中的任何核苷酸。

(4)遗传密码的通用性

整个生物界从病毒到人类,遗传密码是通用的,即所有的核酸语言都是由4个基本的符号所编写,而所有的蛋白质语言,都是由20种氨基酸所编成。它们用共同的语言形成不同生物种类和性状,这不仅从分子水平上证明了生命的共同本质和共同起源,也说明了生物进化的漫长历程。

2.3.3 蛋白质的合成

DNA 控制蛋白质的合成,需要经过转录和翻译两个主要过程。蛋白质的合成过程也是 mRNA、tRNA、rRNA、核糖体及多种酶蛋白共同参与的结果。

1)RNA 的种类

(1)信使核糖核酸(mRNA)

mRNA 的主要功能是把 DNA 上的遗传信息携带到核糖体上指导蛋白质的合成。mRNA 在细胞中含量较少,约占 RNA 总量的5%。

(2)转运核糖核酸(tRNA)

tRNA 的功能是根据 mRNA 上的遗传信息依次准确地识别相应的氨基酸,并将其搬运到核糖体上,连接成多肽链,以实现蛋白质的合成。

tRNA 占 RNA 总量的10%~15%,是 RNA 中大小一致、分子量最小的 RNA(75~85个核苷酸),在细胞质中游离存在。

tRNA 是一种三叶草状的发夹结构,如图2.9所示。4个分子臂协同作用完成蛋白质的合成。值得一提的是,tRNA 的前端是一个由7个暴露的碱基形成的突环,称为反密码子环。在反密码子环的最前端三联体密码与 mRNA 上的三联体密码相反(互补),故称反密码子。通过反密码子识别要搬运的氨基酸的种类。反密码子是 tRNA 性质的标志，不同的 tRNA 主要体现在它的反密码子上，有什么种类的氨基酸，就有相对应的 tRNA。实际上，tRNA 有 60 种，而常见氨基酸只有 20 种，可见搬运同一氨基酸的 tRNA 可能有几种（通常是 1～4 种），这种可以接受相同氨基酸的不同 tRNA，称为同功 tRNA。在线粒体中没有同功 tRNA。

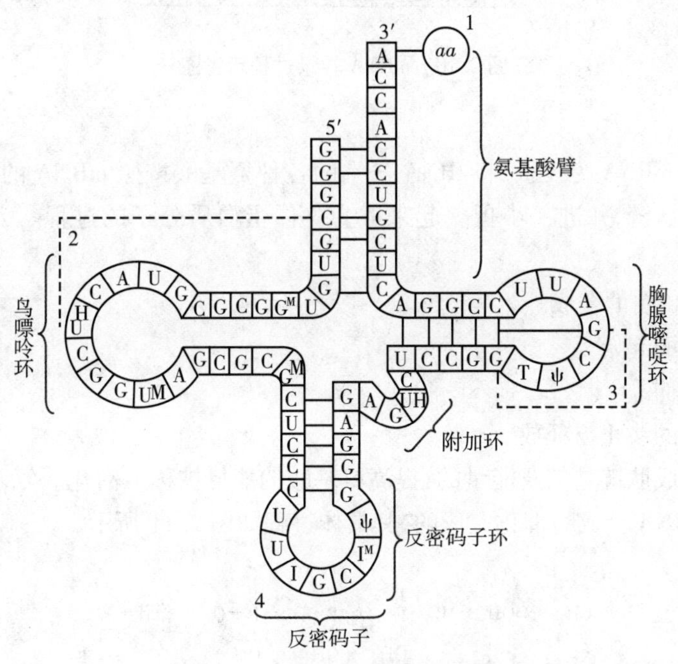

图 2.9　tRNA 分子结构示意图

所有的 tRNA 3′,5′末端由 5～7 个碱基对组成，称为氨基酸臂。而 3′末端都是以 CCA 结尾，腺苷酸（A-OH）的核糖 3′位上的羟基可与氨基酸结合，成为氨酰基-tRNA 并被运载到核糖体上。

（3）核糖体核糖核酸（rRNA）

rRNA 占 RNA 总量的 80%，主要功能是与蛋白质结合形成核糖体，成为蛋白质合成中心。核糖体包含大、小两个亚基，由 Mg^{2+} 结合起来，呈不倒翁形。在高等生物中，大多数核糖体附着在细胞质的内质网上。

2）转录

在细胞核中，以 DNA 双链中的一条信息链为模板，将 DNA 的遗传信息通过碱基互补的方式合成 mRNA 的过程称为转录。转录时，首先由 RNA 聚合酶正确识别 DNA 上的起始区，并与模板 DNA 结合，使它的螺旋局部解开，以信息链为模板（也称这条链为模板链，另一条链为编码链），按照碱基互补的方式，形成一条与模板 DNA 互补的 RNA 链，当聚合酶移至适当的位置时，新合成的 RNA 链从 DNA 分子上脱离，形成独立的 RNA 分子。解旋的两条 DNA 单链又恢复成双螺旋，如图 2.10 所示。这样，RNA 链的碱基顺序与编码链是一致的，只是 U 代替了 T。转录后形成的 RNA（在真核生物中需经过复杂的加工），通过核孔，转移到细胞质中与核糖体等结合在一起，完成蛋白质的合成。

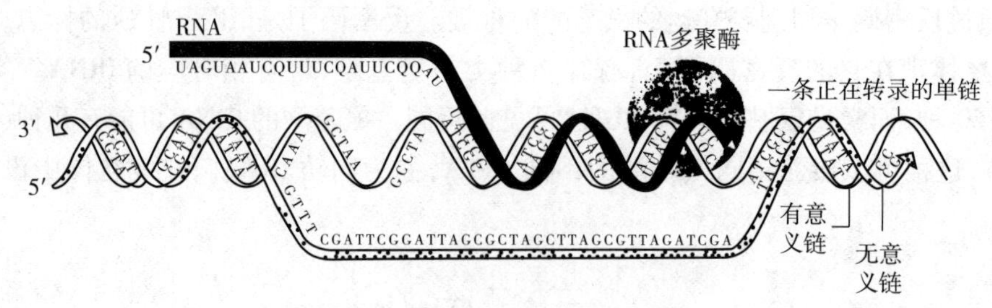

图 2.10 mRNA 转录过程示意图

3)翻译

翻译就是以 mRNA 为模板,将 tRNA 送来的各种氨基酸按照 mRNA 的密码顺序,相互连接起来成为多肽链,并进一步折叠起来成为立体蛋白质分子的过程。大致有以下 4 个阶段:

①氨酰基-tRNA 的合成。

②肽链合成的起始。

③肽链的延伸。

④肽链合成的终止与释放。

氨基酸缩合成肽链是需要能量的,提高氨基酸的能量被称为活化。氨基酸的活化是由特异的氨酰基-tRNA 合成酶催化完成的,其具体过程如图 2.11 所示。

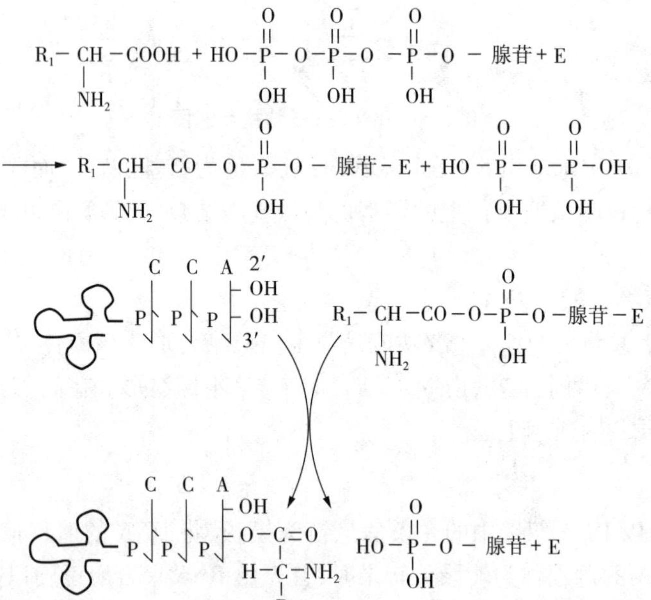

$$R_1-CH(NH_2)-COOH + HO-P(=O)(OH)-O-P(=O)(OH)-O-P(=O)(OH)-O-\text{腺苷} + E$$

$$\longrightarrow R_1-CH(NH_2)-CO-O-P(=O)(OH)-O-\text{腺苷}-E + HO-P(=O)(OH)-O-P(=O)(OH)-OH$$

$$\text{tRNA}-P-C-P-C-P-A(2'\text{-}OH,\ 3'\text{-}OH) + R_1-CH(NH_2)-CO-O-P(=O)(OH)-O-\text{腺苷}-E$$

$$\longrightarrow \text{tRNA}-P-C-P-C-P-A(OH)-O-C(=O)-CH(NH_2)-R_1 + HO-P(=O)(OH)-O-\text{腺苷} + E$$

图 2.11 氨基酸的活化及其与 tRNA 相结合示意图

蛋白质合成开始时,首先核糖体小亚基与 mtRNA 结合,构成小亚基 mtRNA 起始复合体。带有活化的甲硫氨酰-tRNA(原核细胞中是甲酰甲硫氨酰-tRNA)进入起始复合体,甲硫氨酰-tRNA 上的反密码子 UAC 识别出 mRNA 上起始密码子 AUG。大亚基结合到小亚基上,形成一个完整的核糖体。

完整的核糖体有两个供 tRNA 附着的位置:氨酰基附着位置,又称受位(A 位);肽基附着位置,又称给位(P 位)。带有氨基酸的 tRNA 分子先进入 A 位,在肽基转移酶的作用下,它所带的氨基酸与 P 位上的 tRNA 所带的氨基酸通过肽键形成肽链。肽链转移到 A 位,P 位上的 tRNA 从核糖体释放出去,核糖体在 mRNA 上沿 5′→3′挪动一个密码子距离,原处于 A 位上带有肽链的 tRNA 随之转到 P 位上。新的 mRNA 密码子就在 A 位上显露出来,新的氨酰基-tRNA(其反密码子与密码子互补)进入 A 位,P 位上的肽链转到 A 位上,肽链又延长,直到 A 位上出现终止密码子 UAA(或 UAG 或 UGA),翻译密码的工作完成。新合成的多肽链就被释放到细胞质中,卷曲折叠形成具有立体结构的蛋白质。

最后核糖体与 mRNA 分开,脱离下来的核糖体,在 1 个启动因子的参与下分解成大小两个亚基,等待合成新的蛋白质,如图 2.12 所示。

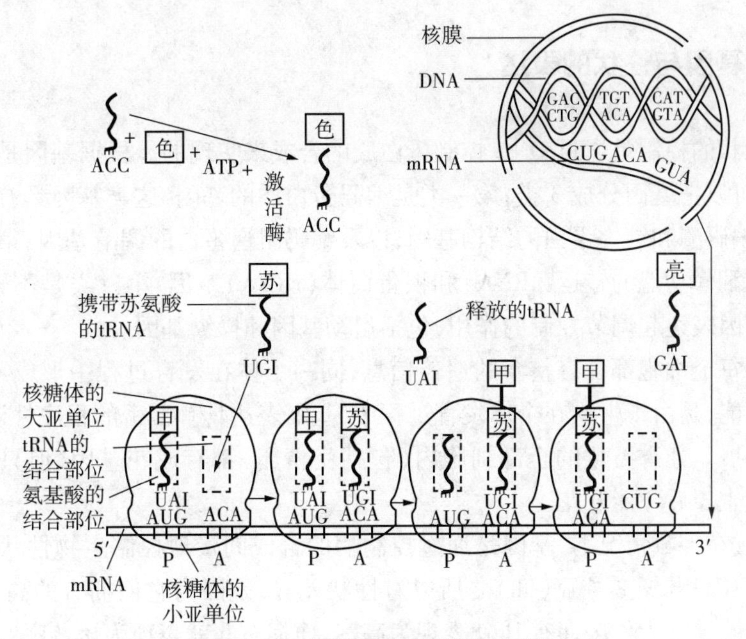

图 2.12 蛋白质合成过程示意图

必须指出的是,当第 1 个核糖体沿着 mRNA 的 5′→3′方向移动后,第 2 个、第 3 个、第 4 个……会陆续结合到 mRNA 上去,这样,在一条 mRNA 链上同时有多个核糖体结合上去进行蛋白质的合成,这样可大大提高对 mRNA 模板翻译的效率,提高蛋白质的合成速度。

2.3.4 中心法则及其发展

遗传信息从 DNA→DNA 的复制过程,以及遗传信息从 DNA 转录成 mRNA,再经翻译合成蛋白质的过程称为中心法则。随着研究的深入,发现很多 RNA 病毒,如小儿麻痹症病毒、烟草花叶病毒等,在感染宿主细胞后,它们的 RNA 在宿主细胞内进行复制。这种复制是以 RNA 为模板的 RNA 合成,是由 RNA 依赖的 RNA 聚合酶或复制酶来催化的。后来又发现一些引起肿瘤的单链 RNA 病毒,如 HIV 病毒、Rous 肉瘤病毒等,能以 RNA 为模板在反转录酶的作用下合成 DNA,甚至在正常细胞,如胚胎细胞中也有发现。这些发现增加了中心法则中遗传信息的流向，丰富了中心法则的内容，如图 2.13 所示。

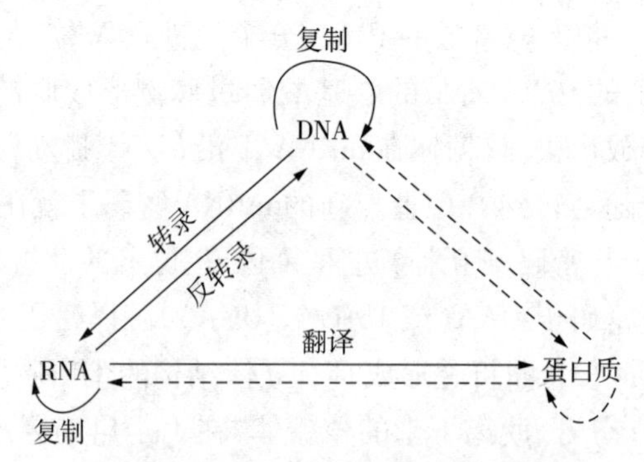

图 2.13　中心法则及其发展示意图

2.3.5　基因与性状的表达

基因对性状的控制是通过 DNA 控制蛋白质的合成来实现的。根据基因是否有转录和翻译的功能，可以把基因分成 3 类：第一类是编码蛋白质的基因，这类基因具有转录和翻译的功能，包括编码酶和结构蛋白的结构基因，以及编码阻遏蛋白的调节基因；第二类是只有转录功能没有翻译功能的转运（tRNA）和核蛋白体（rRNA）基因；第三类是不转录的基因，这类基因对基因表达起调节控制的作用，包括启动基因和操纵基因。

生物体的每个细胞都含有整套的遗传信息，同一个体在发育过程中形成不同的器官，行使各自的功能，是由于生物在个体发育过程中，基因表达具有严密的程序性调控系统，使生物体协调发展。如香石竹的全部细胞内（包括受精卵）都有成花基因，但只有在植株有了一定的营养生长后才能开花。

研究表明，在多数情况下，基因是通过控制酶的合成间接地控制生物性状表达的。例如，高茎豌豆（HH）与矮茎豌豆（hh）之所以有性状差异，是因为它们拥有的高茎基因 H 与矮茎基因 h 的差异。为什么拥有 H 就表现为高茎，而拥有 h 就表现为矮茎呢？这主要是由于高茎品种中含有一种能促进茎部节间细胞伸长的物质——赤霉素，而矮茎品种中则没有这种物质。赤霉素的产生需要酶的催化。高茎豌豆中的 H 基因可以转录翻译成正常的促进赤霉素合成的酶，使之产生赤霉素，从而促进茎间细胞伸长，表现为高茎，而矮茎豌豆的 h 基因具有与高茎豌豆的 H 基因不同的核苷酸序列，不能转录翻译成促进赤霉素合成的酶，因而不能产生赤霉素，细胞不能伸长，表现为矮茎。

由此可见，基因对性状的控制并不是直接的，而是通过控制特异酶的合成来调控特定的生理代谢过程，从而间接地控制性状的表达。

复习思考题

1. 名词解释：

半保留复制　基因　冈崎片段　简并现象　转录　翻译

2. 如何证明 DNA 是主要的遗传物质？

3. 比较 DNA 与 RNA 的分子组成与结构。

4. 简述 DNA 的复制特点。

5. 简述蛋白质的合成过程。

6. 生物的遗传密码有哪些共同特征?

7. 已知一条核苷酸链 ACTTGGCTAGCTCCA,试问:

(1)这条链是 DNA 链还是 RNA 链?

(2)以该条链为模板,合成的 DNA 链碱基顺序是什么?

(3)以该条链为模板,合成的 RNA 链碱基顺序是什么?

第3章 遗传的基本规律

学习目标

- 了解性状显性、隐性的相对性。
- 掌握分离规律、独立分配规律、连锁遗传规律。
- 理解非等位基因间互作的各种方式。
- 掌握细胞质遗传的特点。
- 理解细胞质基因和细胞核基因之间的关系。
- 了解雄性不育的遗传。

人们很早就看到了遗传现象，孟德尔(G. J. Mendel，1822—1884)是奥地利(现在的捷克)的一名修道士，出生在一个贫苦农民家庭，他的父亲擅长园艺技术，孟德尔受其父亲的影响自幼就爱好园艺，从19世纪50年代开始，以豌豆、菜豆、玉米、山柳菊、蜜蜂、小家鼠等动植物为材料，进行杂交试验，其中最有效的是豌豆的杂交试验。1856年，他选用34个豌豆品种在修道院的园地里种植，经过8年的杂交试验，于1865年发表了论文《植物杂交试验》，首次提出了两条重要的遗传规律——分离规律和自由组合规律，后人也把这两大规律称为孟德尔遗传规律。美国人摩尔根(1866—1945)通过果蝇为材料的遗传实验，发现了遗传的第三个规律——连锁遗传规律。

3.1 分离规律

分离规律是孟德尔从一对相对性状遗传试验中总结出来的。下面先介绍一些相关的概念。

性状：遗传学上把生物体所表现的形态特征和生理特性统称为性状。

单位性状：孟德尔把植株所表现的性状总体区分为各个单位性状作为研究对象，这些被区分开的每一个具体性状成为单位性状。如豌豆花色、种子的形状等就是不同的单位性状。

相对性状：遗传学中把同一类单位性状在不同个体间所表现出来的相对差异称为相对性状。如豌豆花有红花和白花，它们分别为两个具体的单位性状。

等位基因:控制相对性状遗传,位于同源染色体对等位点上的基因,称为等位基因。

基因型:生物体内的基因组合即遗传组成就是基因型,是生物体在一定的环境条件影响下发育成特殊性状的潜在能力。

表现型:它是生物体所表现出来的具体性状,也是基因型在外界环境作用下的具体表现。

3.1.1　一对相对性状的杂交试验

1)豌豆的杂交试验

豌豆品种中有开白花的和开红花的,白花植株和红花植株的花色都能真实遗传。孟德尔用开红花的植株与开白花的植株杂交,他发现,无论用红花作母本,白花作父本,还是反过来(即反交),以红花为父本,白花为母本,子一代植株全部都是开红花的,如图3.1所示。

由图3.1可知,红花(♀)和白花(♂)植株杂交后,无论后代出现多少植株都是红花的。后来,孟德尔还进行了另外一组试验用白花(♀)与红花(♂)植株杂交,两组试验结果是相同的,如果把第一组称为正交,则后一组称为反交,正反交结果是完全相同的。说明 F_1 的性状表现不受亲本组合方式的影响。

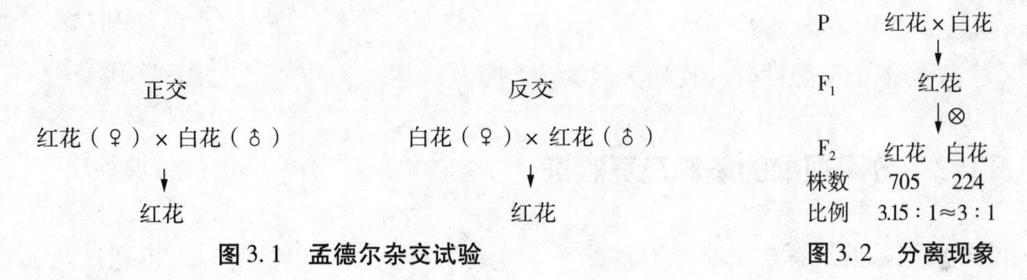

图3.1　孟德尔杂交试验

图3.2　分离现象

2)分离现象

子一代的红花植株自花授粉,在子二代中,除红花植株外,又出现了白花植株,这种现象称为性状分离,如图3.2所示。

图3.2中,P表示亲本;♀表示母本;♂表示父本;×表示杂交;F_1 表示杂种第一代(子一代),是指杂交当代母本植株所结的种子及由它长成的植株;⊗表示自交,是指雌雄同花植物的自花授粉或雌雄同株异花植物的同株授粉;F_2 表示杂种第二代(子二代),是指由 F_1 代自交产生的种子和由它长成的植株。

由图3.2可知,尽管红花×白花所产生的 F_1 植株,全部开红花。但在 F_2 代群体中出现了开红花和开白花两种类型,其中开红花的植株约占总数的3/4,开白花的约占总数的1/4,两者之比约为3∶1。开白花性状在 F_1 中没有表现出来,在 F_2 代中能够重新表现出来,说明它在 F_1 代不过是暂时隐蔽并未消失。孟德尔在豌豆的其他6对相对性状的杂交试验中,也获得了类似的结果见表3.1。

表 3.1　孟德尔豌豆杂交试验结果

相对性状	杂交组合	F_1 表现型	F_2 表现型	F_2 比例
花色	红花×白花	红花	705 红花,224 白花	3.15 : 1
子叶颜色	黄色×绿色	黄色	6 022 黄色,2 001 绿色	3.01 : 1
种子形状	圆形×皱缩	圆形	5 474 圆形,1 850 皱形	2.96 : 1
荚果颜色	绿色×黄色	绿色	428 绿色,152 黄色	2.82 : 1
荚果形状	饱满×不饱满	饱满	822 饱满,299 不饱满	2.95 : 1
植株高度	高株×矮株	高株	787 高株,277 矮株	2.84 : 1
花着生位置	腋生×顶生	腋生	651 腋生,207 顶生	3.14 : 1

从表 3.1 的杂交试验结果可归纳出以下几个共同点：

(1) F_1 的一致性：只表现一个亲本性状，另一个亲本性状隐藏。一对相对性状中在 F_1 表现出来的性状称为显性性状，在 F_1 中未表现出来的性状称为隐性性状。

(2) F_2 分离：F_2 中一些植株表现出这一亲本性状，另一些植株表现为另一亲本性状，这说明隐性性状在 F_1 中并没有消失，只是被掩盖了，在 F_2 代显性性状和隐性性状都会表现出来，这就是性状分离。

(3) F_2 群体中显隐性分离比例大致为 3 : 1。

3.1.2　分离现象的解释及其验证

1) 分离现象的解释

孟德尔根据自己的实验结果，提出了遗传因子分离假说，科学地解释了分离现象产生的原因。其要点如下：

①相对性状（显性性状和隐性性状）都是由细胞中的遗传因子（基因）决定的，基因是独立的，互不粘连。显性基因（大写字母表示）控制显性性状，隐性基因（小写字母表示）控制隐性性状。当显性基因和隐性基因同时存在时，只有显性基因起作用。

②基因在体细胞中是成对的，一个来自父本，一个来自母本。

③杂种 F_1 体细胞内的相对基因各自独立，互不混杂。

④杂种在形成配子时，成对的基因彼此分离，并各自分配到不同的配子中去。在每一个配子中只含有成对因子中的一个，形成了不同类型的配子。

⑤杂种产生不同类型配子的数目相等，各种雌雄配子随机结合，机会均等。

根据这些要点，我们假设，在豌豆花色这对相对性状中，控制红色的基因为 R，控制白色的基因为 r，R 与 r 为等位基因，由于等位基因在体细胞中成对存在，所以亲本红花豌豆细胞中控制红色性状的基因组合是 RR，其产生的生殖细胞只有一种，都含有一个 R 基因；白花豌豆细胞中控制白色性状的基因组合为 rr，其产生的生殖细胞也只有一种，都含有一个 r 基因。所以，通过杂交雌雄配子结合后，F_1 体细胞中的基因组合全是 Rr，当 R 与 r 同时存在时，只有R基因起作用，即表现显性性状（开红花）。F_1虽然只开红花，但是控制白色性状的基因r仍然独立存在。在F_1形成配子时，随着同源染色体的分开，等位基因R与r也彼此分离，各进入到一个配子中（基因分离）。因此，F_1产生的雌雄配子都是两类：一类含R基因；一类含r基因。这样含不同基因的雌雄配子随机组合有4种机会，但基因组合型只有RR，Rr，rr这3种类型。RR，Rr组合虽不同，但因R对r为显性，所以只表现显性性状开红花。rr只含r基因，所以表现隐性性状开白花。图3.3可以完整地说明孟德尔的上述假说。

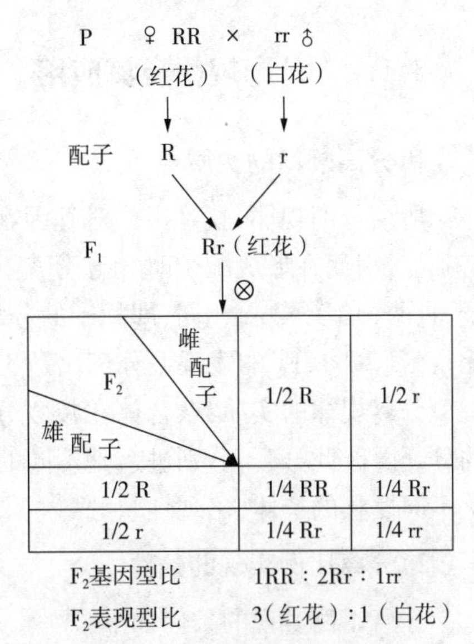

图3.3 遗传因子分离假说

2）分离现象的验证

孟德尔的伟大之处不仅在于提出了分离假说，还通过基因型的分析，亲自验证了其假说的合理性。前面说到，基因型是生物体的基因组合，由相同基因组合的基因型生物体称为纯合体，或称基因同质结合，如RR，rr。其中，只含有显性基因的称为显性纯合体；只含有隐性基因的称为隐性纯合体。由不同基因组合的基因型生物体称为杂合体，或称基因异质结合，如Rr。根据孟德尔的分离假说，杂种或杂种后代的隐性个体一定是隐性纯合体，基因型只有一种（rr），不必验证；杂种或杂种后代的显性个体可能是显性纯合体（RR），也可能是杂合体（Rr）。为了证明分离假说的合理性，可以采用以下几种方法进行显性个体基因型的验证。

（1）测交法

测交法就是用子一代植株与具有隐性性状的亲本进行测交。如果用F_1与隐性个体（隐性纯合体）杂交，后代的表现型类型和比例就反映了杂种F_1配子的种类和比例，事实上也反映（测验）了F_1的基因型，如图3.4所示。

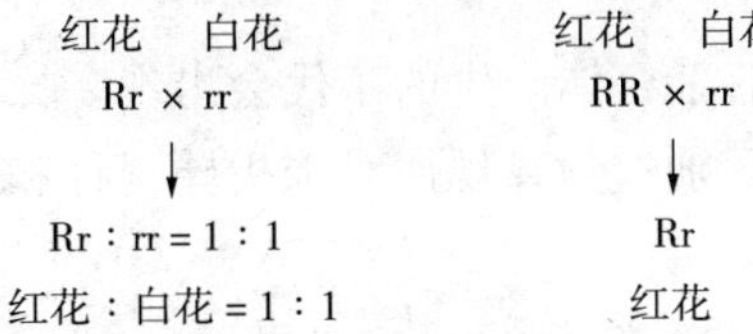

红花 白花
Rr × rr
↓
Rr：rr＝1：1
红花：白花＝1：1

红花 白花
RR × rr
↓
Rr
红花

图3.4 测交试验

由于隐性个体只提供一种配子（r），开红花的纯合体豌豆（RR），只产生一种含R的配子，测交子代就都是开红花（Rr）；开红花的杂合体豌豆（Rr），产生两种配子（R）和（r），比例是1：1，测交子代应该是一半开红花（Rr），一半开白花。由此也验证了分离假说：一方面，成对的基因在杂合状态下互不粘连，保持其独立性，当它形成配子时相互分离；另一方面，基因的分离是性状传递最为普遍和基本的规律。

（2）自交法

自交法是根据自交后代的表现型来推断亲本的基因型。例如，红花豌豆自交后，如果后代全部是红花，可推断其亲本的基因型是RR；如果后代是3/4开红花，1/4开白花，可推断亲本的基因型是Rr。这是因为纯合体后代不会分离，杂合体后代必然分离。

3.1.3 分离规律及其应用

1)分离规律的实质

所谓分离规律,就是指一对基因在异质状态下,彼此之间互不影响、互不融合,各自保持独立,因而在形成配子时相互分离,分配到不同的配子中,形成两种带有不同基因的配子,且两种配子数目相同,即配子的分离比是1∶1;在完全显性的情况下,F_2 的基因型分离比是1∶2∶1,F_2 的表现型分离比是3∶1。

分离规律的实质:杂合体在减数分裂形成配子时,同一对等位基因会随着同源染色体的分开而彼此分开,分别进入到不同的配子中,当带有不同基因的雌雄配子结合时,就会产生不同性状的个体,出现性状分离。

2)分离比例实现的条件

分离比例实现的条件如下:

①研究的生物体是二倍体,其性状区分明显,显性作用完全。

②在减数分裂过程中,形成的各种配子数目相等,或接近相等;不同类型的配子具有同等的生活力;受精时各种雌雄配子均能以均等的机会相互自由结合。

③受精后不同基因型的合子及由合子发育的个体具有同样或大致同样的存活率。

④杂种后代都处于相对一致的条件下,而且试验分析的群体比较大。

此外,随着遗传学研究的发展,人们发现分离定律的实现有更多的限制因子。正是由于诸多例外现象的发现,才使遗传学不断发展。

3)分离规律的应用

分离规律阐述了纯合体产生的子代整齐一致不分离,杂合体产生的子代会出现多样化分离的根源,同时阐明了表现型与基因型之间的联系与区别。分离规律对于指导育种和良种繁育工作具有重要意义。

(1)在育种方面

按照分离规律,杂合体在形成配子时等位基因必然分离,随着自交代数的增加,纯合的基因和纯合的个体也随着增加。因此,在对杂种后代选择的同时,必须结合连续的自交以获得纯合体。因为在育种上要育成一个品种,不仅必须具有优良的经济性状,而且必须在遗传上是纯合体,才能保证新品种的稳定性。

(2)在良种繁育方面

以无性繁殖的园艺植物,极大多数为杂合体,有性后代会产生分离,故只能采用各种无性繁殖方法来保持无性系品种的纯度。以种子繁殖的园艺植物,为防止品种因天然杂交而发生变异和性状分离造成退化,必须进行经常性的选择以保持品种的纯度。对异花授粉植物还必须隔离留种繁殖。

(3)在杂种优势利用方面

应用 F_1 代具有强大的优势,F_2 代会发生分离,优势衰退。所以,F_2 代种子不能作大田生产用种,必须年年制种(有些树木例外)。

3.2　独立分配规律

孟德尔在分析一对相对性状的遗传规律的同时，又用具有两对相对性状的豌豆进行杂交试验，总结出了遗传学第二条规律——独立分配规律，也称为自由组合规律。

3.2.1　两对相对性状的杂交试验

1）豌豆的杂交试验

孟德尔在试验中选用的一个亲本是子叶颜色为黄色、种子形状为圆形的豌豆，另一个亲本是子叶颜色为绿色、种子形状为皱缩的豌豆。他将两个纯合亲本杂交，F_1 籽粒全是黄子叶、圆形的。F_1 自花授粉，F_2 的种子一共有4种表现型（见图3.5）。其中，黄圆和绿皱两种是亲本原有的性状组合，称为亲本型；而黄皱和绿圆是原来亲本所没有的性状组合，称为重组型。从试验结果看：F_1 全部是黄圆，说明圆粒对皱粒是显性，黄子叶对绿子叶是显性。进一步分析发现，如果将两对相对性状分开来看，圆粒对皱粒和黄子叶对绿子叶的显性对隐性的遗传表现仍遵守分离规律，即显性∶隐性=3∶1。

圆粒∶皱粒=(315+108)∶(101+32)=423∶133≈3∶1。

黄色∶绿色=(315+101)∶(108+32)=416∶140≈3∶1。

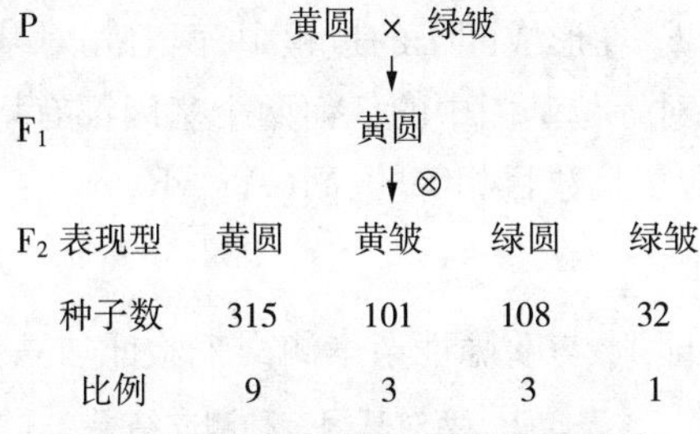

图3.5　豌豆两对相对性状杂交试验

如果将两对相对性状结合起来看：

黄圆的概率是 3/4×3/4=9/16　黄皱的概率是 3/4×1/4=3/16

绿圆的概率是 1/4×3/4=3/16　绿皱的概率是 1/4×1/4=1/16

从上面的分析中得出：一对相对性状的分离（圆粒与皱粒）与另一对相对性状的分离（黄子叶与绿子叶）是互不干扰的，两者在遗传上是独立的，决定着不同相对性状的基因在遗传上具有相对独立性，可以完全拆开。如黄子叶与圆粒可以拆开，绿子叶与皱粒可以拆开，也可以重新组合，如黄子叶与皱粒组合，绿子叶与圆粒组合，这种重新组合是自由组合的，使得 F_2 不仅有亲本型也有重组型。试验结果子代 F_1 全表现为母本的表现型，即圆形种子黄色子叶；自交 F_2 中不仅出现了父本、母本类型，同时还出现的两种新类型，皱形种子黄色子叶和圆形种子绿色子叶；4种表型的比例为9∶3∶3∶1。

2)独立分配现象的分析

在上述杂交实验中,两对相对性状分别由两对基因控制,子叶黄色和绿色是一对相对性状,用 Y 和 y 表示;而圆粒和皱粒是另一对相对性状,用 R 和 r 表示。这样两个纯合亲本的基因型分别为 YYRR 和 yyrr,它们杂交后的子一代基因型是 YyRr,表现型是黄色圆粒。上述的试验如图 3.6 所示。

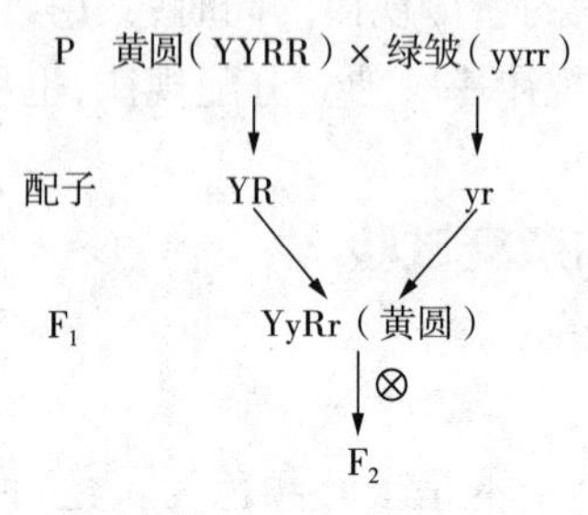

雌配子	雄配子			
	1/4 YR	1/4 Yr	1/4 yR	1/4 yr
1/4 YR	1/16 YYRR 黄圆	1/16 YYRr 黄圆	1/16 YyRR 黄圆	1/16 YyRr 黄圆
1/4 Yr	1/16 YYRr 黄圆	1/16 YYrr 黄皱	1/16 YyRr 黄圆	1/16 Yyrr 黄皱
1/4 yR	1/16 YyRR 黄圆	1/16 YyRr 黄圆	1/16 yyRR 绿圆	1/16 yyRr 绿圆
1/4 yr	1/16 YyRr 黄圆	1/16 Yyrr 黄皱	1/16 yyRr 绿圆	1/16 yyrr 绿皱
	总计:9/16 黄圆 : 3/16 黄皱 : 3/16 绿圆 : 1/16 绿皱			

图 3.6 两对相对性状基因的分离与重组

由图 3.6 可知,子一代 F_1 在形成配子的过程中,两对相对基因 Y 和 y、R 和 r 都各自按照分离规律相互分离,而各对等位基因中的任何两个基因都有均等的机会自由组合,因此,两对基因就可能组成 4 种配子且数目相等的:YR,Yr,yR,yr。

3)独立分配规律的验证

孟德尔依然用测交法,即 F_1 与双隐性亲本测交来验证独立分配规律见表 3.2。

表 3.2 两对基因杂种测交结果

F_1黄圆YyRr×绿皱yyrr

配子		YR	Yr	yR	yr	yr
理论期望的测交后代	基因型 表现型种类 表现型比例	YyRr 黄圆 1	Yyrr 黄皱 1	yyRr 绿圆 1	yyrr 绿皱 1	
实际测交后代	F_1 为母本 F_1 为父本	31 24	27 22	26 25	26 26	

由于双隐性亲本的配子只有一种(yr),因此,根据测交子代的表现型和比例,理论上应能反映 F_1 所产生的配子类型和比例。由实际试验结果表明:F_1 不论作母本或父本,产生的雌配子或雄配子都有 4 种类型,即 YR,Yr,yR,yr,而且出现的比例相等,符合 1∶1∶1∶1。表中数据有力地证明,F_1 杂合体产生同样比例数目的 4 种配子(雌配子或雄配子)。

3.2.2　独立分配规律及其应用

1)独立分配规律及其实质

所谓独立分配规律,是指由两对各自均呈显隐关系的等位基因控制的相对性状,当两个纯种杂交时,子一代全为杂合体,只表现亲本的显性性状。当子一代自交时,由于等位基因之间是分离的,非等位基因之间是自由组合的,同时它们在受精过程中的组合也是随机的。因此,子一代产生 4 种不同配子,16 种配子组合;产生 9 种基因型,4 种表现型,表现型之比为9∶3∶3∶1。

独立分配规律的实质:形成配子时位于同源染色体上的等位基因分离,而位于非同源染色体上的非等位基因自由组合。

2)独立分配规律的应用

独立分配规律的应用主要表现在以下两个方面。

(1)在杂交育种方面

根据独立分配规律,若选用纯合亲本进行杂交时,其杂种一代(F_1)表现一致,杂种二代(F_2)出现性状分离,因此,就应在 F_2 选择所需类型,如草本花卉育种;若亲本不是纯合体,则杂种一代(F_1)即可能出现分离,就应在 F_1 进行选择,如树木的杂交育种。在园艺植物杂交育种过程中,如一、二年生种子繁殖的花卉,就必须依据表现型的分析鉴定来选择优良的基因型,而且必须选至纯合不再分离时,才能成为新品种。独立分配规律是在分离规律的基础上,进一步揭示了两对基因之间自由组合的关系。它解释了不同基因的自由组合是自然界生物发生变异的重要来源之一。如 F_1 有 10 对杂合基因,则可产生 $2^{10}=1\ 024$ 种配子,F_2 将分离出 $3^{10}=59\ 049$ 种基因型,在完全显性的情况下,将有 $2^{10}=1\ 024$ 种表现型。因此,只要在亲本选择时,注意优缺点互补的原则,就有可能在后代中产生综合亲本优良性状的新类型。

(2)估计杂交育种的规模和进程

按照独立分配规律,可以有目的地组合两个亲本的优良性状,并可预测杂种后代出现优良重组类型的大致比率,以便确定杂交育种的工作规模。例如,在缺刻、矮株、不抗萎蔫病的番茄品种(CCddrr)与薯叶、高株、抗萎蔫病的番茄品种(ccDDRR)的杂交组合中,已知,这 3 对基因属独立遗传,想在 F_2 中得到缺刻、矮株、抗病(CCddRR)的纯合体 10 株,则 F_2 至少需要多大的规模才能实现?根据自由组合规律可知,这个组合在 F_2 群体中,分离出纯合的缺刻、矮株、抗病(CCddRR)的植株占 $1/4\times1/4\times1/4=1/64$,如果需 10 株这样的纯合体,$F_2$ 至少需要 $10\times64=640$ 株的规模才能达到要求。

3.2.3　多对相对性状的遗传

从上述看,1 对基因杂合体产生 2 种配子,自交产生 3 种基因型,2 种表现型;2 对基因杂合体产生 4 种配子,自交产生 9 种基因型,4 种表现型;3 对基因杂合体就会产生 8 种配子,64 种组合,27 种基因型。总结(见表 3.3)可以看出,随着两个杂交亲本相对性状数目的增加,即相对基因数目的增加,杂种后代的分离更为复杂,但是,只要各对基因是独立遗传的,F_2 表现型种类及其比例和基因型种类依然存在一定的比例关系。

表 3.3　杂交中包括的基因对数与基因型和表现型的关系

基因对数	F_1 形成的配子数	F_1 配子可能的组合数	F_2 的基因型种类	F_2 表现型数	F_2 表现型分离比
1	2	4	3	2	$(3:1)$
2	4	16	9	4	$(3:1)^2$
3	8	64	27	8	$(3:1)^3$
4	16	256	81	16	$(3:1)^4$
⋮	⋮	⋮	⋮	⋮	⋮
n	2^n	4^n	3^n	2^n	$(3:1)^n$

孟德尔成功的原因,主要包括以下 3 个方面:首先,孟德尔利用豌豆作为试验材料是成功的必要条件,豌豆是严格的自花授粉植物,选用杂交亲本材料都是纯合体;其次,孟德尔研究的性状为单基因控制的质量性状,七对相对性状都是独立性状,控制性状的遗传因子分别在非同源染色体上;最后,孟德尔首次运用了统计学的方法来分析杂交试验结果。

3.2.4　基因互作的遗传分析

基因互作就是两对或两对以上独立遗传的基因,共同控制某一性状,对表现型产生影响的现象。基因互作有等位基因间互作和非等位基因间互作之分。

1)等位基因间互作

(1)完全显性

相对性状不同的两个纯合亲本杂交后,F_1 只表现出一个亲本的性状;另一亲本的性状没有得到表现,这种显性称完全显性。孟德尔所研究豌豆的性状都是完全显性。

(2)不完全显性(半显性)

相对性状不同的两个纯合亲本杂交后,F_1 表现双亲性状的中间类型,称为不完全显性。如金鱼草的花色遗传,用深红花金鱼草和白花金鱼草杂交,F_1 为淡红花,F_2 中深红花占 1/4,淡红花占 2/4,白花占 1/4。即 F_2 表现型之间的比例是 $1:2:1$。

(3)共显性(并显性)

相对性状不同的两个亲本杂交,双亲的性状同时在 F_1 个体上表现出来的现象。如正常人的红细胞是蝶形的,人类有一种镰刀形红细胞贫血病,患者的红细胞是镰刀形的,正常人和患者结婚后,其子女的红细胞既有蝶形的,也有镰刀形的,这种人平时不表现严重的病症,只有在缺氧的条件下才发病。此外,人类 ABO 血型中的 AB 型也是典型的例子。

(4)镶嵌显性

双亲的性状在后代的同一个体不同部位表现出来,形成镶嵌图式,这种显性现象称为镶嵌显性。例如,异色瓢虫的鞘翅色斑的遗传:黑缘型(SAuSAu)×均色型(SESE)→SAuSE(前缘后缘均黑),机理是其亲本基因可在个体的各自不同的部位表现显性,即杂合体中的 SAu 基因的显性作用,在鞘翅前缘得到表现,而 SE 基因的显性作用,在鞘翅的后缘得到表现。

在不完全显性、共显性和镶嵌显性这 3 种遗传现象中,F_2 表现型的数量比与基因型的数量比是完全一致的,F_2 表现为父本类型、新类型和母本类型,且比例为 1∶2∶1,因此,只要知道了生物个体在遗传中的表现型,就可以直接确定它们的基因型。另外,镶嵌显性和共显性是有不同的,共显性是在同一组织同一空间表现了双亲各自的特点,而镶嵌显性是在不同的部位分别表现了双亲的表现型,镶嵌在一起。

(5)超显性

F_1 的性状表现超过双亲的现象称为超显性,这是杂种优势形成的原因之一。如矮牵牛的普通品种间的杂交,F_1 得到了重瓣矮牵牛。

(6)条件显性

显性的表现还与植物体内外环境条件有关,内环境包括生物体的性别、年龄、营养、生理等状况。环境发生改变,显隐性关系也随之发生变化。如金鱼草花色的遗传,红花×乳黄花色进行杂交,F_1 在低温光照充足的条件下开红花,在高温弱光条件下开乳黄色花。

(7)致死基因

致死基因是指某个基因的存在能使个体或配子致死。据致死基因的显隐性可分为隐性致死基因和显性致死基因。隐性致死基因在杂合时不影响个体的生活力,但在纯合状态下具有致死效应。如,植物中的白化基因 c,在纯合状态 cc 时,幼苗缺乏合成叶绿素的能力,子叶中的养料耗尽就会死亡;显性致死基因杂合状态即表现致死基因的作用。另外,据致死基因发生作用的不同发育阶段可分为配子致死基因和合子致死基因。配子致死基因是指致死基因在配子时期发生作用,从而不能形成具有生活力的配子。如雌雄异株的高等植物剪秋罗有宽叶和窄叶两种类型,宽叶(B)对窄叶(b)呈显性,等位基因位于 X 染色体上,Y 染色体上无此基因。窄叶基因(b)会使花粉致死,因此,对于基因型为 X^bY 的雄性个体来说,只能产生含有 Y 染色体的雄配子。合子致死基因是指致死基因在胚胎时期或成体阶段发生作用,从而不能形成活的幼体或个体早夭的现象。致死基因的作用可以发生在个体发育的不同阶段,也与个体所处的环境条件有关。

(8)复等位基因

同源染色体的相同座位上存在 3 个或 3 个以上的等位基因,这样的一组基因称为复等位基因,这种现象称为复等位现象。

人类的ABO血型有A,B,AB,O等4种类型,这4种表现型是由3个复等位基因决定的,分别是I^A,I^B,i。I^A与I^B之间表现共显性,而I^A,I^B对i都是显性,因此,这3个复等位基因组成6种基因型,但表现型只有4种,但对某一个体来说,只含有其中两种,见表3.4。

表3.4 人类的ABO血型

血型	基因型
O	ii
A	I^AI^A 或 I^Ai
B	I^BI^B 或 I^Bi
AB	I^AI^B

2)非等位基因之间的相互作用

在前面两个遗传规律中,孟德尔用一个基因代表一个性状,用基因的分离和重组来解释性状的遗传规律。这种一对等位基因控制一对相对性状的遗传形式,称为"一因一效"。但在孟德尔之后,许多试验证明基因与性状远不是"一对一"的关系,相对基因间的显隐性关系即说明这一点。任何性状都十分复杂,除"一因一效"外,还有一对基因影响一对以上性状的表现,称为"一因多效"。如豌豆花色的遗传,红花基因不仅控制开红花,而且使叶腋中有红色斑点,种皮上有颜色,而白花基因则不能。也有多对基因共同影响一对性状的表现,称为"多因一效"或称"基因的相互作用"。如番茄果实颜色起主要作用的是影响果肉和果皮颜色的两对基因。玉米叶绿素的形成则至少涉及50多对等位基因。一对等位基因除了对某一单位性状起决定作用外,也能对其他性状起直接或间接的作用。这种不同对基因间相互作用的现象称为基因互作。

由于基因互作很复杂,这里仅讨论两对独立遗传的非等位基因间的相互作用。

(1)互补作用(分离比为9∶7)

独立遗传的两对基因,分别处于纯合显性或杂合显性状态时,共同决定一种新性状的发育。当只有一对基因是显性(纯合或杂合),或两对基因都是隐性时,则表现为另一种性状,这种作用称为互补作用。如香豌豆的花色遗传。

P　　白花 CCpp × 白花 ccPP

↓

F_1　　紫花 CcPp

↓⊗

F_2　　9C_P_∶(1ccpp+3C_pp+3ccP_)

9紫花　∶　7白花

(2)累加作用(分离比为9∶6∶1)

两对基因作用于同一相对性状,当两种显性基因同时存在时表现一种性状;单独存在时能分别表现相似的性状;两对隐性基因存在时,则表现另一种性状,这种现象称为基因的累加作用。例如，南瓜有不同的果形，圆球形对扁盘形为隐性，长圆形对圆球形为隐性，两种不同基因型的圆球形品种杂交，F_1 为扁盘形，F_2 为 9/16 扁盘形，6/16 圆球形，1/16 长形。

P　　圆球形 AAbb × 圆球形 aaBB

↓

F_1　　扁盘形 AaBb

↓⊗

F_2　9 扁盘形 A_B_ ∶6 圆球形(3A_ bb+3aa_ B) ∶1 长形 aabb

(3)重叠作用(分离比 15∶1)

两对基因作用于同一相对性状，不论显性基因多少，都表现同一性状；没有显性基因时表现另一种性状，这种现象称为重叠作用。如，荠菜蒴果有两种形状：三角形和卵圆形。两种类型植株杂交，F_1 表现三角形蒴果，F_1 自交 F_2 分离为 15 三角形∶1 卵圆形。

P　　三角形 $T_1T_1T_2T_2$×卵圆形 $t_1t_1t_2t_2$

↓

F_1　　三角形 $T_1t_1T_2t_2$

↓⊗

F_2　15 三角形($9T_1\_T_2\_+3T_1\_t_2t_2+3t_1t_1T_2\_$) ∶1 卵圆形($t_1t_1t_2t_2$)

(4)显性上位作用(分离比 12∶3∶1)

两对互作的基因中，其中一对基因中的显性基因对另一对基因的显性基因起遮盖作用，这种现象称为显性上位作用，起遮盖作用的显性基因称为上位显性基因。例如，西葫芦显性白皮基因(W)对显性黄皮基因(Y)有显性上位作用。当 W 基因存在时能阻碍 Y 基因的作用，表现 W 基因的白色；没有 W 基因时，才能表现 Y 基因的黄色；W 与 Y 都不存在时，则表现 y 基因的绿色。

P　　白皮 WWYY×绿皮 wwyy

↓

F_1　　白皮 WwYy

↓⊗

F_2　12 白皮(9W_Y_+3W_yy) ∶3 黄皮(wwY_) ∶1 绿皮(wwyy)

(5)隐性上位作用(分离比 9∶3∶4)

两对互作的基因中，其中一对基因中的隐性纯合基因对另一对基因起遮盖作用，这种现象称为隐性上位作用。起遮盖作用的隐性基因称为上位隐性基因。例如，向日葵花色中，隐性基因(aa)对另一对的显性基因(L)和隐性基因(ll)有隐性上位作用。当 aa 基因存在时能阻碍 L 基因和 ll 的作用，表现 aa 基因的柠檬黄花；没有 aa 基因时，才能表现 L 基因的黄花；或者表现 ll 基因的橙黄色花。例如，向日葵花色：

P　　黄花(LLAA)×柠檬黄花(llaa)

↓

F_1　　黄花(LlAa)

↓⊗

F_2　9 黄花(L_A_)∶3 橙黄色花(llA_)∶4 柠檬黄花(3L_aa+1llaa)

在这里隐性基因 aa 对显性基因 L 有抑制作用,当 aa 存在时 L 无法表达。

(6)抑制作用(分离比 13∶3)

两对互作的基因中,其中一对基因中的显性基因对另一对基因中的显性基因起抑制作用,无法表达,抑制基因自身不控制表现型。例如,玉米胚乳蛋白质层颜色,有抑制基因(I)时,有色基因(C)无法表达,表达的是白色基因(cc)的性状;没有抑制基因 I 时,有色基因 C 才可以表达。

P　　白色蛋白质层(CCII)×白色蛋白质层(ccii)

↓

F_1　　白色(CcIi)

↓⊗

F_2　　13 白色(9C_I_+3ccI_+1ccii)∶3 有色(C_ii)

上位作用和抑制作用不同,抑制基因本身不能决定性状,而显性上位除遮盖其他基因的表现外,本身还能决定性状。

上述 6 种基因互作的形式,都是两对非等位基因共同控制一对相对性状时的表现。事实上,基因的互作绝不仅限于两对基因,很多情况下性状的表现是三对甚至三对以上基因互作造成的。从以上试验结果可知,由于基因互作的方式不同,后代的表现型比例也不相同,但各种表现型之间的比例都是在独立分配规律的基础上演变而来的,因此,基因互作的遗传方式仍符合孟德尔的遗传规律。

3.3　连锁遗传规律

1900 年孟德尔定律重新发现后,引起了生物界的广泛重视,生物科学家以更多的动物、植物为材料进行杂交试验,获得了大量可贵的遗传资料。在众多的属于两对性状遗传的结果中,一部分试验完整无误地验证了孟德尔定律,但一部分试验却没有得到孟德尔定律的预期结果。最早发现并提出另一遗传现象的是英国学者贝特生(Bateson. W)和潘耐特(Punnett)。但他们未能提出科学的解释。1910 年,摩尔根(Morgan)通过大量果蝇方面的试验,确认了另一类遗传现象,即连锁遗传,于是继孟德尔揭示的两大遗传规律之后,连锁遗传成为遗传学中的第三个遗传规律。摩尔根还根据自己的研究成果,创立了基因论,提出了基因在染色体上呈直线排列的假设,把抽象的基因概念落实在染色体上,大大地发展了遗传学。连锁遗传的提出和基因论的创立,不仅补充和发展了孟德尔的遗传规律,而且促进了整个遗传学的发展。

3.3.1 性状连锁遗传的现象

1906 年贝特生在一种观赏植物——香豌豆的两对相对性状的杂交中,最初发现了连锁遗传现象。香豌豆的紫花与红花为一对相对性状,长花粉与圆花粉是另一对相对性状。紫花(P)对红花(p)为显性,长花粉(L)对圆花粉(l)为显性,试验结果如图 3.7 所示。

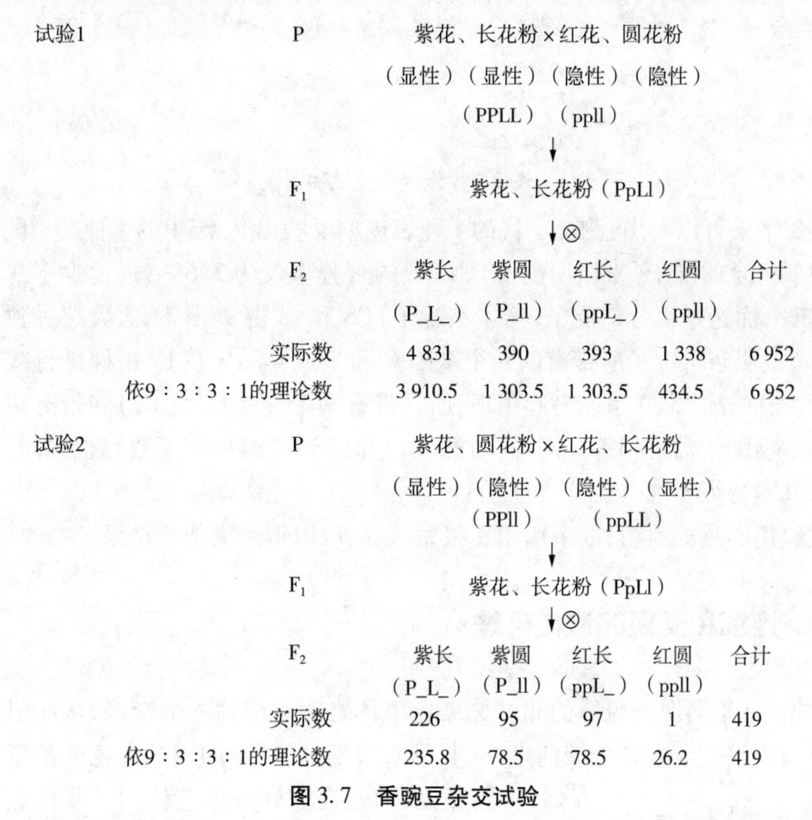

图 3.7 香豌豆杂交试验

两个试验结果表现出一个共同特点,即与独立分配规律相比较,在 F_2 的 4 种表现型中,总是亲本组合性状的实际数多于理论数,新组合性状的实际数少于理论数。

遗传学上把这种原来同一亲本所具有的两个性状,在 F_2 中常常有联系在一起遗传的现象称为连锁遗传。同时,把第一个试验中两个显性或两个隐性性状连在一起的组合称为相引组,而把第二个试验中一个显性性状和一个隐性性状连在一起的组合称为相斥组。

3.3.2 连锁遗传现象的分析

既然上述同样是两对相对性状,为什么 F_2 不表现 9∶3∶3∶1 的比例呢?其原因也必须从 F_1 产生的各类配子的比例中去寻找,也同样可以采用测交法进行验证,来统计 F_1 所产生的各类配子数。玉米的测交试验得出了这样的结论:F_1 产生的各类配子数目是不相等的。玉米籽粒有色(C)对无色(c)是显性,正常(或饱满)胚乳(S)对凹陷胚乳(s)是显性,两对性状杂交及其测交结果如图 3.8 所示。

P	有色、饱满（CCSS）×无色、凹陷（ccss）				
F_1	有色、饱满（CcSs）×ccss（无色、凹陷）				
F_1配子		CS	Cs	cS	cs
测交子代：	基因型	CcSs	Ccss	ccSs	ccss
	表现型	有色饱满	有色凹陷	无色饱满	无色凹陷
	实际数	4 032	149	152	4 035	总数=8 368

重组型 $\frac{149+152}{8\ 368} \times 100\% \approx 3.6\%$

亲本型 100%-3.6%=96.4%

图3.8　玉米杂交试验

由图3.8结果可以看出：测交子代的4种表现型反映出F_1产生的4种类型配子的基因组合。其中新组合的配子（重组型配子）Cs，cS的百分率仅为3.6%，远远少于在独立分配情况下的50%，而亲本组合的配子（亲本型配子）CS和cs占96.4%，大大超过独立分配情况下的50%，说明亲本配子所带有的两个基因C和S或c和s在F_1植株进行减数分裂时没有独立分配，而是常常联系在一起出现，而且带有两个显性基因（CS）和带有两个隐性基因（cs）的亲本型配子数目相等。同样，两类（Cs）和（cS）重组型配子数目也相同，这反映了连锁遗传的基本特征。

这个试验用的是相引组，如果用相斥组做试验，可以得到类似的结果。

3.3.3　连锁和交换的遗传机理

所谓交换，是指同源染色体的非姊妹染色单体之间对应片段的交换，从而引起相应基因间的交换与重组。在减数分裂前期，尤其是双线期，配对中的同源染色体不是简单地平行靠拢，而是在非姊妹染色体间某些位点上出现交叉缠结的现象，每一点上这样的图像称为一个交叉，这是同源染色体间相对应的片段发生交换的地方（见图3.9）。同源染色体非姊妹染色单体之间发生交换，如果交换发生在两个连锁基因之间，就会导致这两个连锁基因的重组。需要强调的是：交叉是交换的结果而不是交换的原因，也就是说遗传学上的交换发生在细胞学上的交叉出现之前。如果交换发生在两个特定的、所研究的基因之间，则出现染色体内重组形成的交换产物；若交换发生在所研究的基因之外，则得不到特定基因的染色体内重组的产物。一般情况下，染色体越长，则显微镜下可以观察的交叉数越多，一个交叉代表一次交换。

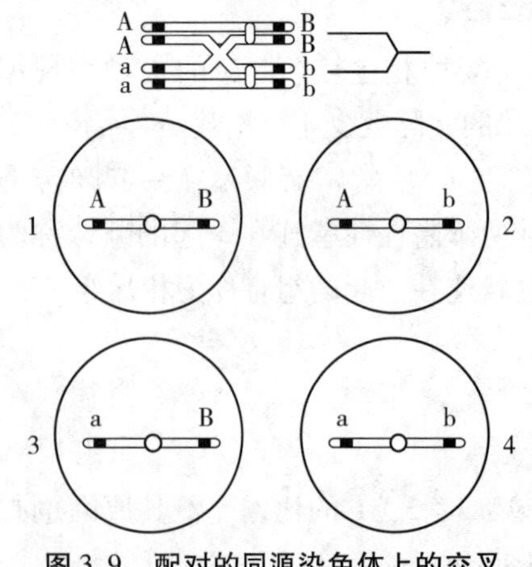

图3.9　配对的同源染色体上的交叉

2，3—重组型配子；1，4—亲本型配子

3.3.4 交换值的计算

基因的交换值(或称交换率),是衡量两个连锁基因之间连锁强度的指标,是以新组合配子数占 F_1 总配子数的百分率来表示的,即:交换值(%)= 新组合的配子数/总配子数。通常利用 F_1 与双隐性亲本测交的方法,根据测交后代表现型的数据来计算交换值。以玉米第 9 对染色体上的 Cc 和 Ss 基因为例,假设有一个性母细胞中的交叉发生在 S—C 之间,一对同源染色体的 4 条染色单体,仅有两条非姐妹染色单体发生交换,所以最后形成的 4 个配子中两个是亲本型,两个是重组型。因此,即使所有的性母细胞中在 S—C 之间都发生交叉(交换),最多也只能形成 50% 的重组型配子。所以交换值的大小介于 0 ~ 50%。基因在染色体上都有一定的位置,基因定位就是通过遗传学试验,确定基因在染色体上的位置及排列顺序。

3.3.5 连锁遗传规律及其应用

1)连锁遗传规律的实质

连锁遗传规律的实质是:处在同一条染色体上的两个或两个以上基因遗传时,连在一起的频率大于重新组合的概率。在减数分裂形成配子时,配了对的同源染色体的非姊妹染色单体之间可能发生交换,从而使上面的基因也随之交换,且交换的部位相同,从而造成了两本亲型组合多,重组型的组合少。

2)连锁遗传规律的应用

(1)连锁遗传规律的发现,可将基因定位在染色体上

连锁遗传规律证实了染色体是基因的载体,基因在染色体上呈直线排列,这为遗传学的发展奠定了坚实的科学基础。

(2)通过测定交换值可以确定基因间的相对距离

因为交换值的变化是基因间相距远近的一种反映。基因间的距离越大,其间发生交换的可能性越大,交换值也就越大;基因间的距离越小,发生交换的可能性就越小,交换值也就越低。反过来,根据交换值的大小可以进行基因定位,确定基因之间的距离和相对位置关系。

(3)根据连锁强度,估计群体大小

杂交育种的目的在于利用基因重组综合亲本优良性状,培育理想的新品种。当基因连锁遗传时,重组基因型的出现频率,因交换值的大小而有很大差别。交换值越大,重组型出现的频率高,获得理想类型的机会就越大;反之,交换值越小,获得理想类型的机会就较小。因此,要想在杂交育种工作中得到足够的理想类型,就需要慎重考虑有关性状的连锁强度,有计划的安排杂种群体的大小,估计优良类型出现的频率,估计育种的进展。

(4)利用性状的连锁关系,可以提高选择效率

生物的各种性状相互间都有着不同程度的内在联系。利用性状间的相关性从事选择

工作,会起到一定的指导作用,特别是前期性状(如种子苗期的一些性状)和后期某些经济性状有关。例如,花卉植物在栽培上可以根据前期性状的表现及早制订田间管理措施;在多年生果树和林木育种上,可以根据童期阶段的某些性状来进行早期鉴定,预先选择哪些未来有经济价值的杂种。如桃的叶色与果实成熟期有相关遗传现象,苗期秋季叶色表现紫红而落叶较早的实生苗,未来表现早熟。

(5)根据连锁强度和育种目标选用适宜的育种方法

有些植物的有利性状和不良性状连锁遗传,不易发生交换,研究中必须采用其他育种途径,如辐射育种等以打破不良的连锁关系,才能获得有利基因重组,获得目标性状。

3.4 细胞质遗传与母性影响

前面介绍的遗传现象和遗传规律都是由细胞核内的遗传物质,即核基因所决定的,称为细胞核遗传或核遗传。随着遗传学研究的不断深入,人们发现细胞核遗传不是生物唯一的遗传方式。因为核外的细胞质里也存在遗传物质——DNA,这些 DNA 同样可以控制性状的表达。这种由细胞质基因所决定的遗传现象和遗传规律称为细胞质遗传,也称为非孟德尔遗传、核外遗传。在真核生物中,细胞质中的遗传物质存在于质体、线粒体、核糖体等细胞器中。

3.4.1 细胞质遗传现象

在紫茉莉的花斑植株中,有时会出现只有绿色叶片和只有白色叶片的枝条,花斑叶片的白色部分和绿色部分之间有明显的界限。1909 年柯伦斯用 3 种类型枝条上的花进行正反交,杂种表现见表 3.5。

表 3.5 紫茉莉花斑性状的遗传

接受花粉的枝条	提供花粉的枝条	杂种表现
白色	白色、绿色、花斑	白色
绿色	白色、绿色、花斑	绿色
花斑	白色、绿色、花斑	白色、绿色、花斑

表 3.5 中的结果表明:白色枝条上杂交种子都长成白苗;绿色枝条上的杂交种子都长成绿苗;而花斑枝条上的杂交种子或者长成白苗,或者长成绿苗,或者长成花斑苗。因此,他认为花斑性状是通过母本的细胞质传递的,而与父本携带的基因没有直接的关系。

3.4.2　细胞质遗传的特点

在真核生物的有性生殖过程中,参与受精的雌性生殖细胞——卵细胞内含有细胞质内的各种细胞器,而雄性生殖细胞——精子中几乎不含细胞质。在受精后形成的二倍体合子中,细胞核是由双亲共同提供的,卵细胞基本上是合子细胞质中细胞器如叶绿体、线粒体等的唯一供体。因此,细胞质基因只能通过母本的卵细胞向后代传递。这样,由细胞质基因决定的性状的遗传就表现出不同于孟德尔遗传的特征。

①正交和反交的遗传表现不同,杂种 F_1 只表现母本的性状,故又称为母性遗传。

②遗传方式是非孟德尔式的,即杂交后代一般不表现一定的分离比例,通过连续回交能将母本的核基因几乎全部置换掉,但母本的细胞质基因及其所控制的性状仍不消失。

3.4.3　细胞质基因与细胞核基因的关系

1)质基因与核基因的比较

细胞质基因和细胞核基因在功能与结构上有很多相似之处:

①能自我复制,并有一定的稳定性和连续性。

②能控制蛋白质的合成,表现特定的性状。

③能发生突变并能稳定地传递给后代。

但由于细胞质基因的载体及其所在位置与核基因不同,因此,在基因的传递、分配等方面又与核基因有区别,主要表现在以下几个方面:

①细胞质基因数量少,其控制的性状也较少。

②细胞质基因几乎不能通过雄配子传递给后代,由此造成正交与反交结果的不同,表现为母性遗传。

③细胞质基因在分配与传递过程中,除其中个别游离基因有时能与染色体进行同步分裂外,绝大多数细胞质基因由于它们的载体不同于染色体,不能像核基因那样有规律地分离与重组。

2)质基因与核基因的关系

①植物有些性状的变异,表面上看是由质基因决定的,实际上也是在核基因作用下发生的。

②核基因与质基因在性状表现上常表现为相互调节的作用,它们常控制某些性状的表现。质基因与核基因是相互依赖、相互联系和相互制约的,两者常常共同来实现对某一性状的控制。但在生命的全部遗传体系中,核基因处于主导和支配地位,质基因处于次要的地位。

3.4.4　植物雄性不育性的遗传

植物雄性不育是指植物的雄蕊发育不正常,不能产生有正常功能的花粉或者产生的花粉也是败育的，而雌蕊正常，能接受正常的花粉受精结实。雄性不育性在植物界较为普遍，迄今已在18个科的110多种植物中发现了雄性不育的存在。由不良环境引起的雄性不育是不可遗传的，由基因控制的雄性不育是可遗传的，可遗传的雄性不育在育种上才有意义。

可遗传的雄性不育可分为质不育型、核不育型和质核互作不育型3种类型，其中质核互作不育型有较大的实用价值。如果杂交母本具有这种不育性，就可以免除人工去雄，节约了人力，降低了生产成本，并且可以保证种子的纯度。目前，质核互作雄性不育在农作物、园艺及园林上得到广泛应用，如百日草、矮牵牛、金鱼草、玉米、水稻、小麦、棉花、洋葱等，许多园艺植物利用这一特性来生产杂交种子。

1）细胞质雄性不育型

这种雄性不育是由细胞质基因控制的，表现为母性遗传。如果用这种雄性不育植株作母本与雄性正常类型杂交，其杂种总是表现雄性不育。在育种上，细胞质雄性不育难以利用，因其后代是不育的，如果没有授粉植株是不能结种子的。

2）细胞核雄性不育型

这种雄性不育是由细胞核基因单独控制的。多数核不育型均受简单的一对隐性基因（msms）所控制，纯合体（msms）表现为雄性不育。这种不育性能被相对显性基因Ms所恢复，杂合体（Msms）后代呈简单的孟德尔式的分离，如图3.10所示。

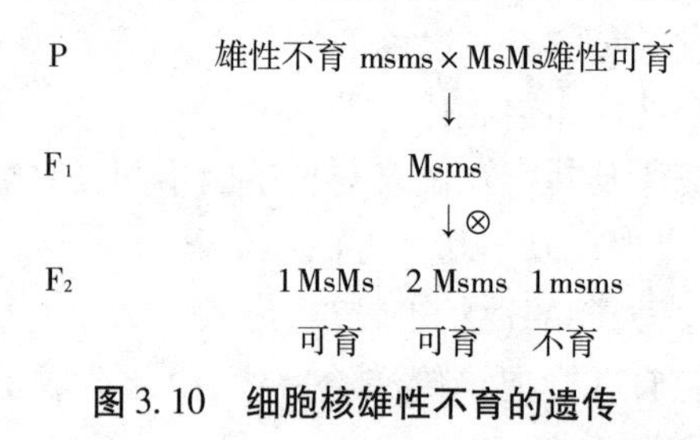

图3.10 细胞核雄性不育的遗传

从图3.10可知，细胞核雄性不育株不能始终保持不育，杂交后代群体中会出现育性分离，且不育株与可育株只有开花时才能加以区别。因此，这种雄性不育的利用受到一定的限制。

3）质核互作雄性不育型

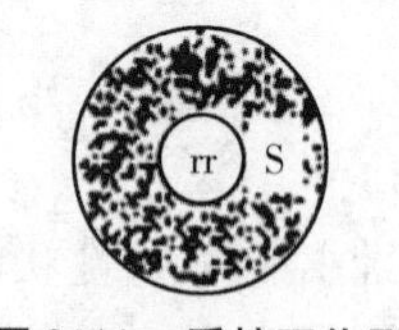

图3.11 质核互作型雄性不育系

质核互作的雄性不育是受细胞质不育基因和细胞核不育基因共同控制的，是质核遗传物质共同作用的结果。在这种类型中，细胞核内含有纯合的隐性基因（rr），同时细胞质内含有雄性不育的细胞质基因S（见图3.11），于是表现雄性不育。它是由于细胞质和细胞核内都含有的不育性基因而造成雄性不育的。称这样的株系为雄性不育系。

有些植株给雄性不育株授粉，产生的后代继续为雄性不育系，称为保持系。保持系开花结实完全正常，能产生足够的花粉。保持系核内的基因型也是纯合的隐性不育基因（rr），但它的细胞质内含有可育的细胞质基因N，也唯有这个细胞质基因使得保持系是可育的。雄性不育系必须依靠保持系才能繁殖自己，经过保持系反复回交传粉以后，雄性不育系除育性外其他一切性状与保持系完全相同,如图3.12所示。

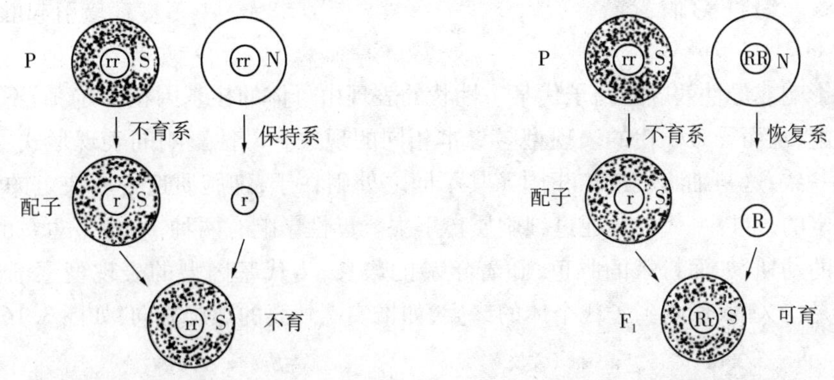

图3.12　保持系的作用　　　图3.13　恢复系的作用

有些植株给不育株授粉,能使雄性不育系产生雄性可育的后代,称为恢复系。恢复系核内具有显性纯合可育基因(RR),能正常开花结实,产生正常的花粉。用它给雄性不育株授粉,由于显性基因(R)的作用,使雄性不育株恢复雄性育性(见图3.13)。在农业生产上要求恢复系不仅能使雄性不育的后代恢复能育性,而且要求表现杂种优势,这样才能达到推广栽培的目的。

雄性不育的性状在配制杂交种时很有用处。有了合适的不育系、保持系和恢复系,在制单交种时一般建立两个隔离区。具体如下:

一区是繁殖不育系和保持系的隔离区,在区内交替地种植不育系和保持系。不育系缺乏花粉,花粉从保持系获得,从不育系植株收获的种子仍旧是不育系。保持系植株依靠本系花粉结实,因此,从保持系植株收获的种子仍旧是保持系,这样在这一隔离区内同时繁殖了不育系和保持系,如图3.14所示。

另外一区是杂种制种隔区,在这一区里交替地种植不育系和恢复系。不育系植株没有花粉,花粉是从恢复系植株获得的,所以从不育系植株收获的种子就是杂交种子,可供大田生产用。恢复系植株依靠本系花粉结实,因此,从恢复系植株收获的种子仍旧是恢复系。于是在这一隔离区内制出了大量杂交种,同时也繁殖了恢复系,如图3.15所示。这就是用两个隔离区同时繁殖三系的制杂交种方法,一般称为“二区三系”制种法。

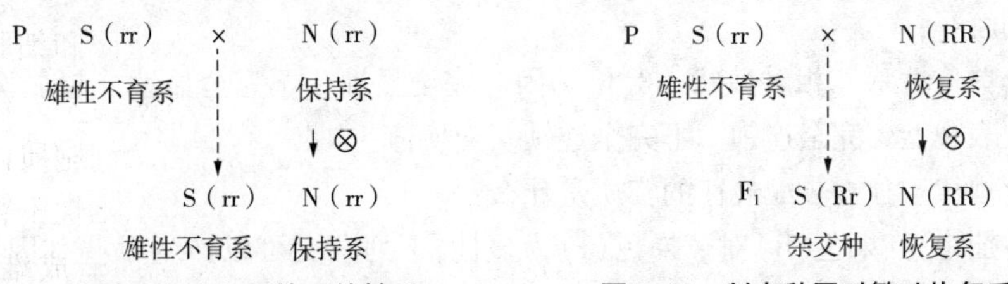

图3.14　雄性不育系和保持系的繁殖　　　图3.15　制杂种同时繁殖恢复系

目前,这种制种法在农业生产中获得了很大的经济效益。水稻、玉米、小麦、高粱、大麦以及洋葱和甜菜应用这一制种法已经取得了令人鼓舞的成绩。如果将这一方法用到花卉生产中,尤其是一、二年生草花的制种生产,将极大地改变花卉生产的现状,取得花卉种子生产的新成就。

3.4.5 母性影响

母性影响或母性效应是指子代某一性状的表现由母体的核基因型决定,而不受本身基因型的支配,从而导致子代的表现型与母本相同的现象。母性影响的表现形式也是正、反交结果不一致,这与细胞质遗传相同。其不同之处则在于,细胞质遗传所决定的性状的表现型是稳定的,可以一代一代通过细胞质传下去。母性影响有两种:一种是短暂的,仅影响子代个体的幼期,如面粉蛾的眼色,随着年龄的增长,当代基因型的表现型逐渐被表达出来。一种是持久的,影响到子代个体的终生,如椎实螺外壳的螺旋方向,如图3.16所示。

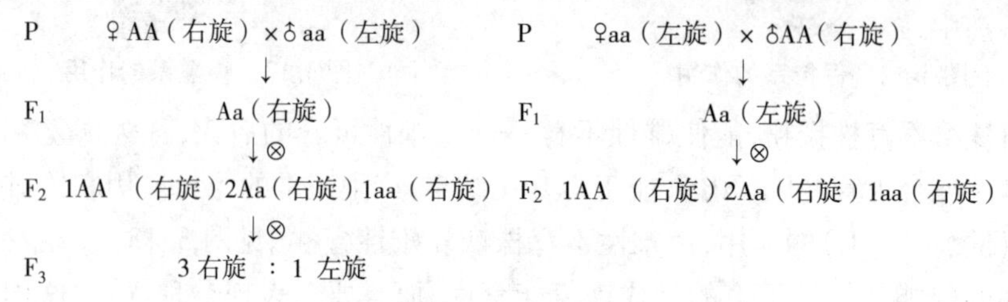

图3.16 椎实螺外壳的螺旋方向的遗传

椎实螺是一种雌雄同体软体动物,繁殖时一般进行异体受精,但若将它们一个一个地分开来饲养,它们就进行自体受精。椎实螺外壳的旋转方向有左旋和右旋之分,是一对相对性状。

右旋雌体与左旋雄体交配,子一代全为右旋,子一代互交,或自交,子二代亦全为右旋。但在子二代中,3/4雌体的子三代全为右旋,另外1/4雌体的子三代全为左旋。二代全为右旋,是因为母体的基因型为Aa。子二代中3/4雌体的后代全为右旋,亦是因为他们的母体基因型均为AA或Aa。左旋雌体与右旋雄体交配,子一代全为左旋,并不因为左旋基因是隐性而表现为右旋,因为它们的表现型决定于母本的基因型。子二代则和正交一样,全为右旋,因为子一代母体的基因型是A,而左旋基因(a)是隐性。子三代也一样,表现为3∶1比例关系。

复习思考题

1. 名词解释:

性状　单位性状　相对性状　等位基因　完全显性　不完全显性　超显性　共显性　基因型　表现型　完全连锁　不完全连锁　交换值

2. 分离规律和独立分配规律的实质是什么?

3. 在番茄中,红果色(R)对黄果色(r)为显性,下列杂交可以产生哪些基因型,哪些表现型,它们的比例如何?

(1)RR×rr　(2)Rr×Rr　(3)Rr×rr　(4)Rr×RR　(5)rr×rr

4. 下面是紫茉莉的几组杂交,基因型和表现型已写明。可产生哪些配子?杂种后代的基因型和表现型怎样?

(1)Rr×RR　　(2)rr×Rr　　(3)Rr×Rr

粉红　红色　　白色　粉红　粉红　粉红

5. 在南瓜中,果实的白色(W)对黄色(w)是显性,果实盘状(D)对球状(d)是显性,这两对基因是自由组合的。下列杂交可产生哪些基因型,哪些表现型,它们的比例如何?

(1)WWDD×wwdd　　　　(2)wwDd×wwdd

(3)Wwdd×wwDd　　　　(4)Wwdd×WwDd

6. 在豌豆中,蔓茎(T)对矮茎(t)是显性,绿豆荚(G)对黄豆荚(g)是显性,圆种子(R)对皱种子(r)是显性。现在有下列杂交组合,它们后代的表现型如何?

(1)TTGgRr×ttGGrr　　(2)TtGGrr×ttGgrr　　(3)TtGGRr×TtGgRr

7. 在番茄中,缺刻叶和马铃薯叶是一对相对性状,显性基因 C 控制缺刻叶,基因型 cc 的植株是马铃薯叶。紫茎和绿茎是另一对相对性状,显性基因 A 控制紫茎,基因型 aa 的植株是绿茎。把紫茎、马铃薯叶的纯合植株与绿茎、缺刻叶的纯合植株杂交,在 F_2 中得到 9∶3∶3∶1 的分离比。如果把 F_1:(1)与紫茎、马铃薯叶亲本回交;(2)与绿茎、缺刻叶亲本回交;以及(3)用双隐性植株测交时,下一代表现型比例各如何?

8. 番茄的红果(Y)对黄果(y)为显性,二室(M)对多室(m)为显性,两对基因是独立遗传的。当一株红果、二室的番茄与一株红果、多室的番茄杂交后,子一代(F_1)的群体内有 3/8 的植株为红果、二室的 3/8 是红果、多室的,1/8 是黄果、二室的,1/8 是黄果、多室的。试问这两个亲本植株是怎样的基因型?

9. 如果一个植株有 4 对显性基因是纯合的,另一植株有相应的 4 对隐性基因是纯合的,把这两个植株相互杂交,问 F_2 中:(1)基因型;(2)表现型全然像亲代父本、母本的各有多少?

10. 在玉米试验中,高茎基因(D)对矮茎基因(d)为显性,常态叶(C)对皱叶(c)为显性,纯合高茎常态叶 DDCC 与矮茎皱叶 ddcc 杂交,子代是高茎常态叶,测交后:高茎常态叶 83 株,矮茎皱叶 81 株,高茎皱叶 19 株,矮茎常态叶 17 株。问有无连锁,有无交换?为什么?有交换的话交换值是多少?

11. 基因的连锁与交换在育种上各有何意义?

12. 遗传的 3 个基本规律有什么区别与联系?

13. 母性影响与细胞质遗传有什么区别?

14. 细胞质遗传的特点有哪些?

15. 雄性不育类型有哪几种?它们是如何遗传的?

16. 以 S,N,R,r 表示不育系、保持系、恢复系的基因型,并表明它们的关系。

数量性状遗传

学习目标

- 掌握数量性状的特点。
- 掌握微效多基因假说的要点。
- 理解数量性状的基本统计方法。
- 掌握遗传力的计算方法。

4.1 数量性状的特征及遗传机理

4.1.1 数量性状的遗传特征

植物遗传性状的变异有两种:一种是具有明确的界限,没有中间类型,表现为不连续变异的性状,称为质量性状,如豌豆的红花与白花;另一种是连续的变异,在性状的表现程度上有一系列的中间过渡类型,不易区别分明,这类连续变异的性状称为数量性状,如植株高矮、果实大小、花朵直径等。质量性状在杂种后代的分离群体中,对于各个体所具相对性状的差异,可以明确的分组,求出不同组之间的比例,比较容易研究它们的遗传动态,如孟德尔的豌豆杂交试验。但是,数量性状在一个自然群体或杂种后代群体中的不同个体间往往表现连续的数量差异,不易明确归类分组,因此,不能用经典的遗传学理论来解释和分析它们的复杂变化。

数量性状通常用长度、质量、体积等数值来表示其差异,在群体水平上是通过生物统计分析的方法来研究的。但并不是任何能用数量衡量的性状都显现严格的连续变异,如孟德尔试验所使用的高植株与矮植株,这两个品种的豌豆在植株高度这个性状上可以明显区别开来,不会混淆,二者杂交后,并没有中间过渡类型。但我们所要研究的是呈现连续变异的数量性状,因此,遗传学上研究的数量性状具有以下基本特征:

①杂种后代的数量性状的变异及表现型的分布呈一种正态分布,表现型是连续的。

②杂种后代的数量性状对环境条件反应敏感。数量性状一般容易受环境的影响而发

生变异,这种变异一般是不遗传的,它往往和那些能够遗传的数量性状混在一起,使问题变得更加复杂。现以伊斯特(East E M,1910)用爆粒玉米(短穗)与甜玉米(长穗)杂交的实例来说明玉米穗长数量性状的特征见表4.1。

表4.1 玉米穗长杂交实验结果

变数 频数/f 世代	果穗长度(X)/cm																	果穗总数/n	统计数/cm		
	5	6	7	8	9	10	11	12	13	14	15	16	17	18	19	20	21		平均数($\bar{X}$)	方差(V)	标准差(S)
P_1	4	21	24	8														57	6.632	0.665	0.816
P_2									3	11	12	15	26	15	10	7	2	101	16.802	3.561	1.887
F_1					1	12	12	14	17	9	4							69	12.116	2.309	1.519
F_2			1	10	19	26	47	73	68	68	39	25	15	9	1			401	12.888	5.076	2.252

从表4.1中可以看出:

①两个亲本及F_1,F_2的穗长均有从短到长的连续变异。

②两个亲本的穗长平均值(P_1=6.6 cm,P_2=16.8 cm)相差很大,说明的确有遗传差异。

③F_1的平均数12.1 cm介于双亲平均数之间,F_1的变异幅度(9~15 cm)较小,因为F_1基因型是一致的,它的变异是受环境条件影响的。

④F_2的穗长平均数同样介于两亲本平均数之间与F_1近似(12.8 cm),但变异范围比F_1大(7~15 cm),这是因为F_2既有基因型的差异,又有环境条件的影响。

4.1.2 数量性状的遗传机理——微效多基因假说

1)微效多基因假说的遗传证据

1908年瑞典遗传学家尼尔逊·爱尔(Herman Nilsson-Ehle)在研究红色籽粒小麦的遗传时,发现了不同于一般质量性状的遗传。他用红粒小麦与白粒小麦杂交时,F_1为淡红色。有些杂交组合中F_2分离为3红∶1白,有些杂交组合中F_2分离为15红∶1白,有些杂交组合中F_2分离为63红∶1白,而且分离出来的红色在程度上有差别,他认为这些结果仍然符合孟德尔的遗传定律,只是决定籽粒颜色的是不同对的等位基因。

例如,小麦粒色的遗传:红色籽粒与白色籽粒的杂交组合中出现了以下3种情况:

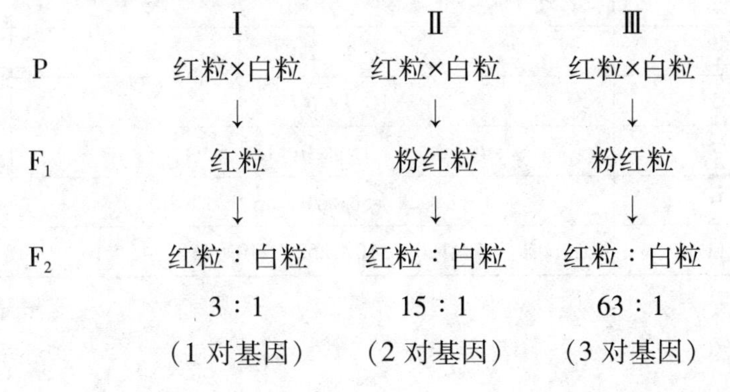

如把麦粒颜色分为红色和白色两种,可以看成是质量性状遗传,且红色基因表现为重叠作用;若对小麦红色籽粒再加细分,在 F_2 的红色籽粒中又有颜色深浅程度的差异,就表现出数量性状的特点。由于区分性状的方法不同,某些性状既有数量性状的特点,又有质量性状的特点。

在 15∶1 的分离中,同样可细分为 1/16 深红∶4/16 次深红∶6/16 中红∶4/16 淡红∶1/16 白色,即 1∶4∶6∶4∶1 的比例。在 63∶1 的分离中,可区分为 1/64 极深红∶6/64 深红∶15/64 次深红∶20/64 中红∶15/64 中浅红∶6/64 浅红∶1/64 白色,即结果为 1∶6∶15∶20∶15∶6∶1 的比例。

现在详细分析一下 15 红∶1 白的情况。当种子为红色的品种同种子为白色的品种杂交,F_1 种子颜色是中等红色,F_2 出现了各种程度不同的红色种子和少数白色种子。从表 4.2 中可以看出,种子红色这一性状是由几个红色基因 R 的积累作用所决定的。R 越多,红色程度越深,4 个 R 表现深红色,3 个 R 表现次深红色,2 个 R 表现中红色,1 个 R 表现淡红色,没有 R 时为白色。

表 4.2　受两对基因控制的小麦粒颜色的遗传

<table>
<tr><td>亲本</td><td colspan="6">深红色($R_1R_1R_2R_2$)×白色($r_1r_1r_2r_2$)</td></tr>
<tr><td>F_1</td><td colspan="6">中等红色($R_1\ r_1R_2\ r_2$)</td></tr>
<tr><td rowspan="4">F_2</td><td>基因型</td><td>1 $R_1R_1R_2R_2$</td><td>2$R_1R_1R_2r_2$
2$R_1r_1R_2R_2$</td><td>1$R_1R_1r_2r_2$
4$R_1r_1R_2r_2$
1$r_1r_1R_2R_2$</td><td>2$R_1r_1r_2r_2$
2$r_1r_1r_2R_2$</td><td>1$r_1r_1r_2r_2$</td></tr>
<tr><td>表现型</td><td>深红</td><td>中深红</td><td>中红</td><td>浅红</td><td>白</td></tr>
<tr><td rowspan="2">表现型比</td><td>1</td><td>4</td><td>6</td><td>4</td><td>1</td></tr>
<tr><td colspan="4">15</td><td>1</td></tr>
</table>

随着控制某一数量性状的基因数增多,杂种后代分离比率趋于多样,各种表现型在群体中所占比率见表 4.3,群体表现则更为连续。

表 4.3　多基因系统在 F_2 群体中分离比例理论值

等位基因对数	F_2 表现型数	F_2 分离比例	纯合亲本在群体中比例
1	3	1∶2∶1	2/4
2	5	1∶4∶6∶4∶1	2/16
3	7	1∶6∶15∶20∶15∶6∶1	2/64
4	9	1∶8∶28∶56∶70∶56∶28∶8∶1	2/256
5	11	1∶10∶45∶120∶210∶252∶210∶120∶45∶10∶1	2/1 024

2）微效多基因假说

Nilsson-Ehle 认为，数量性状同质量性状一样，都是由基因控制的，区别在于数量性状是由多基因控制的，每个基因对性状表达的效应相等而且微小，多个微效基因的效应是累加的，这些微效多基因的遗传仍遵循孟德尔规律，服从分离、重组和连锁遗传规律，分离时按 $(1:2:1)^n$ 的比例分离（n 为基因的对数）。

在实际生产中，由于决定数量性状的基因对数（n）很多，而且每个基因都受环境影响，把每个基因的环境影响也累加起来，就会使数量性状对环境更敏感，双重作用交织在一起，使表现型出现更为连续性的变异。这一假说也同时解释了为什么 F_2 表现型变异幅度大于 F_1 的现象。

综上所述，可把微效多基因假说的要点归纳如下：

①数量性状受微效多基因控制，多基因中的每一对基因对性状所产生的影响不能予以个别辨认，只能按性状的表现统一研究。

②微效多基因是相互独立的、微小的和相等的，各基因对性状表现的作用是累加的。

③微效多基因间往往不存在显隐性的关系，而是有效与无效的关系。有效基因用大写字母表示，无效基因用小写字母表示。

④微效多基因对环境条件敏感，因而数量性状容易受环境条件的影响而发生变化。

⑤微效多基因仍遵守遗传的基本规律，同样有分离、重组、连锁和交换等，只不过控制性状的基因很多，因此，分离后的表现型呈现常态分布。

4.1.3　数量性状的基本统计方法

因为数量性状的遗传情况较为复杂，因此，通常用于质量性状的分析方法，再用于数量性状的分析就显得不够了。针对数量性状的特点在分析时应使用统计学方法。

鉴于生物统计是遗传学研究的基础课程，本节只列出遗传学常用的统计学基本概念和计算方法。

1）平均数

平均数是某一个性状的几个观察数的平均值。求平均数的公式为

$$\overline{X} = \frac{X_1 + X_2 + \cdots + X_n}{n} = \frac{\sum X}{n}$$

这里 $\overline{X}$ 是平均数；X_1 是变数 X 的第一个观察数，X_2 是变数 X 的第二个观察数……X_n 是变数 X 的第 n 个观察数，$\sum X$ 就是 n 个观察数的总和。

2）方差

通常用“变数（X）跟平均数（$\overline{X}$）的偏差的平均平方和”来表示变异程度。这个数值在统计学上称为方差，记作 V 或 S^2，用来衡量群体的变异幅度，其公式为

$$V = S^2 = \frac{\sum (X - \overline{X})^2}{n}$$

需要注意的是,公式中的分母 n,只限于平均数是由理论假定时才适用。如果平均数是从实际观察数计算出来时,则分母应该是 $n-1$。

为了便于计算,上述公式可以演化成

$$\sum(X-\bar{X})^2=\sum(X^2-2X\bar{X}+\bar{X}^2)$$

$$=\sum X^2-\frac{(\sum X)^2}{n}$$

以前面提到的玉米穗长度测量数据为例计算如下

$$\sum X^2=4\times5^2+21\times6^2+24\times7^2+8\times8^2=2\ 544$$

$$\sum X=4\times5+21\times6+24\times7+8\times8=378$$

$$n=4+21+24+8=57$$

$$S^2=\frac{\sum X^2-\frac{\sum(X)^2}{n}}{n-1}=\frac{2\ 544-\frac{378^2}{57}}{57-1}=0.67$$

从公式和计算实例可以看出,方差一定是正数。观察值和平均值之间差别越大,方差也就越大,反之,则方差小。因此,方差可用来测量变异的程度。

3)标准差

在统计学上将方差开方,方根以 S 表示:

$$S=\sqrt{\frac{\sum(X_i-\bar{X})^2}{n}}$$

S 叫做方差或称标准误。衡量群体的变异幅度常用标准误均值,如在上面玉米穗长度测量数据的例子中,即

$$S_{\bar{X}}=\frac{S}{\sqrt{n}}=\sqrt{\frac{0.67}{57}}=\pm0.11$$

一般生物学资料中,单注明平均数往往是不够的,应加上标准误均值以表明平均数的可能变异范围,所以玉米例子中:

$$\bar{X}\pm S_{\bar{X}}=6.63\pm0.11$$

有了上面一些基本的统计学方法,我们可以来讨论遗传变异和遗传力了。

4.2 遗传力

4.2.1 遗传力的概念

遗传力又称遗传率,是指一群体内由遗传原因引起的变异在表型变异中所占的比率。

通常以百分数表示,介于0~100%。可作为杂种后代选择的一个参考指标,从而判断该性状传递给后代可能性的大小。

生物体的性状表现,既受环境条件的影响,又受基因型的控制,通常把某一性状的表现型测定值称为表现型值(P),由基因型决定的那一部分称为基因型值(G),环境条件决定的部分,可以认为是表现型值与基因型值之差,称为环境差值(E)。则任何性状的表型值,可用下式表示

$$P=G+E$$

若用变量 V(方差:表示变异的程度)来表示,表达式则可写成 $V_P=V_G+V_E$。

广义遗传力(H_B^2)就是某一性状的遗传方差占总方差的百分比,即:

$$H_B^2=\frac{\text{基因型方差}}{\text{表型方差}}\times 100\%=\frac{V_G}{V_P}\times 100\%=\frac{V_G}{V_G+V_E}\times 100\%$$

从上式可知,如果遗传方差占总方差的比例大,则遗传力高,说明表型变异主要是由遗传变异引起的,是可以遗传的。因此,根据表型变异进行选择是有效的。如果遗传方差占总方差的比例小,遗传力低,说明环境影响大,选择的效果就不显著。所以遗传率的大小可作为衡量亲代和子代之间遗传关系的标准。

从基因的作用来分析,基因型方差可以进一步分解为3个组成部分:基因相加方差(或称基因加性方差 V_A)、显性方差 V_D 和上位作用方差 V_I。其中,基因的加性方差是指同一座位上等位基因之间和不同座位上非等位基因之间的累加作用引起的变异量。显性方差是指等位基因之间相互作用引起的变异量。上位方差是指非等位基因之间的相互作用引起的变异量,后两部分的变异量又称为非加性的遗传方差。因此基因型方差可进一步表示为:$V_G=V_A+V_D+V_I$,表型方差的公式又可写为:$V_P=(V_A+V_D+V_I)+V_E$,加性方差占总方差的百分率称为狭义遗传力 H_N^2,狭义遗传率比广义遗传率要小。

$$H_N^2=\frac{V_A}{V_G+V_E}\times 100\%$$

$$=\frac{V_A}{V_A+V_D+V_I+V_E}\times 100\%$$

4.2.2　遗传率的估算方法

1)广义遗传力的估算

估算广义遗传力常用的方法是利用基因型纯合或一致的群体,即纯种亲本 P_1,P_2 和杂种 F_1 的表现型方差作为环境方差的估算值,然后从总方差中减去环境方差,即得基因型方差。基因型方差占总方差的比值,即是广义遗传力。

(1)利用 F_1 表现型方差估算环境方差来计算广义遗传力

两个基因型纯合的亲本杂交所得的 F_1 的群体中各个体的基因型理论上是一致的,其基因型方差等于0,V_{F_1} 的存在可看成是环境的影响,所以 $V_{F_1}=V_E$。由于 F_2 是分离世代,因此,可以把 V_{F_2} 作为总方差,看成是基因型差异和环境条件的共同影响。如果 F_1 和 F_2 对环

境条件的反应相似，两者的环境方差就相同，即 $V_{E_1}=V_{E_2}$。用 $V_{F_2}-V_{F_1}$ 就可作为由基因型引起的基因型方差，代入公式

$$H_B^2=\frac{V_G}{V_P}\times100\%=\frac{V_G}{V_{F_2}}\times100\%=\frac{V_{F_2}-V_{F_1}}{V_{F_2}}\times100\%$$

例如，用表4.1所列的玉米不同亲本杂交试验结果所得资料来估算广义遗传力。F_2 的方差为5.076 cm，F_1 的方差为2.309 cm，代入公式得

$$H_B^2=\frac{V_{F_2}-V_{F_1}}{V_{F_2}}\times100\%=\frac{5.076-2.309}{5.072}\times100\%=54\%$$

由估算结果表明：玉米 F_2 穗长的变异大约有54%是由遗传差异引起的，46%是由环境差异引起的。

（2）利用亲本的表型方差估算环境方差来计算广义遗传力

两个基因型纯合的亲本理论上不存在基因型方差，亲本个体间的表现型差异可以认为是由环境条件的影响所造成的。因此，也可以用亲本的表型方差 V_{P_1} 和 V_{P_2} 来估算分离世代的环境方差。估算方法为

$$V_E=\frac{1}{2}(V_{P_1}+V_{P_2})\text{ 或 }V_E=\frac{1}{3}(V_{P_1}+V_{P_2}+V_{F_1})$$

$$H_B^2=\frac{V_{F_2}-V_E}{V_{F_2}}\times100\%=\frac{V_{F_2}-\frac{1}{2}(V_{P_1}+V_{P_2})}{V_{F_2}}\times100\%$$

如上述玉米的杂交实验资料：$V_{P_1}=0.665$，$V_{P_2}=3.561$，$V_{F_2}=5.076$，代入公式得

$$H_B^2=\frac{5.076-\frac{1}{2}(0.665+3.561)}{5.076}\times100\%=58\%$$

从上式可以看出，两种方法计算出来的值很接近。

树木中多数是高度的杂合体，虽然 F_1 有分离，但大多数树种可以进行无性繁殖，同一无性系的个体间具有相同的基因型，即 $V_G=0$，$V_P=V_E$。以同一无性系的不同个体间的表现型方差来估算环境方差，以同时并栽的同一树种有性后代间的表现型方差作为表现型总方差，即可求得广义遗传力。

例如，某优树半同胞家系（Pf）实生苗高生长标准差为22.52 cm，而同龄并栽的优树无性系Pr苗高标准差为15.19 cm，求树高遗传力。

$V_{Pr}=(15.19)^2=230.74$　　$V_{Pf}=(22.52)^2=507.15$

$H_B^2=(V_{Pf}-V_{Pr})/V_{Pf}\times100\%=507.15-230.74/507.15\times100\%=54\%$

计算结果表明，这个家系半同胞苗高生长差异的54%是由遗传原因造成的，而46%是由环境因素影响的。

2）狭义遗传率的估算方法

估算狭义遗传率的方法很多，主要有利用 F_2 和两个回交后代估算，利用亲代和子代的回归关系估算等，这里只介绍利用 F_2 和回交世代估算的原理和方法。

这种方法是利用 F_2 的方差以及 F_1 分别与两个亲本回交所得子代的方差 V_{B_1} 和 V_{B_2} 估

算狭义遗传率。公式如下

$$H_N^2 = \frac{2V_{F_2} - (V_{B_1} + V_{B_2})}{V_{F_2}} \times 100\% = \frac{\frac{1}{2}V_A}{\frac{1}{2}V_A + \frac{1}{4}V_D + V_E} \times 100\%$$

4.2.3　遗传力的性质及应用

1）遗传力的性质

遗传力的数值一般是一个大于零小于1的正数。不同性状遗传力的大小往往不同，同一性状的遗传力也可以由于品种、组合、繁殖方式的不同而不同，采用的估算方法不同时，遗传率也会有变化。

由于环境有所变化，遗传率的大小也就不同，由于选择基因有所固定，基因频率会引起改变。但经验证明，一般在0.5～1.0范围内，遗传率的数值没有大的改变。事实也证明，即使在不同群体中，如果动植物群体的历史和环境条件没有特殊情况或很大差别，遗传率的数值也可以在不同的育种场之间借用。因而这个遗传参数仍然有很大的普遍性。

综上所述，遗传力不是某个个体的特性，而是群体的特性，是个体所处环境的特性，是育种者对育种群体进行选择的指标。遗传力所反映的是性状遗传给后代的能力，因此在育种实践中具有重要意义。

2）遗传力的应用

（1）遗传力的高低可作为育种工作中对性状选择的依据

生物的数量性状对环境比较敏感，一个分离世代群体的表型变异，包括遗传变异和环境变异两种成分，所以两个基因型相同的个体，可能具有不同的表现型，而表现型不同的个体，基因型可能不同。遗传变异和环境变异同时存在，影响了选择的可靠程度。广义遗传力的估算就是对遗传变异在表型变异中所占的比重作出大致的估计，为育种工作提供选择的依据。遗传力越高，表示环境影响越小，群体的表型变异主要由遗传因素引起的，换句话说，个体间的表型差异很大程度上是由基因型决定的，在这种情况下进行选择，效果往往比较显著；反之，选择的效果差。

（2）遗传力的高低可作为育种方法的依据

从遗传力的高低，可以估计该性状在后代群体中的概率分布，因而能确定育种群体的规模，提高育种的效率。当遗传力高时，性状的表现型与基因型相关程度大，在育种中选择系谱法及混合选择法的效果相似；当遗传力低时，性状的表现型不易代表其基因型，因加性方差（V_A）较小时，育种效率低，因此，要用系谱法或近交进行后代测定，才能决定取舍。当显性方差（V_D）高时，可利用自交系间杂种 F_1 优势；当互作效应（V_I）高时，应注重系间差异的选择，以固定 V_I 产生的效应；当基因型与环境交互作用大时，说明某些基因型在某些地区表现好，而另一些基因型在另一些地区表现好，这样，在育种上就要注意在不同地区推广具有不同基因的品种，以发挥品种区域化的效果。

(3)根据遗传力的高低确定杂交后代不同世代性状选择的重点和标准

凡遗传力高的性状,应在早代进行选择,因为性状遗传力高,该性状在杂交后代中容易表现出来,所以早代选择效果好,以减轻育种工作量;遗传力低的性状则可在后期世代进行选择,因为随着基因型纯合度的增加,性状的遗传力也会随之增加,加上控制数量性状遗传的微效多基因具有累加作用,所以晚代选择有效。

遗传力高的性状选择时可以严格按育种目标进行,以控制群体的规模;遗传力低的性状,选择时可适当放宽标准,因为这些性状不容易表现出来,适当放宽标准,增加出现优良个体的机会,避免丢失有效基因。

复习思考题

1. 比较质量性状和数量性状的遗传特征。
2. 微效多基因假说的主要内容有哪些?
3. 简述平均数和方差的计算方法。
4. 设小麦早熟品种(P_1)和晚熟品种(P_2)杂交,先后获得 F_1,F_2,B_1,B_2 的种子,将它们同时播种在均匀的试验地里,经记载和计算,求得从抽穗到成熟的平均天数和方差于下表,试计算广义遗传力和狭义遗传力。

世代	P_1	P_2	F_1	F_2	B_1	B_2
$\overline{X}$	13	27.6	18.5	21.2	15.6	23.04
V	12.02	10.8	4.5	40.20	18.25	32.14

5. 广义遗传率和狭义遗传率的含义各是什么?它们对指导育种有哪些实践意义?

第5章 遗传物质的变异

学习目标

- 掌握基因突变的概念和特征。
- 了解染色体结构、数目变异的类型。
- 掌握性细胞和体细胞突变的特点。

植物的性状变异是多方面的,如在形态特征、组织结构、生理生化特征、抗性等方面都会产生变异。产生可遗传的变异主要来自两个方面:一是遗传物质的改变,包括染色体变异和基因突变;二是基因的重新组合。后者是指不同亲本杂交或杂合体自交而引起的基因重组和互作,其后代出现新的性状,但其遗传物质并没有发生质的改变,只有前者才能产生新的遗传物质。这些变异都是创造植物新品种和生物进化的重要来源。

5.1 基因突变

5.1.1 基因突变的概念

基因突变是指染色体上某一基因位点发生了分子结构和功能的改变,也称点突变。基因突变是遗传物质微观的变异,一般光学显微镜是不易觉察的。因为它只是一个基因内部化学结构的改变,即DNA分子中核苷酸的变化,它可能小到只涉及一对核苷酸,基因发生质变后,形成了与原来基因成对性的等位基因。例如,桃的高性基因D突变为矮性基因d。这种由基因突变所产生的变异个体,称为突变体。

基因突变的实质是DNA分子中碱基排列顺序的改变,导致三联体密码子发生改变,从而使翻译发生错误而产生的突变现象。引起碱基排列顺序的方式有两种:一是错义突变,即基因DNA区段中,由碱基的改变或替换引起的;二是移码突变,即基因DNA区段中,增加或减少一个或几个核苷酸引起的。当然,由于有同义密码子存在,所以并不是所有DNA分子中碱基顺序的改变都能引起基因突变。

5.1.2 基因突变的频率

基因突变在自然界广泛存在,无性繁殖的园艺植物都有基因突变,尤其是果树和花卉常产生芽变,例如苹果、柑橘、玫瑰等有许多新品种都是利用芽变选育而成的。其他各种观赏植物的嵌合花、条斑叶也大多来自基因突变。另外,如水稻中的矮生型,棉花中的短果枝,玉米中的糯性等性状都属于突变性状。

突变频率是指生物在一个世代中在特定条件下每个配子或细胞发生某种突变的概率。一般来说,不同生物的基因其自发突变的频率是不同的,即使同一种生物其不同基因的突变率也是不同的。但就总体而言,自发突变的频率很低,高等生物的自发突变为$10^{-8} \sim 10^{-5}$。

育种实践证明,在自花授粉植物中突变较少,遗传上较稳定;但杂种或杂合体植物的突变率较高;多年生的无性繁殖植物比一、二年生种子繁殖植物一般有相对较高的突变频率。

基因突变的频率往往受有机体内部的生理生化状态以及外部的营养、温度、天然发生的辐射、化学物质等影响而表现显著差异。

5.1.3 性细胞突变与体细胞突变

突变可以发生在个体发育的任何一个时期、任何一个细胞。凡是在性细胞(性原细胞和成熟的性细胞)内发生的变异,称为性细胞突变。在体细胞内发生的突变称为体细胞突变。性细胞突变和体细胞突变在植物育种和进化上具有不同的意义。

研究表明:性细胞比体细胞的突变频率高,这是因为性细胞对外界的环境敏感性较强,性细胞发生的突变可以通过受精过程直接传递给后代。若突变发生在精母细胞或小孢子母细胞中,则有几个雄配子各具有该突变基因,因而可以产生几个突变体。如果突变发生在有机体的一个配子中,则后代中只有一个个体可获得突变基因。性细胞发生显性突变,a→A,则突变性状在后代中立刻变现出来。但要到子代的突变体通过自交产生的第二代才出现纯合突变体,而需在第三代才能检出纯合体。如果发生隐性突变,A→a,由于等位基因的覆盖作用,需要经过若干世代到隐性基因处于纯合状态时才能表现出来,一旦表现即能检出。因此,显性突变表现得早而纯合的慢,隐性突变表现的晚而纯合的快。

如果突变发生在体细胞,只有显性突变(aa→Aa)或者是处于纯合状态的隐性突变(Aa→aa)才能表现出来。这种表现常使个体产生镶嵌现象,即一部分组织表现原有性状,另一部分组织表现突变性状。镶嵌的程度因突变发生时有机体的发育时期而异,突变发生越早,则变异部分越大;突变发生越晚,则变异部分越小。如果突变发生在茎的生长点分生组织细胞中,这种体细胞突变称为芽变。则由它所形成的芽发育而成的整个枝条带有突变性状,容易通过无性繁殖而保存下来。大多数园艺植物都有芽变发生,如柑橘、苹果、月季。如果晚期花芽发生突变,其变异性状就只局限于一个花朵或果实,甚至仅局限于它的一部分。如郁金香花瓣上发生条斑状的变异就属于此类突变。芽变在植物育种中有重要意义。

园艺植物一旦发生优良芽变，就需要把它从母体上及时分割下来，采用扦插、压条或嫁接等无性繁殖方法保留下来选育新品种。

5.1.4 基因突变的特征

1）突变的重演性

同种生物的不同个体间独立地产生相同的突变称为突变的重演性。一个基因发生突变以后仍可以再次发生，同一种突变在相似的条件之下可以再次发生。例如，决定玉米籽粒性状的7个基因中有6个基因的突变体可以在多次试验中重复观察，而且突变的频率相似。高秆水稻在辐射诱变时，总会出现一定比例的矮秆水稻，迟熟品种在辐射后会出现一定比例的早熟类型，天竺葵、大叶黄杨茎叶绿色部分的白化突变也在不同的个体间多次出现，这说明突变的重演性。

2）突变的可逆性

突变是可逆的，由显性基因A突变变为隐性基因a（A→a），称为正突变；反之，由隐性基因a突变为显性基因A（a→A），称为反突变，正突变的频率一般高于反突变，因此，在自然界中出现的突变多为隐性突变。

3）突变的多向性和局限性

基因突变可以向多个方向进行，一个基因A可以突变为a_1，a_2，a_3等，它们在生理功能和性状表现上各不相同。遗传试验表明，它们和A基因之间以及他们彼此之间都存在着对应关系，说明它们在一个基因位点上。位于同一基因位点上各个等位基因称为复等位基因。但复等位基因的不同个体存在于整个群体中，但其中二倍体单个个体中等位基因仍然是一对。

复等位基因在高等植物中较普遍，如在苹果、李、甜樱桃、烟草等存在自交不亲和的复等位基因。自交不亲和性是指同一植株的雌雄蕊之间授粉不结实和相同基因型植株间相互授粉不结实的现象。烟草中发现15个自交不孕的复等位基因S_1，S_2，S_3，…，控制自花授粉的不结实性，但与其他植株杂交又可结实，证明相同基因之间存在一种拮抗作用。

应指出基因突变的多向性是相对的，并不是可以发生任意突变，也有一定的突变范围，如菊花有黄、白、紫、粉红等多种颜色，但未发现黑色的突变；桃花有粉红、红、紫红、白色等颜色，但未发现黄色或蓝色的突变等。这主要由于突变的方向首先受到构成基因本身的化学物质的制约，一种分子是不可能无限制的转化成其他分子。

4）突变的平行性

亲缘关系相近的物种，因遗传基础比较近似，常产生相似的基因突变，这种现象称为突变的平行性。根据此特征，若在一个种或属内发现一些突变，可以预见在同科的其他物种和属内也会存在相似的突变，这对开展人工诱变育种有一定的参考价值见表5.1。

表 5.1　蔷薇科部分植物若干性状的平行变异

遗传变异的性状	桃	梅	李	杏	樱桃	苹果	梨
花重瓣	+	+	+	+	+	+	+
花红色	+	+		+	+	+	
雄性不育	+	+	+	+	+	+	+
黏核	+	+	+	+	+		
垂枝性	+	+		+	+	+	+
短枝性	+	+	+		+	+	+
早熟性	+	+	+	+	+	+	+

5）突变的有害性和有利性

一般来说，绝大多数基因突变对生物是有害的，因为生物是适应环境的产物，在漫长的进化过程中，其基因型经过严格的自然选择，它们内部的遗传基础和体内代谢等均已达到相对协调的平衡状态，对环境具有最大的适应性。一旦发生突变就会破坏这种适应性，给生物带来不同程度的不利影响。极端有害的突变甚至使生物死亡，如柑橘、玉米出现的白化苗（ww），一般在 4 ~ 5 片真叶时就会死亡。

突变的有害性是相对的。例如植物矮化突变，在高株群体内发生矮性突变型，由于高株遮光，对矮株突变本身不利。然而，在有大风的条件下，矮株更抗倒伏，使这种有害突变转化为有利突变。

有的突变对生物本身不利，但对人可能有利。例如植物的雄花不育特性，不能产生正常可育的花粉，对植物的繁殖是不利的，但在杂种优势的利用中却有极其重要的利用价值。此外，还有许多突变，对人类和植物本身都是有利的，如抗病性、耐旱性、早熟性等。

5.1.5　基因突变在育种上的应用

突变体是植物新品种选育的重要原始材料。在自然界中，引起植物发生突变的因素是多种多样的，许多园艺植物受自然环境因素的影响，可能会发生自发突变。尽管突变率很低，但也会出现有利用价值的优良突变体。在果树、花卉中经常发生芽变，不仅丰富了种质资源，而且是新品种产生的重要变异来源之一。当优良的芽变发生以后，即可通过无性繁殖的方法保存下来，因此，植物的芽变选种是一种简单易行、行之有效的方法。例如果树种的温州蜜柑产生芽变的频率较高，变异范围较大，是一种有利于进行芽变选种的植物。

由于自然突变率很低，阻碍了植物新品种选育工作的开展。为此，育种工作者为了获得较高的突变频率和优良变异个体，通常利用物理、化学因素处理植物，使其基因的分子结构发生改变而引起突变，再经人工选择培育成新品种或新类型，这种育种方法称为诱变育种。

诱变的因素有物理因素和化学因素。物理因素主要是电离射线，如 X，α，β，γ 射线、中子流等；还有非电离射线，如紫外线；此外还有激光、超声波等。电离射线的作用有两种假设：直接作用，辐射处理活细胞后，射线的能量首先被水吸收，水分子被电离，然后与其他分子发生化学反应，从而引起基因突变或染色体结构的改变。化学因素最早用秋水仙碱，后来主要用于5-氨基尿嘧啶、8-乙氧基咖啡碱、6-巯基嘌呤等妨碍碱基合成，用2-氨基嘌呤、5-溴尿嘧啶等造成碱基配对错误，用亚硝酸盐、烷化剂等使DNA结构改变等。

自发突变与诱发突变在性质上是没有什么区别的，但后者的突变频率可超过前者的几百倍，甚至更高，所以人工诱变育种在植物育种上占有重要的地位。我国利用γ射线照射梨的"向阳红"品种获得了能耐-33 ℃低温的突变系，通过辐射从苹果的"青香蕉"品种中产生了短枝型品系等。

5.2　染色体变异

染色体是遗传物质的主要载体，生物的遗传变异主要决定于染色体的基因。染色体的结构和数目是相当稳定的。但稳定是相对的，在自然或人为条件影响下，还可能发生变异。这种变异包括染色体结构和数目的变异。

5.2.1　染色体形态结构变异

1）缺失

缺失是指一个正常染色体的某一区段及其带有的基因一起丢失了的现象。缺失对个体发育和配子的生活力有不利影响，重则不能成活。其影响程度因缺失区段的大小而异。

（1）缺失的类型及细胞学鉴定

缺失中有顶端缺失和中间缺失，如图5.1所示。顶端缺失是指缺失的区段为某臂的外端。中间缺失指当缺失的区段位于某臂的内部。顶端缺失因不稳定而少见，中间缺失则常见。体细胞内某对同源染色体中一条为缺失，另一条为正常的个体，称为缺失杂合体；一对同源染色体缺失了相同区段的个体，称为缺失纯合体。

对缺失染色体进行细胞学鉴定，可根据同源染色体的联会状态进行分辨。缺失杂合体在联会时，其中正常染色体的多余部分无法与缺失染色体配对，便被拱出而形成缺失环（见图5.1）。若为顶端缺失，仔细观察，可看到二价体的顶端有一段未配对。

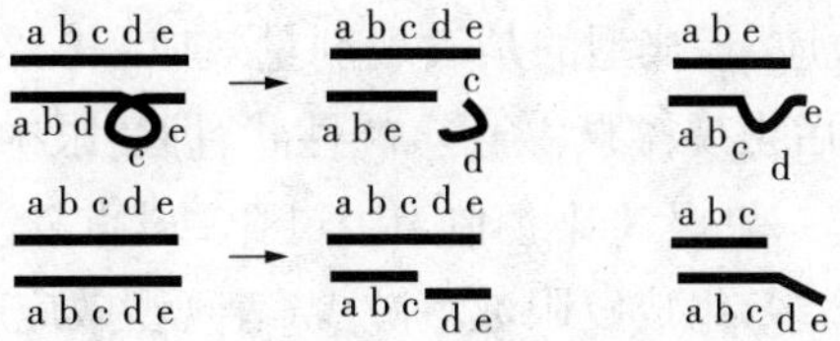

图5.1　顶端缺失、中间缺失及缺失环

(2)缺失的遗传效应

缺失对植物的正常生长发育将产生不利影响。染色体缺失一个区段后,该区段上所有的基因将会丢失。这对植物正常生长发育及代谢是极为有害的,有害程度取决于所丢失基因的数量及重要程度。若缺失的区段太长,通常该个体不能成活。含缺失纯合体的配子一般是败育的,在高等植物中,一般含缺失染色体的花粉败育率远比卵细胞大。因此,缺失染色体主要是通过卵细胞遗传。

缺失染色体的主要遗传学效应是可造成假显性现象。例如,以隐性绿株玉米做母本,将显性的紫株纯种玉米的花粉经辐射处理后授粉,后代会出现少数隐性植株。说明父本的某配子染色体中带有紫株显性基因的一段缺失了。由于合子中缺失了这一段染色体,使隐性基因得到表现,称为假显性现象。

2)**重复**

重复是指染色体多了一段或几段与自己某部分相似的区段。它也是染色体断裂和错接而产生的。一对同源染色体如彼此发生非对称性的交换,就可能在一个染色体上发生重复的同时,在另一个染色体上发生缺失。

(1)重复的类型及细胞学鉴定

染色体重复了一个区段,其上的基因也随之重复了。重复主要有顺接重复和反接重复,如图 5.2 所示。

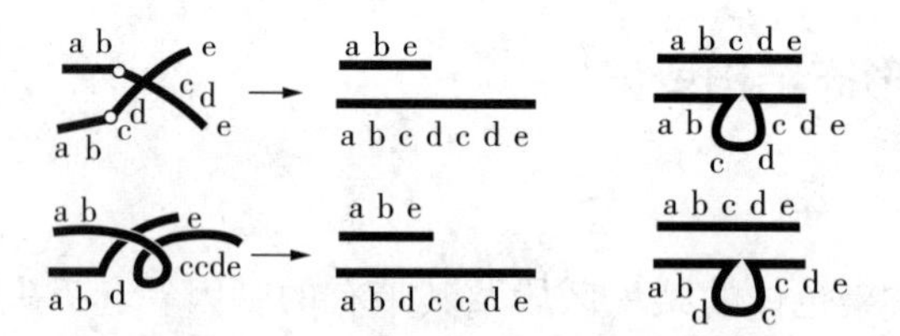

图 5.2　顺接重复、反接重复及重复环

顺接重复是指重复区段的基因顺序与染色体的正常顺序相同;反接重复是指重复区段的基因顺序与染色体的正常顺序相反。若体细胞内某对同源染色体均为相同的重复染色体,则该个体为重复纯合体。若某对同源染色体中一条为正常染色体,一条为重复染色体,该个体称为重复杂合体。重复杂合体在减数分裂粗线期联会时,重复区段在正常的同源染色体找不到相应区段配对,而形成半环形的重复环(见图 5.2)。重复环是由重复区段形成的,它与缺失环不同。

(2)重复的遗传效应

染色体重复部分如果太大,对个体的生活力和发育都会有影响,甚至引起个体死亡。重复可引起相应的表现型效应,最典型的是表现剂量效应和位置效应。例如,果蝇 X 染色体上 16 区 A 段染色体重复后出现棒眼(条形)的性状,即复眼中的小眼数比正常者少了许多,表现型为棒眼。由此可知,果蝇 X 染色体上 16 区 A 段重复,对表现型有显著的剂量效应,即个体随 16 区 A 段的增多,组成复眼数目减少,表现型效应越显著。同时研究还表明,重复区段分布的位置不同,表现型效应也不同。这种因染色体上基因位置的改变而导致表现型效应改变的现象,称为位置效应。如野生型果蝇的复眼由 779 个小眼组成,杂合棒眼为16A区段重复的重复杂合体,复眼由358个小眼组成,棒眼为重复纯合体,复眼由68个小眼组成。杂合双棒眼一条X染色体上重复两次,另一条为正常染色体,小眼数仅为45个。显然棒眼和杂合双棒眼表型的差异是重复区段位置不同所引起,同时也说明16A区段重复有降低果蝇复眼中小眼数量的剂量效应。

3)倒位

倒位是指正常染色体发生断裂后,倒转180°再错接上去,发生位置颠倒的现象。发生倒位的染色体没有基因的丢失,基因总数没有改变,只是基因的排列顺序发生了颠倒。

(1)倒位的类型及细胞学鉴定

倒位有臂内倒位和臂间倒位两种,如图5.3所示。臂内倒位是指倒位区段发生在染色体的一个臂内;臂间倒位是指倒位区段发生在包括着丝粒在内的两个臂内。一对同源染色体中两条染色体若均为倒位染色体,则称为倒位纯合体;若一条染色体为倒位染色体,另一条染色体为正常染色体,则该个体为倒位杂合体。

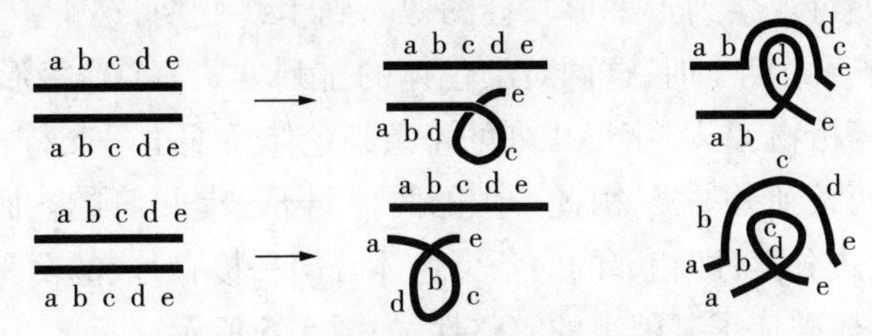

图5.3　臂内倒位、臂间倒位及倒位环

根据倒位杂合体在减数分裂的联会图像,可对倒位进行细胞学鉴定。由于同源染色体只有同源区段才精密联会,当倒位染色体与染色体联会时,在倒位区段形成一个倒位环(见图5.3)。倒位环是由一对染色体形成的,而重复环和缺失环则是由单个染色体形成的。在倒位环内非姊妹染色单体间可能发生交换,使臂内倒位杂合体产生一条正常的、一条倒位的、一条具有双着丝粒的、一条无着丝粒的染色单体。后期Ⅰ时,双着丝粒的染色体的两个着丝粒趋向细胞两极,中间的染色体还连着,便形成染色体桥,这是染色体发生倒位的典型特征。

(2)倒位的遗传效应

倒位改变了基因与基因之间固有的相邻关系,降低了倒位杂合体倒位区段内外连锁基因的重组率。由于倒位环内或环外附近因联会不紧密,常使连锁基因的交换受到抑制,加之倒位环内交换形成不育配子,因此,测得的交换值偏低。

倒位杂合体产生的配子往往表现部分不育。倒位杂合体在减数分裂形成的四份孢子中,有两个含缺失染色体或缺失重复染色体,由此形成的配子将是部分不育的。

4)易位

易位是指两个非同源染色体之间发生染色体区段的互换而形成的结构变异。

(1)易位的类型及细胞学鉴定

易位的类型有多种,主要类型有相互易位和简单易位两种,如图5.4所示。相互易位是指两个非同源色体之间互换节段,其发生过程是两个非同源染色体发生断裂,随后折断了的染色体及其断片交换地重接，易位最常见的类型是相互易位。如果某染色体的一个臂内区段，嵌入非同源染色体的一个臂内，这称为简单易位。简单易位是很少见的。

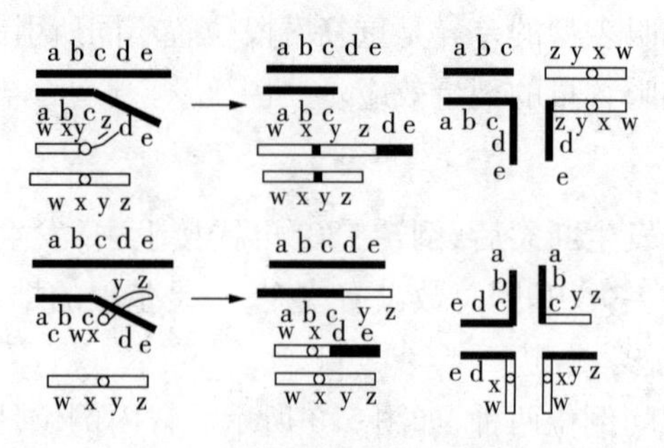

图 5.4　相互易位和简单易位

相互易位刚产生时，每对同源染色体中只有一条与另一非同源染色体互换区段，称为易位杂合体。易位杂合体在细胞学上可以鉴别，由于偶线期正常染色体与易位染色体同源部分紧密联会，粗线期可观察到十字形联会图像。到了终变期，这 4 条染色体逐渐演变成四体环或“∞”字形环。中期 Ⅰ 时，这两对染色体的排列方式有“0”字形和“∞”字形两种。如曼陀罗、紫万年青等植物，“∞”字形排列的 4 条染色体后期 Ⅰ 呈交替式分离，即相隔的两条染色体到一极，另两条到另一极，由此产生的两种配子都是可育的。而矮牵牛等“0”字形排列者后期 Ⅰ 呈邻近式分离，即相邻的两条染色体分向一极，形成的两种配子均不育，因为有缺失和重复的染色体破坏了基因组的完整性，如图 5.5 所示。

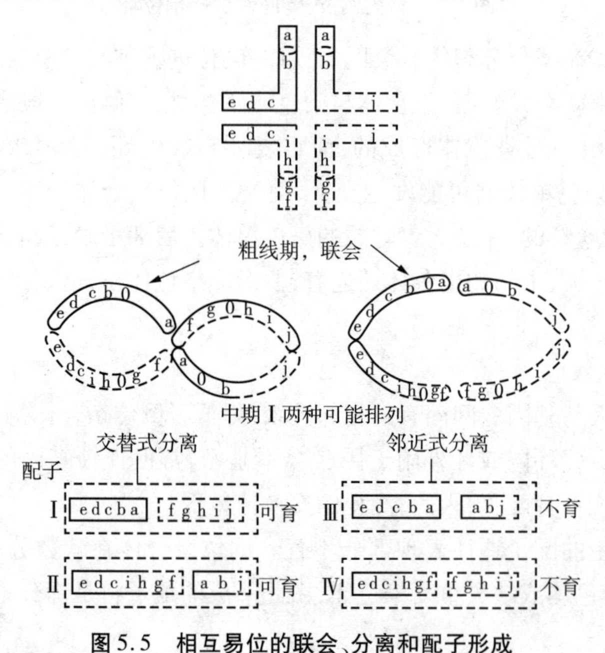

图 5.5　相互易位的联会、分离和配子形成

(2)易位的遗传效应

易位杂合体出现半不育现象。因为易位杂合体在减数分裂后期 Ⅰ 有交替式和邻近式两种分离方式，前者产生的两种配子全部可育，后者产生的两种配子全部不育，且两种分离方式的机会均等。因而易位杂合体产生的配子中有一半是不育的。

易位杂合体连锁基因的重组率下降。在杂合易位中,染色体连锁基因的交换值将显著降低,尤其是邻近易位结合点的一些基因重组率下降最显著。易位还使两正常的基因连锁群成为两个新的连锁群。易位往往使原来不连锁的基因由于易位到同一染色体上而表现连锁遗传。而原来位于同一条染色体上的连锁基因,因一部分转移到另一条非同源染色体上,而表现为独立的遗传行为。

5.2.2　染色体数目的变异

染色体不仅会发生结构变异,也会发生数目变异。自然界中各种生物的染色体数目都是相对稳定的。例如,月季 $2n=14$,人类 $2n=46$,银杏 $2n=24$,杨树 $2n=38$。同一物种的染色体组数目或染色体数目都可以发生变化,产生遗传的变异。这些变化可分为整倍体变异和非整倍体变异两种。

1)**整倍体变异**

整倍体变异就是指染色体数目变化以染色体组为单位的增减。染色体组是指二倍体生物配子中所具有的全部染色体。每个染色体组中各个染色体具有不同的形态、结构和连锁基因,构成一个完整体系,缺少任何一条均会造成不育或变异,这是染色体组最基本的特征。一个染色体组中染色体基数,在很多属的不同物种中是相同的,用 X 表示。例如,植物茄属 $X=12$,棉属 $X=13$,小麦属 $X=7$,但也有某些属的染色体组的基数是不同的,如葱属 $X=7,8,9$,芸苔属 $X=8,9,10$。n 与 X 有着不同的含义。n 用于个体发育的范畴,是指配子体世代即单倍体细胞中的染色体数,孢子体世代的生物细胞中染色体数用 $2n$ 表示,n,$2n$ 与真实染色体倍数性无关。X 表示一个染色体组的染色体数目,表示物种演化过程中的染色体倍性关系。二倍体个体中配子的染色体数正好是一个染色体基数,$n=X$,而多倍体的体细胞中,可能是 $n=2X$,$3X$ 等多种情况。因此,$2n$,n 仅分别表示体细胞、性细胞的含义,X 才表示真实的倍性。

在正常染色体数 $2n$ 的基础上,以染色体组为单位成倍数性增加或减少,形成的变异个体称为整倍体。

(1)单倍体

单倍体是指体细胞中具有本物种配子染色体数目的个体。即体细胞内仅具有配子的染色体数目的都是单倍体。一倍体是指体细胞内只有一个染色体组的生物体。对于二倍体生物来说,它们的单倍体实际上是一倍体。而多倍体生物则不同,它们的配子中含有三组或三组以上的染色体。例如,二倍体毛白杨配子中,一个染色体组 $X=19$,所以其配子形成的生物体即是单倍体,也是一倍体;而欧洲山杨体细胞含有 76 条染色体,单倍体中染色体数是 38,而一倍体中染色体数是 19。

单倍体与正常二倍体比较,由于体细胞小,使得植株矮小,生活力较弱,不能形成有效的配子,在生产上没有直接利用价值。但在育种中通常通过花药或花粉培养获得单倍体,再通过染色体加倍即可成为纯合二倍体。这在生产上,对于缩短了育种年限,加速育种进程以及品种提纯复壮都具有重要意义。

(2)多倍体

细胞中有3个或3个以上染色体组的个体称为多倍体。多倍体中根据染色体组的种类又可分为同源多倍体和异源多倍体等。在多倍体中,增加的染色体组来自同一物种的称为同源多倍体,一般由二倍体的染色体直接加倍得到。增加的染色体组来自不同物种的称为异源多倍体,一般由不同种、属间的杂交种染色体加倍形成的。多倍体植物在自然界普遍存在。自然界自然加倍的花卉或树木,如月见草、水仙花、金钱松等是同源多倍体。同源多倍体常见的是同源四倍体。三倍体的出现大多是由于减数分裂不正常,由未经减数分裂的配子($2n$)与正常配子受精形成,如山杨($3X=57$)、风信子($3X=48$)。而异源多倍体是指通过种间或属间远缘杂交获得具有多个物种染色体组的F_1经过染色体加倍而得到的多倍体。例如,欧洲七叶树与美国七叶树杂交,获得的杂种F_1经过染色体加倍得到红花七叶树为异源四倍体。大丽花的祖先为二倍体($2n=16$),许多杂种二倍体经过染色体加倍形成两组杂种双二倍体即异源四倍体($2n=32$),当其杂种性状分离时出现开洋红或象牙白花的类型和开朱红或橙红色花的类型,再把这两种类型杂交并使染色体加倍,形成异源八倍体的大丽花园艺品种。

2)非整倍体变异

非整倍体变异就是指染色体数目变化以染色体条数为单位的增减。在正常染色体数$2n$的基础上增加或减少一条至数条的个体,这样的变异类型称非整倍体变异。非整倍体是指体细胞的染色体数不是染色体组的完整倍数。

(1)亚倍体

体细胞内比正常整倍体减少1条或2条染色体的生物体。

①单体。体细胞中某对同源染色体减少一条的个体($2n-1$)。

②双单体。体细胞中某两对同源染色体各减少一条的个体($2n-1-1$)。

③缺体。体细胞中某对同源染色体全减少的个体($2n-2$)。

(2)超倍体

体细胞内比正常整倍体增加1条或2条染色体的生物体。

①三体。体细胞中某对同源染色体增加一条的个体($2n+1$)。

②双三体。体细胞中某两对同源染色体各增加一条的个体($2n+1+1$)。

③四体。体细胞中某对同源染色体两条染色体全增加的个体($2n+2$),即某一个同源组有4条染色体,其余染色体均成对存在。

染色体结构和数目的变异都是可遗传的,因此,对其有利的变异在育种上可以加以利用,甚至人为地诱发生物产生变异,从而选择培育获得新品种。例如,诱变育种、单倍体育种、多倍体育种都已在各自领域内取得了许多成就。三倍体无籽西瓜已开始大面积推广。德国赫森州林科所选育的三倍体欧洲山杨已成功用于山杨丰产林中,获得材质、抗性和生长量上的显著改进。北京林业大学选育的三倍体毛白杨广泛地栽植于黄淮地区,获得较高的经济效益。

此外,非整倍体产生的某些性状变异,在观赏植物中往往有它的利用价值,但只能用无性繁殖加以保存。如菊花的许多品种是非整倍体,菊花$X=9$,多数品种是六倍体,$2n=54$,

但欧洲的栽培菊花品种为47～63；日本的栽培菊花品种为53～67；我国的栽培菊花品种则为53～71，一般小菊、中菊的染色体数为53～55，染色体数目多的大多是大菊品种。

复习思考题

1. 什么是基因突变？它有哪些特征？
2. 染色体结构变异有哪几类？各自遗传效应是怎样的？
3. 什么是单倍体？单倍体在育种上有什么利用价值？
4. 什么是非整倍体变异？在观赏植物中如何利用非整倍体变异？

第6章 群体的遗传

学习目标

- 掌握群体中基因频率和基因型频率的关系。
- 掌握遗传平衡定律的要点,能够判断群体是否处于遗传平衡状态。
- 理解影响群体遗传平衡组成的因素。

6.1 基因频率和基因型频率

6.1.1 群体的含义

群体是在一定空间内,可以相互交配,并随着世代进行基因交换的许多同种个体的集群。遗传学上群体亦称孟德尔群体,一个物种就是一个最大的孟德尔群体。一个群体中全部个体所共有的全部基因称为基因库。分布在同一地区的同一物种个体间,可以预期有基因的自由交流,可认为构成了一个孟德尔群体。但是,属于同一空间的同种个体,由于某种自然的或人为地限制条件妨碍了个体间基因的自由交流,保持了各自不同的基因库,就形成了同一地区共存几个孟德尔群体的状况。一个理想的群体具有 3 个特征:一是群体足够大,即有足够多的个体;二是不同个体间能够随机交配,它们享有共同的基因库;三是群体中的基因稳定,没有突变、选择、迁移、漂移等的发生。群体遗传主要是研究群体的遗传组成及其变化规律。

6.1.2 基因频率和基因型频率

基因频率是群体遗传组成的基本标志,是群体遗传性的标志,种类好坏不同的群体,即是基因频率不同的群体。不同群体的同一基因,往往频率不同。基因频率是指在一个群体中某种基因占其同一位点基因总数的百分比,或者说是某种基因与其等位基因的相对比例;而基因型频率则是指某一性状的各种基因型在群体中所占的比例,即各种基因型的个体数占群体中个体总数的百分比。例如,假定二倍体生物的一个常染色体的基因位点 A,具有两个等位基因 A 和 a,根据孟德尔定律,群体中 A 座位上的这两个等位基因 A 和 a 可组成 3 种基因型,即 AA,Aa 和 aa,假如群体内 AA 和 aa 个体的比例分别为 1/5 和 1/4,则它们相应的基因型频率分别为 0.20 和 0.25。同一位点所有基因型频率之和应该等于 1,因此,该群体中 Aa 基因型频率为 0.55。若 A 位点上存在两个等位基因 A 和 a,其中,如果 A 基因的数目占全部等位基因总数的 1/3,则 A 基因的频率是 0.33,显然,a 基因的频率是 0.67。

群体内特定基因位点的基因频率,可通过有关基因型的实测数目或基因型频率来加以估算。假定某基因位点 A 上有两个等位基因 A 和 a,他们在群体中组成 3 种基因型 AA,Aa 和 aa,则其基因型频率和基因频率的关系式可以通过表 6.1 得出。

表 6.1　基因型频率和基因频率

	基因型			总　和	基　因		总　和
	AA	Aa	aa		A	a	
个体数	n_1	n_2	n_3	N	$2n_1+n_2$	$2n_3+n_2$	$2N$
频率	$\frac{n_1}{N}$	$\frac{n_2}{N}$	$\frac{n_3}{N}$	1	$\frac{2n_1+n_2}{2N}$	$\frac{2n_3+n_2}{2N}$	1
符合	D	H	R		p	q	

根据表 6.1 可知

$$N=n_1+n_2+n_3$$

若 AA,Aa,aa 这 3 种基因型的频率分别用 D,H,R 表示,那么,所有基因型频率之和则是

$$D+H+R=\frac{n_1}{N}+\frac{n_2}{N}+\frac{n_3}{N}=1$$

A 和 a 各自的基因频率则是

$$p=\frac{2n_1+n_2}{2N}=D+\frac{1}{2}H$$

$$q=\frac{2n_3+n_2}{2N}=R+\frac{1}{2}H$$

而 A 和 a 基因频率之和为

$$p+q=D+\frac{1}{2}H+R+\frac{1}{2}H=1$$

从而得到同一世代基因型频率和基因频率的关系式为

$$p=D+\frac{1}{2}H\quad q=R+\frac{1}{2}H \tag{6.1}$$

设由 500 个个体组成的平衡群体内,A 位点有 A 和 a 两个等位基因,它们的 3 种基因型可以从表型区别出来,3 种基因型的个体数分别如下:

AA	Aa	aa	总数
250	100	150	500

由表6.1可知，3种基因型频率分别为

基因型AA的频率：$D=\frac{250}{500}=0.5$

基因型Aa的频率：$H=\frac{100}{500}=0.2$

基因型aa的频率：$R=\frac{150}{500}=0.3$

由关系式(6.1)可知基因A和a的频率分别是

基因A的频率：$p=0.5+\frac{1}{2}\times 0.2=0.6$

基因a的频率：$q=0.3+\frac{1}{2}\times 0.2=0.4$

在一个自然群体中，知道了基因型频率就可求得基因频率，但是反过来，知道基因频率却并不一定能确定它的基因型频率，只有在一定的条件下，可以用基因频率确定基因型频率，这个条件就是基因型频率和基因频率之间的关系须符合下一节将要阐述的Hardy-Weinberg遗传平衡定律。

6.2 遗传平衡定律

遗传平衡定律(Hardy-Weinberg equilibrium)是英国数学家Godfrey Hardy和德国医生Wilhelm Weinberg于1908年分别在各自研究的基础上提出的关于群体内基因频率和基因型频率变化的规律，故又称为Hardy-Weinberg定律，它是群体遗传学中的一条基本定律。

1)定律的要点

该定律的要点主要体现在以下3个方面。

①随机交配下的大孟德尔群体中，如没有其他因素(基因突变、选择、迁移等)的干扰，基因频率世代相传不变。

②无论群体的起始成分如何，经过一个世代的随机交配之后，群体的基因型频率达到平衡。在平衡状态下，子代基因型频率可根据亲代基因频率按下列二项展开式计算：

$$[p(\mathrm{A})+q(\mathrm{a})]^2=p^2\mathrm{AA}+2pq\mathrm{Aa}+q^2\mathrm{aa}$$

即

$$D=p^2 \quad H=2pq \quad R=q^2 \tag{6.2}$$

③只要随机交配系统得以保持，基因型频率保持上述平衡状态不会改变。

Hardy-Weinberg定律的重要性是因为它说明变异性一旦被一个群体所获得，就可维持在一个恒定的水平上，并不因为交配而融合或最后消失。这也是现代遗传学的颗粒遗传理论在群体水平上的体现。

应该指出,所谓随机交配(random mating)是指在一个有性繁殖的生物群体中。任何一个雌性或雄性的个体与任何一个相反性别的个体交配的概率都相同,也就是说,任何一对雌雄的结合都是随机的,不受任何选配的影响。

2)定律证明

设某染色体的基因位点 A 上有两个等位基因 A 和 a,群体中可能的基因型有 AA,Aa 和 aa 这 3 种,设某一世代(零世代)具有以下基因型频率和基因频率,见表 6.2。

表 6.2　亲本的基因型频率和基因频率

	基因型			基　因	
	AA	Aa	aa	A	a
频率	D_0	H_0	R_0	p_0	q_0

零世代群体所产生的配子有两种类型:一种携带有 A 基因;另一种携带有 a 基因,群体中这两类配子出现的概率分别为 p_0 和 q_0。

零世代个体间进行随机交配,各雌雄配子随机结合,产生一世代个体,则一世代个体的基因型频率见表 6.3。

表 6.3　一世代个体基因型频率

配子	♂		
♀	基因(频率)	A(p_0)	a(q_0)
	A(p_0)	AA(p_0^2)	Aa(p_0q_0)
	a(q_0)	Aa(p_0q_0)	aa(q_0^2)

由表 6.3 可知,一世代的基因型频率为

$$D_1=p_0^2 \qquad H_1=2p_0q_0 \qquad R_1=q_0^2$$

由此可知,子代的基因型频率只由上一代的基因频率决定。另外,根据同一世代基因型频率和基因频率的关系知:

一世代 A 基因频率:

$$\begin{aligned} p_1 &= D_1+\frac{1}{2}H_1 \\ &= p_0^2+p_0q_0 \\ &= p_0(p_0+q_0) \\ &= p_0 \end{aligned}$$

一世代 a 基因频率:

$$\begin{aligned} q_1 &= R_1+\frac{1}{2}H_1 \\ &= q_0^2+p_0q_0 \\ &= q_0(q_0+p_0) \\ &= q_0 \end{aligned}$$

显然一世代基因频率与零世代基因频率相同。

同样可以证明

$$p_1=p_0 \qquad q_1=q_0$$
$$p_2=p_0 \qquad q_2=q_0$$
$$\vdots \qquad \vdots$$
$$p_n=p_0 \qquad q_n=q_0$$

因此，亲代群体在随机交配的条件下，只要没有其他影响基因频率的因素干扰，群体中的基因型频率代代不变。

下面计算一个实例用以加深对这个定律的理解。

设零世代的基因型频率为

$$D_0=0.6, H_0=0.4, R_0=0$$

因而 $$p_0=D_0+\frac{1}{2}H_0=0.8 \qquad q_0=R_0+\frac{1}{2}H_0=0.2$$

因此，根据式(6.1)和式(6.2)计算可知，各世代的基因型频率和基因频率见表6.4。

表6.4　各世代基因型频率和基因频率

世代 i (i=1 到 n)	基因型频率			基因频率	
	D_i	H_i	R_i	p_i	q_i
零世代(i=0)	0.6	0.4	0	0.8	0.2
一世代(i=1)	0.64	0.32	0.04	0.8	0.2
二世代(i=2)	0.64	0.32	0.04	0.8	0.2
⋮	⋮	⋮	⋮	⋮	⋮
n 世代(i=n)	0.64	0.32	0.04	0.8	0.2

由表6.4可知，在一个随机交配的大群体中，各世代基因频率保持不变。至于基因型频率，虽然 $D_1 \neq D_0, H_1 \neq H_0, R_1 \neq R_0$，但只要经过一代随机交配，就有 $D_1=D_2=\cdots=D_n=p^2$，$H_1=H_2=\cdots=H_n=2pq$，$R_1=R_2=\cdots=R_n=q^2$。

还需指出的是，一个随机交配的大群体，不仅对于一对基因，而且对于数量性状的多对基因来说，都可以达到平衡。

6.3　影响遗传平衡组成的因素

Hardy-Weinberg 平衡状态是一种理想状态，平衡定律阐明了基因在理想群体中的遗传行为，在自然界的生物群体中，存在着基因突变、自然选择、遗传漂变、迁移、非随机交配和隔离等多种因素阻碍这个群体达到预期平衡状态，导致群体的遗传结构变化，从而引起生物进化。

6.3.1 突变

在 Hardy-Weinberg 定律中，基因被看成是不变的。但众所周知，基因通过突变能变成另外的等位基因，这必然要影响基因频率。

假定一个基因位点上有两个等位基因 A 与 a，每个世代中每个配子从 A 突变到 a 的突变率为 u，反过来由 a 与 A 的突变率为 v：

$$\underset{p}{\mathrm{A}} \underset{v}{\overset{u}{\rightleftharpoons}} \underset{q}{\mathrm{a}}$$

则下一代 a 的频率为

$$q' = up + (1-v)q = u(1-q) + (1-v)q$$

每一代的 a 的变化量为 Δq 为

$$\Delta q = q' - q = u(1-q) - vq$$

即增加部分 $u(1-q)$ 与减少部分 vp 之差为每代基因频率的变化量，经过足够多的世代，增加与减少相等了，即达到 $\Delta q = 0$ 的平衡状态，这时 a 的平衡频率为 $\hat{q}$，就可由 $v\hat{q} = u(1-\hat{q})$ 得

$$\hat{q} = \frac{u}{u+v}$$

而

$$\hat{p} = \frac{v}{u+v}$$

即当变化达到 $\hat{q} = u/(u+v)$ 时，在继续突变的情况下，基因 A 和 a 的频率 p 和 q 维持平衡，不再改变，群体进入一种动态的平衡状态中。

6.3.2 选择

自然选择是对群体遗传平衡的破坏。由于自然选择的作用，基因在传递给后代的过程中，因个体生活力与繁殖力的差异，某些基因频率逐代增加，另一些基因频率逐代递减，从而使群体基因频率向某一方向改变。

1)适合度和选择系数

适合度(或适应值)是度量自然选择作用的重要参数，它是一个统计学概念，表示一种基因型的个体在某种环境下相对的繁殖率或生殖有效性，代表了一个已知基因型的个体，把它们的基因传递到后代基因库中去的相对能力。

适合度一般用相对生殖率表示，将具有最高生殖效能的基因型的适合度定为 1，其他基因型与之相比较时的相对值即表示该基因型的适合度，记作 ω。一个群体的全部个体的平均适合度就是该群体的适合度。适合度的计算分两步进行，首先，算出每种基因型的个体在下一代产生的平均子代数，接着将每种基因型的平均子代数与最高生殖效能基因型的

平均子代数相比较。表6.5说明计算不同基因型的相对适合度的基本方法。

表6.5 适合度的计算

基因型	AA	Aa	aa	总数
当代个体数	80	100	20	200
每种基因型个体产生的子代数	160	180	20	360
每个个体的平均子代数	2(160/80)	1.8(180/100)	1(20/20)	
适合度(相对生殖率)	2/2=1	1.8/2=0.9	1/2=0.5	

选择系数是度量自然选择作用的另一个参数,测量某种基因型在群体中不利于生存的程度,表示自然选择作用的强度,即选择压用 S 表示,$S=1-\omega$。在表6.5中,基因型AA的 $S=0$,Aa的 $S=1-0.9=0.1$,aa的 $S=1-0.5=0.5$。

2)选择的作用

在一个大的随机交配群体中,选择的作用是造成基因频率改变的最重要的力量,这种改变是进化中的一个基本步骤。在为育种服务的人工选择中,必须提高选择的有效性,把合乎要求的性状的个体选留下来,使其基因频率逐代增加,朝向对人类有利的方向改变,而且越快越好。

(1)淘汰显性个体时基因频率的变化

等位基因呈完全显现的情况下,淘汰显性体、选留隐性体的选择是最简单的。也是效果最好,一代就解决问题,即可全部改变基因频率。

例如,龙桑对家桑枝条的卷曲与笔直性,分别受一对等位基因(T,t)的控制。卷曲的基因(T)对笔直的(t)为显性。设在一片桑树群体中,卷曲的占84%,笔直的占16%,则笔直枝条的基因频率(q):$q=\sqrt{0.16}=0.4$,$p=1-0.4=0.6$。

如果我们把84%的卷曲型全部砍去,而把16%的笔直型全部繁殖,那么下一代当然全是笔直型,这时 $q=1$,$p=0$,基因频率迅速而彻底发生了变化。

(2)淘汰隐性个体时基因频率的变化

淘汰隐性个体,消除隐性基因频率的速度,要相对缓慢得多。因从显性个体中不断分化出隐性基因,延长了纯化的世代。假设在未进行选择的零世代的隐性基因频率为 q_0,则 $q_0=\frac{H_0}{2}+R_0$,现在以 $s=1.0$ 将aa淘汰,则下一代隐性基因频率(q_1)只有从杂合体所占比值求出,因为它只占杂合体的一半,因此在总个体中所占的比值可由下式求出。

$$q_1=\frac{\frac{H_0}{2}}{D_0+H_0}=\frac{p_0q_0}{p_0^2+2p_0q}=\frac{q_0}{1+q_0}$$

如果逐代以 $s=1.0$ 淘汰隐性个体,则经过 n 世代后,群体中隐基因频率 q_n 就变成

$$q_n=\frac{q_0}{1+nq_0}$$

由此可知,只从表现型淘汰隐性性状是很缓慢的。根据这一公式还可进一步推算出要

达到某一基因频率时所需要的世代数。

由于

$$q_n = \frac{q_0}{1 + nq_0}, n = \frac{1}{q_0}\left(\frac{q_0}{q_n} - 1\right) = \frac{1}{q_n} - \frac{1}{q_0}$$

例如,开始时隐性基因频率 $q_0=0.4$,如果连续淘汰隐性个体,要求使隐性基因频率减少0.01,则其所需世代数为

$$n = \frac{1}{0.01} - \frac{1}{0.04} = 100-2.5=97.5$$

可见,经过97.5代选择后,隐性基因频率才能降到0.01,这时 $R=P^2=0.000\,1$,也就是说,在1万个个体中还有1个是具隐性性状的个体。

3)选择与突变的联合效应

影响群体遗传组成的因素并非单独分别起作用,通常是几种因素交织在一起,表现出复杂的综合效果。其中,特别重要的是突变与自然选择的关系。虽然隐性纯合体往往是有害基因,且频率很低,但在群体中依然存在着。这是因为突变使每代正常的基因发生变化。当该基因频率因突变而增加和因自然选择而减少的速度相当时,就形成了一种平衡状态。

6.3.3　遗传漂变

在一个小群体中,由于随机抽样而引起的基因的随机波动称为遗传漂变,这是引起基因频率变化的一个相当重要的因素。遗传漂变一般是在小群体里发生的,因为在一个很大的群体中,如果不产生突变,则根据 Hardy-Weinberg 定律,不同基因型的频率维持平衡状态。但是在一个小群体里,即使无适应性变异的产生,群体的基因频率也会发生改变,这是因为在一个有限的小群体内,不论是对个体的选留、相互间的交配方式,以及基因的分离和重组,都不能是充分随机的,而会产生一定的误差,从而造成基因频率在小群体中随机地增加或减少。一般情况下,一个频率很低的基因,很容易在子代群体中消失,也有可能增加,不过概率很小;相反,一个频率很高的基因也有可能在子代群体中消失,但概率很小,而向增加的方向漂变的概率却很大。群体越小遗传漂变的作用愈大,当群体很大时,遗传漂变的作用就不存在了。所以野生动、植物中由于气候的变动、传染病的侵袭、天敌的食害、化学剂的使用等,使它们的数量显著减少时,遗传漂变的影响就特别明显。

遗传漂变在生物进化中,也起到一定的作用,许多中性的或不利性状的存在不能用自然选择来解释,可能是遗传漂变的结果。

6.3.4　迁移

群体间的个体或基因流动称为迁移,这同样也是影响基因频率变化的一个因素。

设有一土著群体A,其中某特定基因频率为 q_0,群体B为移民群体,相应的基因频率为 q_m。假定迁入个体的比率为 m,则 $1-m$ 是原土著群体A中个体的比率,那么,下代混合群

体内的基因频率 q_1 将是

$$q_1=mq_m+(1-m)q_0=m(q_m-q_0)+q_0$$

只要 $q_m \neq q_0$，则 $q_1 \neq q_0$，这种迁移前后基因频率的变化，就是迁移作用的具体表现。

一代迁移所引起的基因频率的变化 Δq 为

$$\Delta q=q_1-q_0=m(q_m-q_0)$$

可见，迁移导致的基因频率的变化大小，取决于迁移率 m 和有关群体的基因频率之差 (q_m-q_0)。因此，为防止不良花粉的迁移而导致优良基因频率的下降，应在种子园周围设置严格的隔离措施。

6.3.5 非随机交配

Hardy-Weinberg 平衡定律是以随机交配为前提的，即所有个体间都有互相交配的可能性，但在实际中的植物往往并不是这样。非随机交配方式有选型交配和近亲交配，两者都能导致基因型频率的变化，但不能导致基因频率的变化。植物群体中的自交、近交、杂交都能导致基因型频率改变。

1）近交

近交是不同程度的同型交配，极端的近交是自交。近交的遗传效应是使基因纯合，增加纯合基因型频率，减少杂合基因型频率，最终会使杂合子群体分离为不同的纯系。群体内的同型交配只能改变基因型频率，却不能改变基因频率。但在自然环境中，自交或近交常导致个体生活力下降，从而为自然选择所淘汰，因此，引起基因频率的变化，当然这不是近交本身所引起的。

2）杂交

杂交是指基因型不同的个体间的交配。杂交的遗传效应是基因的杂合。相对性状上有差异的群体杂交后，形成基因型上杂合的后代，随着杂合基因型频率的增加，纯合基因型频率相应降低，这意味着彼此间无差异的个体增加，有差异的个体减少，群体逐渐成为基因型和性状上相对整齐一致的群体。因此，杂交的遗传效应使群体走向一致和统一。

6.3.6 隔离

隔离是与基因迁移相反的过程，它是指同一物种不同的两个群体之间，由于种种原因的限制，使两个群体不能交配，或交配后不能形成正常的、有生命力的种子，或种子不能产生能育的后代。总之，隔离的最终结果是使两个群体间的差异越来越大，直到最终导致新种的产生，成为种间差异。

造成隔离的因素很多，一般有地理隔离、生态隔离、物候隔离和生殖隔离等。地理隔离是指由于两地相隔太远，或由于有高山、海洋或沙漠、湖泊的分隔，使本来可以交配的群体没有交配机会，最终在没有基因交流的情况下，各自巩固和积累已有的变异，直到分化形成独立的种。生态隔离是指由于所需要的生长环境或生态因子不同，而形成的隔离。如同一植物常有适应于不同地理环境的现象，最后成为隔离的不同生态类型；某些异花授粉植物，由于昆虫的选择性授粉也造成同种不同基因型植物间隔离。物候隔离是指由于花期不同造成的隔离。生殖隔离是指由于杂交不孕或杂种不结实而形成的隔离。

隔离在群体的遗传和变异上具有重要意义。首先，隔离是物种进化的重要因素。如果没有隔离，群体或个体间的差异会很快在基因的交换和重组下消失，便没有物种的形成；其次，隔离也是保证群体适应性和种性稳定的因素。由于隔离的存在，群体变得相对稳定，各种性状非常保守，因此，物种进化非常缓慢。隔离既是物种不断进化的因素，又是非常保守的稳定因素。

物种的形成

自然界的群体是物种结构的一个组成部分，也是物种形成的基础。物种是客观存在的生物学上的单位，任何生物在分类学上都属于一定的物种。在有性生殖的生物中，物种是指彼此可以相互交配并产生正常可育后代的自然群体。不同物种间具有互不依赖的、各自独立进化的基因库，故物种也可以说是彼此能进行基因交流的类群。不同物种的成员在生殖上是彼此隔离的，类群间的基因交流会被一种或多种生殖隔离机制所阻止。因此，遗传学上的物种概念是以生殖隔离为鉴定标准的，这与以形态学为鉴定标准的概念有所不同。总之，一个物种就是一个最大的孟德尔群体。

物种形成是指一个原来在遗传上是纯合的群体经过遗传分化，最后产生两个或两个以上发生生殖隔离的群体的过程。这些群体之间生殖上是隔离的，但同一群体内不同个体间是可交配的，这些群体就称为不同的种。生殖隔离机制是生物防止杂交的生物学特性。生殖隔离机制可以分成合子前机制和合子后机制。合子前机制阻止不同群体的成员间杂交，因而阻止了杂种合子的形成；合子后机制是一种降低杂种生活力或生殖力的生殖隔离。这两种生殖隔离最终达到阻止群体间基因交流的目的。

新种的形成是一个由量变到质变的过程，它可以概括为渐变式和爆发式两种主要形式。渐变式是指在一个长时间内旧的物种逐渐演变成为新的物种，这是物种形成的主要形式。通过突变、选择和隔离等过程，从一个种先形成若干个地理型或亚种，然后建立一套生殖隔离机制，从而形成新种。渐变式又可分为继承式和分化式两种。继承式是指一个物种可以通过逐渐累积变异的方式，经历了悠久的年代，由一系列中间类型过渡到新种。分化式是指一个物种的两个或两个以上的群体，由于地理隔离或生态隔离，而逐渐分化成两个或两个以上的新种，它的特点是由少数种变为多数种，一般需经过亚种阶段，如地理亚种或生态亚种，然后才变成不同的新种。爆发式是指在短期内以飞跃形式从一个物种变成另一个物种，如人工杂交形成的远缘杂种，人工诱变形成的新种等。

复习思考题

1. 什么是群体？理想群体有什么特点？

2. 基因频率和基因型频率是什么？它们有什么关系？

3. 什么是遗传平衡定律？并证明遗传平衡定律。

4. 一个大的群体中包括基因型 AA,Aa 和 aa,它们的频率分别为 0.1,0.6 和 0.3。

(1)这个群体中等位基因的频率是多少？是否处于遗传平衡状态？

(2)随机交配一代后,预期等位基因频率和基因型频率是多少？

5. 在某种植物中,红花和白花分别由等位基因 A 和 a 决定。发现 1 000 株的群体中有 160 株开白花,在自由授粉的条件下,等位基因频率和基因型频率各是多少？

6. 在一个随机交配的大群体中,显性个体与隐性个体数量比例是 8∶1,这个群体中杂合子的频率是多少？

7. 影响群体遗传组成的因素有哪些？它们是怎样起作用的？

第二篇

园艺植物育种技术

第7章 种质资源

学习目标

- 掌握种质资源的概念及意义。
- 掌握种质资源的分类。
- 熟悉种质资源的搜集、保存、研究和利用。

7.1 种质资源的概念和意义

7.1.1 种质资源的概念及范围

种质是指决定生物遗传性状,并将其遗传信息从亲代传递给后代的遗传物质,在遗传学上是指控制生物体遗传性状的所有基因。种质库又称基因库,是指以种为单位的群体内的全部物质,由许多个体的不同基因组成。种质资源也称品种资源、遗传资源或基因资源。根据《种子法》第74条规定:种质资源是指选育新品种的基础材料,包括各种植物的栽培种、野生种的繁殖材料以及利用上述繁殖材料人工创造的各种植物的遗传材料。随着分子生物学的迅速发展,尤其是转基因技术的实际应用,种植资源的范畴已逐渐扩大,许多动物、微生物的有利基因或种质,也被用于植物的遗传改良。因此,种植资源可以是不同品种、不同种,甚至不同属、不同科的个体、器官、花粉、细胞,以至染色体片段。园艺植物遗传育种实际上是选择利用各种种质资源中符合人类需求的一些遗传类型或少数特殊基因,经若干育种环节,重新组成新的基因型,育成新品种。

7.1.2 种质资源的意义

园艺植物种质资源是在漫长的历史发展过程中,由于自然演化和人工创造而形成的一种重要的自然资源。它积累了由于自然和人工引起的极其丰富的遗传变异,即蕴藏着各种性状的遗传基因,是人类用以选育新品种和发展园艺生产的物质基础,也是进行生物学研

究的重要材料和极其宝贵的自然财富,对育种工作有着极为重要的意义。主要表现在以下几个方面:

1)育种工作的物质基础

育种目标得以实现,首先取决于掌握有关种质资源数量的多少。如果育种工作者掌握的种质资源越丰富,对其性状表现及遗传规律的研究越深入,则利用它们选育新品种的成效就越大。如果没有种质资源,育种工作就成为"无米之炊"。大量的事实证明,育种工作者的突破性成就,决定于关键性资源的发现和利用。

2)宝贵的自然财富,人类赖以生存和发展的根本

种质资源为人类提供了食物、药品、能源工业原材料,是人类拥有的最为宝贵的自然财富。丰富的生物种类和它们拥有的基因以及它们与生存环境所组成的生态系统构成了生物的多样性,对于维持生态平衡、稳定环境以及保持人类持续发展具有重要的作用。植物种质资源通过光合作用把太阳能贮藏起来,形成了食物链中能量的来源,为其他物种生存提供了能量基础,也是人类赖以生存和发展的根本。

3)培育新品种的基础

现代育种实践表明,种质资源的发现、研究和利用在植物育种成就中起到了决定性作用,是培育新品种的基础,没有好的种质资源,就不可能育成好的品种。例如,19世纪中叶,欧洲马铃薯晚疫病大量流行,几乎毁掉整个欧洲马铃薯种植业,后来利用从墨西哥引入的抗病的野生种,杂交育成抗病品种,才使欧洲马铃薯种植业得到挽救。从19世纪末到20世纪中叶,美国栗疫病大肆流行,后来从中国栗中引入抗性基因,才使得美国的板栗生产免遭毁灭的命运。

栽培品种化的过程是植物群体或个体遗传基础变窄的过程,因为一个品种的形成就意味着淘汰品种基因中大量的基因。如果没有丰富的种质资源做后盾,就不能引进和补充新的种质资源,当品种的适应性和抗逆性发生矛盾时将无法补充。在育种过程中,应人工促进植物向人类所需要的方向发展。用不同来源、能实现育种目标的各种种质资源,采用合适的方法,把有利的基因组合到另一个基因型中去,不断培育和改良品种。

7.2 种质资源的分类

植物种质资源分类方法很多,如植物学分类、生态学分类、栽培学分类及按来源分类。根据园艺植物的特点,下面着重介绍后两种分类方法。

7.2.1 按栽培学分类

1)种

种是植物分类学上的基本单位。它具有一定的形态特征与地理分布,常以种群的形式

表示。一般不同种群在生殖上是隔离的。但在果树中,同属不同种间常能杂交,如苹果属、梨属、栗属和核桃属的多数种间能杂交;葡萄亚属类也可杂交;在核果中,桃的不同种彼此可以杂交,但桃、杏、梅及樱桃相互间不易杂交。

2)变种

同种植物中,有些植株的主要形态与基本种存在差异,变种是分类学上设在种下的等级,常以花色、株形、叶形等某一性状的差异来划分变种。如佛手是香橼的变种、橘红是柚的变种、光头荔枝是荔枝的变种等。佛手与香橼同属于 Citrus medica L. 这个种,但佛手的果实形态与香橼存在显著差异,因此属香橼的变种,学名为 Citrus medica L. var. sarcodactylis Swingle.

3)品种群

品种群是由相似生态型或相似农业生物学的许多品种归类而成。如欧洲葡萄中的黑海品种群、东方品种群与西欧品种群;桃中的华中与华北两个品种群;甜橙中的普通甜橙品种群、脐橙品种群、夏橙品种群和血橙品种群;牡丹中的中原品种群、西北品种群、江南品种群和西南品种群;桂花中的四季桂品种群、金桂品种群、银桂品种群、丹桂品种群等。

4)品种

品种是栽培学上的分类单位,是一种生产资料,是人类进行长期选育的劳动成果,是育种的主要对象。它具有稳定的经济性状,对于无性繁殖的果树或花卉,品种实际上是来自一个母株的无性系群体或芽变繁殖后形成的群体。对于有性繁殖的园艺植物来说,品种实际上来源于一个优株的自交系或具有杂种优势的杂种第一代群体。

5)品系

品系是在育种过程中,表现较好,还没有正式鉴定命名为品种的变异类型,是育种过程中形成的中间材料,可以直接在生产上应用。另外,品种内的不同类型也常常作为品系,如柑橘本地早品种中有大叶系和小叶系。

6)群体品种

群体品种是指具有一定经济价值,能自行繁衍的一群同种个体。个体间在主要性状上能保持一定的相似性,但在次要性状上却有较大差异。如茶叶中龙井群体种,芽叶色泽有绿、黄绿和紫色;发芽期有早、中、晚;叶形有长叶、圆叶、普通和瓜子形。群体品种中的一些优良单株是系统育种的重要原始材料,如高产、优质、早生绿茶良种"龙井 43 号"就是从龙井群体中选育而成的。

7.2.2 按来源分类

1)本地种质资源

本地种质资源是指在当地自然和栽培条件下,经过长期培育选择得到植物品种和类型。它是选育新品种时最主要、最基本的原始材料。具有取材方便,对当地自然、栽培条件高度的适应性和抗逆性等方面的优点,也具有遗传性较保守,对不同环境适应范围窄的缺点。

本地种质资源包括古老的地方品种(或称地方农家品种)和当前的改良品种。古老的地方品种是长期自然选择和人工选择的产物,它不仅深刻地反映了本地的风土特点,对本地的生态条件具有高度的适应性,而且还反映了当地人民生产、生活需要的特点,是改良现有品种的基础材料。

2)外地种质资源

外地种质资源是指由其他国家或地区引入的植物品种和类型。它们反映了各自原产地区的生态和栽培特点,具有不同生物学、经济学和遗传性状,是改良品种的宝贵种质资源。在育种上有时还特意选用产地距离远的品种或类型为杂交亲本,以创造遗传基础丰富的新类型,也可直接对外地种质资源进行引种、驯化。但是,外地种质资源对本地区的自然和栽培条件的适应能力较差。正确选择和利用外地种质资源,可以极大地丰富本地的种质资源。

3)野生种质资源

野生种质资源是指未经人们栽培的自然界野生植物,包括栽培植物的近缘野生种和有潜在利用价值的植物野生种。这些种质材料是在自然条件下经长期适应进化和自然选择形成的,具有很强的适应性和抗逆性,或者具有栽培植物所欠缺的某些重要特性,是培育新品种的宝贵材料,如通过杂交等方式,可以把野生植物中的优良基因或携带这些基因的染色体或其片段转移到栽培植物中来。野生植物常常是砧木的重要资源,可在提高园艺植物的抗寒性和土壤适应性方面发挥作用。此外,某些野生植物经济性状被认识后,还可培育为新品种。

4)人工创造的种质资源

人工创造的种质资源包括人工诱变而产生的突变体、远缘杂交创造的新类型、育种过程中的中间材料、基因工程创造的新种质等。这些材料是培育新品种和进行有关理论研究的重要遗传资源。

7.3　种质资源的收集、保存、研究和利用

7.3.1　种质资源的收集

1)种质资源收集的重点

资源收集是整个种质资源工作的首要环节,收集的范围和重点因收集者承担的任务和目的而不同。就中国目前园艺植物种质资源工作的现状,大体上有3个不同的层次。

一是国家级资源工作机构,如中国农业科学院、中国林业科学院所属果树研究所、蔬菜

花卉研究所、作物品种资源研究所，以及分设在各地的全国性直属各类作物资源圃。国家级机构主要从国内农林业资源的战略高度及农林应用或基础研究的需要出发，全面收集和长期保存国内外重要的种质资源，包括有特殊种质的植物原生种、近缘野生及半野生种。国家级单位除本身研究和征集、保存任务外，还要面向全国，负责向地方级资源及育种单位提供外地及外国的种质资源。

二是省级资源工作机构，目前国内多数省级农业科学院或研究所都陆续建立起品种资源室，主要负责省内种质资源的征集和保存工作，向省内外提供资源服务。同时，也负责向国家级资源工作单位提供本省重要的种质资源。

三是育种单位根据本单位承担的育种任务，收集与育种对象、目标有关的种质资源。由于育种单位人力、物力的限制，其收集工作主要为本单位育种服务，收集工作的重点常随不同时期育种任务而变化，资源保存的时间也较短。

2)种质资源收集的原则

(1)明确目的和要求

收集种质资源必须根据收集的目的和要求、单位的具体条件和任务，确定收集对象、类别和数量。收集时必须经过广泛地调查研究，有计划、有步骤、分期、分批地进行。收集的材料应根据需要，具有针对性。

(2)多途径收集

通过各种途径收集种质资源。可根据资料报道、品种名录进行通信联系，也可以去现场引种，甚至组织专业人员去发掘所需的资源，还可以发动群众就地报种。

(3)由近及远

收集的范围应该由近及远，根据需要先后进行。重点收集本地资源中最优良的种质，特别是濒临灭绝的珍稀地方资源。其次从外地引种，逐步收集一切有价值、能直接由于生产以及特殊的遗传资源，如突变种、育种系、纯系、远缘杂交的中间类型和有利用价值的野生种，尽可能保存生物的多样性。

(4)严格种质质量

种质资源的收集应遵照种苗调拨制度的规定，注意检疫，并做好登记、核对，尽量避免材料的重复和遗漏。材料要求可靠、典型、质量高。无论是种子、枝条、花粉或植物组织都必须具有正常的生命力，有利于繁殖和保存。

(5)工作细致无误

收集工作必须细致周到、准确无误，在收集材料时应该很清楚地进行分门别类，对于新的类型应不断予以补充。

3)种质资源收集的方法

(1)直接考察收集

收集种质资源常用的方法是有计划地组织国内外的考察收集。除到栽培植物起源中心和各种近缘野生种众多的地区考察收集外，还需到国内外不同生态地区去考察收集。由于我国的种质资源十分丰富，因此，目前和今后相当一段时间内，主要着重于搜集本国的种质资源。

(2)交换和转引

由于每个国家、地区或每个育种单位其能力都是有限的,不可能将所有的物种都收集完全。因此,国家与国家之间、地区与地区之间、育种机构与育种机构之间应经常进行种质资源的交换和转引,以达到取长补短、互通有无的目的。另外,应该注意发展对外的种质交换甚至购买,加强国外引种。

(3)征集

种质资源的收集除考察收集外,更多的是征集。征集大多是通过通信、访问或交换进行。

收集的样本,应能充分代表收集地的遗传变异性,并要求有一定的数量。原则上,乔木类每种4~5株,灌木和藤本10~15株,草本20~25株,野生资源可根据具体情况适当增减。自交草本植物至少要从50株上采集100粒种子,异交的草本植物至少要从200~300株上各采取几粒种子。收集的样本应包括植株、种子和无性繁殖器官,收集的实物一般是种子、苗木、枝条、花粉,有时也有组织和细胞等。

采集样本时,必须详细记录品种或类型名称,产地的自然、耕作、栽培条件,样本的来源(如荒野、农田、庭院、集市等),主要形态特征、生物学特征和经济性状,群众反映及采集的地点、时间等。

7.3.2 种质资源的保存

种质保存是指利用天然或人工创造的适宜环境保存种质资源。主要作用在于防止资源流失,便于研究和利用。保存方法从大的角度而言可分为就地保存、迁地保存、离体保存。据保存时所用材料不同可分为植株、营养体、种子和花粉等,随着科技的发展,目前,可采用细胞、原生质体及DNA片段(基因文库)来保存。果树和木本观赏植物为多年生的异质型个体,应根据其营养繁殖的特点,一般采用植株种植保存最为妥当;而蔬菜及草本花卉常用种子繁殖为主,主要采用种子储藏保存,这是保存种质资源最简易经济的方法。对于野生的园艺植物种质资源也可以建立保护区,采用就地保存的方法。

1)种植保存

(1)就地保存

选择基因最丰富地区的植物,利用原产地的自然生态环境,尽可能地使种质资源处在良好的状态下,选址时还应考虑人类活动较少,便于管理,不易发生旱涝等灾害地区,以保证种质的安全。稀有种、濒危种,尤其是木本植物的保存,常采用此方法。当今世界各国所建立的自然保护区,主要目的就是保护生物的多样性。自然保护区为大量珍稀濒危生物的保护提供了良好的生存发展条件。就地保存的优点是保存原有的生态环境和生物多样性,保存费用较低;缺点是易受自然灾害影响。

(2)迁地保存

针对资源植物的原生环境变化很大,难以正常生长及繁殖、更新的情况,选择生态环境相近的地段建立迁地保护区,有效的保存种质资源。如1982年建立的滇南珍稀濒危植物迁地保护区，位于中国科学院西双版纳热带植物园内，占地 0.8 km^2，建区目的在于保存由于 1957 年以来热带森林受到大面积破坏处于濒危状态的 500～800 种植物，包括国家第一批重点保护的 54 个种。各地建立的植物园、树木园、药物园、花卉园、原种场、各种种质资源收集圃和测定圃均属迁地保存的方式。

2）离体保存

（1）种子储藏保存

对于以种子为繁殖材料的种质资源必须进行种子保存。此方法主要用于一、二年生蔬菜及草本花卉资源，其次用于野生果树、砧木材料及其无融合生殖类型。

对于以种子为繁殖材料的种质资源，目前，世界上许多国家都普遍采用"种质资源库"进行长期保存。降低种子含水量和环境湿度，降低环境温度和氧气含量均可延长贮藏时间。一般要求种子含水量为 4%～8%，适当减少环境中的 O_2 和增加 CO_2 浓度。种质资源库的温湿度管理一般分 3 个档次，保存年限与温湿度成反比。

①短期库。用于临时贮存应用材料，并分发种子供研究、鉴定和利用。库温 10～15 ℃或稍高，空气相对湿度为 50%～60%，种子存入纸袋或布袋，一般可存放 5 年左右。

②中期库。中期库的任务是繁殖更新，对种质进行描述鉴定、记录存档，向育种家提供种子。库温（4±2）℃，空气相对湿度 60% 以下，种子含水量 8% 左右，存入防潮布袋，或装入硅胶的聚乙烯瓶或螺旋口铁罐，要求安全贮存 10～20 年。

③长期库。长期库是中期库的后盾，防备中期库种质丢失，一般不分发种子，为确保遗传完整性，只有在必要时才进行繁殖更新，库温在-（18±2）℃，空气相对湿度 60% 以下，一般作物种子含水量为 5%～8%。种子存入盒口密封的种子盒内，每 5～10 年检测种子发芽力，要求能安全贮存种子 50～100 年。

（2）花粉储藏保存

花粉储藏也是保存种质资源简单而经济的方法，可以在较小规模下保存较大量的种质。在育种实践上为了对开花早晚不同的品种间进行杂交，或远距离品种间杂交，则通过花粉的储藏和贮运来达到杂交的目的。与花粉生活力有关的环境因素主要是温度、水分、光照和气压，通常降低其中任何一个因素都能使花粉成活期延长。

（3）植物细胞及组织的储藏保存

植物体的每一个细胞，在遗传上都是全能的，它含有生长发育所必需的全部遗传信息。20 世纪 70 年代以来，国内外开展了用试管保存组织细胞培养物的方法，来有效地保存种质资源材料。目前，作为保存种质资源的细胞或组织培养物有愈伤组织、悬浮组织、幼芽生长点、花粉、花药、体细胞、原生质体、幼胚等。

利用这种方法保存种质资源，可以解决常规的种子储藏法所不易保存的某些资源材料，如具有高度杂合的、不能产生种子的多倍体材料和无性繁殖材料等。可以大大缩小种质资源保存的空间，节约土地和劳力。用这种方法保存的种质，繁殖速度快，还可避免病虫的危害等。

3）利用保存

种质资源在发现其利用价值后，及时用于育成品种或中间育种材料，这是一种对种质资源切实有效的保存方式。如国内用山葡萄作亲本育成北醇、公酿1号;用野菊和家菊杂交育成毛白(毛华菊)、铺地雪(小红菊)等地被菊品种;美国用野生的醋栗番茄、秘鲁番茄作亲本育成对叶霉病高抗品种 Waltham 等,实际上都是把上述野生资源的有利基因保存到栽培品种中,可随时用于育种。

4)**基因文库保存**

面对遗传资源大量流失,部分资源濒临灭绝的情况,建立和发展基因文库技术,为抢救种质提供了一个有效的途径。该技术的要点是从资源植物提取大分子量DNA,用限制性内切酶切成许多DNA片段。再通过一系列步骤把连接在载体上的DNA片段转移到繁殖速度快的大肠杆菌中,增殖成大量可保存在生物体中的单拷贝基因,这样建立起来的基因文库不仅可长期保存该种类的遗传资源,而且还可以通过反复的培养增殖、筛选来获得各种需要的基因。

种质资源的保存除资源本身外,还应包括与保存有关的档案。大体上包括:①资源的历史信息,名称、编号、系谱、来源、分布范围,原保存单位给予的编号、捐助人姓名、有关对该资源评价的资料等;②资源入库的信息,含入库时给予的编号、入库日期、入库材料(种子、枝条、植株、组织培养材料等)及数量、保存方式、保存地点场所等;③入库后鉴定评价信息,含鉴定评价的方法、结果及评价年度等。档案按永久编号顺序存放便于及时补充新的信息。档案资料及时输入计算机,建立数据库,可随时向育种工作者、资源研究者和社会提供需要的资源及信息。

7.3.3 种质资源的研究

收集保存种质资源的目的是为了育种利用,而合理利用的关键在于对种质资源进行深入的研究。为了正确认识种质资源,有效地发挥其作用,必须对收集到的种质资源进行全面、系统的研究。只有占有比较全面的专属种质资源,并对其进行细胞学、遗传学、生物学等方面的系统研究,才能在较大的群体中根据育种目标选择最佳组合,培育新品种。

1)**分类学性状研究**

通过对收集到的种质资源各种材料的主要器官形状、大小、数量、颜色、色泽及附生物等外部特性的比较分析,可判断各种材料之间的亲缘关系及其在分类学中的地位。通过对分类学性状的研究,可为以后的有性杂交、倍性育种等工作奠定基础。

2)**生物学性状研究**

(1)植物学性状鉴定

描述每份材料的植物学性状,一般有茎、叶、花、果实、种子的形态特征,如形状、大小、颜色、有无刺或茸毛等。侧重鉴定花和果实的性状,因为这些性状是重要的植物分类依据。

(2)园艺性状鉴定

园艺性状鉴定主要鉴定与栽培活动关系密切的性状、产量构成性状以及早熟性状。如番茄的生长类型、生长习性、株高、开展度、第一花序节位、结果数、单果重、早期产量、总产量等。

(3)品质鉴定

品质是决定产品价值的决定因素。园艺植物种类、用途不同,鉴定时有所侧重。外观品质主要包括种质材料产品的色泽、大小、形状、整齐度,可以通过对以上指标进行全面详细的综合评价后作出判断。质地风味品质包括硬度、弹性、致密坚韧度、汁液多少、黏稠性、纤维含量、脆嫩程度、糖酸比值、芳香性物质含量以及特殊风味物质。质地品质鉴定可用不同的仪器测定;风味品质优劣常用品尝鉴定法。营养品质包括糖类、纤维素、蛋白质以及多种维生素和矿物质,可采用常规分析法测定。加工品质主要根据对加工产品的要求进行鉴定;贮藏品质则需通过贮藏试验和运输试验加以确定。

(4)抗逆性鉴定

抗逆性鉴定就是鉴定不同种质材料对逆境的反应程度,从中选出抗冷性、抗冻性、抗寒性、耐热性、抗盐性材料,用于品种改良或直接用于生产。

鉴定方法主要有自然条件下鉴定、人工模拟逆境鉴定和间接鉴定法3种。自然条件下鉴定是在自然逆境条件下,鉴定种质材料的受害程度及逆境解除后的恢复程度,但由于不同年份、不同批次逆境强度不同,鉴定结果会有差异,因此,一般要经过2~3年以上的重复或多点试验。人工模拟逆境鉴定要在人工设备中,严格控制有关条件,鉴定种质材料的不同抗逆性,其结果比较精确。逆境胁迫常常会影响植物的膜系统以及其他生理过程如光合作用、呼吸作用等,因此,间接鉴定法可以用逆境下的反映膜系统完整性的指标(如相对电导率等)以及影响其他生理过程的指标(如光合速率、叶绿素荧光参数、呼吸速率等)来间接鉴定种质材料的抗逆性。

(5)抗病性鉴定

对种质材料采取适当方法诱发植株发病,以确定其抗病能力。鉴定的方法有直接鉴定和间接鉴定两种。直接鉴定又分为田间鉴定和室内鉴定。田间鉴定是将被测定的种质材料播种或移植在病圃内进行自然诱发鉴定或人工接种鉴定,可较客观地反映种质的抗病性。室内鉴定是在温室或人工控制条件下对种质植株或离体材料(如叶片)进行人工接种鉴定。间接鉴定包括毒素鉴定法、植物保卫素鉴定法、酶活性鉴定法、同工酶鉴定法和血清学鉴定法。间接鉴定只能建立在直接鉴定结果的基础上,作为抗病性鉴定的辅助手段。

(6)抗虫性鉴定

抗虫性鉴定主要测试评价在自然环境或人工控制环境下园艺种质材料抵御害虫的能力,选出具有抗性的品种或种质材料。其目的在于减少使用或不使用化学农药,以避免农药对产品和环境的污染。主要研究鉴定害虫对不同种质材料产卵的选择性、取食不同种质材料的发育速度及成活率,对不同种质材料形成的危害程度。鉴定方法有田间自然鉴定法、田间接种虫源增加危害压力法和网室鉴定法。

3)基础理论研究

基础理论研究主要是研究种质起源、演化与分类以及遗传分析等。

(1)园艺植物起源与演化研究

数千种栽培植物的起源与演化,迄今少数已有公论,大多数还不清楚。主要研究园艺植物起源地、种与种之间、类型与类型之间的系统发育关系,以便从栽培植物起源地及其附近可能自然扩散的地区发掘一些有用的原始类型和新的有用种质材料,并为科学地利用各个种和类型提供依据。

(2)种内分类研究和生态型研究

栽培植物在不同的生态环境下,通过自然淘汰和人工选择栽培,形成了丰富的形态变异和生态分化,形成众多的类型和生态型。形态分类主要依据形态特征进行分类,反映了栽培植物的性状演化规律和亲缘关系;生态分类反映了同一栽培植物不同种类对生态因子的反应特征及生态适应性。传统的形态分类以形态比较为主,植株的根、茎、叶、花、果实、种子都可作为分类的依据;生态型分类应主要采用种质材料对生态因子及其变化有反应的性状进行分类。

(3)遗传分析

在鉴定的基础上,对具有优异性状的种质材料可进行遗传分析,包括优异性状的显隐性、配合力、遗传传递力、基因定位、性状及性状群的相关分析。通过遗传分析,不仅知道该资源材料的利用价值,而且可以明确利用的方法。

7.3.4　种质资源的利用

种质资源的收集、保存和研究,其最终目的是为了有效地利用。根据种质资源的不同类型和特点,利用方式也各不相同,一般可分为以下 3 种。

1)直接利用

对收集到的适应当地生态环境、具有开发潜力、可取得经济效益的种质材料,可直接在生产上应用。例如,我国从国外引进的大量果树、蔬菜品种,经试验研究后作为品种直接在生产上推广。刺梨、猕猴桃、沙棘原是野生植物,发现其经济价值后,已成为新的果树植物。二月兰、猬实等野生植物已直接应用于城市园林绿化。再如,在神农架及三峡地区考察中收集到的坚果平均重达 31 ~ 33 g 的龙池大板栗、浅刺大板栗,可溶性固形物达 18% 左右的川果 89-1 中华猕猴桃,以及优质的来凤杨梅,荚长 120 cm、宣恩县 1 m 多长的宣农 81720 豇豆,雌株率高达 90% 以上的保康菠菜,荚纤维极少的优质无筋架豆,瓜长 35 ~ 40 cm 的白苦瓜,还有比武汉市主栽品种增产极显著的神农架秋菜豆和保康大蒜等,都可以直接利用。

2)间接利用

对在当地表现不很理想或不能直接应用生产、但具有明显优良性状的种质材料,可作为育种的原始材料。例如,美国以从印度收集的抗白粉病的野生甜瓜作抗病种质,和栽培品种杂交后,选育出抗白粉病的甜瓜品种,在生产上起了很大的作用。有些种质材料既可直接利用,也可间接利用。例如,我国的月季传入欧洲后,既作直接观赏,又可作为育种材料,通过杂交,培育出了新的品种和新的月季类型。我国从国外引进的一些番茄、甜椒等蔬菜品种可直接在生产上应用,也作为杂交的亲本材料,从中选育出新品种。

3)潜在利用

对于一些暂时不能直接利用或间接利用的材料,也不可忽视。其潜在的基因资源有待于人们进一步研究认识、利用。

学习拓展

作物起源中心与中国园艺植物种质资源

瓦维洛夫对主要栽培作物的起源进行了比较全面深入的研究和定位,认为主要作物起源于北纬20°~45°。1926年他发表的重要论文《栽培植物起源中心》将全世界栽培植物起源划为5大中心:a. 亚洲西南部;b. 中国山区;c. 地中海区域;d. 埃塞俄比亚和厄立特里亚;e. 墨西哥、哥伦比亚和秘鲁。到1935年增加到8大起源中心和3个亚中心。包括中国中心、印度中心、中亚中心、近东中心、地中海中心、阿比西尼亚中心、墨西哥-中美中心、南美中心、印度-马来亚中心、智利亚中心和巴西-巴拉圭亚中心。

瓦维洛夫在总结8大起源中心的特点时,强调指出8个基本发源地之间被沙漠和山脊隔开。如中国发源地和中亚发源地被中亚的巨大沙漠和半沙漠隔开;地中海发源地从南部和东部被沙漠包围等。总之,初生起源地在地理上有一定的规律,存在着隔离区,促成了植物区系的独立发展。瓦维洛夫的学说发表后受到各国学术界的普遍重视,直到现在他的主要论点仍被作为研究作物进化和指导育种和种质资源工作的重要原则。但在一些问题上也有争论,先后提出了一些补充和修正,主要问题在于多样性中心和起源中心的关系,初生中心和次生中心的特点和关系,大基因中心和小基因中心的关系等。

1970年原苏联的茹科夫斯基对瓦维洛夫的起源中心学说进行了补充和修改。他在论文《育种的世界植物基因资源——大基因中心和小基因中心》中,把8个起源中心扩展为12个起源中心。即,中国-日本起源中心、东南亚中心、澳大利亚中心、印度中心、中亚中心、西亚中心、地中海中心、非洲中心、欧洲-西伯利亚中心、南美中心、中美-墨西哥中心、北美中心。

现今世界上栽培的果树很多原产于中国。苹果属中原产于中国的有20余种。沙果、海棠果、西府海棠的基因中心在华北至西北。山荆子、毛山荆子产于东北、华北。湖北海棠、河南海棠产于华中、华西。丽江山荆子、锡金海棠产于西南。新疆野苹果产于西北。三叶海棠产于中国(日本有分布)。梨属中有14个种,其常见的栽培品种主要是东北、华北的秋子梨,华北、西北的白梨,华中、华东的沙梨。砧木用的杜梨产于华北,豆梨主产于华东及华南,褐梨主产于华北,川梨主产于西南。新疆有新疆梨和杏叶梨。在柑橘类中,我国是香橙亚科某些野生种的初生基因中心。云南、贵州有野生甜橙,广西有野生橘,云南发现枸橼的新类型和最原始的红河大翼橙、马蜂橙,湖南有柑橘属、金柑属和枳属的野生种。中国板栗是我国特有的品种,是栗抗病育种的重要种质材料。桃、李、杏、枣、柿和猕猴桃等的初生基因中心均在中国。龙眼、荔枝也起源于中国。

起源于中国的蔬菜作物在世界上是最多的。原产于我国和引自国外的蔬菜作物在不同的生态环境下,通过驯化、自然杂交、人工选择栽培,产生了丰富的形态变异和生态分化类型,形成众多独特的类型、亚种、变种和品种。葱分化出了分蘖性强的分葱,又形成了分蘖性弱而葱白发达的大葱。山药地下部根状块茎在南方形成脚板状、短筒状,在北方形成长柱状。芸薹属的芸薹在欧洲和其他国家一直为油料作物,而传到中国后在南方演变成白菜亚种,进而形成普通白菜、塌菜、紫菜薹、菜心、分蘖菜等变种。在北方则与芜菁杂交,选择形成大白菜亚种。原产地中海地区的莴苣在欧美及非洲等地发展成为叶用莴苣,而在中国则演变成茎部肥大的莴笋。

中国观赏植物种类和品种丰富,尤其是适合园林或家庭栽培应用的花卉及其有潜在发展能力的种质,在全球所占比重甚大。如乔、灌木中国原产者,为数多达7 500种以上,松柏类、竹类尤为突出,这在世界上是罕见的。草本观赏植物种质也十分丰富,有的还是举世无双的特产,如荷花、春兰。观赏植物的品种数也是丰富异常的,突出表现在名花上,如1996年梅花有300个品种以上,牡丹品种约500个,落叶杜鹃约500个,芍药200余个,月季800个,菊花3 000个以上。桃花、丁香、蜡梅、桂花、兰花、紫薇等名花,也有相当多的品种。

复习思考题

1. 种质资源的概念是什么?
2. 种质资源在育种工作中的意义有哪些?
3. 种质资源在栽培学上的分类是怎样的? 按来源是怎样分类的?
4. 种质资源收集的方法有哪些?
5. 种质资源的保存方法有哪些?
6. 种质资源的利用途径有哪些?

第8章 育种对象和育种目标

学习目标

- 理解育种对象选择。
- 掌握园艺植物主要育种目标。
- 熟悉育种目标制定的主要原则。

8.1 育种对象

园艺植物育种对象就是园艺植物遗传育种的研究和实践对象。园艺植物种类繁多,育种对象从草本的蔬菜、花卉到木本的果树、观赏树木等,任何单位或个人都不能把所有园艺植物作为自己的研究对象,只能选择其中少数几种作为育种对象,这样有利于种质资源、中间试材和经验的积累;有利于提高效率,提高质量,多出成果和提高育成品种的竞争能力。

就全国范围来说,首先应该考虑起源于中国,而且市场对新品种需求比较迫切的重要园艺植物,如梨、桃、荔枝、猕猴桃、枣、白菜、萝卜、菊花、牡丹等。我们祖先把这些植物从野生类型驯化成丰富多彩的栽培品种,在中国它们不仅栽培面积和市场所占比重较大,而且在种质资源的蕴藏方面,远非其他国家所能比拟。以桃为例,不仅普通桃及其种内的所有变种,而且在桃亚属内被称为桃的几个近缘种,如新疆桃、甘肃桃、光核桃、山桃也都原产于中国。尽管在美国加利福尼亚州桃资源圃中征集的资源份数远远超过中国,但是从遗传多样性方面来说都无法抵上中国的种质资源。因此选择这类植物作为育种对象,只要理顺育种体制,增加扶持力度,充分发挥资源方面的优势,可争取在一定时期内处于国际领先地位。有些种类虽非中国原产,但引入时间较长,国内有一定的资源基础,在生产和消费上都占有较大比重。如苹果、草莓、甘蓝、番茄、西瓜、辣椒、甜瓜、黄瓜、唐菖蒲、凤仙花等,经过努力,可以解决国内市场需要,并在国际市场上占有一席之地。

关于不同地区育种对象的选择,也应本着发挥资源、地域及其他方面的优势来考虑。育种基地应接近主产区或发展潜力较大的地区。这样可以在露地以简单的栽种方式保存各种种质资源和材料,利于育种工作紧密结合生产,便于安排中间试验,及时获得有关育种的市场信息。在可能情况下,也应发展横向协作,取长补短,共同发展。可以发挥资源优势,争取在一定时期内处于国际领先地位,或解决我国及本地区生产中亟待解决的迫切问题。

最后,育种单位或个人在选择育种对象时,必须及时掌握国内外有关园艺植物的市场信息及育种动向,充分考虑比较和其他单位在种质资源、中间试材、科技人才、场地设施、经费来源等方面有利和不利因素,知己知彼,以便在激烈的市场竞争中处于优势的地位。

8.2　园艺植物主要育种目标

育种目标就是对所要育成品种的要求,也就是所要育成的新品种在一定自然、生产及经济条件下的地区栽培时,应具备的一系列优良性状的指标。确定育种目标是育种工作的前提,育种目标适当与否是决定育种工作成败的首要因素。育种的具体目标应因地、因时而有所不同。园艺植物种类繁多,育种目标涉及产量、品质、成熟期、适应性和抗病虫性等一系列目标性状。任何育种者都只能选择其少数种类,从诸多目标性状中抓住主要性状确定自己的育种目标。育种目标明确之后,就要根据园艺植物的特点、品种现状和对育成品种的时间要求,确定采取什么途径去获得符合目标要求的新品种。

8.2.1　产量

丰产是园艺植物育种的基本要求。产量可分为生物产量和经济产量两种。生物产量是指一定时间内,单位面积内全部光合产物的总量。生物产量中可作为商品利用部分的收获量称为经济产量。经济产量与生物产量的比值称为经济系数。用于园林装饰的观赏植物,以整个植株乃至群体为利用对象,经济系数可为100%,而以生产水果、蔬菜、切花等产品为目的的作物,则经济系数较低,且品种类型间变异较大。经济系数在一定情况下可作为高产育种的选择指标。用生物产量高的品种和经济系数高的类型杂交,有可能选育增产潜力更大的品种。

产量的高低和产量构成因素有关。如葡萄产量构成因素包括单株(或单位面积)总枝数、结果枝所占百分比、结果枝平均果穗数、单穗平均重等。根据产量构成因素进行选择,有时比直接根据植株产果量进行的选择更能反映株系间的丰产潜力。

8.2.2　品质

现代园艺植物育种中,品质已成为一个非常重要的目标性状。品质即产品客观属性符合人们主观需要的程度。园艺产品的品质按产品用途和利用方式大致可分为感官品质、营养品质、加工品质和贮运品质等。

1)感官品质

感官品质常包含植株或产品器官的大小、形状、色泽、风味、香气、肉质等。

感官品质的评价受到人们传统习惯的影响,有较多的主观成分。这在观赏植物的外观品质评价中尤为突出。如赏菊中有人喜爱色泽艳丽,有人则喜爱色泽淡雅;有人喜爱莲座、圆球花型;还有人以细瓣飞舞花型为上品。而且随着利用方式和消费习惯的改变,人们对感官品质的评价也会发生某种变化。如月季育种开始时多以花大、色艳为贵,现时则多以花型中等大小、花瓣紧凑、色泽柔和为上品。应该注意到人们对观赏植物感官品质的多样化要求远胜于其他植物。选育观赏植物新品种时,应不拘一格,选拔精品,追求奇特。有人曾对 4 197 种花作过调查统计,其中黑色者仅 8 种,所占比率不足 0.2%,黑花品种如墨兰、墨菊、黑玫瑰、黑牡丹等都是稀世珍品。荷兰园艺家赫兹曼(1987)经过 20 多年的努力,终于在 1986 年培育出近于纯黑的郁金香品种。

2)营养品质

营养品质常指人体需要的营养、保健成分含量的提高和不利、有害成分含量的下降和消除。通过育种改进园艺植物的营养品质,已受到越来越多的重视。蔬菜的营养品质育种主要包括维生素、矿质元素、有机酸、纤维素、蛋白质和氨基酸含量。果树的营养品质育种重在水果的糖分、干果的淀粉和特殊化学成分含量等。观赏植物除兼用型品种外,一般不考虑营养品质。近年来育种界开始注意果蔬产品中某些有害成分在品种间的显著差异,并致力于在育种中降低乃至消除这些成分。有害物质如黄瓜、甜瓜中形成苦味的葫芦素,菠菜叶片中草酸和硝酸盐的成分等在不同的品种间存在较大差异。

3)加工品质

加工品质是指产品适合加工的有关特性。如番茄的茄红素、果色的均匀度、果品和蔬菜制得的汁液、观赏植物制作的干花等,这一品质对加工类型特别重要。

4)贮运品质

贮运品质是指产品耐贮藏和运输的特性,如猕猴桃最佳品种“翠玉”品质好,耐贮运。

8.2.3 成熟期

成熟期是园艺植物适宜采收的时期,其早晚对许多园艺作物都是重要的目标性状。由于绝大多数园艺植物都是以鲜活产品供应销售的,不像粮食那样易于贮运,所以生产上需要早、中、晚熟品种配套进行生产,才能在一定程度上满足市场的需要。早熟性不仅有利于减轻或避免园艺植物生长后期可能遭受的灾害,也有利于提高复种指数,提高前期产量,增加经济效益,而且早熟品种可以提前上市,调节淡季,售价较高,经济效益良好。但是早熟品种通常产量不高,品质较差。这就要求在育种过程中将早熟性和丰产、优质方面的要求结合起来,选育早熟品种,并按早熟品种的特点实施合理密植等优化栽培措施,从而达到总体经济效益的提高。晚熟性不仅有利于保障产品供应季节后期的货源,往往也有利于延长保鲜期和提供耐贮运的品种。如菊花花期方面的目标性状是:在原有 10 月底到 12 月中旬开花的秋菊的基础上,选育从 10 月初到 10 月下旬开花的早菊,12 月中旬以后开花的寒菊,6 月至 10 月两次开花的夏菊。梅花除要求比自然花期更早或更晚的品种外,更要求每年两次或多次开花的新品种。草坪植物则要求能保持绿色时间更长的品种类型。

8.2.4　对环境胁迫的适应性

对环境胁迫的适应性也就是对各种不良环境的回避或抵抗性，也称为抗逆性。园艺植物的环境胁迫大体上可分为温度胁迫、水分胁迫、土壤矿物质胁迫、大气污染胁迫以及农药（含除草剂）胁迫等。温度胁迫有高温胁迫和低温胁迫。低温胁迫又可分为冻害（≤0 ℃）和冷害（≥0 ℃）。水分胁迫有干旱胁迫和湿渍胁迫。干旱又有大气干旱和土壤干旱之别。

土壤矿物质胁迫有盐碱土和酸性土胁迫，有由于矿质营养元素不足造成的饥饿胁迫，还有由于土壤中某些矿质元素过多构成的毒害胁迫等。园艺植物相应就有对环境胁迫的适应性，如耐低温、耐弱光、耐热、耐旱、耐涝等性状。作为目标性状的抗逆性，常常不是单纯地追求抗逆程度，而是和产量、品质等其他因素相结合，要求在某种逆境条件下保持相对稳定的产量和产品品质。

观赏植物常需要某些特殊的对环境胁迫的适应性，如地被植物、草坪植物要求耐阴、耐旱、耐灰尘污染、耐践踏，行道树还要求耐重剪，易从不定芽、隐芽发出新枝等特性。

长期以来，农业生产致力于改变土壤条件以适应作物的需求，如兴修水利、合理施肥等有助于减轻不良影响，但对大面积耕地难以奏效，还存在逐年恢复到未改良状态的趋向。近年来，大量的研究实践使人们逐渐建立一种新的观念，即培育对土壤胁迫适应性较强的品种是当务之急。植物对矿质胁迫的适应性反应存在耐抗的基因型；品种间对某种微量元素的需求量有“高需”和“低需”的基因型。在把营养物质转变为干物质方面，一些品种为“高效的”，另一些品种为“低效的”；在营养元素的吸收和运输上有些基因型是“高效的”，另一些是“低效的”。通过选育对氮、磷、钾等营养利用率高的品种，可获得与增加施肥量同样的效果。鉴于当今世界面临人口不断增长、淡水资源紧缺、耕地面积减少、土地肥力下降及受到荒漠化的威胁，联合国粮农组织强调应加强培育抗逆性强的高产品种。

8.2.5　对病虫害的抗耐性

病虫害对园艺植物的产量和品质都有严重的影响。生产中，大量化学药剂的使用，不仅提高了生产成本，而且存在残毒和环境污染等问题。同一种园艺植物有多种病虫害，为了保持产量的稳定性，需要兼抗或多抗品种。在有的病菌或害虫中又有不同的小种或生物型，为了避免品种抗性的丧失，还特别需要采用具有持久抗性的品种。因此，通过遗传改良来增强品种对多种病虫害的耐抗性已成为园艺植物育种中的重要目标。病虫害种类很多，抗性育种应抓住主要矛盾，重在解决生产中危害普遍、严重的病虫害，如结球白菜，发生普遍和严重的病害有：霜霉、软腐、黑斑、白斑、病毒（芜菁花叶病毒等）、黑腐这6大病害，是抗病育种的主要对象。园艺植物对病虫害的抗性，一般只要求在病菌流行或害虫发生时，能把病原菌的数量和虫口密度压低到经济允许的阈值以下，即要求品种对病虫有相对的抗性，而不要求绝对的抗性。当病虫害发生时，对产量和品质的影响不大，有一定的耐病性或耐虫性,就基本达到要求了。

8.2.6 对保护地栽培的适应性

近年来,我国园艺植物的保护地栽培,尤其是温室和大棚蔬菜、花卉和果树生产发展很快,原来露地生产的品种常难以适应,这就给育种提出了新的要求,主要是对保护地生态条件,如弱光照和高温多湿环境的适应性。如百合的露地栽培品种 Enchantment 和 Connecticut king 都曾因花型美丽艳丽、高产而受到欢迎,但在保护地栽培后,它们在光照较弱的温室(6 000 lx)里,开花率仅有36%。后来育成了新品种 Pirate 和 Uncle San,在同样光照条件下开花率可达96%,从品种上解决了这个切花生产中的重大难题。节约能源,降低成本已成为北方保护地花卉育种的重要目标。据报荷兰新育成菊花品种对昼/夜温度要求已从过去的18 ℃/15 ℃降低为10 ℃/10 ℃,一品红从过去28 ℃/25 ℃ 下降到14 ℃/12 ℃。黄瓜保护地专用品种要求具备以下性状:在深秋和冬季低温、弱光下能形成较高的产量;在后期出现32 ℃以上的高温时,能保持较高的净同化率;对保护地易发病害如枯萎病、霜霉病、白粉病、黑星病、角斑病、疫病等有较强的抗耐性;株型紧凑,叶较小、叶量不过大、分枝较少、主侧蔓结瓜、结瓜性强。

8.2.7 对机械化生产的适应性

园艺植物若要进行机械化的生产,必须对一些性状进行改良,包括株型紧凑、秆强不倒、生长整齐、成熟一致、大小均匀、长短一致、果皮忍性强、结实部位适中等,以适宜于机械化耕作和收获。

8.3 制订育种目标的主要原则

8.3.1 园艺植物育种目标的特点

1)育种目标的多样性

园艺植物利用方式及人们嗜好要求的多样性以及多以活鲜方式供应市场等特点决定了它们育种目标的多样性。如葡萄不同成熟期的鲜食、制干、制罐、制汁、酿造用品种、耐贮运品种的选育,抗寒、抗旱、抗石灰质土壤、抗根瘤蚜、抗线虫砧木品种的选育,大果无籽品种的选育,适应于设施园艺生产的品种选育等。花卉植物以菊花为例,按用途有盆栽、切花和地被等各种不同育种目标,仅盆栽的大菊系花型育种就可列出宽瓣型、球型、卷散型、松针型、丝发型、飞舞型等近20种不同花型,花期从6、7月到12月、翌年1月不同时期开花以及一年多次开花的四季菊等。花色育种目标除常见的白、黄、橙、红、紫等鲜艳花色外,还要求育成绿、灰、黑色等罕见色调。切花生产因单位面积产量高,效益好,生产周期短,易于周年供应,贮运包装简便,易为消费者接受,其育种目标主要要求是花期长、花瓣厚、耐久养和便于包装运输等。

2)预见品种的高效性

园艺植物育成品种必须满足品种使用者和社会获得最大的经济效益、社会效益和生态效益。在园艺植物育种中品质往往是更为突出的目标性状,因为在市场上经常都可以看到优质品种的苹果、葡萄、甜瓜、菊花、月季等比一般品种产品的价格高出几倍到几十倍,同时在国际市场上也具有竞争能力。在观赏植物中除了球根花卉和切花对产量有一定要求外,多数花卉植物在育种目标上基本上以重视优质和特异性目标为主,如微型月季、侏儒型仙人掌、碗莲等无论从生物产量或经济产量来说都是极端低产的类型,但其优异的品质和特色带来了较高的经济效益。

3)供应市场的季节性

选育极早熟品种和晚熟耐贮运的品种,是延长供应和利用时期的主要办法。另外,随着设施园艺的迅速发展,选育适应于保护地设施栽培的园艺植物品种也育种的重要目标。菊花因切花和露地观赏的需要,国际园艺界要求培育对日照长短不敏感,在自然日照下四季均能开花的菊花品种,四川省原子能应用技术研究所用辐射诱变和营养系杂交育种结合的方法育成20多个春夏开花、花期长达半年的菊花新品种。

4)重视品种的兼用性

长期以来,人们对观赏园艺植物的育种目标多仅着眼于株型、花色等观赏性状,而对其食用、药用以及其他功能注意不够,更少考虑把这些功能纳入育种目标。同样,对食用园艺植物也很少注意它们的观赏、环境保护方面的功能。近年来选育赏食兼用型品种,以及开发观赏植物其他功能的育种工作已经逐渐引起各方面的重视。

当前在大气、土壤等环境污染日益严重的情况下,应该特别重视在观赏植物育种中提高环境保护方面的功能。植物对污染的吸收功能和抗性并不完全一致,应开展耐酸雨、耐盐碱、抗重金属污染、高滞尘能力等观赏园艺植物品种或类型的筛选。首先是选择对特定污染因素抗性强而且防护功能好的种类,然后才在适当的种类中选育性能最优的类型。

8.3.2　制订育种目标的主要原则

育种目标体现育种工作在一定地区和时期的方向和要求,所定目标适当与否,往往影响育种工作的成败。制订园艺植物育种目标的主要原则是:

1)满足生产和市场的需要

一个品种选育出来,必须满足当时和一段时间生产和市场的需要。这就要考虑以下诸多方面:是否适应农业现代化要求,包括国家有关园艺生产的发展规划和农业机械化的要求等;是否适合拟推广区域的耕作制度,作物结构和品种合理搭配的需要;是否符合当地、当前大面积生产水平的需要,或某种特定需要(如外贸出口、加工贮运等)。

在现行市场经济体制下,制订育种目标应遵循市场导向和国家宏观调控的原则。商品市场反映消费利用者的需求,种苗市场反映生产单位或生产者的需求。两者既有联系,又有区别。如消费者不能接受的品种,其种子苗木不可能被生产者接受。能够得到消费者接受的品种,如果不利于生产栽培管理,也难以被生产者接受。在市场需求方面除了现实需求外,还有市场的潜在需求。由于育种过程一般至少需要七八年乃至二十多年的时期,因此,必须进行专项的市场预测和论证。要预见未来几年甚至几十年后市场对品种的需求。对于一些争取进入国际市场的种类,还必须研究国际市场的需求特点和前景。

育种目标不仅要考虑比原有同类品种的显著优势,还要考虑比国内外同行从事同一植物育种工作的相对优势。也就是说育种应该尽可能制订使自己处于优势竞争地位的目标,而不要盲目追求自己不具备竞争优势的育种目标。在同一地区范围内,自然和生产条件不完全相同,对品种所具备的性状的要求也就有所差异。因此,在制订育种目标时,就应该考虑分别选育具有适当差异的几类品种,以便在生产上搭配应用。如有分别适于早晚播种的、成熟期有早晚的、要求较高肥水条件的和较耐旱瘠的,等等。这样可以避免生产上的品种单一化,可以减少灾害的风险;可以根据土质、茬口安排相应的品种;可以依次进行播种、收获及管理工作,使生产安排较顺利。国内外都有过因品种单一化而加重灾害所造成的损失的教训,今后必须注意配套品种的选育。

2)经济效益和社会效益相结合

任何园艺植物的育种目标都应该在经济学上和生物学上是合理的。经济学的标准,即使不能严格地以货币方式表示,但必须是农民和最后使用者愿意接受的。也就是说,按照一定的育种目标育成的品种,必须比原有同类品种能为农民或最后使用者提供更高的经济效益。比如说和原品种产品价格相近的情况下,产量提高25%;产量和原品种相近的情况下,由于产品品质优良,或成熟期提前价格比原品种提高60%;由于抗病性的提高,可以节约防治病害的药剂和人工等生产成本30%等。在上述3种情况的简单对比下,优质育种目标效益高于抗病育种和高产育种,实际情况当然要复杂一些。如优质品种可能在产量方面有某种程度的下降,或者在栽培管理方面要求较多的肥水,从而增加了生产成本。还要考虑农民购买新品种种苗比原品种要花费较多的生产投入等。成功的育种除了给生产者、消费者以某种方式带来经济效益外,也还有一些育种目标能产生较大的社会效益和生态效益。如改善环境、减轻污染、防治沙荒等特殊功能,这样的育种应该得到国家或社会团体更多的资助。

3)充分考虑实现目标的可能性

一个准备选育的品种是否成功,还要考虑其实现的可能性。这种可能性涉及育种者本身的条件、可利用的种质资源、选育当地和推广地区的自然环境和栽培条件、性状指标确定是否适宜等。育种者自身的素质、科技水平、实践经验,对国内外有关信息的掌握程度等是更为重要的主观条件。育种者拥有实验室及场地设施、经费等因素是实现育种目标的基础。育种者掌握种质资源的多寡,是否拥有目标性状的资源,也是育种成败的关键。在育种历史上,有不少创新的育种目标是由于发现了优异的种质资源而制订的。例如,布尔班克(1921)是从法国得到一种果小、味酸但无核 Sans Noyan 李树资源,从而开始他的无核李育种工作的。后来,他育成了大果、优质的无核李品种 Conguest。

选育当地和推广地区的自然环境和栽培条件,以及性状指标是否适宜等,也都是与育种目标密切相关的因素。例如,苹果抗寒育种要求提高抗寒性,使主栽区北缘的苹果减轻由于周期性寒潮造成的严重冻害,既是客观需要又是可能实现的育种目标;而要求把苹果主栽区扩大到吉林、黑龙江等地则不是客观需要而又是难以实现的目标。因为在现代的交通运输条件下,从辽宁、河北、山东等主产区把苹果运往吉林、黑龙江市场非常经济而便利,没有必要把产区向北扩展到非适宜区,而要育成适应吉林、黑龙江严酷气候,具有和主产区苹果品种竞争力的抗寒品种是难以实现的。

4)近期需要和长远利益兼顾

园艺植物的育种时间较长,通常短则7~8年,长则10~20年,因此,制订育种目标既要着眼于现实和近期内发展需要,同时也应尽可能兼顾到长远发展的需要。要看到实现近期目标后,可能接着提出的是什么目标。在一个较长远而复杂的育种目标内,制订出分阶段的育种目标。如需要20年实现的目标计划中,在8~10年内育成若干可能为市场接受的过渡品种等。

5)处理好目标性状和非目的性状的关系

育种目标应尽可能地简单明确,除了必须突出重点外,一定要把育种目标落实到具体组成性状上,应该分析现有品种在生产发展中存在的主要问题,明确亟待改进的目标性状。而且应尽可能提出数量化的可以检验的客观指标,这样才能保证育种目标的针对性和明确性,也可以为育种目标的最后鉴定提供客观的具体标准。例如,产量这一目标性状一般可落实到生物产量和经济系数,利用果实的作物产量可落实到单株、单位结果母枝或单位面积的果实数和单果平均质量(重量);品质性状可落实到产品大小、形状、色泽、质地、风味等感官性状及糖、酸、维生素C等物质的含量或其他品质特征上;以观叶为主的君子兰育种目标提出叶长在30 cm以下,叶宽10 cm以上,叶厚0.2 cm以上等。有些性状虽然规定数量化指标比较困难,也要尽可能用样板的办法提出能反映要求程度的客观标准。

目标性状集中,则相对选择压力较大,育种效率较高;相反的,如果目标性状分散势必分散精力延缓育种进度。因此,必须抓住主要矛盾,目标性状一般不能超过2~3个。而且,还要根据性状在育种中的重要性和难度明确主要目标性状和次要目标性状,做到主次有别、协调改进。还要处理好目标性状和非目标性状之间的关系,因为品种作为重要的生产资料,应该在主要经济性状上符合生产和消费者的需要。还应该看到性状之间的内在关系。对一个性状的高度追求,有时可能对另一个性状产生负面影响,这类相互制约的关系诸如早熟性和品质、产量之间,成熟期与耐贮性之间,品质与抗逆性、抗病性之间的关系等,在各种园艺植物中都有不同程度的表现。如以早熟为主要目标性状,品质为次要目标性状的育种目标,一般在育种过程中总是在提早成熟期的基础上改进品质。而且由于早熟性和高产、优质的一定程度的负相关,通常应适当降低对品质和产量指标的要求。

复习思考题

1. 如何选择育种对象？
2. 园艺植物主要育种目标有哪些？
3. 园艺植物育种目标有哪些特点？
4. 制订园艺植物育种目标有哪些主要原则？

第9章 引 种

学习目标

- 理解园艺植物引种的意义。
- 掌握影响园艺植物引种的因素。
- 掌握园艺植物引种成功的标准。
- 能进行园艺植物的科学引种。

9.1 园艺植物引种的概念和意义

园艺植物引种是人类为了满足自身的需要,把外地植物种类或品种引入新的地区,扩大其分布范围的活动。引种是园艺植物生产中不可缺少的组成部分,对园艺生产和植物进化起到了重大的作用,在现代园艺产业的发展中仍具有很大的发展潜力。

9.1.1 园艺植物引种的概念

根据生产的实际需要,把园艺植物的优良种类、品种或品系,从原有分布地区引入到新的地区栽种,经试验鉴定,选择其中优良者繁殖推广的过程,称为引种。广义的引种指从外地引进新植物、新品种及为育种和有关理论研究所需的各种种质资源,包括一些具有优良性状,但不能直接应用于生产,只能作为育种材料而引进的品种资源。

园艺植物引种到新地区后,会出现两种情况:一种是植物的原分布地区与引入地区的自然环境差异较小,或引种植物自身的适应范围较广,该植物不需要改变遗传性也能适应新的环境条件,并能正常生长发育和开花结果,达到预期的引种效果,这种称为简单引种,又称为自然驯化、直接引种。另一种是植物的原分布地区与引入地区的自然环境差异较大,或引种植物的适应范围较窄,植株生长不正常,需要经过精细的栽培管理或结合杂交、诱变、选择等人工措施,逐步改变植物的遗传性,使其适应新的环境,这种称为驯化引种,又称为风土驯化、气候驯化、间接引种。

9.1.2 园艺植物引种的历史

纵观人类社会发展的历史轨迹,可以发现不论是动物的饲养,还是植物的生产,均是从引种驯化开始的。目前,人类赖以生存的栽培植物大约有2 000多种,它们都是不断引种驯化的成果。世界各国都非常注重园艺植物的引种驯化工作,现今世界上广泛种植的各种园艺植物,绝大多数都是前人引种驯化成功的结果。

我国的植物资源非常丰富,我们的祖先在创造栽培植物的同时,也不断地吸收外来新品种。据记载,我国从国外引种驯化的工作可以追溯到2 000多年以前。早在西汉时期,张骞出使西域时,就引进了黄瓜、芝麻、芫荽、葱、黄瓜、大蒜、石榴、油橄榄、核桃等经济植物。世界著名的行道树悬铃木,在公元403年,就已经引种到我国的长安。

我国从国外引种驯化的园艺植物不胜枚举。观赏植物中,引种驯化的木本植物有赤松、黑松、落羽杉、湿地松、广玉兰、刺槐、桉树、银桦、橡胶树、北美鹅掌楸、樱花、香水月季、杜鹃花科和报春花科等许多科属植物。引种驯化的草本植物有:引自美洲的蒲包花、波斯菊、千日红、一串红、月光花、藿香蓟、蛇目菊、花菱草、银边翠、天人菊、含羞草、紫茉莉、茑萝、大丽菊、美女樱、半支莲、晚香玉、仙人掌科植物等;引自非洲的马蹄莲、天竺葵、小苍兰、唐菖蒲等;引自欧洲的雏菊、矢车菊、金鱼草、彩叶甘蓝、桂竹香、飞燕草、香豌豆、三色堇、郁金香等;引自亚洲的鸡冠花、曼陀罗、除虫菊、雁来红等;引自大洋洲的麦秆菊等。此外,我国国内不同地区间的引种驯化,也取得了很大的成就。

另外,人类对野生植物的引种驯化的历史更为久远,将野生植物驯化为栽培植物的历史长达七八千年。现今世界上广泛栽培的优良品种,大多是通过对野生植物的不断驯化逐渐得到的。野生植物的引种驯化不仅可以提供新的栽培植物种类,还可以绿化、美化环境,并为人们创造经济财富。例如,水杉、马尾松、桧柏、油松等为优良的木材;山楂、柑橘、中华猕猴桃、草莓等为重要的经济植物;杜仲、五味子、人参等为重要的中药材植物。此外,许多植物还具有防止水土流失,减少大气中有害气体的含量等方面的作用。因此,人类要注意保护野生植物资源,积极开展引种驯化工作,使野生植物资源为园艺产业的发展发挥更大的作用。

9.1.3 园艺植物引种的意义

植物的引种驯化与人类的生存和发展密切相关。正是人类对植物的引种驯化,导致了农业的诞生和发展,推动着人类物质文明和精神文明的不断前进。世界上,由于一种植物的引种驯化成功,给人类带来巨大和深远影响的例子不胜枚举。100多年前仅分布于美洲亚马逊河畔的热带雨林中的巴西橡胶树,现已成为世界性的经济树种和重要资源,极大地推动了现代工业的发展。其中,印度尼西亚和马来西亚的产胶量已占到全世界的90%,而巴西的产胶量还不到1%。美国曾经是一个农作物、蔬菜、果树等植物非常贫乏的国家,其现代农业就是主要建立在引种驯化的基础上发展起来的。植物引种驯化的活动推动了人类社会的发展,并将继续作为人类社会不容忽视的领域存在。

植物引种驯化的意义主要表现为以下几个方面:

1)引种是栽培植物起源与演化的基础

对可食性野生植物的驯化栽培,使人类社会的生存方式从游牧时代逐渐过渡到农耕时代。园艺植物是人们为了提高生活水平和生存质量而驯化生产的,并与农作物同步起源并演化、发展而形成的。随着人类的迁徙和社会交往活动的发展,这些栽培植物被引种到新的环境。引进的新植物为了适应新的生态环境而发生变异,经过选择适应新的环境,并成为新品种,这就形成了植物的演化与发展。

2)引种可以丰富园艺植物的种类

各种植物在地球上的分布是不均衡的,通过引种可以使一些有价值的植物在更为广泛的区域内种植。例如,我们现在普遍食用的蔬菜植物番茄、甘蓝、马铃薯、青花菜、石刁柏等,均是从国外引种的。近些年,我国又从国外引种了一些稀有蔬菜的优良品种,如西兰花、甜玉米、西芹等,还引种了一些适于加工的蔬菜优良品种,如芦笋、朝鲜蓟等,极大地丰富了我国蔬菜市场的花色和品种,也极大地扩展了引种植物的分布区域。

3)引种可以优化园艺植物的品种资源

引种能丰富品种资源,直接应用于生产,以优化品质、提高产量、增加效益,是解决生产应用品种的一条快速又重要的途径,也是实现园艺植物品种良种化的一个重要手段。一个地区往往受自然条件的限制,园艺植物的种类、品种是有限的,而其他地区可能有许多栽培品种比当地现有的栽培品种更优良。例如,我国曾从国外引进了脐橙、苹果、甜樱桃、核桃、葡萄、番茄、花椰菜、樱花、大丽菊和蔷薇等一大批园艺植物的优良品种。

一些植物的现有栽培品种具有某些明显的不良性状,如生长迟缓、病虫为害严重、商品性差、观赏价值低等缺点,可以从其他地区引进该植物的新的优良种类或品种,克服其不良性状。例如,我国的马尾松为一个比较优良的地方树种,但由于松毛虫对其危害很严重,树体生长非常缓慢,不能达到速生、产脂等生产要求。近50年来,从国外引进了抗松毛虫能力强、生长快速、产脂量高的湿地松和火炬松,在我国亚热带的丘陵地区进行大面积的种植,生长表现良好,人工林的推广面积分别达到了4 100 km^2 和1 000 km^2。

4)引种可以为园艺植物育种提供丰富的种质资源

引种可以丰富园艺植物种质资源,为育种提供种质材料。从外地引入品种时,有些虽然不能直接适应引入地的气候、土壤条件及消费者的需求,但常常表现出多种优良的经济性状,经本地栽培或作为杂交亲本,出现一些有利的变异后代,通过选择可选育出新品种,或成为珍贵的种质资源。

9.2 引种驯化的原理

植物的表现型是基因型与环境相互作用的结果,即 $G+E=P$。在引种驯化中,P可看作引种效果;G可看作植物适应性的反应规范,即适应性的大小(宽窄);E可看作原产地与引种地的生态环境差异。由于地球上没有任何两个地方的环境条件完全相同,因此E是一个变数,也是一个定数。就是说,引种驯化是建立在植物的遗传变异性与气候、土壤等自然生态因素相统一的基础上。

9.2.1 遗传学原理

1)简单引种

简单引种是园艺植物在遗传性适应范围内的迁移,其适应范围是受基因型严格控制的。同一种植物的不同品种,由于适应性范围的差异,在引种中有不同的表现。如,桃品种"白凤"和"玉露"分布范围很广,南到福建,北至辽宁,均能成为主要的生产栽培品种;而山东肥城佛桃适应范围较窄,在北京、葫芦岛、扬州均不能生产栽培。在自然界中分布广泛的品种,通常具有自体调节能力较强的遗传特性,对异常外界条件的影响有某种缓冲作用,使其适应范围广泛。据研究,品种的自体调节能力与品种基因型的杂合度有关。亲缘关系较复杂、杂合度较高的品种,如果树中的"康德梨""贵妃梨""温州蜜柑"等,均有较强的适应性。番茄的杂交品种也表现出比双亲自交系更强的结实能力。这表明,杂合程度高的类型,具有更高的合成能力和较低的特殊需求。

园艺植物对其进化过程中经常遇到的环境条件,通常具有较强的适应能力。例如,落叶树木在温度和日照长度的节律性变化下,秋季落叶,可以增强树体对严冬环境的适应性,这是植物本身的自体调节表现,称为饰变。相反,植物对其进化过程中很少发生的环境条件,则很少具有适应能力。例如,雨水过多引起的枝条徒长,频繁使用农药引起的药害等植株变化,这类变化是植物不适应环境的表现形式,称为形变。适应性饰变代表品种在扩大适应范围上的潜力;形变表明品种的适应范围较窄,引种时应区分这两种不同的反应。还应特别说明的是,园艺植物的同一基因型在不同的环境条件下会形成不同的表现型,可能对外界条件有不同的适应能力。例如,同一植物品种在较干旱条件下培育的植株,比在高温多湿下培育的植株有更强的抗旱性。

2)驯化引种

在引种实践中,为了改变园艺植物的遗传适应范围,把一些植物引入原来不能适应的地区,是必要的,也是可能的。例如,桃原产于我国西北的干旱、低温地区,引种到南方后,经过长时期的培育和选择,现已驯化成为耐高温、耐湿润的华中系品种群。苏联著名的果树育种学家米丘林,在多次引种试验的基础上,得到下面的结论:除了植物在原产地已经具备了适应新环境的遗传性外,不能用移植、扦插、嫁接或其他无性繁殖方法来进行驯化,只有把种子播种的实生苗引种到新环境下,才可能驯化成功。实践证明,地理生态上距离远、不同种间或品种间杂交产生的杂种更易驯化。

对这些引种试验现象,在理论上存在不同的解释。一种是:认为园艺植物的杂合度越大,对异常条件的适应能力越强。因此,种子繁殖能更好地进行驯化,关键在于种子的有性形成过程是多种多样复杂的基因重组过程,可以从大量的基因重组类型中选择出适应性更强的类型。由于远缘杂交产生的杂种杂合度更高,因此,对异常条件具有更大的缓冲适应能力,并且具有更高的合成能力和更低的特殊要求。另一种是:因为实生苗是处于幼龄阶段的个体,在个体的阶段上处于较早时期,具有较强的遗传可塑性,容易接受外界各种环境条件的影响,能较好地定向改变其遗传适应范围。而扦插植株或嫁接植株等无性繁殖材料是在原有发育成熟阶段的基础上进行的,遗传保守性较强,则适应性也较差。

9.2.2 生态学原理

根据引种驯化的原理,引种成功的关键是从内因上选择适应的基因型,使引种地区的综合生态环境条件位于引种植物的基因调控范围内;并在外因上采取适当的栽植技术措施,使植物能够正常的生长发育,符合栽培要求。引种驯化的生态学原理是针对引种环境而提出的,主要包括综合生态环境分析、主导生态因子分析和生态历史分析3个方面。

1)综合生态环境分析

园艺植物引种时,应正确掌握植物与环境之间关系的客观规律。近年来,国内外普遍认同的观点是:由于世界上不可能存在气候条件完全相似的两个地区,因此,园艺植物引种时,要求引种植物的原产地区与引种地区的生态条件相似,但又不可能要求完全一致。引种时,一方面要考虑气候环境对引种植物的重要影响,另一方面还要考虑自然环境的综合因素和植物可以改造的一面。通常认为,在生态条件相似的地区之间引种容易获得成功,相反,则很困难。这就是引种理论中的“气候相似论”。“气候相似论”认为:植物在不同地区间引种时,要求综合生态条件的相似性,即采取“顺应自然”的方式才容易成功。例如,木本植物在同一生态林带内引种,成功的可能性大;而在不同林带间引种,成功的可能性很小。要在不同林带间引种,应选择特殊的、适宜的小气候环境。如北京地处暖温带落叶阔叶林带,从相邻的亚热带常绿落叶阔叶混交林带引种阔叶常绿树种,难度很大。目前,仅女贞、广玉兰等能在小气候环境下生长的常绿乔木引种取得成功。

园艺植物中的一、二年生草本植物,如大多蔬菜和花卉植物,由于生长期较短,虽然各地的自然条件不同,但经过人为调整生长期,改进栽培技术,很有可能将其从热带、亚热带地区引种到温带地区,甚至寒带地区栽植。但园艺植物中的多年生木本植物,需要经受栽植区全年各种生态条件的考验,还要经受不同年份经常变化的各种生态条件的考验,且这些条件很难人为控制和调整。因此,引种不同气候条件地区的木本植物时,应特别注意其自然分布区域,进行原产地和引种地之间生态条件的比较。另外,城市小气候和土壤条件的差异也很大,因此,引种时一定要进行植物与生态环境条件的综合分析,慎重选择小气候和土壤条件,尽量在引进地区为植物提供与原产地相似的环境条件。例如,夏腊梅喜凉爽湿润的气候,杭州植物园引种的夏腊梅,开始定植在只有侧面较为荫蔽的地方,植株生长不良,并且夏季容易发生日灼;后来移植在树丛下,植物长势旺盛,花朵硕大,果实累累。

2)主导生态因子分析

主导生态因子是植物生长发育的限制因子,如气候、土壤和生物因素等。对园艺植物影响较大的生态因子有温度、光照、水分、土壤和生物等。进行主导生态因子的分析和确定,对于植物引种的成败通常起关键的作用。

(1)温度

温度是影响园艺植物引种成败最重要的因子。温度对植物引种的影响存在于两个方面:温度不能满足植物生长发育的基本需要,使植株不能正常生存,或出现高温、低温对植物的不同部位或器官造成致命的伤害;植物虽能生存,但温度不能满足其花芽分化与果实形成的需要,影响产量和品质,使植株失去经济价值。我国地处北半球,园艺植物北引时,温度的影响主要在于极限低温、低温持续时间、升降温速度、霜冻和有效积温等方面;南引时,温度的影响在于冬季低温通过休眠、高温、昼夜温差等方面。

临界温度是植物能忍受的最低、最高温度,超越临界温度会对植物造成严重的伤害或死亡。临界低温是南方植物北引的限制因子,如菠萝的临界低温是-1 ℃,广州的气温在0 ℃以上,菠萝品种一般均能适应;但韶关常出现-2 ~ -3 ℃的低温,故引种较难成功。越冬蔬菜向北引种时,容易遭受低温冻害,导致引种失败。同时,引种时还应考虑临界温度持续的时间长短。例如,园艺树木中的蓝桉,可以短暂忍受-7.3 ℃的低温,但不能忍受持续的较低温度。高温是植物南引的限制因子,如北方的红松、水曲柳南引时很难越夏。大白菜生长的临界高温是25 ℃,温度超过25 ℃,生长不良。另外,高温多湿环境常造成许多病害的蔓延,严重限制了园艺植物的南引。例如,一些葡萄品种,引种到长江流域以南的地区,容易诱发黑痘病和炭疽病。

有效积温也是影响园艺植物北引的因素。喜温性园艺植物,10 ℃以上的有效积温相差200 ~ 300 ℃,对其生育和产量影响不大;如果超过此数,温度偏离越大则影响也越大。另外,生长期温度是一年生植物引种的限制因子,如蔬菜的生长期主要由生长起始温度和临界最高温度之间相隔的天数决定。例如,大白菜生长起始温度约7 ℃,临界高温约25 ℃,“北京大青口”大白菜在北京生育期为110 d左右,在沈阳为80 ~ 90 d,引入沈阳后结球松散。

在整个生长期或特定生长阶段,不适宜的温度、热量、昼夜温差等常常会对引种植物的品质、产量、成熟期、耐贮运性等产生不利的影响。例如,苹果的晚熟品种引种到长江流域后,果实出现了果形变小、果色变差、果肉粉质易返沙、耐贮运性下降、风味劣变等不良现象。不耐高温的喜温性蔬菜,如番茄、甜椒的一些品种,向南引种时往往生长不良,需要改变播种期以避开高温季节。

(2)光照

光照对植物引种的影响主要是光照时间和光照强度。光照时间与纬度有关,纬度越高,昼夜长短差异越大,夏季白昼越长,冬季白昼越短;而低纬度地区,夏季白昼长度比冬季白昼增加较少。长期生长在不同纬度对昼夜长短有一定的适应性反应,即光周期现象。一些植物在长日照下进行营养生长,在短日照下进行花芽分化并开花结果,被称为短日照植物,如秋菊类花卉。相反,另一类植物在短日照下进行营养生长,在长照下分化花芽并开花结实,被称为长日照植物,如洋葱、莴苣、甜菜、胡萝卜、唐菖蒲等。此外,还有一类植物对日照长短反应不敏感,在各种日照长度下均能正常地开花结实,被称为中光性植物,如番茄、茄子、辣椒等。

日照长短是一些园艺植物引种的限制因子,对光照时间反应敏感的植物,应在相近的纬度间引种。例如,北方洋葱引种到南方栽培,鳞茎膨大时,正值冬季短日照,植株常常只长苗,鳞茎不膨大。木本植物南树北引时,光照加长,造成生长期延长,体内营养物质积累减少,抗寒性下降;北树南引时,光照缩短,生长期缩短,对花芽分化不利,产量、品质下降。光照昼夜交替还与果树植物营养物质的积累和转化有关,影响树体进入休眠期的时间早晚和越冬营养物质的储备。

不同的园艺植物对光照强度的要求也有明显的差异,根据植物对光照强度的需求,可以将园艺植物分为阳性植物和阴性植物。例如,枣、李、桃、杏、梨、葡萄、甜樱桃、扁桃、臭椿、悬铃木、乌桕、黄连木、松属和柳属等植物为阳性植物(喜光植物);兰花、杨梅、枇杷、罗汉松、杜鹃属和山茶属为阴性植物(耐阴植物)。现代设施园艺的发展,可以根据植物的需要,采用人工补光或遮光措施,因此,光照在引种中已不再成为限制因素。

(3)水分

水分对植物的影响主要在于空气湿度、年降水量及其分布情况。降水量的分布是决定引入品种能否适应新环境的重要因素。我国各地的降水量差异很大,其变化规律是从低纬度的东南沿海地区向高纬度的西北内陆地区逐渐递减。对木本植物而言,降水量的多少是决定其能否引种成功的重要因素之一。因此,木本园艺植物引种时,应考虑引种植物对水分的需求及其对旱涝的适应性。抗旱能力强的园艺树种有核桃、杏、无花果、菠萝、合欢、松柏等;抗旱性较强的园艺树种有梨、柿、桃、栗、葡萄等;抗旱性较弱的园艺树种有柑橘、枇杷、李、梅、樱桃、月桂、女贞、广玉兰等。

植物的需水量还与温度有关,通常温度较高时,需水量也较大。因此,可以用水热系数作为需水量的指标。水热系数指一定时期内降水量(mm)与同时期内活动积温值的比。例如,对葡萄的研究表明,5—7月间葡萄的水热系数1.5~2.5为一般需水量的高限,而0.5是旱地栽植的低限。

降水量在一年中的分布,也是影响引种的重要因素。例如,广东湛江引种夏雨型的加勒比松、湿地松生长表现良好;而引种冬雨型的辐射松、海岸松,却生长不良。

对于空气湿度而言,阳性植物适于引种至空气湿度小的地区,阴性植物适于引种至空气湿度大的地区。例如,南方的阴性植物引种到冬春季干旱的东北地区,有些不是因低温致死,而是因干旱、干风造成生理脱水而死亡。园艺植物从降水量多、空气湿度大的地区向降水量少、空气湿度小的地区引种容易成功,因为可利用灌溉条件,满足其对水分的需求。相反,将适应于降水少、湿度低的地区的品种,引种到降水多、湿度大的地区,常常难以取得良好的结果。例如,将新疆的甜瓜、欧洲的葡萄引种到我国长江流域地区,植株生长不良,落花落果严重,品质变劣;同时诱发多种病害,很难满足经济上的要求。

(4)土壤

土壤生态因子包括土壤的持水力、透气性、含盐量、酸碱度和地下水位等。其中,土壤的酸碱度是影响引种成败的限制因素。我国南方多为酸性或微酸性土壤,北方多为碱性或微碱性土壤,华北平原地区则有许多盐碱地。大多数植物可以适应从微酸性到微碱性的土壤,但有些植物对土壤酸碱度的要求较为严格,引种时应特别注意,避免引种失败。例如,杜鹃、栀子长期生长于南方的酸性土壤，引种到北方地区后因土壤过碱，影响植株对铁的吸收而黄化，难以引种成功。对于嫁接繁殖的园艺植物，引种时还可以通过选择适宜的砧木，增强植物对土壤的适应性。例如，在黄河故道地区栽植苹果，若用东北山荆子作砧木，常因盐碱土导致黄化病严重，甚至烂根死亡；而用湖北海棠作砧木，植株生长发育良好。

地下水位的高低也会影响引种的成败。如木兰科的许多植物为肉质根，不耐水湿，不宜引种到地下水位高的地区。

(5)生物

一些植物在长期的生长、演化过程中，还与周围的生物建立了协调或共生的关系，引种时还应考虑这些特殊的限制生物因子。例如，檀香木与洋金凤共生，引种时若只引檀香木，植株生长不良，而引种洋金凤与檀香木共同栽植时，则生长良好；板栗、兰花、松树均有菌根，引种时若只引植物，不引共生菌根，难以获得成功，土壤接种菌后，取得了成功。

另外，植物与花粉携带者之间的关系也影响到引种的成败。引种时，应注意同时引进授粉树和特殊的传粉昆虫。例如，原产于南亚的一种斯米拉无花果，植株只生雌花，需要野生或半野生的卡布力无花果授粉才能结实。卡布力无花果没有实用价值，它是一种小蜂的寄主，小蜂对无花果起传粉媒介的作用。美国引种斯米拉无花果后很久没有结实，只有引入卡布力无花果和这种小蜂后才真正获得成功；而日本则一直没有取得成功。

(6)其他生态因子

园艺植物引种时，还应考虑一些特殊的限制生态因子。例如，目前还难以控制的病虫害，如广东、浙江等一些柑橘产区的溃疡病，限制了甜橙的引种；华北、东北地区的枣疫病，限制了枣树的引种；葡萄的欧洲种群品种，在长江流域容易感染黑痘病，影响了葡萄高产优质品种的发展。有些风害严重的地区，引种时应考虑品种间抗风力的差异。

在引种实践中，既要针对影响引种的限制因子进行个别分析，又要综合研究这些因子与引种适应性的相互关系。这是因为引种植物所适应的不是单个环境因素，而是由各种生态因素构成的综合生态环境。只是在引种过程中，各个环境因素的作用不总是同等重要的，应注意分析主导因素，抓住主要矛盾方面来解决问题，提高引种成功的机会。

3)历史生态条件分析

现今植物的自然分布区域只是最近一次冰川时期造成的结果，并非其历史上分布区域的全部，植物对现有生态环境的适应，并不能代表其适应性的全部。现存的有些植物，在其系统发育过程中，历经了多种多样的极端气候条件，其生态历史非常丰富、复杂。也有一些植物，在地质史的气候变迁时期没有发生大的变化，生态历史比较狭窄。

植物在进化过程中的每一步，都会在基因型上打下烙印，并传递给后代。因此，植物的适应性除与现分布区域的生态环境有关外，还与其历史生态分布有关。一般进化程度高、历史生态条件复杂的，潜在的适应能力也强，引种容易成功。例如，生长在浙江天目山的银杏和四川与湖北交界处的水杉，在世界各地均表现出极强的适应性，其原因就是这两种植物在冰川时期前曾在北半球分布广泛。相反，华北地区分布广泛的油松，引种到欧洲各国都失败了，可能与其历史生态简单、分布范围窄有关。原产华中、华东地区、适应高温高湿的南方水蜜桃品种群，引种到干燥、低温的西北地区后，也能生长良好，甚至比南方栽培品质更好；而原产于华北、西北地区的北方桃品种群，却难以适应南方高温多湿的环境。其原因在于桃树原产于温带地区，南方桃品种群可能是在各种自然条件或人为条件下迁移到南方后，为了适应当地的环境条件而形成的，它经历了比北方品种群更为复杂的历史生态环境，因此表现出更为广泛的适应性。

9.3　引种的程序和方法

9.3.1　引种驯化的程序

园艺植物的引种工作，应在认真分析和选择引入植物材料的基础上，通过引种试验，经过少量试引、中间繁殖、大面积推广的引种步骤进行。这样，可以避免由于盲目引种而产生的不必要的损失。具体的引种操作程序如下：

1）确定引种目标

引种目标通常是针对本地区的自然条件、现有园艺植物种类、品种存在的问题、市场的需求及其经济效益等来确定。一般来讲，要根据当地的生态环境条件，以当地市场需求的品种为主攻方向，其次是新、奇、特及抗逆性。观赏园艺植物引种时，应考虑当地景观的需要。例如，北京的冬季，除了针叶树和黄杨、麦冬等常绿灌木和草之外，几乎看不到绿色。因此，可以考虑引入常绿的阔叶树种进行绿化。现在对广玉兰、棕榈、山茶和女贞等常绿树种的引种已经取得了很大的成就。浙江一些城市街道两旁多为法国梧桐，可以引入一些棕榈、樟树等。

2）收集和检疫引种材料

明确育种目标并进行了相关可行性分析后，便可收集需要引种的园艺植物繁殖材料。园艺植物繁殖材料的类型很多，可以是有性繁殖的种子，可以是无性繁殖的接穗、插穗、球根、块根、块茎，也可以是试管苗或完整的植株。收集材料时，除了考虑选用该种植物通用的繁殖材料，并考虑简单方便外，还应考虑引种类型的选材。一般简单引种对繁殖材料不限，可以选用营养繁殖材料；而驯化引种应选用具有复杂遗传基础、能产生丰富变异来源的种子作为引种繁殖材料。

为了防止病虫草害随种子和苗木传播，避免给引种地区造成重大危害，收集引种材料时，还应严格遵守植物检疫的规定；特别是从国外或检疫对象的疫区引种时，除需要通过检疫外，还应隔离种植，仔细观测是否有特殊病虫害的发生。这方面曾经有过引种失败的情况，例如，在20世纪80年代初期，日本赠送给我国的樱花苗，就带进了樱花根癌病，并在我国许多樱花栽培区泛滥，严重影响了苗木的生产，也破坏了城市的风景。

另外，收集引种材料时，还应考虑引种植物对引入地生态系统的影响，即“生态入侵”问题。引种植物如果遇到比其原产地更为优越的生态条件，或者失去了原有病、虫、草或天敌等生态条件的制约，会无节制地快速生长、大量蔓延，危害当地的自然生态环境，甚至严重破坏引进地原有的生态平衡。例如，我国东南沿海引种的大米草，已经成为一种恶性杂草，难以解决。

3）编号登记

收集到引种材料后，必须对其进行详细登记、编号。登记内容包括：种类、品种名称，繁殖材料种类、来源与数量，收到日期和收到后的处理措施等。收到的材料来源和时间不同时，应分别编号，并将植物学性状、经济性状、原产地生态条件等记载清楚，分别装入相同编号的档案袋内备查。每个品种材料的收集数量以足供初步试验研究为度，不必太多。

4）引种材料的驯化及选择

有些新引进的植物材料，需要经过驯化过程，才能在引进地的新环境中适应，进而生长发育、开花结实、繁殖后代，同时在产品的质量方面应保持原品种的特性。例如，上海在将野生荠菜驯化为栽培蔬菜的过程中，已分化出阔叶荠菜和碎叶荠菜两个品种。

新引进的植物品种，栽植在不同于原产地的新环境下，常常会出现植株性状的变异，必须对其进行选择。在品种推广前，通常采用混合选择法或片选法，淘汰杂株和劣变的所有植株，保持品种的典型性和一致性；对个别表现突出的优良单株，可以按系统育种的程序选育出新品种。

5）引种试验

引种材料引入到新地区后，其生长发育表现可能与原地区不同，必须进行引种试验确定其适应性及优劣表现。试验以当地最有代表性的优良品种为对照，试验地土壤条件和管理措施应一致。

6）结果评价

试验完成后，需组织专业人员对引入的植物材料进行综合评价。评价内容包括：根据引种成功的标准进行科学性评价；根据生产成本和市场价格进行经济性评价。

7）扩繁与推广

对于引种成功的植物材料，应及时进行扩大繁殖，供生产应用，使引种成果迅速产生经济效益。

9.3.2 引种试验方法

1）种源试验

种源试验是对同一植物分布区中，不同地理种源提供的种子或苗木，进行对比栽培的试验。其目的是通过试验，了解引种植物的不同生态类型在引进地区的适应情况，从中筛选出对引进地区适应性最强的生态类型参加进一步的引种试验。

进行引种工作时，一般应尽量引入一个新植物的若干产区（种源）的种子或较多的品种，每一品种材料的数量可以少些。对于多年生的果树和观赏植物，每一引种材料可以种植3～5株，可种植在种质资源圃或品种园。经过1～2年的试种，初步确定最有希望的品种，进一步参加品种比较试验。引种时，切忌根据引种原理和方法，一开始便引入大量植物材料，进行推广种植，以免遭受大的损失。

2）品种比较试验和区域试验

将通过观察鉴定表现优良的生态类型，繁殖一定的数量，参加试验区较大、有重复的品种比较试验。进一步作更准确的鉴定，同时提出行之有效的栽植管理措施。品种比较试验地要求土壤条件均匀一致，耕作水平适当偏高，管理措施保持一致，试验区采用完全随机排列，严格设置小区重复，便于进行更精确、客观的比较鉴定，2～3年后，筛选出表现优异的材料进行区域试验，测试其可以适应的地区和范围。多年生的园艺植物苗木生育周期很长，为了加快引种进程，对于观察试验中经济性状和适应性表现优良的材料，可以同时进行控制数量的生产性的中间繁殖。这样，观察试验的植株进入盛果期时，中间繁殖植株已进入开花结果期，基本上经历了周期性灾害气候条件的考验，进行大规模的生产推广成功的几率很高。

3）栽培试验

经过品种比较试验和区域试验，或果树等植物的生产性中间繁殖试栽后，其中表现适应性好而经济性状优异的引种材料，可进入较大面积的栽培试验，在进一步了解其种性的基础上作出综合评价，确定其最适宜、适宜和不适宜的发展区域，并制订相应的栽植技术措施，组织推广。

9.3.3　园艺植物引种成功的标准

园艺植物引种成功的标准，通常是以获得效益为主要目的，具体可以归纳为以下几个方面：

1）植株生长发育正常

与原生产地区的生产相比较，引种植物在引入地区不加保护或稍加保护，可以安全地越冬或越夏，正常地生长发育。因此，设施栽培中引进的园艺植物，不应列入引种成功的范畴。

2）园艺产品的品质没有下降

引种植物在新引进地区生长发育，所形成的产品在质量（经济价值或观赏价值）方面能保持原有的品质，产品的品质无下降、劣变等不良表现。

3）植物的繁殖方式正常

引种植物能够继续采用其原来的繁殖方式（有性繁殖或无性繁殖）进行正常的繁殖。

4）无外来病虫入侵

引种植物应没有明显或致命的病虫害，不携带检疫病虫种类，不会对引入地区造成重大的病虫为害。

5）形成了品种

引种植物通过驯化，适应了引进地区的环境条件，并且植物的生长习性和产品符合人们的需要，形成了有性或无性品种，可以在生产上推广应用。

9.3.4 引种应注意的事项

1）坚持“既积极和慎重”的原则

与其他育种途径相比，引种投资少、见效快、简单易行，特别是对育种周期长的多年生园艺植物，如苹果、梨等许多果树植物，改进其生产中的品种组成有更为重要的意义。但是，历史上曾经因盲目引种，给生产造成严重损失的情况也不少。因此，进行引种工作时，应积极和慎重，除了对少数引种材料的适应性有充分把握外，在引种程序和方法上应坚持少量试引、多点试验、全面鉴定、逐步推广的原则；切忌大量的盲目引种。另外，引种工作还要与生产上急需解决的问题，以及完成育种目标的特定需要紧密结合，有计划、有重点地进行。

2）注意园艺植物的生育习性

园艺植物种类繁多，生长发育习性差异很大。引种时应充分考虑引种植物的生长习性，区别有性繁殖和无性繁殖，一、二年生和多年生，草本植物和木本植物等特点，灵活运用引种的程序和方法。

3）注意配合相应的农业技术

引种时应注意配合相应的农业生产技术，提高引种植物对引进地环境的适应性。例如，采用生长调节剂、应用抗性砧木等，均能增强引种品种类型的适应能力。对于多年生的园艺植物，引种时在抗性较弱的幼龄苗期等一些关键的时期，可以采取一些有利于越冬、越夏的保护性措施，满足植株对极限温度的需要。随着植株的生长和树龄的增长，其抗性和适应能力也会相应增强，甚至达到完全适应的状态。特别指出，引种时采用的农业技术或保护性措施，应在大面积生产中切实可行并经济有效；如果耗费很大而得不偿失，生产中难以采用，则不便于推广。

4）避免外来生物的入侵

引种工作给人类带来了一定的经济利益，同时也带来了不少问题。病虫害及其他有害生物不再受到天然屏障的阻隔，一些存在潜在危险的病、虫、杂草或其他有害生物随引种活动而侵入新的环境，导致其在无天敌制约的情况下泛滥成灾。例如，澳大利亚引种仙人掌后，仙人掌迅速蔓延侵占了 15 万 km^2 的土地；新西兰引种黑刺莓后，黑刺莓成为当地难以控制的恶性杂草；醋栗引种到北美后，成为北美地区乔松锈病菌的中间寄主等。我国在引种唐菖蒲球茎时，将唐菖蒲枯萎病和叶斑病传入深圳，造成了严重的损失。此外，20 世纪 80 年代，我国从荷兰、日本等国引种的香石竹、风信子、郁金香、唐菖蒲等苗木和种球，还有从越南引种的树番茄，均带有病毒病，导致这些植物的种质逐年退化，甚至毁灭。因此，园艺植物引种时，必须坚持严谨的科学态度，严格执行检疫和检验工作，避免各种检疫对象的传入。

复习思考题

1. 什么叫引种？并说明园艺植物引种的重要性。
2. 结合引种驯化的生态学原理,分析园艺植物引种中应考虑哪些因素？
3. 简述园艺植物引种工作的程序。
4. 园艺植物引种成功的标准是什么？
5. 园艺植物引种应注意哪些问题？

第10章 选择育种

学习目标

- 理解选择育种的实质。
- 掌握有性繁殖园艺植物的基本选择方法。
- 掌握有性繁殖植物的常用选种方法。
- 熟悉芽变选种的程序。
- 熟悉实生选种的方法。

10.1 选择育种的概念和意义

10.1.1 选择育种的概念和意义

1)选择育种的概念

选择育种是利用现有种类、品种的自然变异群体,通过选择、提纯和比较鉴定等手段,选出符合育种目标的材料,进而育成新品种(或新品系)的育种方法,简称选种。选择育种具有悠久的历史,早在人类开展杂交育种之前,所有植物的品种,均是通过选择育种的途径获得的。在杂交育种普遍开展后,选择育种仍然为生产提供了大量的新品种。在未来的园艺植物育种工作中,选择育种仍然是一种不可忽视的重要途径。

选择分为自然选择和人工选择。自然选择是植物所生存的环境对植物所起的选择作用,这是物种进化的动力,选择的结果是适者生存。人工选择是人类按照自身的需要对植物进行选择的过程,选择的方法随着生产的发展和对品种要求的提高而不断改善,并逐渐由无意识的选择过渡到有意识的选择。有意识的选择是有计划、有目标,采用完善的鉴定和比较方法,将符合需要的植株选择出来,使其主要目标性状趋于稳定而形成新品种的过程。

2)选择的实质和作用基础

(1)选择的实质

变异是选择的基础,没有变异就没有选择。变异从表现形式上,可能是形态特征的变异，如株型、花型、花色等；也可能是生理特性的变异，如适应性、抗寒性、抗热性、抗盐性等。变异从性质上，可以分为遗传性的变异和不遗传的变异。遗传的变异是性状的变异能在繁殖后代中继续表现，也就是变异的性状能遗传给后代，这些变异是产生新品种的重要来源。而不遗传的变异只发生在当代，不能遗传给后代。例如，花卉生产中，可能由于整形和繁殖方式的不同，影响开花数量和花朵的大小，这不是遗传物质改变的结果，属于不遗传的变异，在育种上没有价值。花卉植物的变异是广泛存在的，形态和花色的变异较容易区分，而有些变异在一般情况下不表现，无法选择出来利用，如抗寒性、抗病性等，这些变异只在发生寒害、病害时才表现出来。因此，当大面积发生寒害、病害等逆境时，及时发现并保留少数存活下来的个体。这些植株很可能是抗寒变异、抗病变异，在育种上十分珍贵。

群体的遗传变异是选择育种的基础，通过选择可以使群体中的一部分个体产生后代，其余个体被淘汰而不能产生后代或产生较少的后代。因此，选择的实质就是造成有差别的繁殖率。

(2)选择的作用基础

选择本身不能创造变异，只能在已有的变异群体中分离出需要的类型。但是，如果按照一定的方向和目标连续选择，可以使变异向选择的方向发展，使有利变异得到固定而形成新的类型。选择的作用机理在于：一是选择可以增大某种性状的变异程度；二是选择可以使多个性状得到综合改良；三是选择的方向在某种程度上，影响后代产生变异的性质和范围。这是由于选留个体与淘汰个体的遗传基础不同，其变异的程度和范围也不同；被选留的优良个体，就可以在新的基础上产生更有利的变异。目前，园艺植物的栽培性状远远优于野生种，便是人类长期选择的结果。

3)选择育种的意义

(1)选择可直接培育或创造新品种

选择育种是人类改造植物最原始、应用最普遍的一种育种方法，人类最初获得的栽培植物品种，都是利用选种的途径创造的。同时，选择育种也是现代育种工作中最重要的技术，是育种和繁育工作中不可缺少的环节，贯穿于育种工作的全过程。经过漫长的历史时期，在人们有意识的选择前提下，获得了许多优良的园艺植物新品种，如凤仙花、芍药、山茶、牡丹等重瓣品种。

(2)新品种能很快繁殖推广

选择育种与杂交育种相比，不需要杂交亲本的选配、人工杂交等过程。同时，选择育种是对本地的品种或类型进行选择，选出的材料对当地的环境具有较强的适应性，可以适当简化一些育种程序，使新品种及时繁殖，并且能尽快地应用到生产中。

(3)选择促进了物种的进化

选择是针对性状表现有差异的植物群体，保留其中少数符合育种目标的个体产生后代，淘汰其余个体。例如，低温环境下栽培的园艺植物，其中不能耐寒的个体死亡，具有一定抗寒性的个体得以存活而繁衍下一代，使该群体的后代产生一定的抗寒性。由此可见，选择的实质就是产生有差别的繁殖率，即产生差别繁殖。这样，通过选择过程，人为地提高了有利基因的遗传力，促进了物种的进化。

(4)选择对变异产生了创造性的影响

选择不能产生变异,但可对变异产生创造性的影响。生物种群内常常会产生一些微小变异,对这些变异进行多代定向选择,可以使微小变异保留和积累,最终产生大的变异,获得原始群体内没有的变异类型。当前园艺植物的栽培种性状远远优于野生种,就是长期选择的结果。例如,美国育种家曾在一块开猩红色花的虞美人地中发现一朵有很窄白边的花,保留其种子。第二年从其200多株后代中找到四五个花瓣有白色的植株。多年后,大部分花增加了白色成分,个别花变成浅粉色,最终获得纯白色花的新类型。

选择除了对个别目标基因的效应外,还有其对基因组合、遗传背景甚至群体的效应。如多代稳定性选择不仅使目标基因保持亲代和祖代的基因型,还逐代建立了能降低突变率的基因组合,使古老品种的突变率比新选育成的品种突变率明显降低。选择还能对植物进化方向和进化速率产生重要的影响。

10.1.2 制订选择标准的原则

选择育种工作中,除了芽变选种可以对变异枝条进行选择外,一般都是对单株进行选择。选种中,应尽早选出基因型优良的单株、淘汰不良和非遗传性变异的植株,以提高选择效果,加快选种进程。因此,当育种目标确定后,必须确定科学的选种途径,并制订适宜的选择标准。制订选择标准的基本原则如下:

1)按照目标性状的主、次确定选择标准

选种时常常需要同时兼顾多个性状,如园艺植物的品质、产量、抗性、成熟期等。在多个目标性状间,必然存在相对重要性的差别,应在分清目标性状主、次的基础上,再确定各个性状的取舍标准。

2)目标性状及其标准必须明确具体

根据植物种类、用途和选择目标,选择标准应尽可能明确具体。例如,丰产性的选择一般以单株产量为标准,但对于多次采收嫩果的黄瓜,通常以第1果实达到采收时的单果重、大小或早期结果数作为株选标准。另外,选择性状的具体项目及其标准还须考虑产品的用途。例如,菊花盆栽品种要求株形矮壮;而其切花品种则要求株高80 cm左右。对于多年生的木本观赏植物,特别是高大的乔木,选择标准还应根据树龄和栽培环境的不同而有区别。因为不同年龄段的乔木生长量不同,行道树、庭院或广场栽植的乔木对树形要求也不同。

3)各性状的选择标准要适当

选择标准确定得太高,则入选个体太少,不便于对其他性状的选择,还可能使多数综合性状优良的个体落选;而选择标准确定得太低,入选个体太多,会使后期的工作量过重。因此,选择前,应先熟悉供选群体的性状变异情况,再根据育种目标、选择方法和计划选留的植株数确定各个性状的选择标准。若采用分期分项淘汰法进行选择时,早期的选择标准应酌情放宽些。

10.1.3　选择育种的应用

选择育种适用于群体中主要经济性状大多基本符合要求，只有少数经济性状较差，并且这些表现较差的性状在个体间存在变异幅度较大的情况。这是因为若想从一个多方面性状表现均较差的群体中，选择出综合性状优良的类型，必须等待多方面性状均产生出符合要求的变异才行，这往往需要很长的时间才有可能出现。若变异性状在群体内个体间差异不明显，则选择便失去了意义。例如，核桃、板栗、水杉、柳杉、丁香等园艺植物，生产中通常兼用有性繁殖和无性繁殖，其实生群体中常常存在较大的变异。从它们的实生群体中选择优良单株，采用无性繁殖建成营养系品种，简便易行。

但是，应特别指出的是，选择育种不能有目的、有计划地创造新的基因或基因型，即不能创造出新的变异类型，因此，在育种实践中存在一定的局限性。

10.2　有性繁殖植物的选择育种

10.2.1　两种基本的选择法

1)混合选择法

混合选择法又称表现型选择法。它是根据植株的表现型性状，从原始群体中选择符合选择标准要求的优良单株；将其种子混合留种，混合保存，下一代混合播种在混选区内，相邻栽植对照品种和原始群体材料，与对照品种（当地同类优良品种）和原始群体进行比较鉴定，培育出新品种的方法。

混合选择必须在田间条件下进行，室内选择和贮藏期间的选择也是在田间选择的基础上进行的，这样才能提高选择效果。生产上应用的片选、株选、果选、粒选等多属于混合选择法。根据选择的次数，可以分为一次混合选择法和多次混合选择法两种。

(1)一次混合选择法

一次混合选择法是对原始群体只进行一次混合选择，当选择的群体表现优于原始群体或对照品种，且群体性状相对一致时，即进入品种预备试验（区域性试验）；再进行繁殖推广的方法（见图10.1）。这种方法一般适用于变异不大，遗传基础较纯合的群体。对自花授粉植物，如凤仙花、桂竹香、香豌豆、金盏菊等品种，由于长期自交，其群体中每个单株多为纯合体，后代不易发生分离，常用此方法。

(2)多次混合选择法

多次混合选择法是在第一次混合选择的群体中继续进行第二次混合选择，或在以后几代连续进行混合选择，直到群体内性状基本一致，并超过对照品种时为止。之后进入区域性试验,再进行繁殖推广的方法。这种选择法常用于遗传基础比较复杂的植物,这些植物必须经过多次选择,性状才能达到整齐一致。例如,园艺植物中的异花授粉植物,如菊花、向日葵、石竹、四季秋海棠、松树等,群体内的单株常为杂合体,不同植株的基因型可能不同,后代分离较为复杂,常采用多次混合选择法,如图10.2所示。

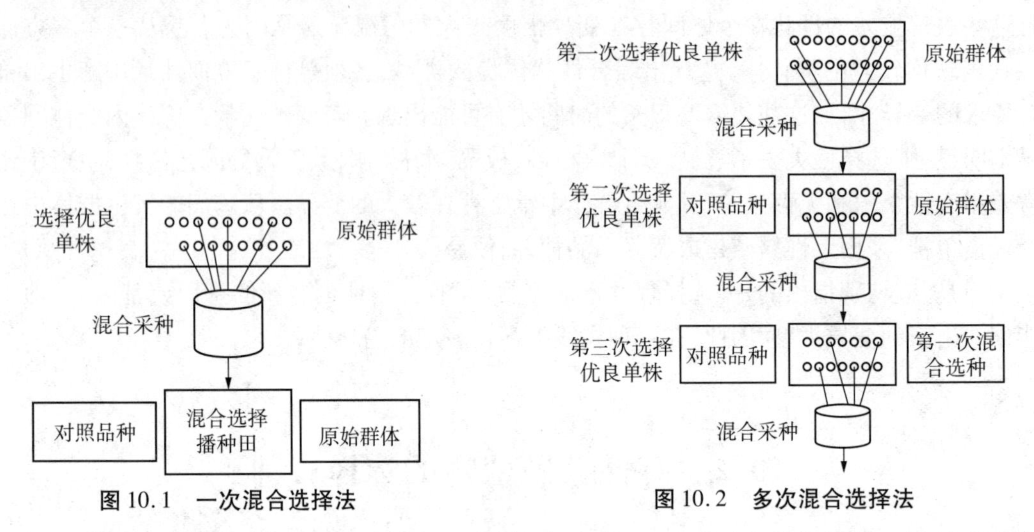

图10.1 一次混合选择法

图10.2 多次混合选择法

混合选择法的优点:方法简单易行,不需要较多的土地、劳力、设备就能迅速从混杂的原始群体中分离出优良类型,便于掌握;一次选择就能获得大量种子或繁殖材料,便于及早进行推广;混合选择的群体能保留较丰富的遗传性,用以保持和提高品种的种性。

混合选择法的缺点:选择效果较差,系谱关系不明确。由于所选优良单株的种子是混收混种,不能鉴别每一单株后代遗传性的真正优劣,这样就有可能把仅在优良的环境条件下外形表现优良,而实际上遗传性并不优良的个体选留下来,因此降低了选择效果。但在连续多次混合选择的情况下,这种缺点会得到一定程度的弥补。因此,在初期原始群体比较复杂的情况下,进行混合选择易得到比较显著的效果,但经过连续多次选择后,群体基本上趋于一致,在环境条件相对不变的情况下,选择效果会逐步降低,可采用单株选择或其他育种措施。

2)单株选择法

单株选择法又称系谱选择法或基因型选择法。它是按照选择标准从原始群体中选择一些优良单株,分别编号,分别留种,下一代单独种植在一个小区内,形成株系或家系(1个单株的后代)。再根据各株系的表现,鉴定入选单株基因型的优劣,进而选育出新品种的方法。根据单株选择的次数,可分为一次单株选择法和多次单株选择法。

(1)一次单株选择法

一次单株选择法只进行一次单株选择,在以后的株系圃内不再进行单株选择。一般隔一定株系设一个对照品种,株系圃设二次重复。根据各株系的性状表现,选择优良株系,参加品种预备试验(见图10.3)。一次单株选择法适于遗传基础较纯合,遗传性状较稳定,进行一次单株选择后,后代便整齐一致。

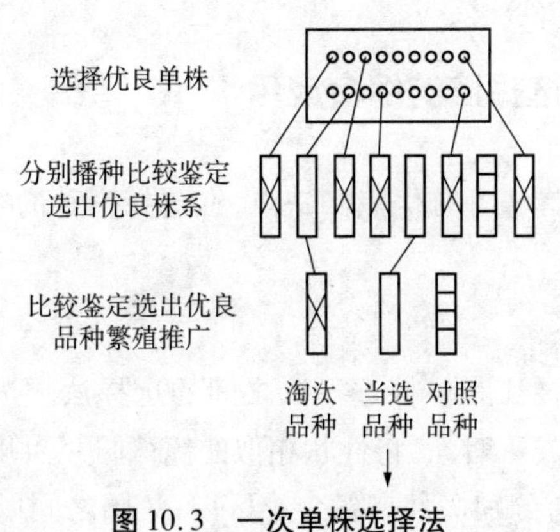

图 10.3　一次单株选择法

(2)多次单株选择法

多次单株选择法是在第一次选留的株系内,继续选择优株,分别编号、采种,分区播种形成第二次株系圃,进行株系优劣的比较;如此继续直到同一株系内的植株性状一致,即可进入品种预备试验。这种选择法适于遗传基础杂合度较高,自交后代继续分离的植物材料,如图 10.4 所示。

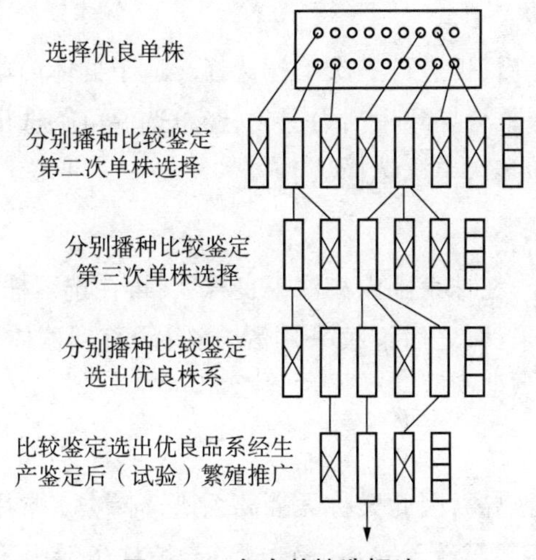

图 10.4　多次单株选择法

单株选择法的优点:一是选择效果较高。由于单株选择是根据所选单株后代的表现,对所选单株进行遗传性优劣的鉴定,这样可以消除环境条件造成的影响,淘汰不良的株系,选出真正属于遗传性变异的优良类型。二是多次单株选择可以定向积累有利的变异。许多用种子繁殖的花卉,如百日草、翠菊、凤仙花、水仙等重瓣品种,就是采用这种方法选择出来的。

单株选择法的缺点:首先,需要较多的土地、设备和较长的时间。由于单株选择法工作程序比较复杂,需要专门设置试验地,有些植物还需隔离,成本较高。其次,有可能会丢失一些有利的基因。因为在选择过程中,会淘汰许多的株系,其中某些个体可能含有一些有价值的基因。再次,单株选择法一次选择所得的种子数量有限,难以迅速在生产上应用。最后,异花授粉植物多次隔离授粉生活力容易衰退。

10.2.2 两种基本选择法的综合应用

混合选择法和单株选择法各有优点和缺点，在选择育种的实践中，为了结合二者优势而衍生出不同的选择法。

1)集团选择法

这是一种介于混合选择法和单株选择法之间的选择法。按照植株不同的特性(如株形、花色、果实形状、颜色、成熟期等)将性状相似的优株归并为几个集团，分集团采收种子；将从不同集团收获的种子，分别播种在各个小区内；集团之间以及集团与对照品种进行比较鉴定，从中筛选出优良集团。选择过程中，集团内可自由授粉，集团间要严格隔离防止杂交。其优点是简单易行，后代生活力不易衰退，集团内性状一致性提高比混合选择快。缺点是集团间需进行隔离，集团内纯化速度比单株选择慢，且只能根据植株的表现型来鉴别植株间的性状优劣差异。在木本植物的高世代育种中，通常采取的分亚系复合群体交配的设计，以避免近亲交配，类似于集团选择法。

2)混合—单株选择法

先进行几代混合选择后，再进行一次单株选择。适于群体内单株间有明显差异的原始材料。其优点是混合选择不会导致生活力退化，经单选后可筛选出表现最优良的株系。缺点是选优纯化的效果不如多次单株选择法。

3)单株—混合选择法

先进行一次单株选择，在株系圃内淘汰不良株系；再在选留株系内淘汰不良单株，并使选留植株自由授粉，混合采种；之后继续采用混合选择，直到群体性状表现整齐一致为止。其优、缺点与前一种方法类似。

4)母系选择法

对所选的植株不进行隔离，因此又称无隔离系谱选择法。常用于木本植物的母树林和种子园营建。其优点是不需要设置隔离，简单易行，植株生活力不易退化；缺点是纯化、选优的速度较慢。

5)亲系选择法

亲系选择法又称亲系隔离法或留种区法。与单株选择法的差别在于另设隔离的留种区留种，株系圃不隔离，以便对材料进行更客观、更精确的比较。将每代当选单株(或株系)的种子分为两份，其中一份用于播种株系圃；另一份用于播种隔离留种圃。根据株系圃的试验鉴定结果，在留种区对应系统内选择单株留种，如此可继续多代。留种区内系统较多时进行套袋隔离，后期系统较少时可采用空间隔离。其优点是避免了隔离留种对株系圃试验结果可靠性的影响，试验结果更符合生产实际情况。

6)剩余种子法

剩余种子法又称半分法。将每一入选单株的种子编号并分为两份，一份播种于株系圃内的不同小区，一份存储在种子柜中。从株系圃内选出优良株系但不留种，下一年或下一代播种当选系统对应的种子柜中存放的种子。其优点是避免了不良株系杂交对入选株系的影响，省去了隔离费用；缺点是株系的纯化速度较慢，不能起到连续选择对有利变异的积累作用。

10.2.3 无性系选择法

植物的无性繁殖，又称为植物营养繁殖，由同一植株经无性繁殖得到的后代群体，为无性系。无性系选择法是指从普通的种群中，或从人工杂交及天然杂交的原始群体中，挑选优良的单株，用无性繁殖的方式繁殖，然后对其后代进行比较、选择，从而获得新品种的方法。

无性系选择适用于容易无性繁殖的园艺植物。无性系选择育种在杨树和日本柳杉等植物中已应用广泛。我国开展无性系选种的有杨树、柳树、泡桐、水杉等。另外，无性系选择与杂交相结合，可取得更好的结果。因为通过杂交，可以获得具有明显优势的优良单株，对其进行无性繁殖、推广，在育种过程中是一条捷径。如在杂种香水月季的育种过程中，就是采用优良的品种杂交，获得杂交种子，或采集优良植株上自由授粉的种子，培育其实生苗至开花，然后根据所需性状的表现，选出优良的单株，进行无性系鉴定，将其中总评最好的无性系投入生产。

无性系选择的优点：一是在无性繁殖过程中，能够保留优良单株的全部优良性状，对那些可采用营养繁殖，而遗传性又是极其复杂的杂种，采用无性系选择效果较好。二是不必等世代更替，在个体发育早期即可进行选种工作，缩短了育种年限。三是方法简单，见效快。

无性系选择的缺点：一个无性系内，由于遗传组成单一，所以适应性一般较差。如荷兰有一榆树品种 belgin，占全国榆树种植面积的 30%，由于不抗荷兰榆病，在发病年份全部死亡。

10.2.4 园艺植物的授粉习性与常用选择法

有性繁殖的园艺植物群体，按自然授粉方式分为自花授粉植物（天然异交率低于 5%）、常自花授粉植物（天然异交率为 5% ~50%）和异花授植物粉（天然异交率高于 50%）。其中，异花授粉植物又分为自交不亲和的严格异交类型和自交亲和的自由授粉类型。园艺植物群体的不同授粉方式其遗传特征不相同，在选择育种中采用的选择方式也不同。

1）自花授粉植物

自花授粉的园艺植物主要有蔬菜中的豆类、茄果类、莴苣等，观赏植物中的凤仙花、香豌豆、羽扇豆、矢车菊、牵牛花、紫罗兰等，果树中的草莓等。这类植物由于长期自交导致群体内基因型趋于纯合，遗传较稳定，亲、子代较相似。即使有个别性状出现基因突变，也会因多代自交使后代趋于纯合。其自交一般不出现生活力衰退,后代与亲代相似,连续多代选择效果不显著,通常只需进行1~2代选择。常采用单株选择法;在进行品种纯化时,为了及时获得大量的生产用种子,才采用混合选择法。

2)常自花授粉植物

常自花授粉的园艺植物主要有蔬菜中的辣椒、蚕豆、黄秋葵等,观赏植物中的紫苜蓿、翠菊等。这类植物以自花授粉为主,但由于花器构造和传粉方式的关系,有较高的异交率。其连续多代自交会出现生活力衰退,群体内植株的基因型有一定的杂合度,常采用控制自交的单株选择法或母系选择法。育种实践中可根据实际需要的缓急情况和种子繁殖系数的大小采用多次单株选择法、多次混合选择法、单株—混合选择法,或混合—单株选择法。

3)异花授粉植物

异花授粉植物中自交亲和的自由授粉类型植物主要有蔬菜中的芥菜、白菜、萝卜、黄瓜、南瓜、丝瓜、冬瓜、葱类、甜菜、芹菜等,观赏植物中的一串红、矮牵牛、牡丹、芍药、杜鹃、香石竹、郁金香、唐菖蒲、红掌等,果树中的桃、欧洲李、酸樱桃、番石榴、欧洲葡萄、橄榄、甜橙、芒果等。自交不亲和的严格异交类型植物主要有蔬菜中的甘蓝等,观赏植物中的菊花、除虫菊、大花君子兰、春兰、红车轴草等,果树中的苹果、柿、山楂、巴旦杏、枇杷、鳄梨、凤梨等。这类植物遗传基础复杂,亲本与后代间及同一亲本后代中的个体间性状均存在不同程度的变异,群体内变异较大。自由授粉类型因存在多代连续自交,后代生活力易出现衰退,选种时需要隔离;但大多瓜类植物未出现明显的自交衰退现象。

自由授粉类型的植物,若原始群体植株间性状差异不大,常采用单株—混合选择法;否则,则采用混合—单株选择法。严格异交类型植物的后代变异非常显著,可以采用母系选择法和集团选择法。为了避免隔离留种对试验结果可靠性的影响,也可采用亲系选择法、剩余种子法和集团选择法等。木本园艺植物的有性世代较长,多世代的选择育种法在应用上受到明显的限制,通常采用无性系选择法。

10.2.5 选择育种中的性状选择方法

1)单一性状选择

单一性状选择是在株选时根据性状的重要性或出现的先后依次进行选择,每次只根据一种性状进行选择。

(1)分项累进淘汰法

按照性状的重要性顺序排序,先按第一重要性状选择,再对入选株按第二性状进行选择,依次累进。例如,对茄子以抗烂果病(褐纹病和绵疫病)为主的选种,先在原始群体内选无病植株,并作标记;再在标记植株中选择若干丰产的植株,然后,在其中继续按果形等商品性状依次淘汰选择。此方法的优点是选择分性状进行,容易进行株间比较,但应注意先选性状的入选株要较大,选择标准不宜过高,以免后选性状好的植株被淘汰。

(2)分次分期淘汰法

按照选择目标性状出现的先后,分次分期进行选择。在第一目标性状出现时进行第一次选择，选取较多单株，并作标记；第二性状出现时，在标记植株中淘汰第二性状不合格植株，并除去其标记；依次进行各个性状的筛选。此方法较适用于重要经济性状陆续出现的植物。其缺点是工作比较烦琐，容易把前期性状优的单株因后期性状较差而遭淘汰。

2)综合性状选择

按照综合经济性状进行选择，根据经济性状的重要性确定不同的评分标准，从中选择出一些积分最高的植株。此途径选择出的植物材料更符合生产中的实际需要。

(1)多次综合评比法

此法最为常用，一般分为初选、再选和决选3次鉴定选择。例如，大白菜的株选可在收获前按植株高度、直径、叶球形状和结球紧实度等性状进行初选，并作标记。一般初选株数应多于计划入选株数的0.5～1倍。再对初选植株按较高的综合性状入选标准进行再选，淘汰其中一部分植株，并去掉标记。初选可多人分片进行，再选应由1～2人全面进行。最后拔起选中的植株，集中进行决选。决选时可根据单株重、球叶比、病虫为害程度等性状，按更高的综合性状入选标准进行鉴定，确定入选单株。

(2)加权评分比较法

按照各性状的相对重要性分别给予一加权系数，测定各单株的各个性状数据乘以其加权系数后积加，得到该单株的总分，按照总分择优选取。对于一些不便量化的性状，可按照群体中的变异情况拟定分级标准，并分别给予一定级值，用其级值乘以加权系数统计数据。应用此法时，各性状应统一数值大小与优劣间的关系，即一般产量以数值大者为优，早熟性以数值小者为优，采用加权评分时必须使其一致。如早熟性可测定比对照早熟多少天。

例如，观花类花卉植物的选择育种中，选择的主要目标应放在株体和花朵上，依次给予较高的分值。株体中以抗性为主要指标；花朵中以花的繁密度和花色为重要指标，同时兼顾其他性状。综合加减分及其他栏中，主要根据特殊的优缺点进行加分或减分，通常加减分的分值不应超过总分值的10%～15%。对各个植株按照各个性状分别打分，记录在表中(见表10.1)。再把各性状测定的分数相加，得到该植株的总分；汇总后，求其平均分，按照平均分的高低，择优选取。这种方法的优点是以主要经济性状为主，兼顾其他性状，较为科学，选择结果较为可靠。但计算相对麻烦，有时为了简化，可采用1～5级计分。

表10.1 观花类花卉植物评分比较选择表

品系编号及来源	株体(40分)				花朵(40分)			花期(20分)		综合加分或减分及其他
	抗性(20分)	株姿(10分)	长势(5分)	茎叶(5分)	繁密度(15分)	花色(15分)	花容(10分)	早晚(10分)	长短(10分)	

(3)限值淘汰法

将需要鉴定的性状分别规定一个最低标准，淘汰低于标准的单株。此法操作简单易行，但限值的规定必须符合实际，且选择过程中应有一定的灵活性，以免顾此失彼。

10.2.6 影响选择效果的因素

在选择育种过程中,为了取得良好的选择效果,达到选种目的,必须了解和掌握影响选择效果的因素。具体介绍如下:

1)选择群体的大小

选择群体越大,选择的效果越好。因为供选群体越大,群体内变异类型越复杂,选择机会就越多,选择效果会相对提高。反之,供选群体越小,对所需变异选择的机会就少,选择效果相对降低。因此,选择育种要求有足够大的供选群体,但不宜过大。

2)供选群体的遗传组成

无性繁殖群体和有性繁殖群体相比,遗传组成的杂合程度不同,无性繁殖群体遗传组成的纯合性高,性状稳定,新性状出现的几率低,因此选择效果差。有性繁殖群体中又分自花授粉植物群体和异花授粉植物群体,二者相比较,前者性状比较稳定,变异的几率低,选择机会少,选择效果差;对于异花授粉植物,原始群体遗传组成复杂,变异几率高,选择效果好,但对于经过多次选择的群体,特别是经过多次单株选择的群体来讲,其遗传组成就简单得多,性状比较稳定,选择效果相对异花授粉植物群体要差。总之,供选群体的遗传组成越复杂,其变异类型就越丰富,选择效果就越好。

3)质量性状和数量性状

质量性状通常由一对或少数几对主基因控制,变异性状明显,容易区别,能稳定遗传给后代,不易受环境条件的影响,一般通过一次选择即可成功,选择效果好,如花卉的色泽、香味、株形等变异。而数量性状由多基因控制,变异性状不明显,一般不易区分,而且受环境条件的影响较大,因此,数量性状的选择效果受以下因素的影响:

(1)性状遗传力的大小

遗传力是直接影响选择效果的重要因子,所选性状的遗传力高,选择效果就好;所选性状遗传力低,选择效果就差。如树干通直度这一性状的遗传力较高,所以通过选择改进树干通直度的效果较好,树木的高、粗度等性状的遗传力不如前者,故选择效果就较差。

(2)入选率

入选率是指入选个体在原群体中所占的百分率。入选率越低,选择效果越好;反之,选择效果越差。在实际工作中,常以降低入选率来增大选择强度。降低入选率就是提高选择标准,但不能为了提高某一性状的选择效果,把选择标准定得过高,使入选群体过小而影响对其他性状的选择。

(3)性状的变异幅度

一般来说,性状在原始群体内的变异幅度越大,则选择的潜力越大,选择的效果也就越好。因此,选种过程中,开始确定供选群体时,除了考虑群体具有较高的性状平均值外,还必须考虑供选群体在主要改进性状上有较大的变异幅度。

4)直接选择和间接选择

直接选择是指对目标性状本身进行直接的选择,选择效果好。如根据开花早晚和花径大小选择早开花的大花品种;根据花卉的收获量选择丰产性等。间接选择是指对目标性状的构成性状或相关性状进行选择。选择效果低于直接选择,但可在直接选择之前应用。如抗性选择,在不发病的情况下对抗病性无法进行选择。特别是在生育后期表现的目标性状,如花形、花色等进行早期测定时,无法进行直接选择,可根据与其相关的间接性状来选择。

5)所需选择性状的数目

所需选择性状的数目越多,符合要求的个体越少,选择效果越差。特别是几个选择性状呈负相关时,更为明显。相反,选择性状的数目越少,选择效果越好。一般来讲,对单个性状直接选择效果较好,随着性状数目的增多,选择效果会降低。选择时,一般以目标性状为重点性状,同时兼顾综合性状,重点性状不宜太多,否则会降低选择标准。

6)环境条件

在环境条件相对一致的条件下进行选种,可以消除由环境因素所引起的误差,对所选个体进行正确的评价,选择效果较好。相反,环境条件不同时,不能正确地判断所选个体遗传性的优劣,选择效果较差。

10.2.7 有性繁殖植物选择育种的程序

1)选择育种程序

选种程序指收集原始材料、选择优良单株和育成新品种的过程,由一系列的选择、淘汰、鉴定等工作构成。选种过程中一般应设置原始材料圃、株系圃、品种比较预备试验圃、品种比较试验圃、生产试验和区域试验等圃地(见图10.5)。

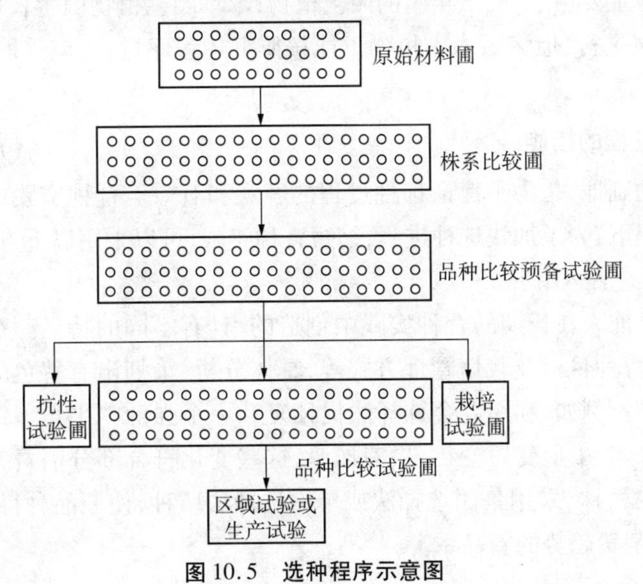

图10.5 选种程序示意图

(1)原始材料圃

将所收集到的各种原始材料种植在代表本地区气候条件的环境中,并设对照,再从原始材料圃中选择出优良单株留种供株系比较。若从当地类型的材料中选种，通常直接从生产田中选择单株，不需设置专门的原始材料圃。

(2)株系圃或选择圃

种植选出的优良株系或优良群体的混合选择后代，进行比较鉴定和选择，从中选择优良株系或群体，以供品种比较选择用。每个株系或混选后代种植在一个小区，并设对照，两次重复。株系比较进行的时间长短取决于当选植株后代的一致性，群体性状一致时，即可进行品种比较预备试验。

(3)品种比较预备试验圃

对株系比较选出的优良株系或混选系做进一步鉴定其一致性，继续淘汰一些经济性状表现差的株系或混选系，对当选株系或混选系进行扩大繁殖，以保证播种量较大的材料后期品种比较试验用，预试时间通常为 1 年。

(4)品种比较试验圃

对在株系比较中或在品种比较预备试验中选出的优良株系或混选系后代进行性状的全面比较鉴定，了解其生长发育习性，选择出经济性状比对照更优的新品系。试验必须按照正规田间试验要求进行，并设对照，进行 3 次以上重复，试验时间为 2 ~ 3 年。

(5)生产试验和区域试验

在大田生产中种植品比试验中入选的优良品系，直接接受生产者和消费者的评价，选出适于当地的新品种。生产试验应安排在当地的主栽地区，面积不少于 667 m^2。区域试验由当地农业主管部门(省农业厅、地区农业局)主持，在所属区域范围设置几个(至少 5 个)有代表性的试验点，以确定其适宜推广范围。区域试验应按正规田间试验进行，可与生产试验同时进行，试验时间为 2 ~ 3 年。

以上选种程序主要用于一、二年生的园艺植物；木本园艺植物因生长期较长，若能采取早期选择时可参照进行，但多数木本植物不能按照上述程序进行，应采取无性繁殖园艺植物的选择育种法。

2)加速选种进程的措施

选种中设置的圃地，是为了保证选种过程的客观和有效。育种实践中，在不影响选种试验正确性的前提下，为了加快选种进程，缩短育种年限，可以采用以下方式：

(1)选择法的灵活运用

各种选择法是前人在长期的育种实践中创造的，具有不同的特点。在实际应用时，应根据植物的特点、育种目标及栽培管理方式等，具体分析、策划出有特色的选择方法，以适应现代育种的需要。例如，利用混合选择法提纯复壮一个强辣味牛角型辣椒品种时，发现一些植株的辣味减弱、果形变短变粗、果肉加厚，这些变化符合部分消费者的消费需求，可以选择这些类型的植株，采用集团选择法或单株选择法留种，使原品种得到提纯复壮的同时，还选出了符合消费趋势的新品系。

(2)圃地的增减

在保证试验结果正确性的前提下，可以考虑减少一些圃地。如番茄、茄子等自花授粉植物遗传性状稳定，繁殖系数高，对当地栽培环境的适应性较强，可以在当地的生产田、试验田或种子田中,选择符合选种目标的优良植株,将其种植在株系圃中,经比较鉴定,若发现1个或几个株系的后代一致性较强,其他经济性状也明显优良,即可直接参加品种比较试验和生产试验。这样便可省去原始材料圃和品种比较预备试验圃两个程序。

若需要鉴定参加品比试验材料的抗逆性和生长发育特性,通常在品比试验的同时,增设抗性鉴定圃和栽培试验圃。抗性鉴定通常是人为创造对植物不利的一些环境条件,如高温、高湿或利于发病的条件,甚至采用人工接种病原菌等措施,以利于鉴定材料的抗性。栽培试验是了解材料在不同的环境条件下的不同表现,为新品种推广提供配套的技术措施。

(3)圃地设置年限的缩减

选择圃地设置的年限取决于材料的一致性,圃地内材料一致性高,其他经济性状也符合选种目标时,材料即可参加品种比较试验。品种比较试验圃一般设置2~3年,以便于材料经受环境尤其是气候变化的考验。如果开始选种时注意到材料与环境因子变化的关系,且试验正好处于气候变化较大的年份,此种情况下,品种比较试验圃一般设置1~2年即可。

(4)提前进行生产试验和多点试验

在进行品种比较试验的同时,可以让最有希望的品系种子参加区域试验或生产试验,提前接受各地环境条件的考验和生产者与消费者的评价。若所选品系确实优良,则可以更快地进行推广。

(5)加代繁殖

对于生育期较短的园艺植物材料,可以利用园艺设施创造适宜的生育环境条件,一年内可以繁殖2~3代,实现加代繁殖。另外,也可以利用我国南北各地气候的差异性,进行“北种南繁”或“南种北繁”等易地栽植,一年内可以繁殖2~3代。如选育大白菜、甘蓝和萝卜等两年生蔬菜植物的品种时,北方地区秋播收获后再贮藏越冬,于第二年春季栽植,一年内只能繁殖1代。若将秋收母株在南方气候温暖的地区随即栽植,第二年2月即可收到种子;种子调回北方随即春播育苗、小株留种,即可增加1代。再如,辣椒在北方一年内只可栽植1代,若种子收获后,在海南、广东等地区种植,也可增加1代。

(6)提早繁殖或提高繁殖系数

在品种选育过程中,对很有希望但尚未确定为优良品系的材料,可以提早繁殖种子。当此材料经品比试验确定为优良品系时,就有大量的种子可以供大面积地推广。另外,对于可以无性繁殖的园艺植物,采用分株、扦插或压条等繁殖方法可以大幅度地提高种子的繁殖系数,加速新品种的推广。

10.3　无性繁殖植物的选择育种

无性繁殖园艺植物的选择育种方法包括芽变选种、营养系微突变选种和实生选种。

10.3.1 芽变选种

1)概念、特点与意义

(1)芽变和芽变选种的概念

芽变来源于体细胞中自然发生的遗传变异。变异的体细胞发生于芽的分生组织或经分裂、发育进入芽的分生组织,形成变异芽;变异芽进一步萌发成枝,及至开花结果后,才可能表现出与原品种的性状差异。因此,芽变总是以枝变的形式出现。变异芽有时在被人们发现前已被无意识地用于无性繁殖,在长成新株时才被首次发现,这种变异植株为株变。选择芽变材料,并将其育成新品种的选种法,称为芽变选种。

园艺植物的无性系品种内,除由遗传物质变异引起的芽变外,还普遍存在着由环境因素引发的不可遗传的变异,即饰变(彷徨变异)。芽变选种中,应正确区分芽变和饰变,选出真正的芽变材料。

(2)芽变的特点

芽变是体细胞遗传物质的突变,遗传学中突变的规律都适合于芽变。芽变的表现各种各样,极其复杂,既有形态特征方面的变异,也有生理特性方面的变异。因此,进行芽变选种时,要提高芽变选种工作的水平,必须熟悉芽变的特点。

①芽变的嵌合性。体细胞的突变最初仅发生于个别细胞。对于发生突变的个体、器官或组织来说,它是由突变和未突变的细胞组成的嵌合体。只有在细胞分裂、发育过程中的异型细胞间的竞争和选择的作用下才转化为突变芽、枝、植株和株系。芽变选种就是促进优良突变体细胞完成这种转化,进而育成通过无性繁殖能稳定遗传的芽变品种。在园艺育种中,部分观赏植物需要选育出某种程度的异型嵌合状态的品种,如观赏植物中的“二乔”“跳枝”茎叶黄绿相间等。芽变选种有时很难使突变体达到100%同型化,不少芽变品种可能会出现原品种性状而不够稳定,需要持续选择提高其同型化程度。

②芽变的多样性。芽变的多样性表现在多方面,例如,突变部位的多样性,突变可发生于植株的各个器官的任何部位;突变性状的多样性,从主基因控制的明显变异到微效多基因控制的不易察觉的变异均可发生,表现在植株根、茎、叶、花、果的所有形态、解剖和生理生化特性多个方面;突变类型的多样性,包括染色体数目和结构的变异,经常发生的是多倍性芽变和胞质基因突变,如雄性不育性和叶绿素合成障碍型芽变。

③芽变的同源平行性。遗传学表明,在近缘植物种、属中存在遗传变异的平行性规律,这同样适于体细胞突变。例如,桃的芽变中出现过重瓣、红花、花粉不育、黏核、垂枝、短枝型和早熟等,那么在李亚科的其他属、种(如樱桃、梅、杏)中就有可能出现平行的芽变类型,还能预测梨亚科、蔷薇亚科的树种(如苹果、蔷薇)会发生除黏核外的其他芽变类型。这种平行性在种内品种间或同品种的植株间,发生的频率更高。例如,美国在20世纪50年代,从元帅系苹果中选育出短枝型芽变品种“新红星”,之后中国各地从元帅系品种和“红冠”“富士”“国光”“白龙”等品种中陆续选育出一系列短枝型品种。

④芽变性状的局限性和多效性。芽变与有性后代的变异不同,芽变是少数性状的变

异，同一体细胞同时发生两个以上变异的几率极小，而有性后代则是多数性状的变异。因此，芽变有比较严格的局限性，常局限于单一基因的表型效应。若突变基因的表型效应狭窄，变异可能局限于个别性状。如苹果果实颜色的片红型芽变“红冠”“新倭锦”与原品种“元帅”“倭锦”的差异只是果色由条红变成片红。而苹果的短枝型芽变的变异性状包含树高、冠径、新梢长度、粗度、萌芽率、成枝力、短枝率、叶面积、叶型指数及叶厚等多种性状；多倍体芽变常表现为细胞变大引起的一系列性状变异。

⑤芽变频率在种类和性状间的不均衡性。所有植物都可能发生体细胞突变，也就是说都可能发生芽变，但发生频率却大不相同。如苹果、月季等营养繁殖的果树、花木芽变品种比比皆是，而种子繁殖的大田作物和蔬菜几乎看不到芽变品种。同是月季的丰花月季、小花灌丛月季芽变频率较高，而原产于我国的野蔷薇和玫瑰却很少发生芽变。

(3)芽变在品种改良中的意义

①选育新品种。芽变的多样性及其发生的普遍性，使芽变成为无性繁殖植物产生新变异的丰富源泉，其变异可直接用于选育新品种。

②丰富种质资源。芽变产生的新变异，也可丰富原植物材料的种质资源，为其他育种途径提供新的种质资源。

③改良品种。芽变选种最突出的优点是可对优良品种的个别缺点进行修缮，并不改变其原有的综合优良性状。芽变新品种一经选出即可进行无性繁殖，尽快地投入生产。

例如，“元帅”苹果是1880年发现的，1895年选出的一个实生变异，20世纪20年代，在“元帅”中发现并选出果色优于原品种的新品种“红星”和“雷帅”，成为元帅系的第2代改良品种；20世纪五六十年代，从“红星”中选出短枝型品种“新红星”，继而成为元帅系的第3代改良品种；20世纪70年代后，从中又选出了适应低海拔、低纬度地区生产的“新红冠”“魁红”“超红”等第4代元帅系新品种；20世纪80年代后，又选出着色早、色泽浓红的第5代短枝型新品种“俄矮2号”“矮鲜”等。又如，日本苹果品种“富士”，自1962年种苗登记后发展很缓慢，但自从20世纪70年代选出着色好的芽变品系后发展非常迅速，成为日本苹果中栽培面积和产量最大的品种，从而使日本的苹果栽培品种结构发生了重大的变化。

④应用方法简单。由于芽变变异性状突出、稳定，因此，芽变选种较其他有性育种途径简单，育种时间短，便于开展群众普选工作。

2)芽变的发生

(1)组织发生层学说

植物顶端分生组织可以分为L_1，L_2和L_3共3个独立的层次，称组织发生层。植物的组织是由这3个层次的细胞衍生形成的。各层按不同的方式进行细胞分裂，并衍生成特定的组织。L_1通常为一层细胞，垂周分裂，分化为表皮；L_2既有垂周分裂，又有平周分裂，形成多层细胞，衍生为皮层的外层及胞原组织；L_3有垂周分裂，也有平周和斜向分裂，分化为皮层的中内层、输导组织和髓心组织。

(2)芽变的发生

根据组织发生层学说，顶端分生组织的3层细胞，在正常情况下，具有相同的遗传物质基础，如果各层或层内不同部分细胞的遗传物质发生变化，那么变与不变的组织同时存在，就形成了嵌合体。如果层间不同部分含有不同的遗传物质基础,称为周缘嵌合体。又分为内周、中周、外周、外中周、外内周和中内周6种类型。如果在层内或层内与层间都有不同遗传物质基础的变异细胞,称为扇形嵌合体。又分为外扇、中扇、内扇、外中扇、中内扇、外中内扇6种类型(见图10.6)。嵌合体发育阶段越早,则扇形体越宽;发育阶段越晚,则扇形体越窄。

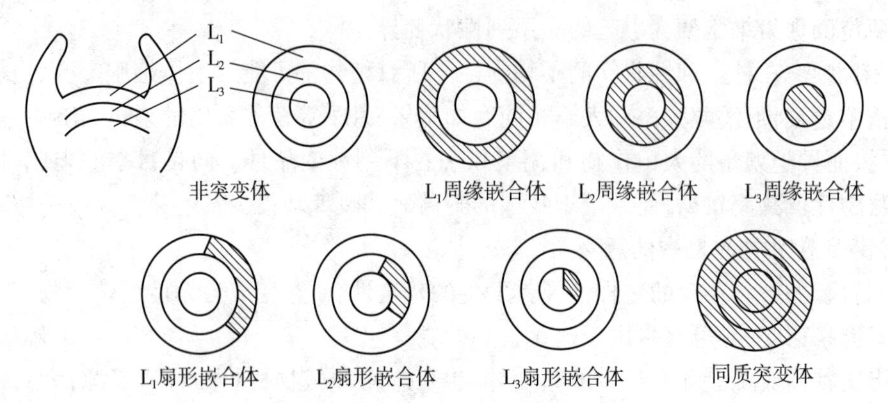

图10.6　嵌合体的主要类型

芽变是遗传物质发生突变,但只有发生在梢端组织发生层的细胞时,突变才有可能成为一个芽变,因此,突变发生在哪一层细胞就会引起相应的组织和器官产生变异。如突变发生在L_1层,一般来说表皮出现变异;如发生在L_2层,皮层的外层及胞原组织出现变异;如发生在L_3层,皮层的内层及中柱就会出现变异。通常,只有其中一层细胞中个别细胞发生突变,三层细胞同时发生同一种突变的可能性几乎不存在。因此,芽变开始时总是以嵌合体的形式出现。

(3)芽变的转化

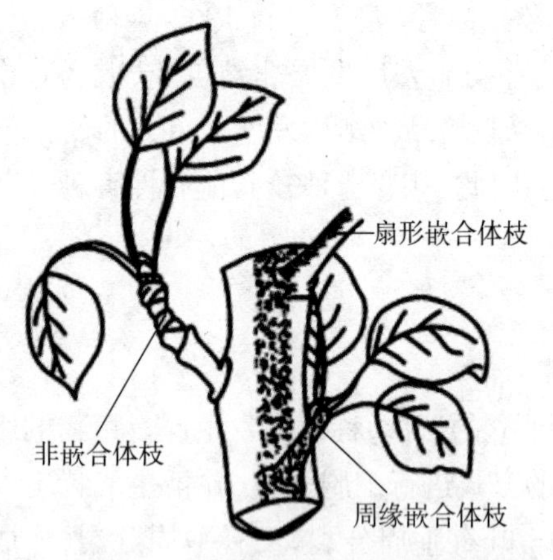

图10.7　嵌合体的自然转化示意图

除了同型突变体,其余嵌合体芽变均不稳定,其中扇形嵌合体稳定性最差,通常很容易在以后的生长发育或繁殖过程中发生转化。一个扇形嵌合体在发生侧枝时,由于芽的部位不同,产生的结果也不同。处于变异扇形内的芽,萌发后将转化为具有周缘嵌合体的新枝;处于扇形边缘的芽,萌发后长成仍具有扇形周缘嵌合体的新枝;而恰好正处于扇形边缘的芽,萌发后将长成仍然是扇形嵌合体结构的枝条;还有些侧枝为非突变体(见图10.7)。因此,可通过短截、修剪等措施控制发枝,改变扇形嵌合体的类型,使其出现不同情况的转化。

3)芽变选种的鉴定

芽变选种中,需要排除由环境条件等形成的饰变所造成的干扰,必须对芽变的性状进行鉴定。芽变的鉴定,主要有以下几种方法:

(1)直接鉴定

直接鉴定是芽变选种中最直接、最有效的方法,即对芽变植物的遗传物质进行检查,具体的检查内容包括染色体倍性、结构和数量的变异以及 DNA 的分子标记等。该方法可以节省大量的人力、物力和时间;但是有些变异,如基因突变,还不能用这种方法鉴定,另外还需要特定的仪器设备和实验手段,难度较大,在生产实际中应用时有一定的局限性,需要借助科研单位的力量来实施,因此,在生产上很难推广应用。

(2)移植鉴定

移植鉴定是将变异部分利用扦插、嫁接或组织培养等无性繁殖的方法分离出来,进行繁殖;并将变异类型与对照植物栽植在相同的环境条件下,进行比较鉴定的一种方法。这种鉴定法的优点是简单易行,可以排除环境条件的影响;但鉴定周期较长,需要大量的人力和物力,管理费用较高。生产中较为常用。

(3)综合分析鉴定

为了提高芽变的选种效率,可根据芽变的特点、芽变发生的细胞学和遗传学特性,进行综合分析比较,剔除大部分明显的饰变。对芽变可能较大的植株类型,进行移植鉴定,可以大大地减少工作量,提高选种的工作效率。

4)芽变选种目标

芽变选种的育种目标针对性极强,它是在原有品种的基础上,保持其固有的优良性状,并对其个别缺点进行修缮的过程。如,柑橘芽变选种时,选育适于加工糖水罐头用的品种,品种"本地早"在色、香、味、形各方面均极好,其选种的目标性状重点在于选出无籽或少籽类型;而品种"温州蜜柑"本身无籽,其选种的目标性状重点应放在果形、瓣形、汁胞等加工适应性方面。

5)芽变选种程序

芽变选种一般按两级选种程序,三个阶段进行。第一级从生产园或花圃中选出优良的变异类型,包括单株变异和枝变,为初选阶段;第二级是对初选的变异类型进行无性繁殖,然后进行比较、鉴定、选择,包括复选阶段和决选阶段,如图 10.8 所示。

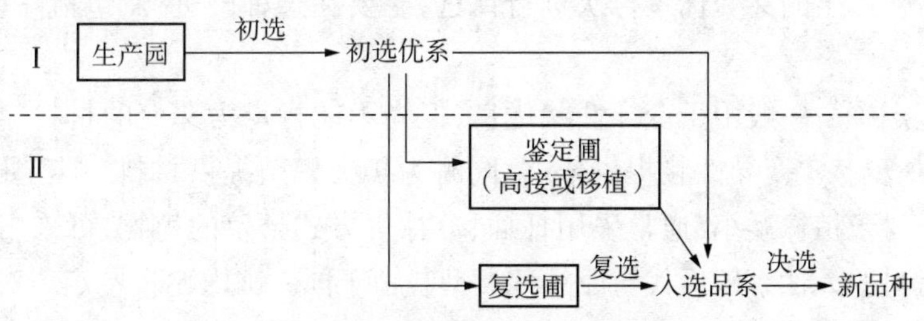

图 10.8　芽变选种程序示意图

(1)初选

本阶段的工作包括从原始材料中发掘优良变异,分析变异并从中剔除饰变,分离变异促使其同型化,形成芽变优系。

①发掘优良变异。根据选种目标,采取群众选报、座谈访问、专业普查等多种方式,广泛考察、搜集变异材料。在植株的整个生长发育时期,尤其是目标性状最易显现的时期,进

行细微观察、选择。如,对于观花园艺植物,应重点在开花期观察;对果实类园艺植物,应重点在果实发育期和采收期观察,其中早熟性变异应在采收前2周左右观察;对于抗性选种,应重点在灾害发生后观察。

对选出的优系进行编号并标记,填写相关记录表。果树植物的果实应单采、单放;并选择生态环境相同的植株为对照,进行分析、比较。

②分析变异、剔除饰变。针对选报的变异材料,在移栽鉴定前,先剔除其中明显属于饰变的材料,选出其中少数证据充分的遗传性状优良的变异材料,再将其中难以认定的变异材料移栽鉴定。

对于芽变和饰变,通常从这几个方面来判断:A.变异为典型质量性状时,通常可认定为芽变;B.变异体为不同立地、不同技术的多株变异,可认定为芽变;发生枝变时,若呈现明显的扇形嵌合体,可断定为芽变;C.变异方向与环境变化不一致,若果树树冠下方或内膛深处出现果实浓红色变异,极有可能是芽变;D.变异性状在不同年份的环境变化下表现很稳定,可认定为芽变;E.性状的变异幅度超出基因型的反应规范,可能为芽变。

对于一些综合性状和数量性状的变异分析时,为了排除环境因素的影响,通常可采用:A.分析综合性状的构成因素,并逐个与原始材料比较,若其中有一个质量性状或较稳定的数量性状出现显著且稳定的变异,芽变的可能性很大;B.进行两个性状相关比值的比较,比如苹果短枝型选种时,应采用其相对粗度(粗/长)与对照比较;C.不同立地条件下的相同性状变异个体间,应比较各自与当地对照之间的相对差异,以排除不同立地下环境的影响;D.对于一些存在基础与衍生关系的变异性状,应以受环境影响小的基础性状为主,比如短枝型芽变,节间缩短为基础性状,枝条短为初级衍生性状,枝冠矮小为较高级衍生性状,丰产、稳产为高级衍生性状;E.一些数量性状的变异,可采用与其同时出现的相关质量性状或较稳定的数量性状变异进行间接比较。

③变异体的分离同型化。芽变通常以嵌合体的形式存在,育种实践中可采用分离繁殖、短截或多次短截、组织培养等方法,使变异体同型化并稳定。

(2)复选

本阶段对初选出的芽变优系再次进行评选,主要在选种圃进行,包括高接鉴定圃和复选圃两种。

①高接鉴定圃。一般用于变异性状优良,但尚不能肯定为芽变的材料,与原始材料进行比较,为进一步鉴定变异性状提供依据,同时为扩大繁殖提供材料。鉴定圃采用移植或高接的形式。对于植株矮小,通常采用扦插、分株等方式繁殖的植物,可采用移植鉴定圃。注意将变异材料的无性繁殖后代与原品种类型栽植于同一圃内比较鉴定。对于植株高大、结果期迟的果树等植物,可采用高接鉴定圃。因其结果早,可在短期内为鉴定提供一定数量的果品。但应注意选用一致基砧和中间砧,实践中可将初选变异系及原品种同时高接在同一砧上,用于比较鉴定。

②复选圃。复选圃是用于对芽变品系进行全面而精确鉴定的场所。由于选种初期一般只注意特别突出的变异性状,因此,除非能充分肯定没有相关劣变的芽变品系,对于一些尚未充分了解的芽变品系,需要进行复选作全面鉴定。复选圃除了进行芽变系与原品种的

比较鉴定外，还进行芽变系间的比较鉴定，为优良芽变系的进一步繁殖推广提供依据。

复选圃地的栽培环境要力求一致，将芽变系和对照的无性繁殖后代种植在圃地内，每系至少10株，采用单行小区，每行5株，二次重复，株行距根据植物的株形大小而定。对于异花授粉的果树植物，授粉品种可作为保护行配植；嫁接栽培的园艺植物，砧木应采用当地常用类型，同时注意芽变系间及其与对照间砧木的一致性。

复选圃应按品系或单株建立档案，连续进行3年以上（观花植物或果树指进入开花或结果以后）的比较观察记录，对重要性状进行全面鉴定，并记载结果。根据鉴定结果，由选种单位书写复选报告，将最优秀的芽变品系确定为复选入选品系，提交上级部门参加决选。

(3)决选

选种单位对复选合格的品系提出复选报告后，由主管部门组织有关人员进行决选评审。评审后，确认在生产上有发展前途的芽变品系，由选种单位命名，并由主管部门作为新品种予以公布。另外，选种单位在发布新品种时，应同时提供其详细的说明书。

6)芽变选种程序的灵活运用

为了使优良的芽变品种尽快地得到推广，应用于生产。芽变选种程序可根据初选中各芽变系的具体情况灵活运用，进而缩短育种年限。初选发掘的优良变异，剔除饰变后，其余可按以下程序进行：

①变异不明显或不稳定的材料，应继续观察。若枝变范围过小，可采用修剪等方法使变异部分迅速扩大，再进行比较鉴定。

②变异性状优良，但不能肯定为芽变，可以先进入鉴定圃（移植或高接），观察比较其性状表现，再作判断。

③芽变性状优良，但对有些性状还尚未充分了解，可不经鉴定圃直接进入复选圃。

④芽变性状优良，且没有出现相关的劣变性状，可不经鉴定圃和复选圃，直接作为复选入选优良品系参加决选。

⑤对基本保持原优良品种综合经济性状的优良芽变品系，可以结合实际情况免去品种比较试验和品种适应性试验。

10.3.2　营养系微突变选种

营养系微突变选种，简称营养系选种。与芽变选种一样，变异来源于自然发生的体细胞突变。区别在于其突变发生于控制数量性状的基因，表型效应较小，难以与环境效应区分。其本质是一种不易被发现的芽变，与主基因突变相比，突变频率较高且劣势遗传效应较小。微突变的单个基因效应虽然难以察觉，但基因位点多，突变频率较高，经过长期逐代积累，也可造成品种内株、系间一系列性状上发生显著差异。

营养系微突变选种的方法，可分为混合选种法和单株选种法。前者选择率较高，通常达到百分之几到百分之十几不等，一般结合在生产和繁殖过程中进行，常用于保持品种的纯度或提高种性，其实质为一种良种繁育措施。后者选择率较低，通常只有千分之几到万分之几，常用于选育新的优良品系。

10.3.3 实生选种

1)实生选种的概念

园艺植物中有一些种类,由于各地生产习惯的不同,往往分别采用营养繁殖或种子繁殖,通常将种子繁殖称为实生繁殖。对实生繁殖群体进行选择,从中选出优良个体并建成营养系品种,或改进继续实生繁殖时下一代群体的遗传组成,均称为实生选择育种,简称实生选种。

2)实生选种的意义

(1)变异普遍

与营养系相比较,实生群体经过了有性过程的基因重组,通常变异较普遍、变异性状较多且变异幅度较大,在选育新品种方面更有潜力。

(2)适应性强

由于实生群体的变异类型是在当地环境条件下形成的,其后代对当地环境具有较强的适应性,选育出的新类型容易在当地推广,成本低且收效快。

(3)特殊价值

具有珠心多胚现象的柑橘类更有价值。多胚柑橘类植物的实生后代中既有有性系的变异,又有珠心胚实生系的变异。另外,珠心胚实生苗还有生理复壮作用。对多胚性柑橘进行实生选种,可能获得:

①利用有性系变异选出优良的自然杂种,如温州蜜柑、日本夏橙和葡萄柚等品种。

②利用珠心系的变异选出的优良品种,如锦橙、先锋橙和抗寒本地早16号等。

③利用珠心胚实生苗的生理复壮作用选出其新品系,如美国从华盛顿脐橙、伏令夏橙、柠檬中选出的新品系均比原品系树势旺盛、丰产稳产、适应性强,同时又保持了原品种的优良品质。

3)实生选种的程序

(1)原有实生群体的实生选种

利用实生群体中存在的普遍变异进行实生选种,结合嫁接等无性繁殖法建成无性系品种,能较快实现良种化。选种程序可以参考华栗的选种程序:

①报种和预选。先组织讨论,并明确选种的意义、具体方法、要求和标准,进一步开展广泛的选种、报种。再组织专业人员对选报的优树进行现场核实,剔除明显不符合选种要求的单株,对其余的进行标记、编号和登记,作为预选树。

②初选。由专业人员对预选树采样进行室内调查记载,并进行资料整理分析,经过连续2~3年对预选树进行品质、产量和抗性等方面的复核鉴定;结合选择标准,将其中表现优异且稳定的单株入选为初选优树。对初选优树继续观察,同时嫁接育苗50株以上,作为选种圃和多点生产试验用苗,并为尽早推广准备接穗材料。在不影响母株生长结果的情况下,还可剪取一些接穗高接在一些低产树上,在进行高接鉴定的同时,还改造了低产树。

③复选。对初选优树的嫁接繁殖后代,结果后经过连续3年的比较鉴定,结合母树、高

接树和多点生产试验的相关资料，对每一初选优树作出复选鉴定结论。其中表现特别优异的品系作为复选入选品系，同时建立能迅速提供大量接穗的母本园。

(2)新建群体的实生选种

由于多数无性繁殖园艺植物的基因型具有高度的杂合性，即使自交也会发生复杂的分离。这样，凡是能结籽的无性繁殖园艺植物，如核桃、板栗、水杉、柳杉和丁香等，其实生群体中常存在较大的变异，可对其有性后代利用单株选择获得优株，再进行无性繁殖形成其营养系品种。

将获得的供选材料的种子播种于选种圃，单株鉴定并选择其中的优良单株分别编号，再采用无性繁殖法将各入选单株分别繁殖成营养系小区，比较鉴定并选出其中优异的营养系，即为营养系品种。例如，陈俊愉于1953—1955年播种大量梅花自然授粉所结的种子，从中选出“华农玉蝶”“华农朱砂”“玉台照水”和“珞珈台阁梅”等品种。武汉中国梅花研究中心通过实生选种育成了36种梅花新品种。

与有性繁殖园艺植物的单株选择法相比较，此法只进行1代有性繁殖，入选个体出现优良变异时即可通过无性繁殖固定其优良性状。而且育种中不需专门设置隔离区防止杂交，也不存在因长期自交而导致的植株生活力衰退问题。欧美各国在第二次世界大战后对多年生草类植物开展了实生选种，培育出许多用于饲草或草坪绿化的新品种，其品质和产量均明显高于有性繁殖类型的品种。实生选种时，若能结合有性杂交育种的手段，效果会更好。

复习思考题

1. 什么是选择育种？
2. 说明制订选择标准的基本原则。
3. 简述有性繁殖植物的基本选择法及其特点。
4. 如何提高有性繁殖植物的选种效率？
5. 什么是芽变和芽变选种？芽变有哪些特点？
6. 简述芽变选种的程序。
7. 什么是营养系微突变选种？
8. 什么是实生选种？

第11章 杂交育种

学习目标

- 清楚杂交育种领域的相关专业术语。
- 熟悉有性杂交的方式。
- 熟悉杂交育种的准备工作。
- 掌握常见杂交方式。
- 理解杂交亲本的选择和选配原则
- 会进行植株上杂交。
- 学会杂种种子的生产方法。

11.1 杂交育种的概念和意义

11.1.1 杂交育种的概念及分类

基因型不同的类型或个体间配子的结合称为杂交。根据杂交亲本亲缘关系的远近,可分为近缘杂交和远缘杂交。近缘杂交是品种内、品种间或类型间的杂交;远缘杂交是种间、属间或地理上相隔很远不同生态类型间的杂交。此外,还有无性杂交,如体细胞融合或体细胞杂交。

通过杂交途径获得新品种的方法称杂交育种。按照植物繁殖习性、育种程序、育成品种类型不同,杂交育种分为常规杂交育种、营养系杂交育种、远缘杂交育种和优势杂交育种。

常规杂交育种,又称组合育种或重组育种,指通过人工杂交,把分散在不同亲本上的优良性状组合到杂种中,并对其后代进行多代培育选择,最终获得基因型纯合或接近纯合的新品种的育种途径。常规杂交育种大多为近缘杂交,杂交容易成功;远缘杂交育种双亲亲合性低,杂交不易成功。营养系杂交育种是通过有性杂交综合亲本的优良性状,用无性繁殖保持品种的同型杂合,繁育成营养系品种(无性系品种)的育种途径,适合绝大多数果树、木本花卉和球根花卉及无性繁殖的蔬菜等植物。优势杂交育种是指通过选择和培育亲本,配制杂交组合,选育杂交品种的育种方法。

11.1.2 杂交育种的意义

杂交实现了不同亲本间的基因重组,获得可遗传变异,创新了种质资源。1876 年,达尔文发现了杂交的有益性,提出杂交能产生优势的观点。1886 年,孟德尔通过豌豆杂交试验,提出两大基本的遗传规律,为杂交育种提供了重要的理论基础。杂交育种的优势在于能人工有意识地创造变异,使育种工作更有预见性和创造性。19 世纪杂交技术已普遍应用于果树、蔬菜和观赏植物的品种培育,并育成了许多高产、优质、抗逆性强的新品种。例如,黄瓜品种中的抗细菌性凋萎病的宁青 745,抗霜霉病的津研系列品种,耐热、耐霜霉病的夏青 3 号等。

1)综合亲本的优良性状

当控制优良性状的基因位于异源染色体上时,杂交后代将重组具有双亲优良性状的个体,通过选择培育成新品种。例如,当前世界上广泛栽培的四季能开花的杂种香水月季,综合了欧洲蔷薇和中国月季多亲本的优良性状。杂交鹅掌楸综合了鹅掌楸和北美鹅掌楸双亲的优势,具有适应性广、速生、花期长、花色艳丽等优点。

2)产生新性状

遗传学表明,性状是基因相互作用的结果。杂交后代改变了相互作用的基因组合,从而产生新的性状。例如,AAbb 或 aaBB 基因型的西葫芦果实为圆球形,以它们为亲本的杂交后代中 A_B_型个体因 A 基因与 B 基因的互作其果实表现为扁盘形。

3)产生超亲性状

由数量遗传基因控制的性状,在基因累加效应的作用下,杂种后代有可能出现一些性状的数值超过亲本的变异。例如,若两对独立遗传的基因 aabb 纯合体的果重为 100 g,AABB 纯合体的果重为 200 g,a 和 b、A 和 B 各自的累加效应相等,则它们各自对果重的作用分别为 $a=b=\frac{100}{4}=25(g)$,$A=B=\frac{200}{4}=50(g)$;若以中果重品种 aaBB(果重 150 g)与 AAbb(果重 150 g)为双亲杂交,杂交后代中可能分离出基因型为 AABB(果重 200 g)的超亲变异个体。

4)新品种有重大的经济效益

与现代生物技术育种相比较,杂交育种是一项投资少、容易为群众接受的育种方法。选育抗病、抗寒、抗旱、耐粗放管理的新品种,可节约劳力、肥料等生产成本,减少了污染;选育优质、高产的杂种一代品种,具有更高的经济价值。许多国家已制定了品种的保护措施,我国于 1997 年 10 月 1 日起实施植物新品种保护条例,对园艺产业发展起到了非常重要的作用。

11.2 杂交育种的准备工作

11.2.1 制订杂交计划

根据整个育种计划要求和育种对象的开花授粉习性,制订杂交工作计划。杂交育种计划从大的方面讲包括育种目标的确定,杂交组合、杂交方式的选择,亲本开花授粉生物学特性的了解,调节花期的措施,亲本种源的选择,杂交数量和日程安排,克服杂交不孕性的措施和人力、物品、经济预算等。

另外,制订杂交工作计划,主要考虑杂交组合数、具体的杂交组合、每个杂交组合杂交的花数(杂交株数和每株杂交的花数等)、杂交进程(花粉采集和杂交日期)、操作规程(杂交用花枝与花朵的选择标准、去雄、花粉采集与处理、授粉技术和授粉后管理要求)等。杂交花数取决于计划培育的杂种株数。一般来说,对一、二年生有性繁殖植物来说。坚持"多组合、小群体"的原则,即尽可能多做杂交组合,每个组合种植的株数可适当少一些。

11.2.2 杂交方式的确定

在一个杂交育种方案里,参与杂交的亲本数目以及各亲本杂交的先后次序,称为杂交方式。杂交方式有两亲杂交、多亲杂交等方式。

1)两亲杂交

两亲杂交是指参加杂交的亲本只有两个。如果只杂交一次称为单交。如果某一个亲本连续杂交多次称为回交。

(1)单交

一个母本与一个父本的成对杂交称为单杂交,以 A×B 表示。当两个亲本优缺点能互补,性状基本上能符合育种目标时,应尽可能采用单杂交,因单杂交只需杂交一次即可完成,杂交及后代选择的规模不是很大。单杂交时,两个亲本可以互为父本、母本,即 A×B 或 B×A,前者称为正交,后者称为反交。在某种情况下,母本具有遗传优势。因此,习惯上多以优良性状较多、适应性较强的作为母本。如紫茉莉的彩斑性状具有母性遗传的特点,其正反交的结果不同,杂交时应加以注意。为了比较正反交不同的效果,尽可能正反交同时进行。

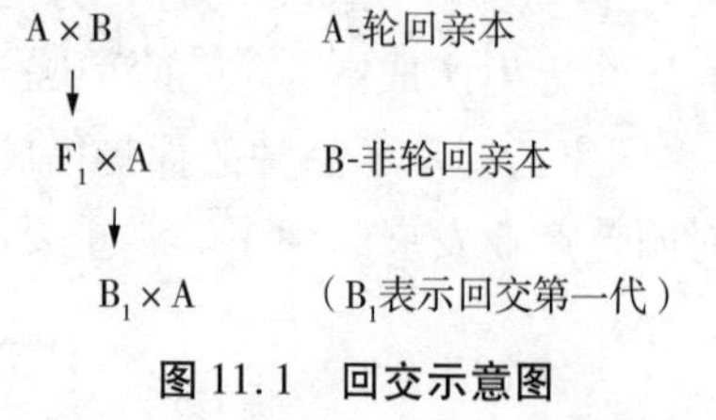

图 11.1 回交示意图

(2)回交

回交是指两亲本杂交后代 F_1 再与亲本之一进行杂交。一般在第一次杂交时选具有优良特性的亲本作母本,这一亲本在以后各次回交时作父本,这个亲本称为轮回亲本(见图 11.1)。回交的目的是使轮回亲本的优良特性在杂种后代中慢慢加强,回交育种主要应用于在优良品种中输入抗性基因,转育雄性不育系和自交不亲和系,改善育种材料的某一性状,克服远缘杂交不稳等。

2)多亲杂交

参加杂交的亲本是 3 个或 3 个以上的杂交称为多亲杂交,又称复合杂交或复交。一般先配成单交,然后根据单交的缺点再选配另一单交组合或亲本,以使多个亲本优缺点能互相弥补。复交的方式又因采用亲本数目及杂交方式的不同分为以下几种方式:

(1)添加杂交

多个亲本逐个参与杂交称为添加杂交。每杂交一次,加入一个亲本性状。添加的亲本越多,杂种综合优良性状越多,当然也可能综合不良性状,这就需要选择。但参与杂交的亲本也不宜太多,否则育种年限会延长,一般有性繁殖的蔬菜植物或一、二年生花卉植物以 3~4 个亲本为宜。

①三交。单交的 F_1 再与第 3 个亲本杂交,即(A×B)×C。

②四交。将三交的杂种后代再与另一个亲本杂交,即[(A×B)×C]×D。以此类推,还有五交、六交等复交方式。

(2)合成杂交

参加杂交的亲本先两两配成单交杂种,然后将两个单交杂种进行杂交,这种多亲杂交方式称为合成杂交,即(A×B)×(C×D)。

多亲杂交各亲本的次序究竟如何排列,这就需要全面衡量各个亲本的优缺点和相互弥补的可能性,一般将综合性好的或具有主要目标性状的亲本放在最后一次杂交,这样后代出现具有主要目标性状的个体可能性就越大。

3)聚合杂交

聚合杂交实际上是合成杂交的延伸。将多个亲本先配成单交组合,然后单交组合之间进行一次或多次杂交,在配制单交组合时,某一个亲本可以重复参与。这种方法的优点是可以综合 4 个以上亲本的性状,尤其是随着分子标记技术的发展,可以利用分子标记进行辅助选择,从而提高育种效率。但尽管如此,还是要花费相当长时间。

4)多父本混合授粉杂交

选择一个以上的父本,把它们的花粉混合后,授给一个母本的杂交方式,即 A×(B+C+D+…)。将某一选定的母本与选定的多个父本混合种植,母本去雄后任其自然授粉。这种方法简单易行,杂种后代的遗传基础比较丰富,容易选出优良品种,如地被菊品种"金不换""美矮黄""乳荷""紫荷"分别是从"美矮粉"和"铺地荷花"自然授粉后代选育出的品种。但该方法由于无法控制花粉来源,后代中往往会出现某些退化性状。

11.2.3 杂交亲本选择与选配

杂交的目的是将不同的性状组合到同一植株中,杂交双亲是获得目标品种的内在物质基础。因此,对亲本进行正确地选择与选配是杂交育种获得成功的首要保证。亲本选择是指根据育种目标从原始材料中选择优良的品种类型作为杂交的父本、母本。亲本选配则是指从入选的亲本中选择适合的品种类型配组杂交。在单交中选择合适的父本、母本,在复交中还需确定品种类型杂交的先后顺序,在回交中则需正确确定轮回亲本与非轮回亲本。

1)亲本选择的原则

(1)明确目标性状,分清主次

杂交育种工作中往往会同时涉及多个性状,要求主要性状要有较高水平,次要性状不低于一般水平。如育种目标为抗病、优质时,亲本的抗病、优质希望性状的水平应高,而成熟期、株形、产品器官形态等必要性状应不低于一般水平,并能为生产者和消费者所接受;罐桃育种中,果肉不溶质比果肉黄色重要;观赏植物的育种往往是以较高的观赏价值为其目标,这一目标是由多个性状合成的复合性状;对一、二年生草本花卉而言,其观赏性由花色、花径、花期、花数、株幅、株形、株高等性状综合决定。因此,在进行杂交育种时应从广泛搜集的原始育种材料中,确定重点目标性状,同时对次要性状确立最低水平,这样才能做到有的放矢,高效率地达到育种的目标。

(2)掌握育种目标所要求的大量原始材料,研究了解目标性状的遗传规律

根据育种目标的要求,搜集的原始材料越丰富,则越容易从中选出符合要求的杂交亲本。如果某些目标性状在一般栽培品种中不能找到,就必须把原始材料的搜集范围扩大到半栽培类型或近缘野生类型。对目标性状的遗传规律了解得较清楚,可以在选择亲本时少犯错误。例如,在罐桃育种中,五云桃和冈山500号的表型都是白肉溶质,五云桃的自交后代全是白肉溶质,而冈山500号的自交后代中却有黄肉不溶质类型。很明显这是由于五云桃的两对性状都是同质结合型(YYMM),而冈山500号则是异质结合型(YyMm)。

(3)亲本具有尽可能多的优良性状

优良性状较多而不良性状少,便于选择与之互补的亲本,从而在短期内可达到预期的育种目标。若亲本具有高遗传力的不良性状,则对其后代不良性状的改造更加困难,一般应避免选用这种材料作为亲本,如橙和枳杂交,枳的苦涩味;大苹果与山荆子杂交,山荆子的小果质劣等。要选择优良性状连锁在一起的品种作为亲本,最好不选优良性状和不良性状连锁在一起的品种为亲本,如果必须要选,则应选择交换值大的品种为亲本。

(4)重视选用地方品种

地方品种是当地长期自然选择和人工选择的产物。对当地的自然条件和栽培条件有良好的适应性,也适合当地居民的消费习惯。用它们作亲本选育的品种对当地的适应性强,容易在当地推广。因为很多园艺植物产品受欢迎的程度与当地的消费或欣赏习惯有很大的关系。

(5)优先考虑数量性状

数量性状受多基因控制,它的改良比质量性状困难得多。因此,数量性状与质量性状都需考虑时,应首先根据数量性状的优劣选择亲本,然后再考虑质量性状,因为数量性状的选择效果来得缓慢,质量性状容易选择。

(6)用一般配合力高的材料作亲本

一般配合力是指某一亲本品种或品系与其他品种或品系杂交的全部组合的平均表现。一般配合力反映了该品种与其他品种杂交产生优良杂种后代的能力,通常一般配合力越高,与其他品种杂交得到优良后代的可能性越大。一般配合力与品种本身的性状有一定联系,但二者并非一回事,一个一般配合力高的品种,自身并非一定具有优良性状,而且有优良性状也并不一定就有较高的一般配合力。因此,不能完全依据亲本的性状来预测一般配合力,而需要进行专门的配合力测验试验,分析了解某一品种一般配合力,即一般配合力不能根据亲本性状的表现估算,只能根据杂种的表现来判断。

(7)优先考虑用稀有可贵性状的材料作亲本

在现有的种质资源中,有些性状出现的频率较高,有些珍稀可贵性状出现的频率很低。如雌雄同株黄瓜很普遍,雌性株极少。不耐热的秋甘蓝材料比较多,抗热而品质优良的夏秋甘蓝少。凤仙花花型中单花型、叶腋开花型常见,并蒂双开的对子型、植端开花型比较罕见;花色中紫、红、白等色普遍,而绿、黄色为珍稀类型。

2)亲本选配的原则

(1)父本、母本性状互补

父本、母本性状互补是指一方亲本的优点应在很大程度上能克服另一亲本的缺点,则二者杂交组合才可能出现符合育种目标的后代。杂交亲本可以具有相同的优点,但一定要避免共同的缺点。如上海植物园用花形大、色彩多但花期晚的普通秋菊与花形小、花色单调但花期早的五九菊杂交,结果综合了双亲的优点,育成了花形大、花色多、花期早的早菊新品种。需要注意的是,由于性状遗传的复杂性,性状互补的杂交组合并不一定就能得到性状互补的后代。如矮牵牛中花大、花疏的品种与花小、花密的品种杂交,并不一定能得到花大而密的新品种,而往往是伴随着花数增多,花径会减小。

(2)选择地理上起源较远、生态型差别较大的亲本组合

不同生态型、不同地理起源的品种具有不同的亲缘关系,亲本间的遗传基础差异大,杂交后代的分离比较大,往往容易分离出超越亲本的杂种优势或适应性和抗逆性强的优良性状。如杂种香水月季就是中国月季与欧洲蔷薇杂交育成的;目前,世界栽培最广泛绿化树种双球悬铃木(英国悬铃木),是由生长在美国东部的单球悬铃木(美国悬铃木)与生长在地中海西部地区的多球悬铃木(法国悬铃木)杂交育成的,表现出生长迅速,冠荫浓郁,适应性强等优良性状;地被菊杂交育种中,亲本"美矮粉"源自美国,而父本毛华菊来自中国,以这两个亲本为基础,已育出了几十种优良的地被菊品种。

(3)选择具有较多优良性状的亲本为母本

以具有优良性状多的亲本作母本,杂交后代中出现综合性状优良的个体较多。众所周知,母本提供核遗传物质的同时也提供胞质遗传物质,而父本只提供核遗传物质。因此,对表现为胞质遗传特性的性状如紫茉莉花叶、耧斗菜的重瓣性等,在亲本选配中,要将具有胞质遗传特性性状的亲本作为母本,以加强该性状在后代中的传递。实际工作中,当用栽培品种与野生品种杂交时,一般都用栽培品种作母本;本地品种与外地品种杂交时,通常用本地品种作母本。

(4)要考虑亲本的育性及亲本杂交亲和力

父本、母本的性器官均发育健全,但由于雌雄配子间相互不适应而不能结籽,称为杂交的不亲和性。因此,应注意选配杂交亲和性高的杂交组合。园艺植物中有许多品种为奇数多倍体、非整倍体和染色体结构变异的类型,还有许多重瓣品种是由于雌、雄蕊严重瓣化,不能进行正常的有性繁殖,应避免选为亲本。某些花卉植物,如菊花、郁金香、百合等有自交不亲和的表现,选配亲本时,应注意其来源,不能选配亲缘关系太近的种类作亲本组合。

(5)分析亲本的遗传规律

如果亲本所具有的目标性状为显性性状,则在杂种一代就表现并分离出来;如果是隐性性状则必须使杂种自交,才能使性状表现出来;如果目标性状是数量性状,则杂种后代表现连续的变异,应考虑此性状的遗传力大小。在进行亲本选配时,尽量对目标性状的遗传规律有一定的认识,才有利于目标性状的保持和出现。如三色堇的纯色品种(无花斑)为隐性性状,若要保持这一性状,另一亲本也宜选纯色品种,否则,杂种后代中会出现大量花斑类型,会增加后代的选育工作量。

11.2.4 了解亲本开花授粉生物学特性

园艺植物种类繁多,只有少数种类进行自花授粉,如牵牛花、凤仙花、香豌豆等。大约有90%以上的种类进行异花授粉。了解亲本的花器构造、开花习性和传粉特点,对于确定花粉采集时期、授粉时期以及杂交技术是十分必要的。

一朵花中具有雄蕊和雌蕊的花为两性花,如蔬菜植物中的番茄、茄子、辣椒、大白菜和甘蓝等;果树植物中的桃、葡萄;观赏植物中的月季、山茶等。在两性花中有雌雄蕊同时成熟的,如梅花;雄蕊早于雌蕊成熟的,如香石竹;雌蕊早于雄蕊成熟的,如银胶菊、鹅掌楸等;甚至同一花序内开花顺序也有不同,如苹果中心花先开(离心开),梨边花先开(向心开);也有柱头异长的,如百合属。有的虽是两性花,有自花不孕的,如油茶;也有自花能孕的,如翠菊;一些自花授粉植物,开花前已授粉,即闭花授粉,如豇豆等豆类植物。

一朵花中只有雄蕊或只有雌蕊的花为单性花,雌花和雄花着生在同一植株上为雌雄同株,如葫芦科蔬菜植物,果树中的核桃、板栗、柿子;如观赏植物中的柏、松等。雌花和雄花分别着生在不同植株上的为雌雄异株,如蔬菜中的菠菜、芦笋;果树中的银杏、杨梅;观赏植物中的杨树、柳树等。

花的传粉方式有虫媒花和风媒花两种。虫媒花一般有鲜艳的花瓣、香味、蜜腺等,以引诱昆虫,并且花粉粒大而少,有黏液。为了防止某种传粉的昆虫进入花朵,可以用纱布做隔离袋。风媒花通常无鲜艳的花瓣、香味和蜜腺,但可能具有大的或羽毛状的柱头,以接受空气中的花粉。风媒花的花序紧密,花粉量大,花粉粒小,它们能够在空中漂浮。因此在杂交时,风媒花必须用纸袋(牛皮纸、玻璃纸均可)隔离。

11.2.5 准备杂交用具

确定杂交计划后,应将所需的杂交用具准备妥当,主要有去雄用镊子或去雄剪、贮粉瓶、干燥器或干燥剂、授粉器、塑料牌、扩大镜、铅笔、70%酒精、隔离袋、覆盖材料、缚扎材料、记录本等。

11.2.6 培育亲本种株和花粉处理技术

亲本选定后，选择具有亲本典型性状的植株，亲本植株要精心培养，除选育抗逆等特殊品种外，应给予充足的水、肥、光照等条件，使其生长健壮，能充分表现出亲本的特性，如有些花卉的重瓣性只有在充分的水肥条件下才能表现出来。杂交要选择健壮无病、具有亲本特性的代表性植株。

花粉处理技术包括花期调整、花粉的收集、花粉的贮藏、花粉生活力的测定几个方面。

1）花期调整

由于亲本种类不同，其开花时间有时不一致，造成杂交工作困难。为了使不同的亲本花期相遇，就需采取相应的措施，促进或推迟某一亲本的花期。一般可采用以下几种方法：

（1）调节温度

对温度敏感的花卉如玫瑰，通常适当增加温度，可促进花期提前；降低温度，则推迟花期。如外界气温低时采用塑料棚、温室栽培，可提前开花。另外，低温促进二年生园艺植物（如白菜、甘蓝、萝卜等）的花芽分化，花芽分化后的植株在高温下促进开花，低温下延迟开花。

（2）调节日照时间

对光周期敏感的植物，可调节光照时间的长短。短日照植物在光周期较短的条件下开花，如菊花、大丽花、秋菜豆、晚熟毛豆等秋冬季节开花的植物；长日照植物在日照时间较长的条件下开花，如翠菊、蒲包花等春夏开花的植物，对长日照植物，延长日照时间，可促进开花，如夜间加光；对短日照植物，缩短日照时间，可促进开花，如白天遮光。

（3）栽培措施

通过摘心、摘蕾、修剪、环剥、嫁接、肥水供给等调节花期。例如，生长期多施氮肥、多浇水，可推迟花期；适当增加磷肥、钾肥可促进花期提前。对于开花过早的植株，可采用整枝、摘心的方法摘除已开的花枝和花朵，促进侧枝抽生，以调节花期。

（4）调整播种期

对于一、二年生的蔬菜、花卉等草本植物常用分期播种调节花期：母本按正常时期播种，父本分期播种，保证与母本花期相遇。

（5）植物生长调节剂处理

植物生长调节剂可改变植物营养生长和生殖生长的平衡，调节花期。例如，10 mg/L的赤霉素（GA_3）可促进二年生植物开花。脱落酸（ABA）可促进牵牛、草莓等植物开花，而延迟万寿菊开花；在诱导开花的低温期用10 mg/L邻氯苯氧丙酸（CIPP）处理甘蓝、芹菜可延迟抽薹，但如果在花芽形成后处理会促进抽薹开花。

（6）切枝贮藏、切枝水培

对父本可利用这一措施延迟或提早开花，母本一般不用此法。因为一般切枝水培难以结出饱满的果实和种子,但杨树、柳树和榆树等在切枝水培下杂交也可结籽。

2)花粉的收集

花粉采集一般在杂交授粉前一天进行。把次日将要开放的花蕾采集回来,夹取花药或直接将花蕾放于铺有硫酸纸的容器中,在干燥、室温条件下,一般 2~3 h 内花药会破裂,散出花粉,然后将杂物去除,收集花粉于小瓶中,贴上标签,注明品种名、采集时间,用透气薄膜、硫酸纸等封口,用于次日的授粉工作。杨柳科的某些物种则可以切取花枝瓶插,下铺硫酸纸,散粉时轻轻敲击花序,使花粉落于纸上,然后去杂收集。

3)花粉的贮藏

花粉贮藏可以解决花期不遇和远地亲本的杂交问题,可以打破杂交亲本的时间隔离和空间隔离,扩大杂交育种的范围。花粉寿命的长短,除了受遗传因素的影响外,还与温度、湿度有密切关系。贮藏的方法是将花粉采集后阴干,除净杂物,分装在小瓶里,数量为小瓶的 1/5,瓶口用双层纱布封扎,然后贴上标签,注明花粉品种和采集日期。小瓶置于干燥器内,干燥器内底部盛有干燥剂无水氯化钙,将干燥器置于阴凉、黑暗的地方,最好放于冰箱内,冰箱温度保持在 0~2 ℃。也可把装有花粉的小瓶放入盛有石灰的箱子内,置于阴凉、干燥、黑暗处。大多数植物的花粉在干燥、低温、黑暗的条件下能保持较高的生活力。

4)花粉生活力的测定

贮藏的花粉在进行杂交之前,必须对花粉生活力进行测定。常用的方法有直接测定法、培养基萌发法、化学染色法 3 种。一般认为花粉萌发率大于 40%,可用于杂交。

(1)直接测定法

直接测定法是直接将花粉授予柱头上,隔一定时间后将其染色压片,在显微镜下观察,统计花粉萌发情况。此种方法最为准确,但受花期限制,费时、费力,且大柱头的物种不易压片成功。

(2)培养基萌发法

培养基萌发法即配制一定的培养基,然后将花粉撒在培养基表面,于适当温度下培养,定时镜检,统计萌发率。培养基一般含有 5%~20% 的蔗糖及微量的硼酸,有时还含有 $Ca(NO_3)_2$、$MgSO_4$ 等,因物种而异,有时也可加入激素以促进花粉萌发。该方法简单,但准确性较差,且有些物种如棉花的花粉在培养基上很难萌发。

(3)化学染色法

活的花粉粒都有呼吸作用,用一些特殊的化学染料与之作用时,过氧化物酶与过氧化氢或其他过氧化物反应释放出活化的氧可以氧化这些染色剂,使之变色,由此可测定有活力的花粉数。常用的染色剂有 TTC(2,3,5-氯化三苯基四唑)等。有活力的花粉染色后花粉粒从无色变为有色。用该法测定的花粉生活力可能比实际高,因为有生活力的花粉粒并不一定会萌发。

11.3　杂交技术

11.3.1　植株上杂交

1)选择亲本种株和杂交花

从培育的亲本材料中,选择典型、无病虫、长势强的植株作为杂交种株,一般选10株左右。

从选定的种株中,选择健壮的花枝、花蕾和花朵,疏去过多的或未进行杂交的花蕾、花朵和花枝,以确保杂交种子的充实饱满。例如,十字花科和伞形科植物选主枝和一级侧枝上的花朵杂交;百合科植物选上、中部花朵杂交;番茄选第二、三花序上的第1~3朵花杂交;茄子选门茄花杂交;葫芦科植物选第2~3朵雌花杂交;豆科植物选植株中、下部花序上的花杂交;苹果、梨每花序留2~3朵花;桃长果枝留3~4朵花;葡萄因品种而定;杨树每花枝留3~5朵花;唐菖蒲每枝留4~6朵花;菊科植物选花序周围的花杂交。

杂交种株应严格管理栽培,注意防治病虫害,使种株生长健壮。

2)去雄

去雄是摘除两性花植物母本花的雄性器官,防止自花授粉。广义的去雄还包括用物理或化学法杀死两性花的雄蕊或花粉、摘除雌雄异花同株植物的母本上的雄花、拔除雌雄异株植物中的雄株。去雄时间和方法因植物种类而异。除闭花受精植物(如菜豆和豌豆在开花前3~5 d去雄)外,一般在开花前1~2 d进行;用镊子或剥蕾器(用于茄科或十字花科植物)将花冠剥开,将花丝一根根地去掉。菊科植物一般用吸管吸足水分后,用水流冲去花粉。某些自交不亲和或雄性不育的虫媒花植物如雏菊、熊耳草可摘去花冠,不必去雄和套袋。去雄必须及时和彻底,即在父本花药未开裂散粉前彻底去掉雄蕊,并防止损伤雌蕊、弄破花药或有所疏漏。一个材料去雄工作结束,准备给下一材料去雄时,所有用具和手必须用70%酒精进行消毒,以杀死前一材料附着的花粉。

3)隔离

母本和父本植株上准备用做杂交的花朵应进行隔离,其目的是防止母本接受非目标花粉;防止父本的花粉被其他近缘植物的花粉污染。隔离的方法有很多,一般分空间隔离、器械隔离和时间隔离。空间隔离多用于种子生产。器械隔离多用于人工杂交,即套袋或网室隔离。套袋多用轻薄、透光、防水、柔韧的亚硫酸纸、硫酸纸或玻璃纸制作。袋子规格依植物的种类和花序或花朵的大小而定。母本花应在开花前至授粉后的雌蕊有效期(即能接受花粉受精的始期至终期)进行套袋;父本花应在开花前至采粉时套袋。花朵较大的植物如瓜类、牵牛花等可用线码(固定电线用品)、细铁丝或粗线束夹花冠隔离;虫媒花植物或花枝太纤细的植物,如凤仙和苦瓜等最好用网室隔离。为保证隔离效果,网室应建在避风处,适当扩大种株定植距离，防止父本、母本花枝交接；严防昆虫进入，室网内发现时立即捕杀。时间隔离较少采用，主要用于不同组合间的隔离。

4）授粉、标记和登记

授粉是将父本花药中的花粉授在母本雌蕊柱头上的过程。可直接将父本雄花中的花药触涂在母本的柱头上，或用毛笔、棉球、橡皮头、泡沫塑料头等细软物粘取预先采集好的花粉涂抹在柱头上。授粉以雌、雄花开放的当天最好，这时是雌蕊和雄蕊花粉活力最强的时期，此时授粉可提高杂交结实率和杂交种子数量。育种实践中，常因各种因素的影响，可将授粉提前或推后 1 d 进行，仍可收到一定量的杂交种子。授粉时若需要更换父本系统，必须先用 70% 的酒精消毒授粉用具、手指等，防止花粉发生污染。

为防止杂交种子收获时发生错乱，须对杂交花枝和花朵作标记。母本去雄后，在基部挂标记牌，牌上注明组合名称、株号、去雄日期和花数，授粉后记以授粉日期和花数，果实成熟后同牌一并收下，并加记收获日期。标牌以塑料牌为好，可防风雨。牌上内容应用铅笔书写，果实发育缓慢时，应用防水油漆笔书写，以保证收获时字迹清楚。由于标牌较小，杂交组合等内容常用符号代替。为了方便找到杂交花朵，标牌可用不同颜色加以区分。标牌挂在杂交花枝最下面一朵花的下面，其上花朵均为授过粉的花。

准备杂交登记本，以供分析总结使用，并作为母本植株标牌脱落或丢失后备查使用。登记项目见表 11.1。

表 11.1　有性杂交登记表

组合名称：

母本株号	去雄日期	授粉日期	授粉花数	去袋日期	果实成熟日期	结果数	结果率/%	有效种子数	平均每果种子数	备注

5）杂交后管理

杂交后的最初几天，应检查网室、纸袋等隔离物，如隔离不严、脱落或破碎则可能发生了意外杂交，这些杂交无效应重新补做。雌蕊受精的有效期过后，可以除去隔离物，一般杂交后一周左右去除。果树植物在除袋同时，应对结实率做第一次检查，生理落果后做第二次检查（有效结实率的检查），果实即将成熟前套纱布袋，防止采前落果。

杂交的母本种株应加强管理，多施磷钾肥，及时防治病虫草害、鼠害和鸟害等，及时摘除非杂交果，有时还需要摘心、去侧枝等，创造有利于杂交种子发育的良好条件。对于易倒伏的种株，如白菜、甘蓝等植物还应及时支架固定。

6）采收杂交种子

果实达到生理成熟期时应及时采收杂交果。成熟后种子容易脱落的植物更应及时采收，如蔬菜中的十字花科芸薹属、豆科、百合科和菊科等；花卉中的牡丹、凤仙等。有些果树过分成熟后影响发芽率，如桃、樱桃等。这些植物在果实成熟时或即将成熟时应及时采收。

收获时应注意防止不同杂交组合的错乱和混杂。发现标牌丢失或字迹模糊不清而无法核对时，一般应淘汰。杂交果采收后应置于避风干燥的地方，后熟几日后再脱粒。脱粒后应晒干或阴干，及时装袋，注明组合名称、采收日期，并编号登记，袋内放入相应的标签，将杂交种子置于低温、干燥、防鼠的条件下贮藏，易出现虫害的种子，贮存前应用杀虫剂处理。

有些园艺植物如月季、牡丹、荔枝、柑果类失水后会影响种子发芽率，采收杂交果实后，应及时脱粒水洗、沙藏或及时播种。

11.3.2　室内切枝杂交

种子小而成熟期短的某些园艺植物，如杨树、柳树、榆树、白蜡树、小菊等可剪下花枝，在室内水培杂交。剪取健壮枝条，如杨树雄花枝应尽量保留全部花芽，以收集大量花粉；雌花枝则每枝留1～2个叶芽和3～5个花芽，多余的去掉，以免过多消耗枝条养分，影响种子的发育。把剪修好的枝条插在盛有清水的广口瓶或其他容器中，每隔2～3 d换水1次，如发现枝条切口变色或黏液过多，必须在水中修剪切口。室内应保持空气流通，防止病虫发生。去雄、隔离和授粉等与上述相同。

11.3.3　提高杂交效率的方法

为了提高有性杂交的效率，获得尽可能多的、生命力强的杂交种子，通常应采用以下几种方法：

1）提高杂交亲和力

（1）采用正反交

正反交有时表现出受精、结实能力方面的差异，多倍体类型间杂交时这种现象较为普遍。可以利用正反交的差异选择适合的杂交方式解决杂交亲和性的问题。

（2）调节亲本花期

杂交遇到两亲本的花期不能相遇时，可通过调整播种期、摘心、打蕾、肥水管理或采用植物生长调节剂等方法进行处理，如用GA处理牡丹、山茶、杜鹃、仙客来等能提早开花。

（3）异地采粉或花粉贮藏

一般同一植物的花期南方早于北方，通过异地采粉，可使花期不遇的品种授粉；也可通过贮藏花粉，使不同花期亲本间顺利杂交。

（4）利用雌蕊的不同时期授粉

有些植物的雌蕊在不同时期对花粉的亲和力不同，可在雌蕊不同的发育时期进行多次授粉，能提高亲本的杂交亲和性。

2）提高杂交结实率和种子数

（1）提高杂交结实率

选择杂交结实率高的亲本为母本；选择通风、光照良好、生长健壮、无病虫害的植株作杂交母株；选择健壮的花枝，进行杂交。及时摘除未杂交的花、果实，杂交时去雄、套袋等操作尽量避免损伤花朵和花梗，特别应避免雌蕊受伤。

(2)提高杂交种子数

一般来说，成熟期较晚的品种较成熟期较早的品种种子充实、生活力高且发芽率也高。因此，亲本成熟期不同时，应选择较晚熟的品种为母本。授粉时应授较多的有生活力的花粉，必要时应进行重复授粉。一般雌、雄蕊开花当天的生活力最强，开花当天授粉效果为最好。

3)提高杂交工作效率

在确保杂交质量的前提下，应尽量提高一定时间内的杂交花数，以提高杂交工作效率，降低杂交种子的成本。

①对自交不结实的母本，可以不去雄杂交，如菊花。

②对于可以进行蕾期授粉的母本，可在大蕾期授粉，如番茄、白菜、甘蓝等。

③为免除人工去雄的繁重工作，可采用化学去雄。

④采用去花冠去雄法方便操作，且可不用套袋。

⑤用稀释的花粉授粉，可节约花粉用量；利用喷雾器授粉可提高工作效率。

⑥虫媒花植物，可用尼龙纱罩覆盖杂交树，防止天然杂交，减少单花套袋的工作量。

11.4 杂种后代的处理

有性杂交获得的杂种只是基因重组的育种原始材料。要使这些材料变成可供生产应用的品种，必须对其进行多代自交纯化（无性繁殖的园艺植物除外）、选择及一系列的试验鉴定（如品种比较试验、区域试验和生产试验等）。

11.4.1 杂种后代的选择

杂种后代的选择应采取适当的选择方法，园艺植物中的有性繁殖植物（如一、二年生蔬菜和草本花卉）与无性繁殖植物（如多年生果树和木本观赏植物），其杂种后代的选择方法不同。以下分别进行介绍：

1)有性繁殖的草本蔬菜及花卉杂种后代的选择

(1)系谱法

这是最常用的杂种后代选择方法，用于自花授粉植物的杂种后代，其一般选择程序如图11.1所示。

①杂种第一代(F_1)。按杂交组合播种，每一组合种植约几十株，两边种植父本、母本，便于鉴别假杂种和积累 F_1 遗传变异的资料。自花授粉植物品种间杂交的 F_1 性状表现整齐一致，淘汰表现不理想的组合，中选组合中淘汰假杂种和表现不良的单株，其余植株按组合采收种子。对组合的选择不能太严，因为隐性优良性状和各种基因的重组类型在 F_1 还

未出现。

多系杂交的 F_1、异花授粉植物品种间杂交的 F_1 选择，与自花授粉植物单交的 F_2 相同。播种的株数要多，且从 F_1 起在中选组合内就进行单株选择。

②杂种第二代（F_2）。将 F_1 种子按组合分别播种。F_2 是强烈分离的一代，尤其是数量性状，这一代种植的株数要多，以保证 F_2 能分离出育种目标期望的个体。F_2 的种植株数可按如下估算：

若控制目标性状的基因为1对隐性基因，且相对性状的基因型为纯合时，F_2 出现具有目标性状个体的比率为1/4；若控制目标性状的隐性基因为1对显性基因，则 F_2 出现具有目标性状个体的比率为3/4。若控制目标性状的隐性基因为 r 对，显性基因 d 对，且无连锁时，则 F_2 出现具目标性状个体的比率为：$p=(1/4)^r\times(3/4)^d$；当几率为 a 时出现1株具有目标性状个体所需种植的株数，应满足：$(1-p)n<1-a$，即至少种植的株数为

$$n=\lg(1-a)/\lg(1-p)$$

其中，n 为 F_2 需种植的株数；a 为具目标性状个体出现的几率；p 为 F_2 具目标性状个体的比率。

若目标性状由3对主效基因控制，且不连锁，为保证有99%几率出现1株符合目标性状的个体，则 F_2 种植株数为

$$\begin{aligned} n &= \lg(1-a)/\lg(1-p) \\ &= \lg(1-0.99)/\lg[1-(1/4)^3\times(3/4)^3]\text{株}=694.4\text{株} \end{aligned}$$

即 F_2 至少应种植695株。育种实践中因各种条件的限制，难以种植太多的植株，但一般每一组合的杂种 F_2 种植株数不应少于几百株。尤其在下列情况下，F_2 群体应较大（不少于1 000～2 000株）：育种目标性状较多或连锁时；某些目标性状由多基因控制时；多系杂交或远缘杂交后代。育种时，应先根据育种目标和 F_2 及以后世代可能种植的总株数，拟订配制的组合数和选留的组合数。

F_2 进行组合间比较，淘汰主要性状平均值较低，又无突出优良单株的组合。从中选组合中选择优良单株，适当播种对照品种。

F_2 是关键世代，后继世代的表现取决于 F_2 入选的单株是否合适。因此，F_2 和选择要审慎，选择标准不能过严，以免丢失优良基因型。对数量性状，尤其是遗传力较低的性状（如产量、营养成分含量等）不宜选择，主要针对质量性状和遗传力较高的性状（如植株生长习性、产品器官的形态色泽、成熟期等）进行选择。一般入选株数为组合群体总数的5%～10%。原则上，下一代株系数可多些，株系内株数可少些。

异花授粉植物的品种间或多系杂交的 F_2，若属于同一组合的株系较多，可选留少数优良株系，再从中选择较多单株自交留种。

③杂种第三代（F_3）。F_2 入选单株分别播种一个小区，每一单株的后代形成一个株系，每一株系种植几十株。每5～10个株系设一对照小区。F_3 及以后世代的选择任务是：继续进行株系间和个体间的比较鉴定，迅速选出具有综合优良性状的稳定纯系；并对产量等遗传力较低的数量性状开始进行株系间的比较。因此，从 F_2 开始要注意比较株系间优劣，按主要经济性状和一致性选择优良株系，在入选株系内对仍分离的性状进行单株选择。入选

株系可多些，每一株系内入选的单株数可少些(一般每株系选6~10个单株)，以免优良株系漏选。

④杂种第四代(F_4)。F_3 入选优良单株分别播种一个小区，成为一个株系(系统)。来自 F_3 同一株系(同属于 F_3 一个单株的后代)的 F_4 株系为一株系群，同一株系群内的各株系互为姊妹系。F_4 应首先比较株系群优劣，从优良株系群中选择优良株系，再从优良株系中选择优良单株。

F_4 的小区面积应比 F_3 大。每小区种植约60株，设两次重复，以比较产量、品质和抗病性等性状。F_4 代若出现主要经济性状整齐一致的稳定株系，可去劣后混收，升级鉴定。优良株系群中若各姊妹系表现一致，可按株系群去劣后混收，升级鉴定。此法所得的品种遗传基础广泛，对异花授粉植物还可防止生活力衰退，可能获得较高的产量和较强的适应性。F_4 升级鉴定的株系内有个别特优的单株时，可继续单株选择，下一代单播成系，继续选择提高。

⑤杂种第五代(F_5)及以后世代。F_4 及以后世代入选的单株分别播种，各自成为一个株系。小区面积应较 F_4 适当扩大，尽量用可靠的方法直接鉴定性状。F_5 多数株系已稳定，主要进行株系的比较和选择。首先选出优良株系群，从中选出优良株系混合留种，升级鉴定。同一株系群表现一致的姊妹系，可混合留种，升级鉴定。若 F_4 或 F_5 中有表现突出的优良株系，可在继续进行比较选择时，用部分种子进行品比试验，以加速新品种的育成。

F_5 不稳定的材料需继续单株选择，直到选出整齐一致的株系为止。应该注意的是，纯是相对的，即主要经济性状基本整齐一致能为生产所接受。过分要求纯，会延长育种年限，并导致群体的遗传基础贫乏，使生活力和适应性降低。因此，当得到主要性状整齐一致的优良株系时，应停止单株选择，按株系或株系群混合留种形成优良品系。优良品系经品比试验、区域试验和生产试验等品种试验后，即可成为新品种。

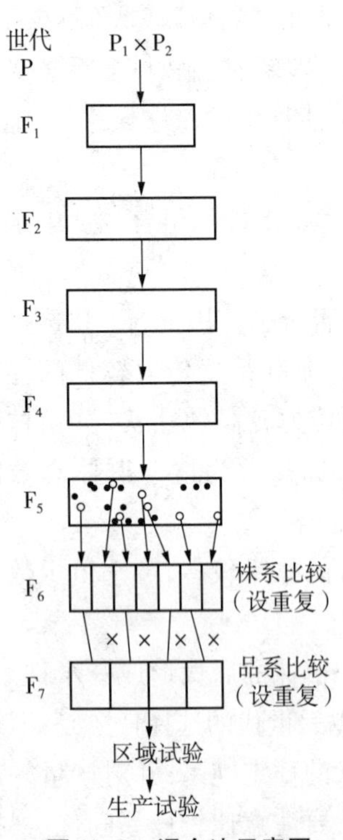

图11.2　混合法示意图

常异花授粉、异花授粉植物的杂种后代进行系谱选择时，需分株套袋防止杂交。异花授粉植物还要人工自交，才能得到 F_2 及以后世代的种子。

为防止异花授粉植物的生活力衰退，可连续进行2~3代单株自交后，在同一株系内进行株间异交或姊妹系交配。还可进行母系选择法。不套袋，不人工自交，使株系内植株自由传粉，再选出优良单株；此法选择效果较系谱法差。

(2)混合法

用于株行距较小的自花授粉植物杂交后代的处理，其程序如图11.2所示。

从 F_1 开始分组合(或不分组合)混合种植，直到 F_4 或 F_5。对繁殖系数低的植物，如豆类，最初几代可把在上代植株上采收的种子全部种植以加速扩大群体。豌豆和矮生菜豆最好有几万株,蔓生菜豆和番茄等至少四五千株。一般在这些世代只针对质量性状和遗传力高的性状进行混合选择,甚至完全不加选择。到 F_4 或 F_5 进行一次单株选择,入选几百株,尽可能包括各种不同的类型。F_5 或 F_6 按株系种植,每一株系 10 ~ 20 株,设 2 ~ 3 次重复。严格选择少数优良株系(5%),升级鉴定。

此方法的理论依据是:自花授粉植物的杂交后代经几代繁殖后,群体内多数个体的基因型近于纯合,分离世代保持较大的群体,为各种重组基因型的出现提供了机会。这种方法的优点是:

①分离世代的群体大,不会造成优良基因型的丢失;到 F_4 或 F_5 只经一次单株选择,就得到不再分离的株系。

②有时选择效果不低于系谱法。

③方法简便。

④大群体在自然选择下,易获得有利性状的改良。

⑤对分离世代长、分离幅度大的多系杂种的选择效果好。

缺点是:

①不同基因型个体的繁殖率和后代成活率是不同的,经几代种植后,群体内各种纯合基因型的频率并不均等,对当时当地条件适应性最强的基因型占的比例较大。故此法对人工选择目标和自然选择目标不一致的性状,可能在种植过程中丢失。

③不加选择地过度分离世代,后代中存在许多不良类型。

③杂种种植的群体必须相当大,入选的株数要多(下一代的株系数也多),试验规模大,规模小时易造成优良基因的丢失。

④对入选株系的历史、亲缘无法考察,株系配合较系谱法难。此法往往会得到非育种目标的意外优良重组类型。

2)木本园艺植物杂种的选择

木本园艺植物对杂种的选择与一、二年生园艺植物有明显的差异。主要表现在:一方面木本园艺植物多为异花授粉,品种的遗传组成较为复杂,杂交后基因重组,杂种会出现各种各样的分离类型,故在 F_1 代进行选择,并用无性繁殖固定其基因型;另一方面木本园艺植物生长周期长,多样性的性状不可能在幼年期全部表现,需经过一段生长过程才能逐渐表现,故杂种植株至少应经 3 ~ 5 年,甚至 10 年以上的观察记载分析比较,才能作鉴定,选择的年限较长。

(1)杂交种子的选择

园艺植物种子的形态各不相同,种子的特征与果实性状和花果特性有一定的相关性。应选择充实饱满、色泽好、充分成熟、生命力强的种子,且所选种子能预示未来能发育成优良栽培性状的植株。

(2)杂种幼苗的选择

杂交种子播种后,可能存在个体在发芽率和发芽势上的差异。因种子发育不良而延迟发芽的可被淘汰,但在遗传上具有晚萌芽特征的幼苗应选留,因为一般种子萌芽迟时,实生苗萌芽也迟,并与开花晚有相关性。晚花型可避免晚霜危害,不可轻易淘汰。

幼苗期应淘汰长势弱、发育差、畸形及感病的幼苗。移栽到苗圃时根据幼苗的生长情况和形态特征,选择子叶大而厚、下胚轴粗壮、生长健壮的植株,并分级。对特殊优异的小苗应作记号分别移栽,而不宜进行过严的淘汰。

(3)杂种实生苗的早期选择

杂种实生苗的选择主要在育种苗圃阶段进行,育种苗圃是播种苗床到育种果园之间的过渡阶段。不同树种从播种到定植所需的年限不同。杂种苗圃内的选择可分生长期和休眠期选择,主要根据器官的形态特征和某些生长特征,特别要注意抗病性和抗寒性。

(4)杂种实生苗的相关选择

为提高实生苗的选择效率,在结果前除根据苗期直接表现的特征特性选择外,还须根据苗期的某些性状与开花结果期的相关性进行早期选择鉴定。苗期选择可预先选择有希望的类型,淘汰不良的类型,以减少供选的杂种数量,提高育种效率。果树的栽培性状主要包括生长强健、抗性强、产量高、品种好、结果早等。苗期的一些性状与果树的栽培性状有一定的相关性。

(5)杂种幼树的选择

入选的实生苗定植到育种果园后,开始对杂种幼树的一系列选择。如生长势、抗病虫性、抗逆性、物候期及其他特性等。对有特殊性状表现的单株应加强记录,重点观测。

(6)杂种实生树花期的选择

对观赏树木来说,花期的选择也很关键。例如,实生树初花的年龄、初花期、末花期、单花寿命、花期长短、花形、花色、花的重瓣性、花的大小等。

(7)杂种实生树结果期的选择

杂种进入开花结果期后,可对经济性状进行直接地选择。主要包括花期、花器特征、果实成熟期、果实外观性状和风味品质、生长结果习性、产量、生长势、抗病性和其他抗逆性等,还包括育种目标中提出的一些特殊育种性状。

经3~4年的研究鉴定,获得开花期、成熟期较确切的资料后,根据成熟期将杂种依次排列,在一定的成熟期分期范围内,挑选优级单株与同期成熟的标准品种比较,结合产量、生长势、抗病性等重要经济性状,选拔综合性状优良的单株作比较试验,特别优良的可先进行高接繁殖鉴定。

11.4.2 杂种后代的培育

杂种后代的性状表现受内、外因素的影响,内因是遗传物质(基因型);外因受选择方向、方法和环境的影响。杂种后代的性状形成并非是杂种同化了培育条件,而是在一定培育条件下杂种性状得以充分表现。因此,品种性状的形成与培育条件密不可分,以下是杂种培育时应注意的基本原则。

1)培育条件一致

不同组合、不同系统的杂种后代应在相对一致的条件下培育,将环境的影响降低到最低限度,使遗传的差异充分表现出来,以提高选择效果。培育时试验地肥力应均匀,一天内完成播种、定植工作，施肥、灌溉、中耕、防治病虫等措施应尽量一致。

2）培育条件与育种目标对应

选育丰产、优质的品种，杂种后代应在较好的肥水条件下培育，使丰产、优质的性状得以充分表现，提高选择的效果。选育设施栽培品种，杂种各世代或部分世代应在设施或与设施相似的生态条件下培育，利用自然淘汰不适应设施栽培的杂种后代。选育抗病品种应在发病严重的地区或季节培育，为选育抗逆性强的品种提供自然鉴定条件。

3）根据杂种性状发育规律培育

某些性状在植物的不同年龄、不同环境下，有不同的表现和反应，培育条件应尽量符合杂种不同年龄、不同环境下的最适生长条件。例如，杂种的抗寒性一般幼年时期较弱，随年龄增加抗寒性增强，在抗寒育种时幼年期要给予适合的肥水，结合保护和锻炼，才可能在选择抗寒性的同时对其他性状进行选择，否则，幼苗因不耐寒全部冻死，就无法进行选择。

4）提高杂种实生苗的成苗率

木本园艺植物通过人工杂交得到的杂交种子数量有限，尤其是核果类杂交种子少，早熟种出苗率不高，在培育过程中还要不断被淘汰，不易获得大量杂种后代。杂种群体较大时才有可能获得几个主要育种指标均表现优良的单株，因此，应可能提高杂交种子系数，提高种子出苗率和成苗率。

5）促进实生苗提早结果

木本园艺植物生长发育周期较长。如银杏、杨梅需 9 ~ 10 年，最短的桃、李、枣、葡萄等也需要 3 ~ 4 年的童期，才能进入开花结果期。应采取适当的措施缩短杂种的童期，促进杂种实生苗提早结果，提高育种效率。

促进杂种实生苗提早结果可从两方面考虑：一是培育杂种的自然环境条件，即温度、湿度、光照、土壤和地势等。这些因素在不同程度上影响实生苗的生长发育并影响到开花结果的迟早。其中温度是最重要的因素，在果树的适生范围，“北种南育”利于提早结果。二是各种栽培技术措施。主要包括以下几个方面：

①栽植距离要适当。根据植物特性，适当加大栽植距离，使光照、通风、营养条件良好，有利于提早结果。

②提早播种育苗。利用人工方法促使种子后熟或通过休眠，缩短从种子采集到正常播种期的时间。

③减少移栽次数。避免根系损伤，加速生长，提高杂种早期开花植株的百分率。

④采用清耕法并给予良好的营养条件。试验表明清耕法培育苹果实生苗 7 年时，干径粗度和开花百分率都显著高于生草法。根据实生苗的生长发育规律及不同时期对营养条件的不同要求，施以不同的氮、磷、钾等元素，注意微量元素对刺激成花的作用。

⑤修剪和枝条处理。修剪低级枝序上长出的过密枝条，利于通风透光，主枝不进行短截修剪，以免减弱生长。对枝条采取吊、拉、撑和弯等措施，调节枝条的生长和树势，积累花芽分化所需的营养物质，有利于提早结果。

⑥环状剥皮。实生苗长至 3 ~ 5 年时进行环剥，可增加茎干或枝条的割伤以上部位碳

水化合物的积累,有利于花芽分化。

⑦高接。从1年生的实生苗上采取接穗进行高接,可促进生长,形成高位枝序,利于营养积累,促进花芽分化,提早结果。例如,种芽高接的脐橙第5年结果,而实生树需11~12年。

⑧利用矮化砧木。矮化砧木嫁接杂种实生苗,有利于密植和杂种的提早结果。例如,用锡金海棠的无性系砧木嫁接繁殖苹果1年生实生苗,3年后有15%的树开花,4年后有53%开花,而相邻栽植的25株实生苗对照树无一开花。

⑨应用生长调节剂。生长调节剂可促进实生苗提早开花结果,据报道对果树实生苗能提早结果的生长调节剂有:赤霉素(GA)、生长抑制剂阿拉(Alar)、矮壮素(CCC)、乙烯利和胡敏酸等。

⑩农业综合措施。如水、肥、病虫害防治等一系列配套措施,提高管理水平,使实生苗生长健壮,尽快达到开花结果的临界高度,形成大量的有效叶系,利于实生苗提早开花。

11.5 远缘杂交困难及其克服方法

远缘杂交是指种间、属间、或地理上相隔很远、不同生态类型间的杂交。由于远缘杂交的种、属间遗传差异大,因此,存在着杂交不亲和性、杂种的不育性、后代分离广泛等困难。其中,后代分离广泛性为我们提供了更多的选择机会。

11.5.1 克服远缘杂交不亲和方法

远缘杂交时,通常将不能结实或结实不正常的现象称为杂交不亲和。主要表现在:母本的柱头不能识别父本花粉,分泌抑制物导致花粉不能发芽;或花粉能发芽,但花粉不能伸入柱头;或花粉管生长太慢或太短而无法到达胚囊;或花粉管虽然能进入子房,但无法正常受精;或受精的幼胚不发育或发育不正常等。克服的方法有以下几种形式:

1)选择正确的亲本并注意正反交

植物多数类群(番茄属、芸薹属、悬钩子属等)的种间均存在不亲和性的差异;即使同一个种不同品种的配子与另一个种的配子,甚至不同个体配子的亲和力也有差异。如用山荆子为母本与梨杂交,若用秋子梨作父本很难杂交成功,但用西洋梨作父本亲和性很好。大白菜不同品种和自交系与阿比西尼亚油菜杂交亲和性差异明显,结实指数[结实指数=(种子数/杂交花数)×100]不同。因此,在两个远缘亲本内多选些品种和个体配组杂交,可提高远缘杂交成功的可能。

远缘杂交也有正反交亲和性存在差异的现象,如山茶和怒江山茶,连蕊茶和山茶的正反交均存在明显差异。

一般以染色体数多或染色体倍数高的种作母本,结实率较高。如以六倍体的云南山茶作母本,华东山茶作父本,杂交结实率为 8.7%,反交仅 2.5%。用杂种植株或幼龄植株作母本杂交也易成功。果树育种时多采用杂种第一次开花的实生苗作母本也能获得较好的效果。

2)改变授粉方式

(1)混合授粉

混合授粉即在选定的父本类型花粉中,掺入少量其他品种的花粉,甚至母本花粉,然后授予母本柱头上。何启谦等以国光苹果为母本,授以鸭梨+苹果梨+20 世纪梨的混合花粉,获得了杂种种子。混合花粉中可混入用射线或高温杀死的非父本花粉,甚至可混入未杀死的花粉,只是对杂交后代一定要认真鉴定。

(2)重复授粉

由于不同的物种适宜的受精时期不同,可选择在母本花的花蕾期、开花初期、开花盛期、开花末期等不同时期,进行多次重复授粉。

(3)柱头液处理

在授粉时,先将父本的柱头液涂抹于母本柱头上,然后再授以父本的花粉,可刺激花粉的萌发和生长。例如,北京林学院将杨树柱头液涂于柳树的柱头上,然后授以杨树花粉,成功地获得了属间杂种。

(4)射线处理法

某些物种的花粉或柱头经射线处理后,活性增加,如泡桐的种间杂交中用 γ 射线处理泡桐花粉,使花粉萌芽率、坐果率和受精率大大提高。

3)预先无性接近法

预先将亲本互相嫁接在一起,使他们的生理活性得到协调或改变原来的生理状态,而后进行有性杂交,较易获得成功。例如,花楸和梨是不同的属,米丘林将普通花楸和黑色花楸杂交获得杂种,然后将杂种实生苗的枝条嫁接于成年梨树的树冠上,经过 6 年时间,当杂种花楸的枝条开花时,授以梨的花粉,从而成功地得到了梨与花楸的远缘杂种。

4)利用桥梁种

两个种的亲缘关系太远不能杂交成功时,可选用与这两个种亲缘均较近的第三个种作桥梁种,先与一亲本杂交产生杂种,再用这个杂种与另一亲本杂交,桥梁种起了有性媒介作用。例如,萝卜与芸薹杂交不亲和,用甘蓝型油菜作桥梁种,先与萝卜杂交获得杂种,再与芸薹杂交,育成了胞质不育的芸薹雄性不育系;用矮生扁桃和山毛桃先杂交,获得扁桃,再与普通桃杂交,最后获得成功。

5)柱头切割移植或子房内授粉

先在父本柱头上授粉,在花粉管伸长之前将其切下,然后嫁接在母本花柱上,或先进行柱头嫁接,然后再授粉。也可以将母本花柱切除或剪短,撒上父本花粉,百合种间杂交常采用花柱短截的方法。子房内授粉就是采用各种方法,将父本的花粉直接引入子房腔内使胚珠受精。例如,将花粉悬浮液注入子房内使之受精或利用组培技术将母本的胚珠取下,在试管内培养,然后在试管内与父本的花粉受精,并培养成植株。

6)应用化学药剂

应用赤霉素、萘乙酸、生长素、硼酸等促进花粉萌发、生长、受精的药剂处理雌蕊,有助于获得种子。如梅花种间杂交通常用 50～100 mg/L 的赤霉素处理柱头,可提高结实率。兰科植物杂交时,在柱头上涂抹 2,4,5 三氯化苯基醋酸,可促进杂交成功。

7)离体授粉、试管受精

雌蕊的离体授粉是在母本花药未开裂时切取花蕾灭菌,剥去花冠、花萼和雄蕊,在无菌操作下,将雌蕊接种在人工培养基上,再进行人工授粉和培养。试管受精,是离体培养未受精的母本胚珠,授以父本花粉或已萌发伸长的花粉管,直到培养成杂种植株的子代。

8)创造适宜的授粉条件

创造有利于花粉萌发和受精的环境条件,在远缘杂交中也是必要的。如金花茶与山茶的远缘杂交中,在温暖少雨的气候条件下结实率显著高于低温多雨条件下的结实率。

11.5.2 克服远缘杂种不育的方法

远缘杂交中,利用一些措施虽然产生了受精卵,但受精卵与胚乳或母本的生理机制不协调,不能发育成健全的种子;有时种子健全但不能正常发芽或不能发育成正常的植株。即从受精卵开始,在个体发育中表现一系列不正常的发育,不能长成正常植株的现象称为杂种不育性。例如,梨与苹果的杂种,种子发芽正常,但之后根系逐渐坏死至全株死亡。可采用以下 3 种途径克服远缘杂种的不育性:

1)胚胎培养

当受精卵只发育成胚而无胚乳,或胚与胚乳的发育不适应时,可用胚胎培养使胚胎发育成幼苗。一般在杂交后 1～3 周取下果实,取出幼胚,接种在培养基上,整个过程要求无菌操作。接种后放入(25±2) ℃温箱内,幼胚在培养基上发育成幼苗,将其移植到消毒过的培养土中,盆栽于室内。培养基的主要成分是琼脂、蔗糖和多种无机盐等。培养基的配方很多,常用的培养基有:White,MS,Nitsch,Tukey,Rangaswamy,Norstog 等。

2)改善生长发育条件

远缘杂种种皮较厚时,可刺伤种皮以便种子吸收水分和呼吸。种子秕小时,可用腐殖质含量高、消毒过的土壤在温室盆栽,创造最适的发芽条件。发芽后加强管理,使植株生长健壮。

3)嫁接

可将杂种幼苗嫁接在母本幼苗上,以免因杂种根系发育不良引起植株死亡,使杂种正常生长发育。

11.5.3 杂种不稳性

远缘杂种由于生理不协调不能形成生殖器官,或虽能开花,但在减数分裂中染色体不能正常联会，不能形成正常的配子和不能结实的现象，称为远缘杂种不稔性。

甘蓝型油菜与白菜型油菜的 F_1 在减数分裂过程中，不能正常联会，形成单价、三价染色体。染色体分配不平衡，最后形成一分体、二分体、三分体、五分体和六分体，有的带有微核，产生败育花粉造成杂种不稔。克服杂种不稔性的途径有：

1）染色体加倍

多数远缘杂种不稔性是由杂种减数分裂时染色体不能正常联会造成的，常用染色体加倍法解决此问题。用秋水仙碱或其他多倍体诱变剂处理杂交种子或幼苗诱导杂种染色体加倍，或先诱导亲本成多倍体后再杂交。如诱导白菜和甘蓝的远缘杂种染色体加倍，恢复了杂种稔性，育成了能正常繁殖的白蓝。邱园报春是多花报春和轮花报春杂交经染色体加倍后恢复稔性的远缘杂种。

2）回交

远缘杂种因花粉败育不能繁殖后代时，用回交法可显著提高稔性。回交时以远缘杂种为母本，以亲本之一为父本，若两亲回交提高稔性的差异较大，应选提高稔性大的亲本为轮回亲本；若两亲回交提高稔性的效果相似，应依据育种目标选择轮回亲本。如分球洋葱×大葱的 F_1 生长强健，F_1 的卵败育，部分花粉有活力。F_1 自交不稔，F_1×亲本之一也不稔，而亲本之一×F_1 可获得后代。

3）蒙导

杂种嫁接于亲本之一（作为蒙导者）或第三类型上，可能克服由于生理不协调引起的杂种不稔性。如用斑叶稠李×酸樱桃杂交获得的属间杂种，只开花不结实，将杂种嫁接在甜樱桃上，第二年便结实了。

4）延长杂种生育期

远缘杂种的不育性，不是一成不变的，延长杂种生育期有可能使杂种的生理机能逐步趋向协调，从而使生殖机能得到恢复。如米丘林曾用高加索百合和山牵牛百合杂交，获得种间杂交种“紫罗兰香百合”，杂交种在栽培的第一、二年仅开花而不结实，第三、四年得到了一些空瘪的种子，至第七年能产生部分发芽种子。另外，多次扦插繁殖可以克服秘鲁番茄和栽培番茄远缘杂种的不稔性。

5）改善营养条件

杂种不稔性除受遗传影响外，还受个体发育过程中营养条件的影响。花期喷硼或生长素，对杂种增施磷、钾肥料或氮肥，加强整枝、摘心等对提高杂种稔性有一定的效果。杂交种最好采用人工催芽，进行营养钵或纸筒育苗的方法，待小苗长大后，再移栽田间。在整个生育期间应加强田间水肥条件和管理。在杂种开花期认真选株进行品系间杂交或回交，都有助于提高杂种结实率。

6）选择提高法

杂种的稔性在个体间存在差异，逐代选择稔性较高的个体继续繁殖，可逐步提高稔性至恢复正常。杂种群体越大，选择提高稔性的效果也越大。如树莓与黑树莓的远缘杂种，多数只开花不结实，但经4代连续选择后，获得了能正常开花结实、丰产、优质的大果型品种“奇异”。

11.5.4 杂种的杂种优势、返亲遗传和剧烈分离

远缘杂交的亲本亲缘关系较远，在遗传和生理上差异较大，其杂种比近缘杂种表现出更强大的优势。如柑橘类果树的属间杂种“枳橙”，生长比枳壳旺盛，且具有枳壳对柑橘抗衰退病的抗性。也有因远缘杂交双亲遗传或生理的不协调，生活力表现衰退的情况。

远缘杂交的 F_1 有时出现与母本性状相似的个体，可能是因亲缘关系太远、受精过程中两性配子不能正常结合，卵细胞受花粉刺激，孤雌生殖形成种子，播种后产生母本型的个体。

远缘杂种从 F_2 发生剧烈分离，分离范围较品种间分离广泛，后代中出现杂种类型、与亲本相似的类型或亲本没有的新类型。这种现象往往持续许多世代而不易稳定。分离产生的近缘杂交不能形成的新类型，为选育特殊的新品种提供了珍贵的原始材料。

11.6 杂种优势及其利用价值

11.6.1 杂种优势的概念与表现

杂种优势是生物界普遍存在的现象，指两个不同基因型的亲本杂交产生的杂种一代（F_1）在生长势、生活力、繁殖力、抗逆性、产量、品质等方面比双亲优越的现象。杂种优势有强有弱。并非所有杂种一代都存在杂种优势，同一组合在不同环境下种植，优势表现不同。杂种优势的表现有3种类型：一是营养型。表现营养器官生长势强，植物的根系发达，茎、叶生长繁茂。二是生殖型。表现为生殖器官发育较强，植物开花多，果实及种子产量高，品质好。三是适应型。表现为杂种第一代有较强的适应性，在抵抗不良环境、抵抗病虫害方面超过双亲。观赏植物的杂种优势一般表现是适应性强，生长健壮，株形、叶形、花形、花姿、瓣形、花色的性状有较高的观赏价值，花径大、花枝长、产花量多等，也有些杂种优势表现为植株矮、花期延迟等。

自交衰退也是生物界的普遍现象，与杂种优势相反，指多数异花授粉植物在连续多代自交后，会出现一定程度的生理机能衰退，表现为生长势、抗病性、抗逆性的减弱，产量下降等现象。自交衰退在不同植物种类、品种和个体间有差异。自交衰退速度在自交早代较快，中晚代较慢，在中晚代选择，可能选出较稳定的自交系。如十字花科的白菜、甘蓝和萝卜等自交衰退较重，葫芦科的西瓜、甜瓜较轻。异花授粉植物长期异交，不利的隐性基因有较多的机会以杂种形式保存下来；自交时，隐性不利基因就表现出衰退现象。而自花授粉

植物在长期的进化中,不适应自交的植株已被自然界淘汰,自交衰退不明显甚至不衰退。

11.6.2 杂种优势利用概况

随着优势育种技术的迅速发展,世界各国杂交品种的利用率越来越普遍。日本的番茄、白菜、甘蓝杂交种的生产面积占总面积的90%以上,黄瓜占100%。美国的胡萝卜、洋葱、黄瓜杂交种占85%左右,菠菜占100%。近年来,观赏植物也开始利用杂交种栽培,如金鱼草、三色堇、紫罗兰、樱草类、蒲包花、四季海棠、藿香蓟、耧斗菜、雏菊、锦紫苏、石竹、凤仙花、丽春花、天竺葵、矮牵牛、报春、大岩桐、万寿菊、百日草、羽衣甘蓝等。

我国从20世纪50年代开始园艺植物杂种优势的利用研究,20世纪70年代以来甘蓝、白菜、番茄、茄子、辣椒、黄瓜、西瓜、甜瓜等杂交品种已大面积用于生产。现已育成20种园艺植物杂交品种400多个,推广面积1 km^2 以上,杂交品种在生产中所占的比重迅速上升。

杂交品种迅速发展的原因主要包括:

①杂种优势强。

②育种周期短。

③育种者权益易得到保护。

因此,凡是有条件利用 F_1 的园艺植物,几乎都在选育和使用杂交品种。

11.6.3 杂种优势的遗传机理

1)显性假说

显性基因有利于个体的生长发育,杂种优势是由双亲的显性基因在杂种上得到互补的结果。例如,以基因型为AAbbCCddEE的甲系与基因型为aaBBccDDee的乙系杂交,杂种基因型就是AaBbCcDdEe。可以看出,甲系只表现3个显性性状,乙系只表现两个显性性状,而杂种却表现了5个显性性状。因此,杂种优于双亲。

2)超显性假说

杂种优势来源于等位基因的异质结合而产生的基因间互作效应,这个假说完全排斥了等位基因间显隐性的差别,排斥了显性基因在杂种优势表现中的作用。例如,a1a1为甲系,a2a2为乙系,其杂种基因型为a1a2。a1控制合成一种酶,这种酶使植物体进行一种生理代谢功能,a2控制合成另一种酶,这种酶使植物体进行另一种生理代谢功能。可以看出,甲系和乙系都只能进行一种生理代谢,而杂种可进行两种生理代谢,故杂种优于双亲。早期的超显性假说是基于单一位点的基因效应,部分地解释了杂种优势现象,而对控制植物数量性状的微效多基因之间的相互作用,即上位性效应考虑较少。近年的研究结果表明,非等位基因间的互作效应在杂种优势的形成中起着十分重要的作用。

此外,关于杂种优势的解释还有遗传平衡假说、生活力假说、活性基因效应假说、基因网络系统学说、遗传振动合成学说等。大量研究事实显示:杂种优势的产生不仅与亲本间的遗传差异和基因间的作用效应有关,同时与杂种后代线粒体、叶绿体、核基因组的基因表达差异以及由其形成的基因网络系统的协调功能具有必然的联系。

11.7 选育一代杂交种的程序

杂种优势主要利用一代杂种。按照亲本性质不同,一代杂种可分为品种间、品种和自交系间、自交系间杂交3种杂交种。品种间常用于自花授粉植物、异花授粉植物,选育一代杂种的工作从选育自交系开始,主要步骤有优良自交系的选育、自交系配合力的测定和配组方式的确定。严格自交不亲和的植物如雏菊、熊耳草等不能得到自交种子,可用近交系配制杂交组合。

11.7.1 选育优良自交系

自交系是从某品种的一个单株连续自交多代,结合选择产生的性状整齐一致,遗传性相对稳定的自交后代系统。优良的自交系应具备配合力高,抗病性强,产量高(自交系本身种子产量高、选配的杂交组合产量高)、多数优良性状可遗传等特征。

自交系的原始材料最好是有栽培价值的定型品种。半栽培或野生种的个别优良性状必须通过杂交、回交转到栽培种中才能利用;杂种一代需多代自交分离形成自交系。自交系的选育方法有系谱选择法和轮回选择法。

1)系谱选择法

(1)选株的基础材料

一般选株的基础材料为优良品种或杂交种,优先选用定型品种。因为这些材料综合性状比较优良,基因型杂合度较低,容易纯化;而杂种需自交5代以上才能纯合。

从基础材料中选择的用于自交的植株为"基本株",即 S_0 代。由其筛选出的优良单株自交获得的下一代为 S_1 代,依次为 S_2,S_3,…。

(2)选株自交

在 S_0 中选择无病虫害的优良单株自交。自交株数取决于 S_0 的一致性程度,一致性好时选5~10株,一致性差时需酌情增加。每一变异类型最少自交2~3株,每株自交种子数应保证后代可种50~100株。

(3)逐代选择淘汰

先进行株系间的比较鉴定,在入选的株系内选优良单株自交。通常每个 S_1 株系一般种50~200株,以后继续选择淘汰,直到主要经济性状不再分离,生活力不再继续明显衰退为止,自交一般进行4~6代。每个自交株系种植的株数可随自交株系的减少而增加。自交系选育出来后,每个自交系种在一个隔离小区内,系内株间自由授粉。

2）轮回选择法

轮回选择是通过反复选择和杂交，将需要的基因集中，即从原始材料中选择优良个体，在自交一次后的后代系统间多系杂交，得到下一次选择的群体。此法增加了优良基因型间重组的机会，使优良基因频率不断提高，基因缓慢接近纯合。用作轮回选择的原始材料可以是自然授粉品种、混合品种、自交系间的杂交后代、双交种和单交种等。遗传基础狭窄的材料不宜采用轮回选择法。

（1）单轮回选择法

从原始材料中，选择优良单株自交，单株留种，株系播种，再进行多系杂交，混合播种，完成一个周期（轮）。根据育种目标鉴定入选群优劣，再进行更多周期的选择。此法适于遗传力高的性状，如抗病性、抗虫性等。

（2）配合力轮回选择法

从原始材料中选择优良单株，自交（S）和测交（C）。自交是为保留后代，逐步纯合基因型；测交是为鉴定入选单株的一般配合力。第二代比较测交得到的 F_1 的园艺性状，评选一定数量（约10%）的优良组合，将优良组合的母本株自交后代在隔离区随机交配再组合成一个改良群体，完成一个选择周期，根据群体优劣可进行若干轮回的选择。

此法是用一个杂合的群体或复合杂交种作测验种与优良单株测交。由于测验种的基因型是杂合的，故测交结果反映了所选自交系的一般配合力。因此，此法适于选育一般配合力高的自交系，也用于提高原群体的生产性能。

（3）交互轮回选择法

交互轮回选择法是以两个杂合群体 A 和 B 互为测验种，在两个群体内选择优良单株分别测交和自交。以测交结果选择自交系。入选株系进行一次互交，即完成一次交互轮回选择，根据入选群体性状可进行下一轮选择。

此法对一般配合力和特殊配合力都有效，可同时育成 A，B 两个自交系，可培育成 A，B 间的各种类型的杂交种。

11.7.2　配合力测定

1）配合力概念

配合力即组合力，指亲本在其所配的 F_1 中某种性状表现是否优良的能力，分为一般配合力（gca）和特殊配合力（sca）。gca 指一个自交系在多个杂交组合中的平均表现，表示为 $g_i=\bar{x}_i-u$，$\bar{x}_i$ 表示第 i 个亲本某性状观测值的平均值，u 表示群体的总平均；sca 指某特定组合某性状的观测值与群体的总平均值及双亲 gca 预测的值之差，表示为 $S_{ij}=X_{ij}-u-g_i-g_j$。S_{ij} 表示第 i 亲本与第 j 亲本的杂交组合的 sca 效应，X_{ij} 表示第 i 亲本与第 j 亲本的杂交组合 F_1 的某一性状的观测值，$g_i(g_j)$ 表示第 $i(j)$ 个亲本的 gca。

见表 11.2 中 B 亲本的一般配合力为：$gca_B=9.1-8.9=0.2$，而亲本 $B\times I\rightarrow F_1$ 代杂种的特殊配合力为：$sca(S_{BI})=8.8-8.9-0.2-(-0.2)=-0.1$。可以看出，一般配合力是针对一个亲本而言的，特殊配合力是针对特定杂交组合而言的。

表 11.2　4 个父本和 5 个母本所配 20 个 F_1 的小区平均产量

单位:kg/m^2

亲　本	A	B	C	D	平　均	gca
E	9.2	8.9	9.0	8.5	8.9	0.0
F	8.4	9.1	8.7	8.2	8.6	-0.3
G	9.0	9.4	9.6	8.8	9.2	0.3
H	9.1	9.3	9.2	8.8	9.1	0.2
I	8.8	8.8	9.0	8.2	8.7	-0.2
平均	8.9	9.1	9.1	8.5	8.9	
gca	0.0	0.2	0.2	-0.4		

2)配合力分析的意义

自交系只是根据亲本本身的表现进行选择,用它来预测 F_1 的表现并不可靠。因为决定 F_1 杂种优势的非加性效应,只有在基因型杂合时才能表现出来。因此,自交系选育出来后,要进行配合力分析,以便确定合适的育种方案。当 gca 和 sca 均低时,这样的株系和组合应淘汰;gca 高 sca 低时,应采用常规杂交育种;sca 高时,应采用优势育种。

3)配合力分析方法

(1)顶交法

顶交法以普通品种(含杂种)作测验种,与各被测自交系(或品种)配组杂交,比较各测交种性状(如产量)的优劣。测交种性状优良的组合,被测自交系(或品种)的配合力高。此法组合数少,缺点是不能分别计算一般配合力和特殊配合力,所测数据是两种配合力混在一起的配合力。因此,适于早代的配合力测试,便于及时淘汰配合力相对较低的株系;或用于测验种为最后配制杂种一代时亲本之一的情况,如用雄性不育系或自交不亲和系作亲本配制杂交种时。

(2)不等配组法

不等配组法又称不规则配组法或简单配组法,即把自交系按亲本选配的原则配成若干组合。优良的自交系多配一些组合,不突出的自交系少配一些组合,使各自交系实际配成的组合数不相等。此法工作量少,缺点是部分组合数目过少,配合力计算结果可靠性较差,适于亲本材料较多希望从中选中优良组合,但受条件限制只能在少数组合间比较时。

(3)半轮配法

半轮配法又称半双列杂交法,将每一自交系(或品种)与其他自交系(或品种)一一相配,但不含自交和反交。组合数 $n=P(P-1)/2$,P 为亲本自交系(或品种)数。半轮配法最为常用。此法可了解某一性状的配合力决定于一般配合力还是特殊配合力,可以较准确地选出优良组合,缺点是工作量大,且忽视了正反交差别。

(4)全轮配法

全轮配法是将每一自交系(或品种)与其他自交系(或品种)一一相配,含正交、反交和自交。可得到全部可能配合的组合,深入了解亲本的遗传规律,缺点是工作量太大。

11.7.3 确定组配方式

组配方式指确定杂交组合的父本、母本和参与配组的亲本数。按参与杂交的亲本数可分为下面几种方式:

1) **单交种**

单交种是用两个自交系杂交配成的杂种一代,是最常用的配组方式。其优点是基因型杂合程度最高,株间一致性强,制种程序简单。

单交种确定父本、母本时应注意:母本宜选择高产、优良性状较多、繁殖力强的亲本,最好具有苗期隐性性状;父本宜选择花粉量大、花期长的亲本。

2) **双交种**

双交种是四个自交系先配成两个单交种,再用两个单交种配成的杂种一代品种。此法可降低杂种的生产成本,但杂种优势和整齐度不如单交种。由于园艺植物对产品的整齐度要求较高,现在生产上较少采用此方法。

3) **三交种**

三交种是先用两个自交系配成单交种,再用单交种与另一自交系杂交得到的杂交品种。与双交种一样,三交种可降低种子生产成本,但杂种优势和整齐度较单交种差。蔬菜生产中很少应用。

4) **综合品种**

综合品种是将多个配合力高的异花授粉或自由授粉植物亲本在隔离区内自由授粉得到的杂交品种。此法育成的品种适应性强,但整齐度较差。其杂种可连续繁殖2~4代,保持杂种优势,但遗传组成不尽相同,在生产中表现不太稳定。

11.7.4 品种比较试验、生产试验和区域试验

优良杂交组合育成后,不能直接在生产中推广应用,必须进行严格的品种比较试验、生产试验和区域试验,才能根据其表现确定是否推广、适合在哪些地区推广、有无上报全国区域试验的价值。衡量组合优劣的标准是对照种(包括统一对照种和地方对照种),一般比对照增产15%以上,或产量增加不明显,但其他主要经济性状有1~2个显著优于对照者,可认为有推广价值。

11.8 杂种种子生产

选育出优良杂交组合后,便需要生产一代杂种种子供大面积生产上应用。杂交种子生

产的任务:一是年年进行亲本的繁殖和保纯;二是设置隔离区种植组合亲本,年年生产一代杂种种子。杂种生产的原则是种子的杂交率高,种子的生产成本尽可能低,这样种子才有更强的市场竞争力。生产杂交种子的方法很多,主要包括人工去雄制种、利用苗期标记性状制种、化学去雄制种、利用单株制种和利用迟配系制种等。

11.8.1 人工去雄制种

人工去雄制种也称简易制种法,用人工去除母本中的雄株、去掉母本株上的雄花或雄蕊,使父本自然授粉或人工辅助授粉,母本植株上所结的种子为 F_1 杂交种。此法广泛用于园艺植物,其具体操作因植物的开花授粉习性而异。

1)雌雄异株植物

此类植物(如菠菜、芦笋等)制种最为简单,将母本和父本以 3 ~ 4 : 1 的行比种植在隔离区内(1 500 ~ 2 000 m 内不应有同类植物的其他品种)。在雌雄可辨时,拔掉母本行的雄株,每隔 2 ~ 3 d 拔一次,连续 2 ~ 3 周,开花期依靠风力或昆虫传粉。在母本株上采收的种子为 F_1 种子,父本行中的雌株所结的种子可作下一年制种的父本种子。另设隔离的母本繁殖区。

此类植物拔除雄株的工作量非常大,且很难拔除干净,提高杂一代种子纯度的较好方法是雌性系制种。

2)雌雄同株异花授粉植物

此类植物(如黄瓜、西瓜等葫芦科植物)的制种也较简单,将父本、母本按 1 : 10 的行比种植在隔离区内(1 500 ~ 2 000 m 不应有同类植物的其他品种)。开花前 1 d 将杂交雌雄花夹住,第 2 d 开花后授粉。母本株上收获的种子即为 F_1 种子,父本株上收获的种子为下一年制种用的父本种子。另设母本繁殖区。

此法与雌雄异株的异花授粉植物制种相似,提高杂一代种子纯度的较好方法是雌性系制种。

3)雌雄同花的自花授粉和常异花授粉植物

此类植物(如番茄、辣椒、茄子等茄科植物)常采用人工去雄、人工授粉的杂交方法生产杂种一代。番茄亲本的繁殖可不设隔离区,注意去杂去劣,保持较高纯度;辣椒、茄子亲本的繁殖最好在隔离区内进行。父本、母本分区种植,开花前将母本人工去雄,开花期采集父本花粉,对去雄后的母本花人工授粉。在母本株上采收的种子为 F_1 种子,父本株上收获的种子为下一年制种用的父本种子,母本株上未经人工授粉采收的种子为下一年制种的母本种子或另设母本繁殖区。

此类植物花器小,人工去雄授粉较费工,但杂交坐果率高,单果结子量多,且育苗移栽用种量少,故制种成本并不算高,经济效益显著。

4)雌雄同花的异花授粉植物

如十字花科植物和洋葱、胡萝卜等。将父本、母本自交系种植在隔离区内,可混合播种或父本、母本按1∶1或1∶2间行种植。花期任其自由授粉。从母本或父本、母本植物上同时收获杂一代种子。父本、母本繁殖需另设隔离区。

此法简单易行,采种量大,制种成本低。但此类植物花器特小,单花结子量少,繁殖系数特别低,杂种纯度低。提高杂种一代种子纯度的方法是采用自交不亲和系或雄性不育系生产杂种一代。

11.8.2　利用苗期标记性状制种

苗期容易目测,可直接用于鉴别亲本和杂种的植物学性状称为苗期标记性状,如大白菜的叶片无毛,番茄的薯叶、绿茎、黄叶,西瓜的全缘叶,甜瓜的裂叶等。利用时以隐性纯合类型为母本,相应的显性类型为父本,从母本上所收的 F_1 种子,播种后苗期若表现为标记性状则为假杂种。

具体方法是:在制种区内,父本、母本按1∶2~3的行比种植,任其自由授粉。父本株只提供花粉,花期后可拔掉,或作商品果采收;母本上收获的种子为杂一代种子。另设母本繁殖区和父本繁殖区。种植 F_1 时,将苗床中具有母本隐性性状的假杂种全部拔除。

此法适于常异花授粉植物,操作简单,能在较短时间内生产大量的杂种种子,种子生产成本低;但因苗期标记性状并非所有杂交组合中都存在,且苗期拔除假杂种的工作量大,不易被生产者接受。

11.8.3　化学去雄制种

利用化学试剂杀雄,也可免除人工去雄杂交的工作量。经过近几十年的不断研究探索,化学去雄剂不断增加,现已发现二氯乙酸、二氯丙酸钠、三氯丙酸、二氯异丁酸钠(FW 450)、三碘苯甲酸(TIBA)、二氯乙基磷酸(乙烯利)、顺丁烯二酸联胺(MH)、二氯苯氧乙酸(2,4-D)、核酸钠、萘乙酸(NAA)、二氯乙基三甲基氯化铵(矮壮素CCC)等具有一定的杀雄效果。一般采用水溶液在花芽分化前喷雾,间隔适宜时日需重复喷药多次。

但化学杀雄剂杀雄常不彻底,易受环境影响,效果不稳定,有些还有副作用(如损伤雌性器官,影响正常生长发育或对人畜有害)或价格昂贵难以在生产中应用。至今,我国应用的仅限于葫芦科植物制种中用乙烯利处理,抑制雄花的产生。

11.8.4　利用单性株制种

育种实践中,还可利用一些园艺植物自身的性别特点,进行单性株制种。

1)雌性系

雌性系是只生雌花、不生雄花且该性状能够稳定遗传的品系。这种品系在黄瓜、甜瓜、南瓜等葫芦科植物中被发现和利用,黄瓜利用雌性系生产杂种一代在生产中已十分普遍。

雌性系的选育方法是:引进雌性系直接利用或转育;从以雌性系为母本的 F_1 杂种自交

分离后代中选育;用雌雄株与完全株或雌全株杂交,F_1 中部分为纯雌株和强雌株,部分为雌雄株。用 F_1 的纯雌株与雌雄株系回交,直到经济性状和配合力达到要求。再用 GA 等处理使纯雌株产生雄花,经 2 ~ 3 代自交便可获得优良的雌性系。

制种时,按 1 : 3 行比种植父本、母本。在雌性系开花前(6 ~ 7 片真叶)拔除弱雌性植株,并摘除强雌株上的雄花。在 F_1 制种隔离区内(1 500 ~ 2 000 m 内不应有同类植物的其他品种)任其自由授粉。母本株上收获的种子为杂一代,从父本上收获的种子下一代继续作父本。另设母本繁殖区。母本繁殖时必须用 GA、硝酸银或硫代硫酸钠处理(苗期用 0.1% GA 喷叶面 1 ~ 2 次,每隔 5 d 喷一次;硝酸银和硫代硫酸钠的浓度分别为 50 ~ 500 mg/L,920 mg/L),促使其产生雄花,在隔离区内任其自由授粉可得到母本种子。

2)雌株系

园艺植物中的菠菜和芦笋可利用雌株系制种。

菠菜雌株系的选育是从优良品种的群体中选择优良的纯雌株作母本,用优良强雌两性株作父本杂交,F_1 即为纯雌株系(纯雌株占 95% 以上)。菠菜利用雌株系制种与葫芦科植物的雌性系制种基本相同,只是菠菜的雌株系母本繁殖时需在隔离区用强雌两性株授粉繁殖,强雌两性株可通过姊妹交繁殖。

芦笋田间的雌株即为稳定的纯雌株(XX)。通过配合力测定选出优良纯雌株,再经组织培养大量繁殖可获得雌株系。芦笋杂种一代还需通过花药培养和染色体加倍获得与雌株系配合力高的超雄株(YY),再与雌株系杂交,获得有相同基因型、性状整齐一致的全雄株杂种一代。

11.8.5 利用迟配系制种

迟配系是指同基因型花粉管在花柱中的伸长速度比异基因型花粉管在花柱中的伸长速度慢的系统。可利用迟配系制种,在开花当天授粉,杂种率非常高,甚至达 100%。

学习拓展)))

自交不亲和系与雄性不育系

自交不亲和性指两性花植物,雌雄配子均有正常的受精能力,不同基因型的株间授粉能正常结籽,但花期自交不能结籽或结籽率极低的现象。具有自交不亲和性的系统或品系称自交不亲和系。自交不亲和性在白菜、甘蓝、雏菊和藿香蓟等植物中普遍存在。利用自交不亲和系制种,可免去杂交时的人工去雄工作,降低种子生产成本,保证较高的杂交率。

雄性不育指两性花植物的雄性器官退化或丧失功能的现象。雄性不育性普遍存在于各类植物中,其表现多种多样,主要有以下几种类型:

①雄蕊不育。雄蕊畸形或退化，如花药瘦小、干瘪、萎缩、不外露甚至缺失。

②花粉不育。雄蕊接近正常，但无花粉、花粉极少或花粉无生活力，如一些白菜、萝卜的雄性不育系。

③功能不育。雄蕊和花粉基本正常或花粉极少，因花药不能开裂散粉或迟熟迟裂，阻碍了自花授粉。

④部位不育。雄蕊、花粉均正常，因雌雄位置异常而不能自花授粉，如番茄的长柱花类型。

植物的雄性不育表现复杂多样，存在全不育和半不育、稳定不育和不稳定不育等各种不同表现，另外，同一不育株（系）也会兼有多种不育的特征，甚至同一株、同一花枝、同一花中会存在从不育到能育的种种表现类型，即嵌合型不育。育种实践中，以稳定的全不育最有价值。

雄性不育系是利用植物的雄性不育性育成的不育性可稳定遗传的系统，简称不育系或A系。一个优良的雄性不育系应经济性状优良、雌性器官正常、配合力高且能将不育性稳定地遗传下去并不易受环境的影响，具有较好的育性可恢复性，便于繁殖和配制杂一代。

复习思考题

1. 简述杂交育种在园艺植物育种中的地位。
2. 如何开展有性杂交？简述提高杂交效率的方法。
3. 怎样进行杂交后代的选育和培育？
4. 远缘杂交有什么特点？
5. 什么是杂种优势？育种中如何利用？
6. 什么是配合力，一般配合力和特殊配合力？配合力分析有何意义？
7. 生产杂交种子的方法主要有哪些？

第12章 诱变及倍性育种

学习目标

- 了解诱变育种的概念、特点。
- 了解常用辐射种类的辐射源及其特性。
- 理解多倍体及单倍体的概念及特点。
- 掌握诱变育种和倍性育种的基本方法。

12.1 诱变育种

12.1.1 诱变育种的概念和特点

1)诱变育种的概念

诱变育种是指人为的利用物理或化学手段,诱发植物或植物材料发生遗传物质变异,再通过选择而培育成新品种的育种方法。诱变育种常分为物理诱变育种和化学诱变育种。

1927 年,穆勒(H. J. Muller)在果蝇上,斯特德勒(L. J. Stadler)在玉米和大麦上首次证明 X 射线可以诱发突变。1934 年,Tollenear 利用 X 射线育成了第一个烟草突变品种 Chlorina,并在生产上得到推广。1937 年,布莱克斯里(A. F. Blakeslee)等利用秋水仙碱诱导植物多倍体获得成功。由于原子技术的广泛应用,在 20 世纪 50 年代后期,诱变育种已作为原子能技术应用于农业的重要组成部分。今后,随着技术研究的深入、完善,诱变育种在创造植物新品种中将作出更大的贡献。

2)诱变育种的特点

(1)提高突变率,扩大变异谱

在自然界虽然也会产生自发的突变,但频率极低,而人工诱变可大幅度地提高突变频率。据研究,利用辐射诱发突变,变异频率较自然突变可提高 100 ~1 000 倍,而且变异的类型多、范围广。传统的杂交育种基本上是利用自然界原有基因的重组,从本质上说并无“创造性”可言,而诱变育种则可诱发自然界本来没有的全新类型,这样便可迅速丰富植物的

“基因库”，从而扩大选择范围，提高选择效果。如用中子照射苹果，果实红色突变频率高达7.0%～11.8%；用γ射线照射，矮化突变频率高达5.2%。虽然人工诱变能大幅度提高突变频率，但有利突变的频率较低。必须使诱变处理的后代保持相当大的群体，这仍需要较多的人力、物力和较大的实验场所。

(2)适于改良品种的单一性状

现有园艺植物优良品种往往还存在个别不良性状。在正确选择亲本和剂量等条件下，人工诱变处理可产生的某种“点突变”，它可以只改变品种的某一缺点，而不至损害或改变原品种的总体优良性状，即所谓“品种修缮”。它可以避免杂交育种中因基因重组造成的总体优良性状组合解体或因基因连锁带来的不良性状。因此，诱变育种适于用来进行“品种修缮”工作。

许多无性繁殖园艺植物基因型是高度杂合的，且多数是多倍体或非整倍体，虽然可利用有性杂交育种，但后代通常表现为“疯狂分离”，要在它的实生苗后代中选择只有某些性状得到改良而又保持原品种其他优良特性不变的个体是很困难的。因此，在多年生无性繁殖园艺植物上利用诱变育种效果更加明显。如苹果品种“McIntosh”，经γ射线诱变育成的威赛克旭(McIntosh Wijcik)突变品种除短枝型与“McIntosh”明显不同外，保持了原品种的总体优良性状。

(3)改变植物的育性

如百合特别是东方百合花粉量大，容易污染花瓣和衣物，开花后逐个摘除花药非常麻烦，北京农学院通过辐射诱变育成雄性不育的百合新品种“白天使”，解决了切花百合的花粉污染问题。我国各地广泛用作行道树的悬铃木由于果实成熟后种毛极多，造成严重的大气污染，中国科技大学和合肥市园林科学研究所通过辐射诱变育成不能正常开花结果的不育系，已取得初步成效。另外，有些植物自然产生雄性不育的发生率极低，不易被人类发现，而诱变产生不育的比例能提高30多倍，极易被选出利用，从而使一些不易进行优势育种的植物变为可能。

(4)改变植物有性杂交的亲和性

电离射线照射花粉或花器可以克服某些远缘杂交的不亲和性，如Reusch (1960)在黑麦草和羊茅的属间杂交，Davies(1960)等在甘蓝和幽芥的远缘杂交中用经辐射的花粉授粉，结实率得到显著改进。反之，电离辐射还可使异花授粉植物的自交不亲和变为自交亲和，如Lewis(1954)等报道过辐射诱变获得欧洲甜樱桃自交可孕突变体，解决了甜樱桃栽培必须配置授粉树及因花期气候不正常难以丰产、稳产的问题。

(5)性状稳定快，缩短育种年限

园艺植物中的果树和观赏树木等多年生营养系品种，即使可通过有性杂交等方法获得种子，但从种子播种到开花结果需要经过较长期的培育、选择和鉴定。而利用诱变育种发现某些优良性状(如无核果实)时，即可利用嫁接等无性繁殖方法，实现早结果、早鉴定，并能把优良的突变迅速固定下来。如法国的Decourtye(1970)用辐射诱变育成的苹果品种“Lysgolden”，从处理树苗到定为商品品种仅8年时间，而用杂交育种选育一个品种一般需15～20年，甚至更长的时间。

(6)变异的方向和性质不易掌握

杂交育种只要充分了解双亲的性状遗传，就可大致估计杂交后代群体中可能出现的重组性状，但诱变育种很难预见变异的类型和突变频率。因此，如何提高突变频率、定向改良品种性状、创造新的优良品种，还需进行大量的深入研究。

12.1.2 辐射诱变育种

1)常用辐射种类的辐射源及其特性

植物诱变育种中，目前常用的射线种类有X射线、γ射线、紫外线、β射线和中子等。它们辐射通过有机体时，都能直接或间接地产生电离现象，故称电离辐射。而紫外线、激光、离子束辐射的能量不足以使原子电离，称非电离辐射。它们易被核酸吸收，产生激发作用，也能产生较强的诱变效果。各种辐射由于其物理性质不同，对生物有机体的作用不一，又有其特殊性。因此，在应用时应根据辐射的不同特性，选用合适的辐射种类。

(1) X射线

射线源是X光机。是一种波长为10^{-10}~10^{-5} cm的电离辐射线。波长为0.1~1 nm的X射线为软X射线，波长较短的(0.005~0.01 nm)为硬X射线，前者穿透力较弱，后者穿透力较强，是最早应用于诱变的射线。

(2)γ射线

^{60}Co，^{137}Cs是目前应用最广的辐射源。γ射线也是一种波长更短、穿透力更强的电离辐射线，其波长为0.01~10 nm。

(3)中子

在加速器或核反应堆中可得到能量范围极广的中子，根据其能量大小分为超快中子，能量21 MeV(兆电子伏特)以上；快中子，能量1~20 MeV；中能中子，能量0.1~1 MeV；慢中子，能量0.1 keV(千电子伏)~0.1 MeV；热中子，能量小于1 eV(电子伏)。应用最多的是热中子和快中子。实践证明，中子的诱变力比较强，有益突变率较高，在植物育种中的应用日益增多。

(4)β射线

β射线是^{32}P或^{35}S等放射性同位素直接发生的，透过植物组织能力弱，但电离密度大。通常配成同位素溶液进入组织和细胞后作为内照射产生诱变作用。

(5)紫外线

紫外线是波长为200~390 nm的非电离辐射，可由紫外灯产生。其能量较低，穿透力不强，多用于照射花粉或微生物。育种上应用的波长多为250~290 nm，以低压石英水银灯发出的紫外线照射效果较好。虽然紫外线穿透力较弱，但易被核酸吸收，能产生较强变异效果。

(6)激光

激光是由激光发生器产生的光，目前，使用较多的激光器有二氧化碳激光器、红宝石激光器、氦氖激光器，各种激光器产生的光波从10.6 μm的远红外线到0.377 1 μm的紫外线不等。激光具有方向性好、单色性好(波长完全一致)等的特点。除光效应外，还伴有热效应、压力效应、电磁场效应，是一种新的诱变因素。

(7)离子束

离子束为元素的离子经高能加速器加速后获得的放射线。可精确控制其入射深度和部位，因此，离子束与电子束、X 射线、γ 射线等相比具有很多独特的优点，如可以在电场、磁场的作用下被加速或减速以获得不同的能量；可对其进行高精度的控制，从而获得平行束，也可被聚焦成微细束；离子在固体内的直进性好等。离子通过物质时，在物质中的局部引起高密度的电离和激发。而且经加速后的离子具有一定的静止质量，注入生物体后可使质量、能量和电荷共同作用于生物体。因此，在育种和改良的应用中植株表现出生理损伤小、突变频率高，并具有一定的重复性和方向性的新特点。目前，应用的有 N、H、C、Ar、Li、Be 等元素的离子束，其中 N 离子束应用较多。

2)辐射处理的剂量单位和剂量率

(1)放射性强度

放射性强度也称放射性活度，以放射性物质在单位时间内发生的核衰变数目来表示。即放射性物质在单位时间内发生的核衰变数目愈多，其放射强度就愈大。放射性强度的国际制单位是 Bq（贝可）。其定义是放射性核衰变每秒衰变 1 次为 1 Bq。旧的放射性强度单位为居里(Ci)，即 $1\ Ci=3.7\times10^{10}\ Bq$。辐射育种时将放射性同位素引入植物体内进行内照射，通常就以引入体内同位素的放射性强度来表示剂量的大小。

(2)吸收剂量和吸收剂量率

吸收剂量是指受照射物体某一点上单位质量中所吸收的能量值，符号为 D，适用于 γ、β、中子等任何电离辐射。吸收剂量的国际单位是 Gy(戈瑞)，其定义为 1 kg 任何物体吸收电离辐射 1 J 的能量称为 1 Gy，即 1 Gy=1 J/kg。

吸收剂量率是指单位时间内的吸收剂量，其单位有 Gy/h，Gy/ min，Gy/s。一般情况下突变与吸收剂量率关系不是很大。通常干种子的吸收剂量率为 $10^{-2}\sim1.7\times10^{-2}$ Gy/s，花粉为 0.17×10^{-2} Gy/s 左右。吸收剂量率不应超过 2.7×10^{-2} Gy/s，以免严重影响生物体的成活率和生长发育。

(3)辐射剂量和辐射剂量率

辐射剂量是对辐射能量的度量，符号为 X，只适用于 X 射线和 γ 射线，是指 X 或 γ 射线在空气中任意一点产生电力本领大小的一个物理量。辐射剂量的国际单位是 C/kg(库伦/千克)。辐射剂量率是指单位时间内的辐射量，其单位是 C/(kg · s)[库伦/(千克 · 秒)]。

(4)粒子的注量(积分流量)和注量率

采用中子照射植物材料时，有的用吸收剂量 Gy 表示，有的则以在某一中子“注量”之下照射多长时间表示。所谓粒子的注量是单位截面积内所通过的中子数，通常以 n/cm^2（中子数/平方厘米）表示。注量率是指单位时间内进入单位截面积的中子数，通常以 $n/(cm^2\cdot s)$表示。

3)辐射诱变的机理

(1)物理作用阶段

各种射线辐射生物体时，受辐射部位的分子或原子的外层电子获取能量而发生“跃迁”，进入更外层电子轨道，当这种能量不足以摆脱原子核引力时，电子会重新回到原有轨道，并伴有荧光发生，这就是所谓的“光电效应”和“康普顿—吴有训效应”。而当受到的辐射能量足以使该电子脱离原子核吸引，则会导致直接电离。这些变化均是在物理状态下进行的。

(2)化学反应阶段

当被辐射后的遗传物质分子失去电子或得到电子后，则形成“离子对”及“自由基”，其活跃程度大大增强，带不同电荷的基团极有可能发生分解或聚合反应，从而导致新的化学成分产生。

(3)生物学阶段

当遗传物质本身受到辐射后，电离和分子重组的结果可能导致DNA缺失、重复、倒位、易位等，直接影响DNA复制或碱基序列改变，从而导致遗传上的变异，通常称这种效应为“直接效应”。如果这种电离现象和离子对形成不是直接发生于DNA分子上，而是与之相邻的分子或水分子，从而产生具有强氧化或还原能力的基团(如氢原子、羟基和水化电子等)。这些基团进一步作用于遗传物质或其他生物大分子，也会导致突变的发生，人们常称这种效应为“间接效应”。

4)植物的辐射敏感性差异

植物的不同种类和品种对辐射的敏感性不同。一般来说，植物之间在分类学上的差异越大，敏感性差异也越大。如豆科植物最敏感，禾本科次之，而十字花科植物则最不敏感。不同科、属、种间敏感性的差异主要来自遗传物质的不同和生理生化特性的差异，通常是DNA含量高的植物辐射敏感性高。如十字花科植物不敏感，主要是种子内含有对辐射有屏障作用的丙烯芥子油造成的。不同品种对辐射敏感性差异比科、属、种间差异要小。

植物的组织器官、生长发育时期不同，对辐射的敏感性存在较大的差异。如休眠种子和枝条不敏感，而萌动种子和快速生长发育中的枝条则敏感；分化成熟的组织细胞不敏感，而旺盛分裂中的组织细胞则敏感。如照射苹果刚刚开始萌动的芽比深休眠芽的效果好，前者突变频率高。

5)辐射处理的主要方法

(1)外照射

辐射源在被处理材料外部的照射称为外照射。外照射需要有射线发生的专门装置(如X光机、原子能反应堆、电子加速器、紫外灯等)，并需专门的处理场所和保护设施。但是外照射处理过的植物材料不含辐射源，对环境无放射性污染，并且操作方便，便于集中处理大量材料，是辐射育种首选的方法。按处理试材的不同，又将外照射分为以下几种：

①种子照射。种子照射是使用最普遍的照射方法。可用于干种子、湿种子或萌动种子处理，一次可照射大量试材。用射线处理种子，由于种胚具有多细胞的结构，辐射后易形成嵌合体突变。无性繁殖的园艺植物，辐射处理种子可与诱变育种与实生选种、杂交育种相结合，由于其基因型的高度杂合性，后代变异率高，M_1代选出的优良变异即可通过无性繁殖固定下来。但对于多年生的木本观花植物和果树来讲，处理的种子播种后有较长的童期，到达开花结果的时间长，与处理营养器官相比，反而大大延长了育种年限。经辐射处理

的种子应及时播种，否则易产生贮存效应。

②植株照射。可在植株某一发育阶段（如幼苗期、营养生长盛期和开花结果期等）或整个生长期，对植株进行照射处理，一般采用盆栽较为方便。小的生长植株可在^{60}Co-γ照射室进行整株或局部急性照射，如对生根试管苗可同时进行较大群体的辐射处理。大的生长植株一般在^{60}Co-γ圃场进行田间长期慢性照射。在进行局部照射时，不需要照射的部位如试管苗的根部需用铅板防护。由于其照射场所辐射强度极高，必须有严格的安全防护设备和措施。如钴辐射源不用时可借遥控自动装置将其降入地下室中。

③营养器官照射。此方法多适用于无性繁殖植物的播种、扦插、嫁接材料的处理，如马铃薯块茎、洋葱鳞茎、山药块根，果树植物的嫁接接穗、芽，观赏植物的地下球茎等。多年生果树用枝条进行射线处理，比照射花粉和种子具有结果早、鉴定快等特点。选用的枝条应组织充实、生长健壮、芽眼饱满，照射后嫁接易成活。照射后作扦插用的枝条，照射时应用铅板防护基部（生根部位），以利扦插后生根成活。解剖学研究表明，受照射的芽原基所包含的细胞数越少，照射后可得到的突变体越多。

④花粉和子房照射。辐射花粉和子房的最大优点是不易产生嵌合体。照射花粉的方法有两种，一种是先将花粉收集于容器中进行照射，或采集带花序的枝条于始花期照射，收集处理过的花粉用于授粉。该法适用于花粉生命力强、寿命长的园艺植物。另一种方法是直接照射植株上的花粉，可将开花期的植株移至辐射室或辐射圃进行照射，也可用便携式辐射装置进行田间照射。

辐射处理子房的方法有子房先照射后授粉和先授粉后照射两种。子房先照射后授粉，不仅可诱发卵细胞突变，而且影响受精作用，有时可诱发孤雌生殖。对自花授粉植物进行子房照射时，应先进行人工去雄，辐射后用正常花粉授粉。自交不亲和或雄性不育材料照射子房时可不必去雄。由于性细胞对辐射较为敏感，处理时宜采用较低辐射剂量。

⑤离体培养材料。用于植物离体培养的试材在接种培养前进行辐射处理（如愈伤组织、单倍体、胚和原生质体等），再进行离体培养得到突变再生株。辐射单倍体诱发的突变，无论是显性或隐性突变，都能在细胞水平或个体水平上表现出来，经加倍即可获得二倍体纯系。

（2）内照射

内照射是将辐射源引入到被处理的植物体内进行的内部照射。内照射具有剂量低、持续时间长、多数植物可在生育阶段进行处理等优点。并且引入植物体内的放射性元素除本身的放射效应外，还具有由衰变产生的新元素的“蜕变效应”。但该方法仍需一定的防护条件，经处理的材料和用过的废弃溶液都带有放射性，极易造成环境污染，处理剂量不易掌握，故应用受到一定限制。常用作内照射的放射β射线的放射性同位素主要有^{32}P，^{35}S，^{45}Ca，放射γ射线的^{65}Zn，^{60}Co等。内照射的方法一般有以下几种。

①浸泡法。将放射性同位素配制成一定比例强度的溶液，浸泡种子或枝条，使放射性元素浸入材料内部。实践中通常先用等量试材进行吸水试验，测出种子吸胀后所需水量，再决定配制的溶液用量，以便使种子吸涨时能将溶液吸干。一般剂量范围是3.7×10^{3} ~ 3.7×10^{5} Bq/粒。

②涂抹法。将放射性同位素溶于黏性剂中(如羊毛脂、凡士林和琼脂等),取适量涂抹于处理部位(如生长点、腋芽、花蕾和芽眼等处),通过根外吸收,将放射性同位素引入植物体内。

③注射法。用微量注射器将浓度适宜的放射性同位素溶液注入处理部位进行诱变,多用于嫩枝、花蕾、幼芽、块茎、鳞茎等试材的处理。

④施肥法。将放射同位素的化合物以无机肥(如^{32}P,^{35}S,^{45}Ca的化合物磷酸二氢钾、硫酸铵、硝酸钙等),通过植物根部施肥引入植株体内进行处理或将用叶片吸收^{14}C的化合物$^{14}CO_2$,通过光合作用引入植株体内,达到诱变的目的。

(3)间接照射

利用辐射存在间接诱变的原理,对试材的培养环境(如培养基、培养液)进行辐射,使培养基或培养液中的水分子发生电离,产生强活性基团(HO,O,H_2O_2,H等),再将试材引入进行培养。此方法在微生物诱变育种中应用较多。

6)适宜剂量和剂量率的选择

在辐射育种中选用适宜剂量和剂量率是育种成败的关键环节。在一定范围内增加剂量可提高突变率,扩大变异范围,但超过一定范围之后再增加剂量,就会降低成活率和增加不利突变率,甚至导致处理材料大量死亡。照射剂量相同而照射率不同时,其诱变效果也不一样。此外,诱变效果还因植物种类、照射器官、植物生长期和所处的生理状态等有所差异。确定适宜剂量应根据"活、变、优"三原则灵活掌握。活是指后代有一定的成活率;变是指在成活个体中有较大的变异效应;优是指产生的变异中有较多的有利突变。

一般认为照射种子或枝条,最好的剂量应选择在临界剂量附近,即被照射材料的存活率为对照(无辐射处理)的40%时的剂量值(LD_{60});或半致死剂量(LD_{50}),即辐射后存活率为对照的50%的剂量值。司述明等提出照射种子以VID50(活力指数下降为50%的剂量值)作为测定指标较适宜,其优点是不需要等生长结束,而是在生长期内随时进行比较测定。若辐射的材料为整株苗木,可选择半致矮剂量(GD_{50}),即辐射后生长量减少至对照的50%左右。对果树休眠枝用较高剂量照射,嫁接成活后常会出现一部分盲枝,数年内无生长量而无法进行选择,剂量越大,盲枝率越高。采用LD_{25}~LD_{40},即存活率为60%~75%的中等剂量照射果树接穗,成活的接穗中盲枝比例低,能获得较多的有利突变。

在辐射育种实践中,应在参考有关文献的基础上进行实验摸索,以确定适宜诱变剂量和剂量率。各种园艺植物辐射诱变处理的适宜剂量可参考相关文献。

12.1.3 化学诱变育种

1)化学诱变剂的种类

化学诱变育种是指采用化学诱变剂处理植物种子或器官以获得变异个体,并根据育种目标对这些变异个体进行鉴定、选择和培育,直至育成良种或新品种的全过程。化学诱变剂是那些能与生物体的遗传物质发生作用,并能改变其结构,使其后代产生变异的化学物质。育种实践发现,能引起生物体遗传物质产生变异的化学物质甚多,归纳起来主要有以下几大类。

(1)烷化剂类

烷化剂是诱发植物突变应用最广泛的一类诱变剂。这类试剂都携带一至多个活跃的烷基,通过烷基置换的方式将 DNA 或 RNA 分子结构中的 H 原子置换,从而导致“复制”或“转录”过程中遗传物质的改变,进而产生变异。这类试剂主要分为以下几类。

①烷基磺酸盐和烷基硫酸盐。这是一类具有很强诱变能力的重要烷化剂,属于这类的药剂较多,具有代表性的有甲基磺酸乙酯(EMS)、硫酸二乙酯(DES)。

②芥子气类。这类药剂种类很多,主要包括氮芥类和硫芥类。此类试剂均有 1~3 个活跃的烷基,可引起染色体畸变。如硫芥类能在 DNA 双螺旋的两条链之间形成交联而阻止 DNA 两条链的解离,妨碍复制的进行,造成遗传变异。

③亚硝基烷基化合物。这类试剂较其他诱变剂有更大的诱变效应,被称为“超诱变剂”。代表性药剂种类有亚硝基乙基脲(NEH)、N-亚硝基-N-乙基脲烷(NEU)等。它们的作用机制在于能与 DNA 上的鸟嘌呤起烷化作用,造成染色体的缺失和复制紊乱。

④次乙亚胺和环氧乙烷类。代表性药剂种类有乙烯亚胺(EI)。这类药剂可使 DNA 磷酸基起烷化作用,其反应生成极不稳定的化合物,迅速水解成磷酸酯和脱氧核糖,造成 DNA 链断裂。也可与嘌呤或嘧啶起烷化作用,造成脱氧核糖和碱基之间的链断裂,进而引起 DNA 链的断裂。

现将部分代表性烷化剂的理化性质、处理浓度范围及保存方法列于表 12.1 中以供参考。

表 12.1　部分烷化剂类化学诱变剂的性质、处理浓度和保存要求

诱变剂名称	性　质	水溶性	熔点或沸点	相对分子质量	浓度范围	保　存
甲基磺酸乙酯(EMS)	无色液体	约 8%	沸点:85~86 ℃/1 333.22 Pa	124	0.3%~1.5% 0.05~0.3 mol/L	室温、避光
硫酸二乙酯(DES)	无色液体	不溶	沸点:208 ℃	154	0.1%~0.6% 0.015%~0.02%	室温、避光
亚硝基乙基脲(NEH)	黄色固体	微溶	熔点:98~100 ℃	117	0.01%~0.05%	冰箱、干燥
N-亚硝基-N-乙基脲烷(NEU)	粉红色液体	约 0.5%	沸点:53 ℃/666.61 Pa	146	0.01%~0.03% 1.2~14.0 mol/L	
乙烯亚胺(EI)	无色液体	各种比例皆溶于水	沸点:56 ℃/101 324.72 Pa	43	0.05%~0.15% 0.85~9.0 mol/L	密闭、低温、避光

注:本表摘引自西南农业大学,蔬菜育种学,第 2 版,1988。

(2)核酸碱基类似物

这一类化学物质具有与 DNA 碱基类似的分子结构,可在不妨碍 DNA 复制的情况下,作为组成 DNA 的成分而渗入 DNA 中去,当 DNA 再进行复制时,它们的分子结构可能发生改变,产生碱基置换,从而引起基因点突变。最常用的类似物有胸腺嘧啶(T)的5-溴尿嘧啶(5-BU)、5-溴脱氧尿嘧啶核苷(5-BUdR);类似腺嘌呤(A)的2-氨基嘌呤(AP);马来酰肼(MH)是尿嘧啶(U)的异构体。

(3)其他化学诱变剂

其他一些化学诱变剂,如众所周知的亚硝酸(HNO_2)在pH5以下的缓冲液中,能使DNA分子的嘌呤和嘧啶碱基脱去氨基,使核酸碱基发生结构和性质改变,造成DNA复制紊乱。如A和C脱氨后分别生成H(次黄嘌呤)和U(尿嘧啶),这些生成物不再具有A和C的性质,复制时不能相应与T和G正常配对,遗传密码因此而发生改变,性状也随之突变。此外,羟胺(NH_2OH)、叠氮化钠(NaN_3)等物质,均能引起染色体畸变或基因突变。尤其是叠氮化物在一定条件下可获得较高的突变频率,而且相当安全、无残毒。部分化学诱变剂的特性及主要效应列于表12.2。

表12.2 几类化学诱变剂的主要效应

诱变剂	对DNA的效应	遗传效应
烷化剂	烷化碱基(主要是G) 烷化磷酸基团 脱烷化嘌呤 糖-磷酸骨架的断裂	A-T→G-C(转换) A-T→T-A(颠换) G-C→C-G(颠换)
碱基类似物	渗入DNA,取代原来的碱基	A-T→G-C(转换)
亚硝酸	交联A,G,C的脱氨基作用	缺失,A-T→G-C(转换)
羟胺	同胞嘧啶反应	G-C→A-T(转换)
吖啶类	碱基之间的插入	移码突变(+、-)

注:本表摘引自景士西,园艺植物育种学总论,第2版,2007。

2)化学诱变剂作用的特点

虽然辐射诱变与化学诱变均具有导致DNA结构上的改变(畸变、断裂等)和基因的点突变(碱基错配及移码改变等)的共同之处,但与辐射诱变相比,化学诱变还具有以下特点:

(1)使用方便,成本较低

诱变处理不需要专门的仪器、设备,且用量少、随时随地都可使用。但化学诱变剂对人体更具危险性,必须选择不影响操作人员健康的有效药品。实践证明,高效低毒的化学诱变剂数量不多,以致目前育种工作者仍以辐射诱变为主。

(2)具有一定的专一性

某些化学诱变剂只能在某种植物、某个生长发育时期、某些DNA片段,甚至某种碱基位点上才起诱变作用。如蚕豆第Ⅲ染色体第14段对马来酰肼特别敏感。

(3)诱发更多的基因点突变

辐射诱变是由射线的高能量造成的,而化学诱变剂则是由其化学特性与遗传物质发生一系列生化反应造成的。辐射处理能够获得更多的染色体结构变异,而化学诱变剂往往引起更多的基因点突变。

(4)诱变作用发生较晚

射线对DNA或染色体的作用一般是在照射时发生的,而化学诱变只有通过诱变剂渗入植物组织内部后才能产生作用,即所谓"迟发突变"。对于一些组织致密,高度角质化,有鳞片、茸毛包裹严密的器官,诱变效果往往不理想。

3)化学诱变处理方法

(1)药剂的配制

由于各种诱变剂的理化性质不同,使用浓度范围不同,配制溶液时应区别对待。易溶于水者可直接按所需浓度稀释配制,而不易溶于水者(如硫酸二乙酯等),一般应先用少量酒精溶解后加水配制成所需浓度。

应注意的是,许多试剂的水溶液极不稳定,易水解生成酸性或碱性物质,甚至是有毒的化合物,并且只有在一定酸碱度条件下才能保持相对稳定和明显诱变效应。因此,选用适宜pH的磷酸缓冲液是确保诱变效果的重要条件。几种常用诱变剂在0.01 mol/L的磷酸缓冲液pH分别为:亚硝基乙基脲(NEH)为8、甲基磺酸乙酯(EMS)为7、硫酸二乙酯(DES)为7。亚硝酸溶液也不稳定,配制时常用亚硝酸钠加入pH为4.5的醋酸缓冲液生成亚硝酸的方法。氮芥使用时先配制一定浓度的氮芥盐溶液和碳酸氢钠水溶液,然后,将二者混合置于密闭瓶中,即发生反应放出芥子气。

(2)常用处理方法

药剂处理因植物种类不同,处理时期、处理部位不同,选取器官(种子、接穗、插条、块根、块茎、鳞茎、花序、花粉等)的不同以及药剂的性质等应选用合适的处理方法,一般有以下几种。

①浸渍法。按浓度要求配制成溶液,然后将试材浸入溶液中,或将枝条基部插入溶液,经一定时间处理后,用清水冲洗。此法常用于种子、接穗、插条、块茎和块根等试材的处理。此外,也可在植物开花前将花枝剪下插入诱变剂溶液中,使其吸收一定量的诱变剂,开花时收集花粉。也可用于幼苗浸根等。

②注入法。将试剂配制好后,用微量注射器将药液注入处理部位,或先将材料人工刻伤,再用浸有诱变剂溶液的棉团或棉芯包裹切口,使药液通过切口进入材料内部,常用于生长点、腋芽、鳞茎及其他受处理的组织和器官。

③涂抹法或滴液法。将试剂溶于羊毛脂、凡士林、琼脂等黏性物质中,取适量涂抹在植株、枝条或块茎等处理材料的生长点或芽眼上,或将脱脂棉球放于处理部位后,用滴管定期滴加药液。此法多用于生长点、芽、腋芽等试材处理。

④熏蒸法。将花粉、花序、幼苗等处理试材置于密闭潮湿的空间内,通入诱变剂产生的蒸汽,对材料进行熏蒸处理。选用的试剂一般是沸点较低的液体或易升华的固体,或用专门装置发生气态诱变剂(如芥子气类)。

⑤施入法。在培养基(液)中加入低浓度药液,使药剂通过根部吸收或简单的渗透扩散作用,进入植物体内。此法主要用于组织、器官、花粉、花药、子房培养阶段的诱变处理。

(3)处理后的漂洗

诱变剂处理后的材料必须用清水反复冲洗,使药剂残留量尽可能降低,以终止化学诱变作用，避免生理损伤加剧。一般需冲洗10～30 min甚至更长时间。经漂洗后的材料应立即播种或嫁接，如不能立即播种需暂时贮藏的种子，应干燥后贮藏在0 ℃左右低温条件下，以降低其生理代谢活动，减轻其贮藏效应。

4）影响化学诱变效果的因素

影响化学诱变效果的因素较多，除各种诱变剂本身的理化特性和被处理材料的遗传差异及生理状态外，还包括以下几个方面的内容。

（1）药剂浓度和处理时间

适宜的药剂处理时间，应保证被处理材料完全被诱变剂浸透，并有足够药量进入生长点细胞。对处理材料如种子，进行预浸泡可加快对诱变剂的吸收速度，使处理时间缩短。对于种皮渗透性差的部分园艺植物种子，则应适当延长处理时间。此外，对易分解的诱变剂，只能用一定浓度在短时间内处理。

（2）处理温度

温度对诱变剂的水解速度影响很大，在低温下药剂水解速率慢，药剂稳定性较好，但低温下药效发挥作用较慢。适当增高温度可促进诱变剂在材料体内的反应速度和诱变效果。因此，一般先将材料于低温（0～10 ℃）条件下在药剂中浸泡足够长时间，使药剂充分浸透处理材料，然后再将处理材料移入高温（40 ℃）的新鲜诱变剂溶液中进行处理。

（3）溶液pH及缓冲液的使用

烷基磺酸酯和烷基硫酸酯等诱变剂水解后产生强酸，亚硝基甲基脲在低pH下分解产生亚硝酸，在碱性条件下则产生重氮甲烷。故用一定pH的磷酸缓冲液在处理前和处理中校正溶液pH，可提高诱变剂在溶液中的稳定性，但浓度不应超过0.1 mol/L。

（4）安全问题

绝大多数化学诱变剂都有极强的致癌、致死作用，或易燃易爆。如烷化剂中大部分属于致癌物质，氮芥类易造成皮肤溃烂，乙烯亚胺有强烈的腐蚀作用而且易燃，亚硝基甲基脲易爆炸等。因此，操作时必须注意安全，避免药剂接触皮肤、误入口内或熏蒸的气体吸入呼吸道。同时要妥善处理残液（包括漂洗液），避免造成污染。

12.1.4 诱变材料的分离与选择

1）诱变育种材料的选择

正确地选择诱变处理的亲本材料是诱变育种成功的关键环节，绝不是任何材料经诱变处理后都可得到理想的结果。实践表明，诱变育种材料的选择应主要考虑以下原则。

（1）首先必须根据育种目标来选择亲本材料

例如，为选育抗细菌性角斑病的黄瓜优良品种，则亲本材料应选择丰产、优质、成熟期适宜，并能抵抗除细菌性角斑病以外的其他主要病害的品种，否则便不易达到预期的育种目的。

（2）亲本材料应是综合性状优良而只具有个别性状需要改进的缺点

因为诱变育种同时使生物体多个基因发生有益突变的概率很低，况且突变多数是对生物体有害的。在育种实践中,可选用当地生产上推广的良种或育种中的高世代品系作诱变材料。

(3)选用的处理材料应避免单一化

不同的品种或类型,其内在的遗传基础差异很大,它们对辐射的敏感性不同,因而诱变产生的突变频率、突变类型、优良变异出现的机会等有很大差别。因此,应在人力、物力等条件许可下,适当多选几个亲本材料,以增加诱变育种成功的机会。

(4)适当选用单倍体、原生质体等作诱变材料

用单倍体作诱变材料,突变材料不仅易于识别和选择,而且将染色体加倍后即可使突变纯化,可显著缩短育种年限。应注意的是,单倍体生活力较弱,诱变中死亡率较高,加倍较困难,繁殖系数较小,因此采用的剂量不宜过高,并应对诱变材料提供适宜的营养和环境条件。

2)材料处理部位的选择

处理部位应有利于物理或化学诱变最大限度地发挥诱变作用。一般来讲,应选择细胞代谢活跃,分裂旺盛的部位,如芽、生长点、花粉、子房和分生组织等。实验表明,当细胞分裂处于 DNA 合成阶段(S)时,对诱变剂最敏感,一般诱变剂处理应在 S 阶段之前进行。因此材料处理时间的长短可根据其到达 S 阶段所需的时间来确定。

3)诱变处理后代的选择

(1)以种子为诱变材料

①M_1 代的种植和采种。将诱变处理的种子,按不同的剂量、品系分别及时播种长成的植株为 M_1 世代,并播种未经处理的相同试验材料为对照。由于诱发突变多数为隐性性状,纯合品种 M_1 代一般不表现突变性状,所表现的变异,大多是高能射线所造成的生理变异(特别是生理损伤和畸形),这些变异并不遗传。因此,M_1 除少数显性突变可根据育种目标进行选择外,通常不进行选择淘汰,而应全部留种。对 M_1 植株并应实行隔离,使其自花授粉,以免有利突变因杂交而混杂。杂合种子 M_1 代就可能表现变异,应注意选择。

②M_2 代的种植和选择。根据 M_1 代的收获方式相应种植成 M_2 代,并设对照。由于隐性突变经 M_1 自交至 M_2 便可显现出来,M_2 的工作量是辐射育种中最大的一代。无论是自花授粉植物还是异花授粉植物,M_2 一般都采用单株选择法。

③M_3 及以后各世代的种植和选择。将 M_2 代当选的单株在 M_3 代分别播种成株系,并隔一定行数设对照。如 M_3 株系性状优良而表现一致,可按株系采种。下一步进入品系比较试验、生产示范试验和区域试验,进行特性及产量鉴定,决定取舍。如 M_3 株系中继续出现优良变异,应继续进行单株选择和采、留种,直到获得稳定株系。为获得多基因数量性状变异,一般应延迟至 M_3 ~ M_5 代选择才可能获得更有实用价值的育种结果。

(2)以花粉为诱变材料

花粉经诱变处理后,一是可结合花粉培养,获得变异的单倍体植株;二是用来授粉获得同型的变异植株。由于花粉是单细胞,诱变产生的变异是整个细胞的变异,获得的变异植株一般不存在嵌合体问题。考虑花粉诱变后代变异的全株性,由 M_1 种子播种成 M_2 时,可采用植株为单位播成株系,不必区分一株上不同部位的果或分枝,每株系种植 10 ~ 16 株

即可。

(3)以营养器官(接穗、插条等)为诱变材料

无性繁殖材料多为高度复杂的异质结合体,因此,辐射处理后发生的变异在当代就可表现出来,所以后代选择可从 VM_1 进行。由于同一营养器官(如枝条、块根和块茎等)的不同芽,对诱变的敏感性及反应不同,可能产生不同的变异,故诱变后同一枝条上的芽要分别编号,分别繁殖,以后分别观察其变异的情况,如果发现了有利突变,便可用无性繁殖使之固定成为新品种。但大多数情况下,无性繁殖植物的突变为嵌合体突变,应及早通过一些人工措施,如短截修剪、不定芽技术、组织培养等办法将优良突变体从嵌合体中分离出来,以提高其诱变育种效率。

12.2 倍性育种

多数植物的体细胞通常含两个染色体组(2*n*),即二倍体植物。体细胞内含有 3 个或 3 个以上染色体组的植物称为多倍体植物。含有该物种配子染色体数目的植物称为单倍体植物。各种植物的染色体数是相对稳定的,但在人工诱导或自然条件下也会发生改变。染色体数目的变化常导致植物形态、解剖、生理生化等诸多遗传特性的变异。而倍性育种就是研究植物染色体倍性变异的规律并利用倍性变异选育新品种的方法。

12.2.1 多倍体育种

1)多倍体种类

多倍体按其来源主要分为两大类,即同源多倍体和异源多倍体。此外,还有介于两者之间的衍生类型,如同源异源多倍体、部分异源多倍体。

(1)同源多倍体

多倍体的几组染色体全部来自同一物种,或者说由同一个物种的染色体组加倍而成,则称为同源多倍体。可用 AAA(同源三倍体)、AAAA(同源四倍体)等符号表示,其中每个 A 代表一组染色体。如美国育成的金鱼草和麝香百合等的四倍体,以及无子西瓜的三倍体便属于这种类型;另外,天然多倍体中也有不少具有经济价值的重要园艺植物是同源多倍体,如马铃薯($2n=4X=48$)是同源四倍体,甘薯($2n=6X=90$)是同源六倍体,香蕉($2n=3X=33$)是同源三倍体。

(2)异源多倍体

把来自不同种、属的染色体组构成的多倍体或者说由不同种、属间个体杂交得到的 F_1 再经染色体加倍得到的多倍体,则称为异源多倍体。例如,芥菜($2n=4X=36$, AABB)是芸薹($2n=2X=20$, AA)与黑芥($2n=2X=18$, BB)杂交后加倍的天然异源多倍体;邱园报春($2n=4X=36$, AABB)则是多花报春($2n=2X=18$, AA)与轮花报春($2n=2X=18$, BB)的杂交

种经染色体加倍后所形成的。

2)园艺植物多倍体的特点

与二倍体植物相比,多倍体植物通常具有以下特点。

(1)巨大性

由于染色体加倍后的剂量效应,多倍体植株一般在形态上通常表现出生长健壮、花大、果大、茎粗、叶厚等明显的巨大性。如二倍体葡萄品种“玫瑰香”平均果粒重 4.5 g,最大重 7.0 g,而染色体加倍后的四倍体玫瑰香平均果粒重 7.2 g,最大重 14.3 g,四倍体比二倍体增重约 60%。四倍体渥丹百合的花径比二倍体增加 2/3、叶表皮的气孔大小和密度也都增加 2/3 以上。但少数多倍体植物不表现出巨大性的特点,如半支莲、柑橘、落叶松、云杉等人工多倍体植株。

(2)育性降低

绝大多数植物的三倍体表现出高度不育、果实中无籽或基本上没有饱满的种子,如西瓜、香蕉和葡萄的三倍体品种。在一般情况下,同源多倍体品种结实率降低,表现出相当程度的不育性,如四倍体葡萄品种每个浆果中的种子数一般为 1 ~2 个,而二倍体品种则为 4 ~5 个。多数同源多倍体品种高度不育主要是因为在减数分裂过程中染色体分配不均衡,导致所形成的配子绝大多数为非整倍性,而非整倍性的配子通常是高度不育的。

(3)抗逆性增强

在大多数情况下,多倍体比二倍体品种对外界环境条件有更大的适应性,包括耐寒性、耐旱性、耐紫外线和抗病性等。如多倍体杜鹃及醉鱼草多分布在我国西南地区,而二倍体只分布在平原;木槿的二倍体栽培品种抗空气污染能力较差,8 月中旬普遍叶脉间失绿,而三倍体和四倍体均生长正常。

(4)提高果实品质

多倍体内的某些营养物质比二倍体明显提高。如三倍体无籽西瓜的可溶性固形物含量一般较同一亲本的二倍体品种高,四倍体茄子“新茄 1 号”果实的维生素 C、脂肪和蛋白质含量分别比二倍体品种平均增加 74.38%,31.30% 和 34.22%。

需要注意的是,多倍体植物并非倍性越大,上述优点越显著。事实上,每个种都具有其最适合的染色体倍数,可能是二倍体或三倍体,也可能是四倍体或六倍体,但很少是更高倍体。育种者应根据各种植物的特点,了解其染色体组数及近缘物种的多倍性的利用程度,以培育各种植物最适合的倍性个体,从中选育出优良品种。

3)人工诱导获得多倍体的途径

自然界产生多倍体的频率极低,因此,在进行植物多倍体育种时多采用人工诱导途径获得多倍体。其方法主要有物理因素诱导、化学因素诱导、胚乳培养及有性杂交等方法。

(1)物理因素诱导多倍体

物理因素包括机械创伤(如摘心、短截等)、温度剧变、电离辐射、离心力等方法诱导染色体加倍。机械创伤如 Winkler(1916)进行番茄与龙葵的嫁接试验,切口部位的愈伤组织产生的不定芽,由不定芽长成的枝条中发现存在四倍体的枝条,这是高等植物中获得多倍体的第一个成功的例子。温度剧变如 K. Sax (1963)将鸭跖草科紫万年青放在 19 ℃左右温室中2~3 d,再置于36 ℃的温室中1 d,然后再放回室温中,发现花粉粒中出现少数未减数的2X及4X大型花粉粒。射线在诱导染色体加倍的同时也容易引起基因的突变,用射线诱导多倍体效果不理想。

(2)化学因素诱导多倍体

化学因素包括秋水仙碱、吲哚乙酸、富民农等处理正在分裂的细胞诱导染色体加倍产生多倍体,其中秋水仙碱应用最为广泛。

①秋水仙碱诱导多倍体的原理。秋水仙碱是由百合科植物秋水仙的器官和种子中提取出来的一种成分,分子式是:$C_{22}H_{25}NO_6$,一般为淡黄色粉末,性极毒,晶体针状,易溶于冷水、酒精、氯仿或甲醛,不溶于乙醚或苯。通常以冷水或酒精为溶剂,先配成高浓度的母液,用时再稀释到需要的浓度,放于棕色瓶内,置于暗处。

秋水仙碱导致细胞中染色体加倍的作用原理在于它与正在分裂的细胞接触后,可抑制微管的聚合过程,不能形成纺锤丝,使染色体不能排在赤道板上,也不能分向细胞的两极,从而产生染色体加倍的核。当浓度适宜时,对细胞的毒性不大,药剂在细胞中扩散后,无明显的毒害作用,在遗传上也很少发生其他不利的变异。用清水洗净残留的秋水仙碱,在一定的时间内细胞即可恢复正常的分裂,只是染色体数目加倍而形成多倍体细胞。

②秋水仙碱诱发多倍体的影响因素。秋水仙碱诱发多倍体的影响因素主要包括以下几个方面。

a.处理植株部位的选择。应选择萌动或萌发的种子、幼苗或新梢的生长点、枝条上膨大的芽等作为诱变的材料。因为秋水仙素对细胞处于活跃分裂状态的组织,才可能起有效的诱变作用。

b.药剂处理浓度和时间的选择。应用秋水仙碱处理时,可配成水溶液、羊毛脂制剂、琼脂制剂或甘油乳剂等。处理的有效浓度、时间和方法因植物种类、部位、生育期等而异。如处理木本植物多用较高的浓度,而处理草本植物则用较低的浓度;处理浓度低则时间长,处理浓度高则时间相应缩短等。常用的水溶液浓度范围大多在0.01%~1%,尤以0.2%最为常用。在诱变育种实践中,处理前最好先用几种不同浓度和时间作预备试验。

c.注意处理时的环境条件。外部环境条件,特别是温度对秋水仙碱诱变处理效果影响很大。温度过低延缓细胞分裂,而温度过高则易对植物组织造成伤害。因此,在处理时一定要注意控制适宜的温度,一般在20~25 ℃条件下较适宜。用涂抹法或滴液法处理时,注意保持较高的环境相对湿度,以减少药液中水分的蒸发,从而使药液更好地渗透植物组织中,并减少由于浓度过高而造成的伤害。

d.注意处理后对材料的清洗与保护。在秋水仙碱的处理下,细胞每分裂一次,染色体数目便增加一倍,因此,随着处理时间的延长,会形成染色体倍数更高的多倍体。为了防止处理后药剂仍抑制细胞的分裂和生长,处理过的材料一定要用清水充分清洗。此外,植物组织经过秋水仙碱作用后,其生长发育会受到一定影响,因此,处理后要给处理材料提供适宜的生长条件,使处理材料尽快从药害中恢复过来。

③秋水仙碱诱导多倍体的方法。主要有浸渍法、涂抹法、滴液法和套罩法等。诱变处理时,可因植物的种类、器官的类型及药剂溶媒的不同而选择相应的处理办法。

a. 浸渍法。可浸渍幼苗、种子、新梢、插条、接穗等，水溶液的浓度通常为0.05%～1%。在浸渍过程中，如果时间长(1 d以上)，为了减少由于溶液蒸发而影响溶液浓度，盛放秋水仙碱溶液的器皿应加盖，并置于黑暗处。萌动、发芽的种子一般处理数小时至几天，由于秋水仙碱能阻碍根系的发育，最好在生根前处理完毕，处理结束后一定要用清水洗净再播种；处理插条、接穗一般为1～2 d，处理后也要用清水洗净；处理幼苗时，为避免其根系受害，可将幼苗倒置，仅将嫩茎生长点浸入秋水仙碱溶液中。

b. 涂抹法。用羊毛脂膏、凡士林或琼脂等，将秋水仙碱按一定浓度配成乳剂，涂抹于幼苗或枝条顶端，适当遮盖处理部位以减少蒸发和避免雨水淋洗。处理时间为几天或十几天不等。

c. 滴液法。处理较大植株的顶芽、腋芽时，可采用此方法。常用的秋水仙碱溶液浓度为0.1%～0.4%，每天滴一至数次，反复处理数日，使溶液透过表皮浸入组织内起作用。如果溶液在芽上停不住而往下流时，可先用小片脱脂棉包裹幼芽，然后再将溶液滴上。

d. 套罩法。保留新梢的顶芽，除去顶芽下面的几片叶，套上防水胶囊，内装有一定浓度的药剂和0.65%的琼脂，通常处理24 h即可去掉胶囊。

e. 药剂-培养基法。将秋水仙碱溶液加入组织培养基中，实验材料在培养基上培养一段时间后，再移栽到不含秋水仙碱的培养基。此法特别适合于远缘杂交的胚培养。

(3)有性杂交培育多倍体

理化诱变获得的多倍体都是偶数倍的多倍体，而有性杂交既可获得偶数倍的多倍体，也可获得奇数倍的多倍体，而且是获得异源多倍体的重要途径。通常认为有性多倍化比体细胞多倍化有更多的生物学优点，如更高的杂合性和更高的育性，且与多倍体的自然形成过程有相似之处。通过人工杂交培育多倍体的途径主要有利用 $2n$ 配子和利用多倍体亲本两种途径。

①利用 $2n$ 配子。高等植物中有些物种由于减数分裂的不正常，在产生减数的 n 配子的同时，产生一定比例的 $2n$ 配子(也称作未减数配子，指生物个体本身产生的含有体细胞染色体数目的配子)，$2n$ 配子与 n 配子受精形成三倍体或 $2n$ 配子与 $2n$ 配子受精形成四倍体等。但大量的研究结果表明，多数物种的 $2n$ 配子产生频率较低，如何更有效的诱导 $2n$ 配子的形成，成为利用 $2n$ 配子培育多倍体的关键。

②利用多倍体亲本。即以多倍体为亲本，杂交获得多倍体的途径。如在生产实践中广泛应用的三倍体的无籽西瓜就是选用杂交受精率高、果皮薄的小籽的四倍体为母本和二倍体父本杂交选育而来的。此外，还可通过多倍体与多倍体之间的杂交获得多倍体。如葡萄四倍体品种“巨峰”是四倍体品种“石原早生”与“森田尼”杂交获得的。

4)多倍体的鉴定

通过倍性育种获得的后代植株，通常仅能获得10%～30%的多倍体植株，并且加倍的植株中还有因部分加倍而形成嵌合体的。因此，对后代植株进行倍性鉴定就成了多倍体育种的一个重要环节。鉴定方法主要有间接鉴定和直接鉴定两种。

间接鉴定是根据多倍体植株的形态特征及生理特性等进行初步的比较鉴定，以淘汰形态上明显的未加倍的植株，待后期植株较少时再进行直接鉴定。间接鉴定法大多采用比较直观的形态鉴定法，即将处理和未处理的试材进行外部形态的比较。如瓜类多倍体植株发芽缓慢，叶片肥厚、色深、茸毛粗糙而较长、叶片较宽、较厚；茎较粗壮，节间短粗；花冠明显增大，花色较深等。此外，也可根据叶绿体的数目、气孔、花粉粒大小、结实率的高低等特点来判断。直接鉴定是检查花粉母细胞或根尖细胞内的染色体数目是否加倍，这是最可靠、有效的鉴定方法。

5）多倍体后代的选择及利用

通过人工加倍后所获得的同源多倍体或异源多倍体，都只是为多倍体育种创造了原始材料，这只是育种工作的开始。在此基础上，必须对这些材料进行选育才能培育出在生产上应用的优良品种。在进行多倍体育种时，诱变的多倍体群体要大，使之含有丰富的基因型，在这样的群体内才能进行更有效的选择。

人工诱导的多倍体材料，往往具有不同的优缺点，难以直接用于生产。如同源多倍体有结实率低的特性，特别是只能用种子繁殖的一、二年生草本园艺植物，要想克服结实率低的现象，必须通过严格的选择不断地选优去劣克服其缺点。但很多园艺植物可用无性繁殖，因此，一旦选出优良的多倍体植株就可直接采用无性繁殖加以利用和推广。

此外，多倍体品种在栽培过程中，大多需要较好的生长环境条件和较多的营养物质供应，栽培时应加强栽培管理，使其性状得到充分发育。如针对三倍体无子西瓜发芽率低的特点，采用破壳催芽的方法，可大幅度提高其发芽整齐度。

12.2.2 单倍体育种

1）单倍体的类型

单倍体指由未受精的配子发育成的含有配子染色体数的生物个体。来自二倍体植物（$2n=2X$）的单倍体细胞中只有一组染色体，称为单元单倍体，也称一倍体。来自多倍体的单倍体含有2组或2组以上染色体，称为多元单倍体。根据其起源，多元单倍体又可分为同源多元单倍体和异源多元单倍体两种。

2）单倍体的特点

（1）高度不育

单元多倍体和异源多元单倍体中全部染色体在形态、结构和遗传组成上彼此都有差别。在减数分裂时不能正常联会形成可育配子，如油菜、黑芥的单倍体植株生长都较瘦弱，难以形成可育配子，几乎完全没有结籽的可能性。但经过人工处理或自然加倍后就能产生染色体数平衡的可育配子，可正常结籽。但从马铃薯、白菜等的同源四倍体类型中获得的单倍体，通常不需要加倍就可形成正常配子并受精结籽。

（2）隐性性状控制的基因可以表现出来

单元单倍体每个同源染色体只有一个成员，每一等位基因也只有一个成员。因此，通常控制质量性状的主基因不管原来是显性还是隐性，都能在发育中得到表达。单元单倍体一经加倍就能成为全部位点都是同质结合的二倍体，其基因型高度纯合、遗传上稳定。

3)诱导产生单倍体的方法

长期以来诱导单倍体缺少切实有效的诱导方法,进展缓慢,为提高单倍体的产生频率,人们利用物理、化学、生物等因素诱导单倍体虽然也取得了一定的进展,但迄今仍未能获得一条广泛而有效的措施。目前,花药或花粉培养逐渐成为应用最普遍的单倍体获得技术。而对于雄性配子诱导反应较差或花药培养植株中白化苗率高的那些基因型,未授粉子房或胚珠培养则成为诱导获得单倍体的主要方法。

(1)花药、花粉培养

自从 S. Guha 和 S. C. Maheshwari(1964)首次在毛叶曼陀罗的花药培养诱导出单倍体植株以来,通过花药、花粉培育单倍体得到了迅速发展。由花药培养获得的植株分为 3 类:小孢子诱导形成的单倍体植株、单倍体自发加倍形成的双单倍体植株和花药壁的体细胞分化形成的二倍体植株,这类植株对于单倍体育种是无意义的。对于一些植物而言,花药培养难以获得真正的单倍体植株,如草莓花药培养获得的植株全部是花药壁体细胞分化而来的。此外,花药培养获得的植株中容易出现白化苗,这在禾本科等植物中表现得比较突出。

花粉培养又称游离小孢子培养,是将处于单核靠边期的花粉从花药中分离出来,使之成为分散或游离的状态,培养成花粉植株。由于其排除了花药培养中花丝、花药壁等体细胞的干扰,获得单倍体再生植株的比例提高。与花药培养相比,其程序较为烦琐,花粉愈伤组织再生植株的频率更低,出现白化苗的比例增高。

至今,包括油菜、甘蓝、白菜、黄瓜、茄子、番茄、石刁柏、苹果、柑橘、葡萄、百合、芍药、矮牵牛在内的多种园艺植物均获得了单倍体植株,这为其遗传研究和品种选育提供了丰富的材料。

(2)远缘花粉刺激孤雌生殖

通过异种、属花粉授粉诱发孤雌生殖获得单倍体,在烟草属、茄属、草莓属、麦类等植物上获得了成功。远源花粉虽不能与卵细胞受精,但能刺激卵细胞,使之开始分裂并发育成胚,而由未受精的卵发育成的胚有可能是单倍性的。但是许多植物难以孤雌生殖,具有孤雌生殖行为的物种在单倍体产生频率上也具有较大的差异。如一粒小麦的单倍体自然产生频率为 0.05%,但经过其他物种花粉的刺激,单倍体的产生频率提高 2%;茄属植物龙葵经黄茄授粉后,单倍体频率达到 20%;而栽培大麦作母本与野生大麦杂交,后代中单倍体频率高达 68%。在远缘花粉授粉时,去雄后延迟授粉可提高单倍体发生频率。如对一粒小麦进行延迟授粉,单倍体产生频率可由 2% 提高到 20%。

(3)辐射处理诱导孤雌生殖

从开花前到受精的过程中,用射线照射花器官可以影响受精过程,或将父本花粉经射线处理后,将其授在正常的柱头上,虽其不能与卵细胞结合,但是能刺激卵细胞分裂并发育成单倍性的胚,或者影响花粉管萌发和花粉管的生长,延迟受精,从而起到与延迟授粉一样的诱导效果。利用辐射花粉刺激产生单倍体在向日葵、南瓜、甜瓜、西瓜、黄瓜、胡萝卜、白菜、洋葱、金鱼草等多种植物上取得成功。适宜的花粉辐射剂量与物种有关,花粉辐射结合幼胚培养能够提高单倍体植株产生频率。

此外,还可通过化学药剂处理,从双生苗中选择等方法获得单倍体植株。

4)单倍体的鉴定与二倍化

(1)单倍体的鉴定

单倍体植株在正常生长状态下常比它的二倍体矮小,因此,在幼苗期即可利用形态学特征初步将单倍体与二倍体植株区分开来。此外,单倍体叶片的气孔和保卫细胞均比二倍体叶片的小,因此通过对叶片表皮进行解剖学观察,可以区分单倍体和二倍体。区分单倍体与二倍体最准确有效的方法是检察细胞中染色体数目或利用流式细胞仪对细胞中核酸含量进行分析。

(2)单倍体的二倍化

单倍体植株几乎不能结实,需把它的染色体加倍,才能恢复育性。单倍体加倍的方法有两种:一种是自然加倍,单倍体植株在生长发育的过程中,可以自然加倍成双单倍体,但是一般频率比较低,而且加倍频率受试材基因型的影响。另一种是人工加倍,其特点是处理时间短,对植株的危害小,大规模应用时易掌握。到目前为止,主要利用秋水仙碱诱导单倍体人工加倍。处理方法主要是用秋水仙碱溶液处理正在生长的单倍体植株的茎尖生长点或根系,单倍体细胞经染色体加倍后形成双单倍体,也是纯合的二倍体。

5)单倍体在育种上的应用

(1)加速遗传育种材料的纯合稳定,缩短育种年限

利用常规杂交育种程序,1 年生植物的杂种后代需经过 4 ~6 代以上的基因分离与人工选择,才能获得基因型基本纯合的品系。而获得的单倍体植株,经过染色体加倍,只需要一个世代即可得到纯合的双单倍体。它在遗传上是稳定的,不会发生性状分离,相当于同质结合的纯系。因此,利用单倍体育种技术,可加速遗传育种材料的纯合稳定,大幅度缩短育种年限,节省人力和物力。

(2)提高选择效率

假定只有 2 对基因差别的父本、母本进行杂交,其 F_2 代出现纯显性个体的几率是 1/16,而在加倍后的双单倍体后代中,其纯显性个体出现的几率为 1/4,后者比前者获得纯显性个体的几率可提高 4 倍。因此,对纯合材料而言,利用单倍体可提高选择效率。

(3)与其他育种技术相结合,提高育种效率

将单倍体技术与诱变育种结合,由于单倍体的基因没有显隐性关系,因此,隐性突变不致被显性基因所掩盖,可有效地发现、选择它所产生的突变体,提高育种效果。此外,远缘杂交种马铃薯、咖啡、甘蔗等四倍体栽培种与野生二倍体杂交时不易成功,通过单倍体技术变成双单倍体($2n=2X$)后亲和性可明显提高。

学习拓展)))

植物空间技术育种

植物空间技术育种是随着航空航天技术的进步而发展起来的一种培育园艺植物新

品种的高新技术，是利用返回式卫星或高空气球等搭载植物材料，利用高能空间辐射、微重力、超真空和超洁净等空间环境诱导植物（种子）产生遗传变异，在地面选育新种质、培育新品种的植物育种新技术，亦称太空育种或航天育种。与传统育种技术相比，空间技术育种具有变异幅度大、生理损害轻、性状易稳定、优质、高产、抗病等有利突变率高，常出现单株多个优良性状结合的特点，这些都为选育优良种质提供丰富的遗传资源。此外，利用植物空间技术育种可探索空间条件下植物生长发育规律，改善空间人员生存的小环境，解决宇航员的食品等应用价值。

然而太空育种也并不是想象的把种子送上天就能点石成金那么容易。首先，变异率虽然比辐射育种要高，但也仅仅是0.1%～1%，而且变异又分为有益变异和无效变异。再者，种子仍需要在田间连续种植3～5年的时间，经过反复地选择、淘汰，性状才能稳定。

因受限于航天技术，世界上仅中国、美国和俄罗斯等国家进行了航天搭载的空间诱变育种。苏联将枞树航天诱变后获得速生的植株；俄罗斯在“礼炮号”和“和平号”空间站栽培兰花、小麦、洋葱等植物，发现其比地球上的生长快、成熟早。美国在航天飞船上进行松树、绿豆等试验，发现空间植物生长正常，并可提高产量。

利用空间诱变技术，我国最早于1987年首次航天搭载植物种子、藻类、菌种和昆虫卵，并获得不少变异体。迄今为止，涉及全国20多个省、市和地区，70多个研究单位，已完成500多种植物的航天搭载试验，粮食作物类有水稻、小麦、大麦、高粱、玉米、谷子；蔬菜类有丝瓜、黄瓜、青椒、西红柿、萝卜、胡萝卜、绿菜花、石刁柏、金针菇、灵芝等；观赏植物与药用植物类有鸡冠花、三色堇、龙葵、菊花、甘草以及油松、白皮松等。我国已诱变育成一系列高产、优质、多抗的黄瓜、番茄、太空青椒、水稻、小麦等作物新品种、新品系。

总的来说，目前植物空间技术育种尚处在起步阶段，研究工作侧重于直观描述，且多为大田突变体的直接筛选，应用基础理论研究甚少。今后应深入探讨主要诱变因素及其作用的生化和分子生物学机理，增加各类变异发生频率和遗传规律的研究，提高品种选育的预见性，使空间技术育种成为植物育种学科新的生长点，并发展壮大，成为推动我国21世纪农业发展的主要科技手段之一。

复习思考题

1. 简述诱变育种的特点。
2. 辐射诱变有哪些具体方法？
3. 简述化学诱变中影响诱变效应的因素。
4. 人工诱导多倍体的方法有哪些？
5. 秋水仙碱诱发多倍体的影响因素主要有哪些？
6. 单倍体在植物育种中有何应用？诱导产生单倍体的方法有哪些？

生物技术在园艺植物育种中的应用

学习目标

- 掌握细胞工程的技术方法，能运用细胞工程技术进行育种实践操作。
- 了解基因工程的原理与技术及分子育种技术的种类，能开展园艺植物遗传转化。能正确进行转基因植物的安全性评价。
- 理解基因工程和分子育种技术在育种实践中的运用。

生物技术亦称生物工程，是指以现代生命科学为基础，利用生物体系和工程原理生产生物制品和创造新物种的综合性科学技术。它以1973年美国分子生物学家科恩等发明的DNA重组技术为诞生标志。由于生物技术在创造植物新的基因型方面有其独特的作用，因而已成为传统育种技术的重要补充和发展。

13.1 细胞工程与育种

植物细胞工程是指以植物细胞全能性为理论基础，以植物组织及细胞培养为技术支持，在细胞水平上对植物进行遗传操作，实现植物改良和利用，或获得植物来源的生物产品的生物技术。植物细胞工程主要包括植物组织与器官培养技术、花药及花粉培养技术、胚胎培养技术、离体受精技术、体细胞突变体筛选技术、原生质体培养与细胞融合技术等。近年来，随着这些技术的发展与完善，及其与常规育种技术的有效集成，在快速繁殖、种质保存、品种选育和遗传改良等许多领域得到广泛运用，显示出了巨大的潜力。

13.1.1 花药与花粉培养技术

单倍体在植物遗传与育种领域中早已为人所知，然而由于在自然界中，单倍体出现的频率极低，通常为0.001% ~0.01%，因此并未得到广泛利用。随着植物细胞工程的发展及完善，已有报道的利用花药与花粉培养获得的单倍体植物超过200种。花药培养与花粉培养的不同之处在于前者是对花粉发育到一定阶段的花药进行离体培养，改变花药内花粉的发育途径，形成花粉胚或花粉愈伤组织，再由胚状体直接发育成植株，即胚发生途径；而后者则是从花药中分离出花粉粒,通过培养使花粉粒脱分化启动发育为单倍体植株,即器官发生途径。花粉和花药培养的目的都是诱导花粉发育形成单倍体,快速获得纯系,缩短育种周期,有利于诱导花粉形成隐性突变体,提高选择效率,如图13.1所示。

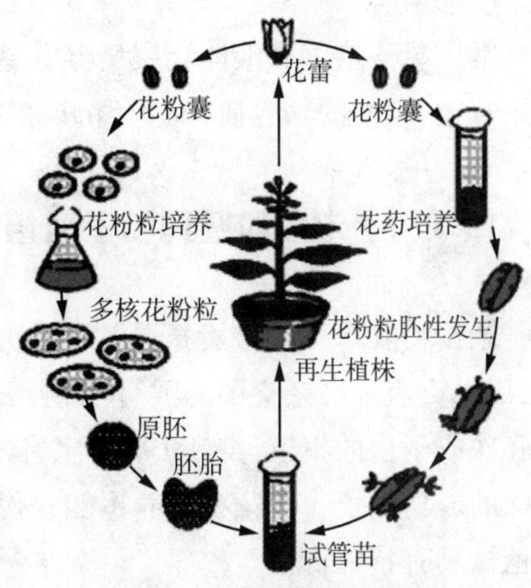

图13.1　花药与花粉培养

1)花药培养

(1)材料的选取

植物材料的基因型、生长情况及接种时花粉所处的发育时期对花药培养有直接影响。从减数分裂期至双核期的花药,均有可能诱导离体孤雄发育,对多数植物而言,最佳时期是单核中期至晚期。各种植物花药培养的最佳时期是不同的,可根据花药内花粉发育期与花蕾大小、外观形态、色泽的相关性来选取材料。

一般采用涂片法来确定花粉发育的时期,用醋酸洋红或卡宝品红或铁钒-苏木精染色后找出小孢子发育的细胞学指标与该种植物花蕾发育形态指标的相关性,便于接种取材。

(2)材料预处理与灭菌

在大多数情况下,只有经过预处理的花药才能培养出完整的单倍体植株。预处理的方法有低温、高温、离心和预培养等,目的是要从形态上改变其极性分布,从生理生化上改变其细胞生理状态,以改变其分裂方式和发育途径。

经预处理后的花蕾,用乙醇进行表面灭菌后再用次氯酸钠或升汞灭菌后即可接种。

(3)接种培养

消毒后的花蕾在无菌条件下,用镊子剥去花瓣,取花药接种于MS,N_6,Nitsch等基本培养基上,并将花丝、空瘪及受伤花药剔除。培养温度因不同植物而异,一般为25~28 ℃。

2)花粉培养

(1)花药预处理和预培养

预处理方法有黑暗处理、光质处理、高渗处理、药物处理及温度处理等。大多采用的是,取花粉处于合适发育期的花蕾,置于4~10 ℃下处理1~15 d。花药预培养也是行之有效的方法,具体是灭菌后的花药置于甘露醇溶液中,漂浮预培养2~5 d,取出花药后再分离花粉培养;也可在无菌条件下取出花药,接种于Nitsch等培养基中预培养数天,然后将花粉分离出来,再进行悬浮培养,小孢子可启动发育。

(2)花粉的分离

分离小孢子的方法有挤压法、散落法和器械法3种。无论采用哪种方法,均需得到一定量的小孢子,且无菌、无杂质,成活率高,发育整齐等。所谓挤压法就是用玻璃棒在烧杯壁上挤压花药,使花粉从花药中释放出来。散落法是把花药接种于液体培养基上,悬浮培养1~7 d,花药自然开裂,散出花粉,及时取出花药壁,留下花粉继续培养。器械法是用小型搅拌器或超速旋切机来分离小孢子。

(3)培养方法

常用悬滴培养和液体浅层培养。悬滴培养时,每滴可接种 50 ~ 80 粒花粉;液体浅层培养用直径 5 cm 的培养皿,加 2.5 mL 花粉悬浮液,花粉密度为每毫升 10^4 ~ 10^5 个。

13.1.2 未授粉胚珠和子房培养

未授粉胚珠和子房培养不但可以诱导孤雌生殖产生雌性单倍体,而且是离体受精的基础,用以克服远缘杂交中的败育问题。从 20 世纪 50 年代开始,就陆续有了离体培养未授粉胚珠或子房的报道,直到 1976 年,才有 San Noeum 首先从大麦的未授粉子房获得单倍体植株的成功例子。在花粉培养不能获得单倍体的情况下,未受精子房或胚珠培养诱导单倍体植株具有特殊价值。

1)未授粉胚珠培养

(1)材料的选择

胚囊发育时期是未授粉胚珠培养成败的关键。可根据花的外部形态特征来切取合适发育期的胚囊。此外,在接种前经低温预处理或预培养后也可得到较好的效果,如向日葵将其花序在 10 ℃预处理一周,可提高诱导率。

(2)培养基及培养条件

应用较多的基本培养基有 White, Nitsch, MS 和 N_6 等。一般情况下,培养基中蔗糖质量浓度为 3% ~12%,但大多数为 5%。植物胚珠培养大多数温度要求在 25 ℃左右,但不同植物之间也有所差异。

2)未授粉子房培养

(1)材料的选择

接种时胚囊所处的发育阶段对子房培养的成败起着关键性作用。有的可根据开花前的天数、未开放花蕾长度来选择子房进行培养,但更多的是根据胚囊发育时期的相关性来选择较准确的培养时期,接近成熟的胚囊较容易诱导成功。

(2)培养基及培养条件

常用的基本培养基有 MS, N_6 和 BN 等,蔗糖质量浓度大多为 3% ~10%,激素种类及配比因不同材料而异。

13.1.3 离体受精

所谓离体受精也称离体授粉,就是把未授粉的胚珠或子房从母体上切离开来,进行无菌培养,并以一定的方式授以无菌的花粉,使之在试管内实现受精。应用这项技术,可使花粉不经柱头和花柱组织而直接进入子房中的胚珠,有可能克服孢子体不亲和,从而得到远缘杂种。此外,这项技术也为外源特异基因的有性转移、诱导遗传转化开辟了广阔的应用前景。

1)离体子房受精

离体子房受精就是将不同发育阶段的子房连同一段花梗,经消毒后,接种在培养基上,再授以无菌的花粉。花粉可以用不同浓度的硼酸、蔗糖配成花粉悬浮液,在子房上切一个开口,把花粉悬浮液滴入切口中,也可用注射器直接把花粉悬浮液注入子房内,最后将子房接种于培养基上进行培养。此技术是一种接近于自然情况的授粉技术。

2)胚珠试管受精

为了提高胚珠培养的成活率,通常选用带有胎座的胚珠进行培养。胚珠包裹在子房内,处于无菌状态,只需子房消毒后直接在无菌条件下把胚珠剥离出来接种于培养基上进行培养。授粉时可直接把无菌的花粉撒在胚珠上,也可先将花粉撒在培养基上,然后把带有胎座的胚珠接种在散播花粉的培养基上进行授粉。

13.1.4　胚培养

杂种胚由于营养或生理的不协调而导致难以播种成苗,或在发育早期就败育或退化,把杂种胚在败育或退化之前直接剥离出来接种于培养基上进行早期离体培养的方式称为杂种胚挽救。离体胚培养可克服种间乃至属间受精障碍、打破种子休眠、缩短育种周期、克服种子生活力低下和自然不育等,通过成熟胚和未成熟胚离体培养已获得了不少的园艺植物。

1)成熟胚培养

(1)成熟胚培养的意义

在自然状态下,许多植物的种皮对胚胎萌发都有抑制作用,需要经过一段休眠,其休眠期有的长达二三年,待这种抑制消除后,种子方可萌发。从种子中分离出成熟胚进行培养,可完全解除种皮的抑制作用,使胚胎立即萌发。成熟胚已有胚芽、子叶和胚根,已经储备了能够满足自身萌发和生长的养料,是完全自养的。因此,成熟胚培养较简单。

(2)材料的消毒与接种

将果实或种子采下后,用自来水冲洗干净,再按照常规方法消毒,然后在无菌条件下,剥出种胚接种于预先配制好的培养基上,使裸露的胚在人工控制的条件下发育成一棵完整的植株。接种时,对于大粒种胚可切除部分子叶,取胚芽接种即可。

(3)培养基及培养条件

用于成熟胚培养的培养基一般仅由大量元素的无机盐和蔗糖组成。但若是用于打破休眠、促进种子萌发上,培养基中常加入一定浓度的赤霉素。培养条件与其他组织培养相似,但对于有休眠性的胚,接种后可先在4 ℃下培养一段时间后再转入正常温度条件下培养,效果更佳。

2)原胚培养

(1)原胚培养的概念及意义

原胚是指未成熟的、处于异养期的幼胚,幼胚在胚珠中需要从母体和胚乳中吸收各类营养物质。因此,进行幼胚培养时,必须尽可能提供与原胚相似的环境条件,通过培养基为其提供足够的营养物。幼胚培养成功的难度相对较大。

(2)材料的选择

一般越早期的胚越难培养成活。因此,选择适当发育期的胚胎进行培养是幼胚能否培养成功的关键。单子叶植物和双子叶植物胚胎在形态和发育进程上有很大差异,在选择胚胎发育时期有所不同。双子叶植物一般在心形胚以后的时期容易成活,而球形胚难以培养成活;单子叶植物则在受精后 8 d,长度 5 mm 以上的胚容易成活。

(3)培养基及培养条件

用于幼胚培养的常用培养基有 Nitsch,MS,1/2MS 和 White 等。幼胚不能在简单培养基上生产,必须考虑无机盐、有机成分和生长调节剂 3 方面的因素。培养基中的碳源常用蔗糖,用量为 8% ~10%,为幼胚提供碳源、调节渗透压和防止幼胚早熟萌发。渗透压对离体幼胚的生长发育很重要,一般幼胚的生理年龄越小,所需渗透压越高,随着胚胎的成熟,所需渗透压将逐渐降低。生长调节剂的种类和浓度是幼胚继续生长发育的重要因素,若添加不当,可能改变胚胎发育的方向,或转为脱分化形成愈伤组织,或引发早期萌发。接种后的幼胚一般在 25℃,弱光或黑暗条件下培养一段时间后再逐渐转入光照下培养。具体的光照强度和温度依据不同植物而异。

13.1.5 胚乳培养

在大多数被子植物中,胚乳是双受精的产物,由两个极核和一个雄配子融合发育而成,为三倍体组织。在裸子植物中,胚乳在受精前已经形成,是由大孢子直接分裂发育而成,为单倍体组织。在多数植物中,胚乳是一个临时的,为胚生长发育提供营养组织,在很大程度上影响胚的发育过程。

(1)胚乳发育期的选择

胚乳发育期的确定及选择是其培养成败的关键。植物种类不同,胚乳培养适宜的发育期也不同,多数植物是在细胞型期的某个阶段分离培养才容易成功。为了保证取材合适和提高工作效率,必须观察胚乳发育时期与幼果外部形态的相关性,然后根据外观特征判断其内部胚乳的发育期。

(2)胚乳愈伤组织的建立

选取胚乳发育适宜的幼果或种子,经表面消毒即可切取胚乳进行培养,分离胚乳进行培养时,通常不带其他组织或胚。接种在培养基上的胚乳,经过一段时间培养后,先是体积增大,然后胚乳细胞开始分裂形成原始细胞团,继而再由原始细胞团发展成为肉眼可见的愈伤组织。

(3)培养基与培养条件

胚乳培养通常使用的基本培养基有 MS,MT,White,LS 和 B_5 等,并附加不同浓度的植物生长调节剂。与其他组织培养一样,生长调节剂的种类和浓度对胚乳愈伤组织的诱导和器官建成起决定性作用。在多数报道中,蔗糖使用的浓度为 3% ~5%,也有极少数用 8%。

胚乳愈伤组织生长的最适温度为25 ℃左右,pH为4.6~6.3。

13.1.6　原生质体培养与融合

原生质体是指去除细胞壁由质膜包裹着的具有生活力的裸细胞。对于植物细胞而言,原生质体是严格意义上唯一的单细胞,可用于细胞水平多方面的理论研究,如细胞质膜结构与功能的研究、病毒侵染与复制机制的研究、植物生长物质的作用、植物代谢等生理问题的研究。在植物遗传育种方面,去除细胞壁,使原生质体通过相互融合而获得体细胞杂种,成为克服有性杂交障碍的有效途径;此外,由于原生质体比完整细胞更容易摄取外来遗传物质,为研究高等植物遗传转化问题提供了较好的试验材料。

1)原生质体分离

(1)植物材料的灭菌与处理

从植株上取来的叶片、茎段、花瓣等供试材料,首先用流水冲去灰尘,然后用酒精进行表面消毒,再用升汞或次氯酸钠进行消毒,并在无菌条件下将材料用无菌水冲洗3~5次,用无菌纸吸干材料上的水滴,最后用解剖刀或刀片细切成薄片。

(2)酶液处理

国内外常用的商品化酶制剂主要有果胶酶、纤维素酶、半纤维素酶和崩溃酶等几种,它们各具特点,可根据植物材料的性质单独使用或搭配使用。进行酶液处理时,要使植物材料与预先过滤除菌的酶液充分接触,酶液处理的方式有静止处理和低速振荡(约30 r/min)两种,一般在黑暗中进行。处理的时间与供试植物材料的种类、所用酶的种类、处理方式及处理温度有关,一般为数小时至1 d。

(3)原生质体的收集与纯化

把游离效果已达到要求的酶-原生质体混合液在无菌条件下通过一层孔径为40~80 μm的镍丝滤网,过滤除去降解不完全的组织碎块和细胞团。将所得到的悬浮有原生质体的滤液在500~1 000 r/min下离心3~5 min,使原生质沉降在离心管底部,小的细胞碎片则仍然悬浮在上层酶液中。用吸管小心吸去上层酶液后加入原生质体洗涤液,如此重复清洗3次,便能获得纯净的原生质体,如图13.2所示。

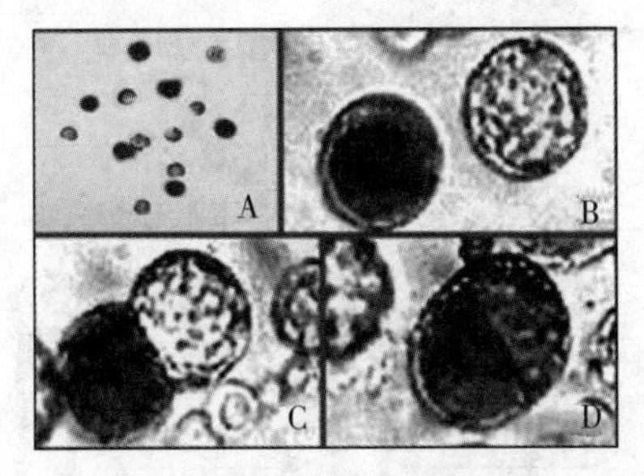

图13.2　原生质体的分离与融合

A,B—分离出的两种不同植物原生质体;

C—原生质体开始融合;D—原生质体整合完成

2)原生质体培养

(1)液体培养

常用的培养基有 MS 和 B_5 等,但其铵态氮含量太高,对不少植物原生质体有毒害作用,因此使用1/2 或1/4 的基本培养基并添加一些氨基酸类有利于原生质体的分裂与增殖。在原生质体培养初期,培养基中必须添加渗透压稳定剂,以保持原生质体的稳定性。所添加渗透压稳定剂的种类、含量与分离原生质体时基本相同,一般为0.3~0.5 mol/L。

(2)培养方法

固体培养和液体培养均可,应注意原生质体的湿度及培养的温度和光照。多数植物原生质体在培养1~3 d 即可再生新的细胞壁,表现在其体积增加、膨大,继而由圆形变为卵形。在细胞形成的同时,细胞质增加,液泡减少或消失,细胞开始出现分裂,并形成愈伤组织。常用的培养方法有液体浅层培养和平板培养。

液体浅层培养是目前较常用的原生质体培养方法,适用于容易分裂的原生质体,将含有原生质体的培养液在培养皿底部铺一薄层,封口进行培养。这种方法操作简单,对原生质体损伤较小,且易于添加新鲜培养物。但这种方法也常使原生质体分布不均匀,发育的原生质体之间产生粘连而影响其进一步的生长和发育,尤其是难以定点观察单个原生质体的命运。

平板法是将原生质体纯化后悬浮在液体培养基中,然后与热融并冷却到45 ℃的琼脂糖按一定比例混合,轻轻摇动使原生质体均匀分布,凝固后封口培养。由于原生质体彼此分开并固定了位置,避免了细胞间有害代谢产物的影响,既便于定点观察,又有利于追踪原生质体再生细胞的发育过程。但此种方法对操作技术要求比较严格,尤其是温度一定要适宜,添加低渗透压的培养基和转移再生愈伤组织也比较烦琐,而且培养的原生质体极易褐变死亡。

3)原生质体融合

(1)原生质体融合的概念及意义

原生质体融合就是使不同植物种类的原生质相互融合形成杂种细胞,再通过人工培养诱导杂种细胞分化形成植株的过程(见图13.3)。原生质体融合可以不受植株种、属甚至

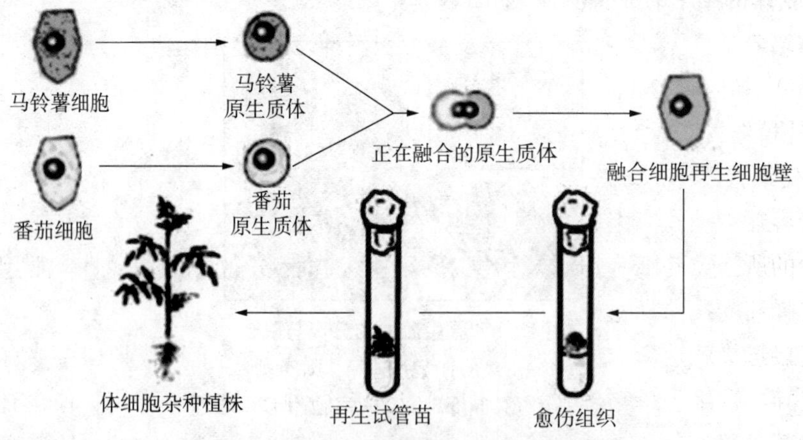

图13.3 马铃薯与番茄体细胞杂种的获得

科的限制，为培育出具有优良经济性状的新类型开拓了一条新途径。

(2)原生质体融合的方法

常用的方法有聚乙二醇法(PEG 法)、电融合法、高 pH-高浓度钙离子法和 $NaNO_3$ 等。高浓度、高聚合度的 PEG 溶液对植物原生质体有很强的凝聚作用，并且在利用高 pH-高浓度钙离子溶液洗脱 PEG 分子的过程中，观察到高频率的原生质体融合现象。电融合法的原理是利用电刺激使细胞膜发生结构变化，从而使紧密接触的原生质体之间发生内含物细胞质的融合。

(3)杂种细胞的选择

原生质体诱导融合是没有选择性的，经过有效融合处理后，都能使一部分原生质体实现质膜融合，因此，两种异源的原生质体经过融合处理后，得到的是一个由未融合的亲本原生质体、同源亲本融合体和异源亲本融合体所组成的混合群体。杂种细胞选择的方法概括起来有两种：一种是利用物理方法进行选择，另一种是利用杂种细胞的生长特性或突变体互补进行选择。

(4)体细胞杂种植株的再生及鉴定

形态学鉴定：根据再生植株的表现特征，如植株的高矮、叶片的形状、花的大小和颜色、花粉的有无等来鉴别杂种细胞。细胞学鉴定：根据再生植株细胞中染色体的数目、大小与形态来鉴定体细胞杂种。生化鉴定：利用亲本的某些生物化学特性在杂种中的表达来鉴定体细胞杂种。DNA 检测鉴定：运用 DNA 重组技术，从分子水平来鉴定体细胞杂种。

13.1.7 体细胞无性系变异

植物细胞、组织、器官在无菌条件下进行离体人工培养，经过脱分化和再分化的过程，重新形成愈伤组织和完整植株称为体细胞无性系。在培养阶段发生变异，进而导致再生植株也发生遗传改变的现象，称为体细胞无性系变异。无性系变异在园艺植物离体培养中普遍存在，由于很多园艺植物都是无性繁殖的，发现无性系变异后，很快就能通过无性繁殖固定下来，所以无性系变异的研究在园艺植物上更为活跃，在育种上的应用成果相对也较多。

(1)突变体的产生

在离体培养条件下，诱发突变和自发突变没有本质的差别。包括染色体数目变异、染色体结构畸变、基因突变以及细胞质基因组的变异等。影响自发突变的因素很多，如培养物的类型，外植体的来源和倍性，培养时间的长短及培养基的组成和培养条件等。

(2)突变细胞的筛选方法

在培养容器中操作细胞培养物，应建立在一套有效的分离筛选技术的基础上方能分离出为数很少的所需突变细胞，充分利用水平操作在时间和空间上的优越性。常用的筛选方法有直接选择和间接选择两种。

所谓直接选择就是新的突变表现型在选择条件下能优先生长或预期在感官上可测定其他可见差异。直接选择法又分为正选择和负选择两种，正选择就是用一种含有特定物质的选择培养基，只有突变的细胞能够生长，从而直接筛选出突变体的办法；负选择就是在特定培养基中，让正常细胞生长繁殖，突变体细胞受抑制不分裂呈休眠状态，然后用一种能毒害正常生长细胞，而对休眠细胞无害的药物淘汰正常细胞，再用正常培养基恢复突变体生长，该方法主要应用于营养缺陷型突变体筛选。

间接选择是一种借助于与突变表现型有关的性状作为选择指标的筛选方法。当缺乏直接选择表型指标或直接选择条件对细胞生长不利时，可考虑采用间接筛选法，如抗病突变体的筛选常用间接筛选的策略。

(3)突变性状的稳定性鉴定

鉴别经选择出来的细胞是否性状稳定时，常用的方法是让细胞或组织在没有选择剂的培养基上继续培养几代，若仍能表现选择出来的变异性状，即可确认为突变细胞或组织。鉴别从变异细胞或组织分化形成的植株是否为突变植株时，可用所形成的植株所结种子的芽，或用种子长成的植株为材料，诱导其形成愈伤组织转移到含有选择剂的培养基上进行检验。应用细胞突变体的离体筛选技术，可克服外部环境的不利影响，大大提高选择效果。目前，利用培养细胞与组织进行离体筛选的研究主要集中在抗病、抗盐、抗除草剂、抗温度胁迫等突变体的筛选方面。

13.1.8　植物快繁技术

离体快繁就是指通过无菌操作，分离植物体的一部分，即外植体接种于培养基上，在人工控制的环境条件下进行培养，使其再生出完整植株的一套技术和方法。离体繁殖是20世纪中期新兴的离体培养技术在繁殖领域的成功应用，是生物技术在农业生产上应用最成功的一个领域。目前，植物快繁主要应用于高附加值经济植物、珍稀濒危植物、转基因植物、育种原种及植物脱毒苗的快繁。

(1)离体快繁技术体系的建立

阶段Ⅰ：无菌培养物的建立，这一阶段的特征是使外植体植入培养基后不受微生物污染并能生存。外植体消毒完成后，在无菌条件下，接种于预先准备好的诱导分生组织培养基上，植入外植体大小要适宜，其组织要达到约2万个细胞以上才容易成活。

阶段Ⅱ：继代增殖阶段，此阶段的主要目的是通过对来自阶段Ⅰ的增殖体反复更新培养，获得所需数量的胚、芽和其他器官。在每个继代期内，增殖体中的细胞迅速分裂，原有培养基中的水分及营养大多已耗尽，细胞中有害代谢物也已在培养基中积累，因此，必须转移至新的增殖培养基中。

阶段Ⅲ：生根成苗阶段，这个阶段的目的是使繁殖体能够成功地移植到土壤中，是一种涉及枝条生根、枝条硬化以及启动从异养状态到自养状态的过程。

阶段Ⅳ：移栽成活，组培苗要从无菌、弱光照、温度稳定和湿度饱和的培养条件下移到有菌、低湿、自然光和温度不稳定的土壤中，稍不注意或未掌握移栽技术，就会造成组培苗大批死亡甚至前功尽弃。

(2)植物快繁技术的应用

植物快繁技术的繁殖速度快，通常一个芽体(或其他外植体)在一年内可以繁殖数以万计的种苗,且占用空间极小,周转快,可节约大量育苗土地。不受地区、气候、季节和病虫害等影响。

便于种质保存,有利于资源交换。种质资源是植物育种的基础,只有拥有大量的种质资源才可能选育出优良品种。当发现某一个珍稀材料,但有面临即将丢失的情况下,用常规繁殖方法很难将其保存下去,这时最好的办法就是采用离体保存。此外,经脱毒后的试管苗,在繁殖、转运和交换过程中,能完全避免病虫害和再感染病毒,有利于地区、国际间种质资的安全传递和交换。

13.2　基因工程与育种

植物基因工程是指按照人们的意愿进行严密的设计,经体外 DNA 重组和转移等技术,有目的地改造植物种性,使现有物种在较短时间内趋于完善,创造出新种质的过程。它是近30年来随着 DNA 重组技术、遗传转化技术及离体培养技术的发展而兴起的生物技术。自1983年第一株转基因烟草获得以来,植物基因工程的研究进展迅速。迄今为止,国内外已得到60种以上转基因植物,其中玉米、棉花、马铃薯、烟草和大豆等已大面积种植。

13.2.1　基因工程的基本原理与技术

迄今为止,转基因技术大致可划分为两类:一类是载体介导法,即利用另一种生物来实现基因的转入和整合,如农杆菌介导法和病毒介导法等;另一类是 DNA 直接摄取法,即将裸露的 DNA 通过物理或化学的方法直接转入植物细胞,如基因枪法、聚乙二醇(PEG)介导法、花粉管通道法、电击法、显微注射法、超声波导入法等。目前,较常用的几种植物转基因技术有农杆菌介导法、基因枪法、聚乙二醇(PEG)介导法及花粉管通道法。

1)基因工程的基本要素

(1)外源 DNA

所有基因都具有相同的化学本质,因此,无论是微生物、植物还是动物的 DNA 均可作为另一种生物的外源 DNA。在基因工程的设计和操作中,就是将某个目的基因作为外源 DNA 导入其他生物的细胞中。一些核外物质,如质粒基因组、病毒基因组、线粒体基因组和叶绿体基因组也有少量基因,也可作为目的基因。

(2)受体细胞

大肠杆菌、枯草杆菌、酵母等低等生物,以及各种动物、植物细胞均可以作为基因工程的受体细胞。但需要这些受体细胞能够摄取外源 DNA,并使目的基因能够稳定存在下去;同时,一个良好的受体细胞还要具有较高的安全性,能够高效表达目的基因,便于筛选重组体等特点。利用植物细胞组织的全能性,可以通过基因工程方法将外源基因导入植物细胞中,在离体培养条件下使细胞或组织分化形成植株,培养出能够稳定遗传的植株或品系。

(3)载体分子

基因工程中,携带目的基因进入受体细胞进行扩增和表达的工具称为载体。在基因工程中常用的载体主要有以下几类:λ噬菌体载体、质粒载体、柯斯质粒载体、酵母人工染色体载体、细菌人工染色体载体等。

(4)工具酶

工具酶主要包括限制性核酸内切酶、DNA聚合酶、连接酶和反转录酶。

①限制性核酸内切酶。核酸内切酶是一类能识别双链DNA分子中的某种特定核苷酸序列,并由此切割DNA双链结构的核酸内切酶,如EcoRⅠ,BamHⅠ,BclⅠ,HindⅡ和HindⅢ。

②DNA聚合酶。这类酶的共同特定在于它们都能以DNA为模板,把脱氧核糖核苷酸连续地加到DNA分子引物链的3′-OH末端,催化核苷酸的聚合作用。DNA聚合酶Ⅰ、Klenow聚合酶和Taq DNA聚合酶等都是常用的DNA聚合酶。

③连接酶。DNA连接酶能够催化在两条DNA链之间形成磷酸二酯键。目前,基因工程中常用的有大肠杆菌DNA连接酶和T_4连接酶等。

④反转录酶。反转录酶是一种依赖于RNA单链为模板,通过DNA聚合酶作用形成DNA的聚合酶类。

2)植物转基因技术

(1)目的基因的分离与鉴定

高等植物基因组非常大,染色体DNA总量可达5×10^8 kb,要从这庞大的DNA中分离出目的基因和克隆,并在此基础上才能进行转化载体构建和植物转化与再生,对外源基因进行检测和分析。目前,常用基因分离的方法有以下几种:

①鸟枪法。将含有目的基因的DNA先用适当的限制性内切酶切成片段,再用黏粒、λ噬菌体、细菌染色体或酵母人工染色体进行体外重组,形成重组DNA分子转化到大肠杆菌中,形成基因文库,之后用探针钓取目的基因。

②转座子标签法。就是将转座子插入目的基因,使原表型突变。此法在遗传稳定的茄科植物中较易发生转座作用,根据转座子标记,就可以克隆出T-DNA两侧翼的DNA序列。

③T-DNA插入突变法。就是利用T-DNA的插入和整合到植物基因组中,使被插入位点的基因表达受阻,对T-DNA进行分子杂交选择,就可克隆出T-DNA两侧翼的基因序列。

④基因图谱克隆法。利用分子标记构建植物高饱和度基因图谱,植物每条染色体上都有大量的分子标记。从中可以直接找出与标记紧密连锁的目的基因,或通过染色体探查,找到目的基因。

⑤PCR扩增法。根据研究报道的基因序列设计引物,从可能含有的目标基因生物cDNA或基因组DNA中扩增出与已知报道的基因相同或部分相同但属于同一基因家族的基因。

(2)重组体DNA分子的构建

将要克隆的DNA分子通过黏性末端连接、平整末端连接、同聚末端连接或人工分子连接等方法,与载体DNA分子连接起来,形成重组DNA分子。构建重组DNA时应注意连接一个控制目的基因转录表达的启动子,一个控制目的基因转录终止的终止子和一个编码特殊蛋白质的选性标记基因。

(3)基因扩增

将构建好的含有外源基因的重组载体导入对应细菌中,利用细菌扩增重组 DNA,达到基因扩增的目的。

(4)重组体 DNA 分子导入受体细胞

外源基因导入植物的目的是将优良的基因转移到新品种中。因此,导入外源基因必须考虑的因素是有适宜的基因和合适的选择条件,外源基因导入植物的途径要得当,且组织培养系统植物细胞必须有效地再生植株。受体系统可以是植物组织、植物体细胞、原生质体或生殖细胞。目前,采用的导入法主要有农杆菌介导法、电击法、基因枪法、花粉管导入法、激光微束穿孔法、显微注射法和聚乙二醇法等。

(5)检测和培养

通过选择标记基因可以检测经过遗传转化的细胞和植物组织,在合适的培养基上培养这些细胞和组织,使之形成转基因小苗。转基因小苗还需进行检测,常用的检测方法有 DNA 的 Southern 杂交(检测外源基因是否整合到植物染色体上)、Northern 杂交(检测外源基因是否在转录水平上表达)、Western 杂交(检测外源基因是否在翻译水平上表达)及酶活性分析等方法,可根据目的和条件选用适合的方法。此外,还应开展转基因当代和后续世代的田间目标性状检测。检测过程中均需设置对照。

(6)转基因植物的大规模种植

从转基因植物中选出目的基因表达量高,且综合性状优良的品种进行大规模种植。

如图 13.4 所示为植物遗传转化的基本技术途径。

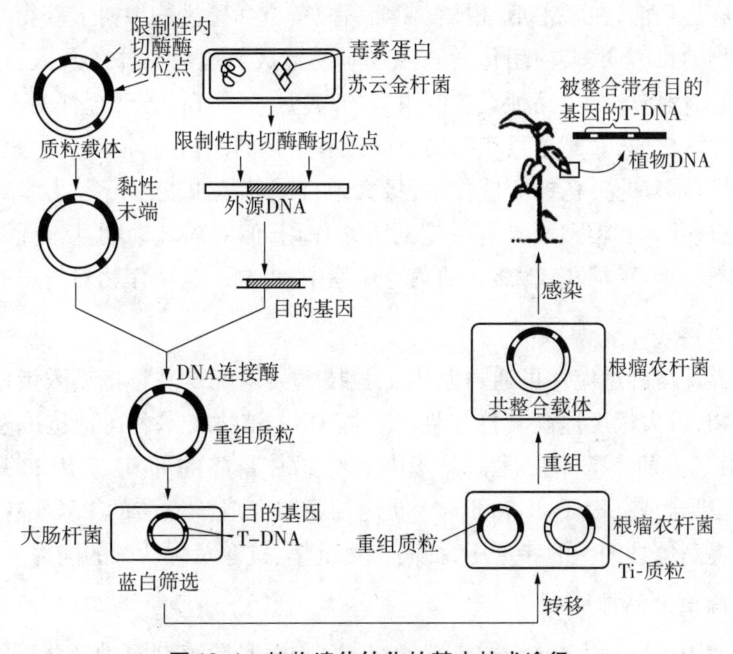

图 13.4　植物遗传转化的基本技术途径

13.2.2 基因工程在园艺植物遗传育种中的应用

随着植物遗传转化技术的不断改进,一些重要的农作物通过转基因技术培育的优良新品种已得到大面积推广,获得了可观的经济效益,如大豆、棉花、玉米、水稻、番茄、茄子、黄瓜、草莓、苹果和葡萄等。迄今为止,国内外批准商业化应用的各类转基因植物已近90种。

目前,基因工程在园艺植物育种上的应用主要包括以下几个方面。

1)创造园艺植物新种质

通过基因工程可以创造常规育种手段难以获得的园艺植物新种质。基因工程极大地拓宽了植物种质资源,为园艺植物的品种改良及育种开辟了新的途径。育种者可根据自己的意愿来改良园艺植物的抗性及品质等性状,拓展获取种质资源的范围,提高育种的速度和效率。

2)改良品质

普通粮食中,贮存的几种必需氨基酸含量较低,直接影响人类主食的营养价值。例如,禾谷类的蛋氨酸含量低,豆类的甲硫氨酸、胱氨酸、半胱氨酸含量低,将富含甲硫氨酸的蛋白质编码基因分别植大豆中,可显著提高其营养价值。目前,已推出的水稻品种 Golden rice Ⅱ就是通过将水仙花中的两个基因和细菌中的一个基因一起导入水稻基因组而获得的,该品种的 Fe、Zn 和维生素 A 含量得到提高,有效地防止贫血和维生素 A 缺乏症。

3)提高抗病虫害的能力

某些侵染果树的病毒、类病毒、寄生细菌和真菌对果树危害严重,迄今对这些病毒尚无有效的防治措施。目前,在番木瓜、柑橘、葡萄、香蕉、杏和樱桃等果树上获得了抗病转基因植株。园艺植物的虫害众多,使用化学杀虫剂容易造成环境污染并危及人畜,且消耗大量资源,通过基因工程培养抗虫品种是控制虫害的理想途径。Bt(苏云金杆菌毒素蛋白)基因表达产物为毒性蛋白质,对鳞翅目和鞘翅目昆虫有很强的杀伤力,但对脊椎动物无毒,将该基因导入棉花、玉米、油菜、杨树等植物中,极大地提高其抗虫能力。雪花莲凝集素(GNA)对同翅目的蚜虫、叶蝉和稻飞虱具有一定的毒杀作用,但对哺乳动物基本无毒,将 GNA 基因导入水稻、小麦、烟草、棉花、番茄和油菜等作物中,提高了这些作物对蚜虫的抵抗能力。

4)改善抗逆性

植物对外界环境的适应性可通过基因工程技术大幅度提高。将热激蛋白基因经一定改造后导入植物,可大幅度提高其抗热性。美国 DNA 植物技术公司把抗冻基因导入番茄中,培育出了耐寒番茄。常用抗性相关基因有编码甘露醇的 mtlD 基因和编码山梨醇的 gutD 基因,海藻糖合成基因 Tps1 和 Tps2,催化谷氨酸合成脯氨酸的 P5CS 基因等,这些基因的产物都能提高植物细胞的渗透压,提高植物抗旱、抗寒及耐盐碱的能力。

5)选育抗除草剂品种

除草剂的使用可以大大减轻人工除草的劳动,但各种除草剂同时又会不同程度地损伤农作物。应用基因工程技术将除草剂抗性基因引入作物是生物技术在农业上应用的一个领域。1985 年 Comei 等人首次利用基因工程技术获得了抗除草剂的转基因作物,此后十几年,随着生物技术的不断发展,已成功选育出许多抗不同类型除草剂的蔬菜品种。通过把降解除草剂的蛋白质编码基因导入宿主植物,从而使其免受其害。

6)延缓果实成熟

通过基因调控,延缓果实的成熟速率,提高果实抗腐烂、抗破损能力,对水果的长途运输、加工和保鲜贮藏有重要意义。目前,用于果实延缓成熟的主要基因有 PG 基因、ACC 合成酶基因、ACC 氧化酶基因、ACC 脱氨酶基因及反义 PG 基因等。1996 年,叶志彪等通过用反义基因抑制 ACC 合成酶的表达活性,抑制乙烯的合成,从而育成耐贮藏的转基因番茄。Florigene Australia 公司将 ACC 合成酶基因反向导入香石竹,转基因的香石竹比正常香石竹延长了两倍的观赏寿命。

7)培育雄性不育系

利用基因工程技术获得稳定的雄性不育系是近年发展起来的新技术。1992 年,Worral 等用编码 β-1,3-葡聚糖水解酶基因转化烟草、矮牵牛,并获得了雄性不育植株。1993 年,Leemans 将核糖核酸酶基因嵌合到油菜染色体中,使其只在花药的绒毡层中专性表达引起油菜雄性不育。

8)改变花卉的花色、花形和花香

类黄酮、类胡萝卜素和甜菜色素是花的主要色素化合物,其生物合成受多基因控制。采用反义 RNA 技术和共抑制法,抑制类黄酮生物合成基因的活性,从而导致中间产物的积累和花色的改变,已在一些花卉的花色修饰方面取得成功。此外,也可引入新基因来补充某些品种缺乏合成某些颜色的能力。科学家从花顶端组织中分离出一些控制花器官的关键基因,Pellegrineshi 等用发根农杆菌介导法用野生型 Ri 质粒转化柠檬天竺葵,获得了节间缩短,分枝和叶片增加,植株形态优良的天竺葵新品种。目前,花卉香气基因工程刚刚起步,进展缓慢,要增加花卉的香气,必须弄清香气成分的生物合成途径,并把关键基因分离出来。

9)植物生物反应器

利用转基因植物作为生物反应器生产药用蛋白质的研究逐渐受到各国的重视,研究的热点之一就是生产口服疫苗。例如,科研人员将乙型肝炎病毒表面抗原基因导入马铃薯和番茄,通过饲喂小鼠试验,检测到了较高的保护性抗体,浓度足以对人类产生保护作用。

10)改良其他性状

随着园艺植物基因工程研究的发展,其应用重点逐渐转移到改良果实品质,提高光合效率以增加产量,改良果形果色,改善株型,缩短童期,调控内源激素控制开花结果、促进扦插生根、提高固氮效率等性状改良工作。基因工程在园艺植物生产上的应用潜力巨大,但要转变成实际生产力,还有很长的路要走。

13.2.3 转基因植物的生物安全性及对策

近年来,随着转基因植物及其产品的大量问世,其产品的安全性问题也越来越受到国际社会的广泛关注。转基因技术可把任何生物甚至人工合成的基因转入植物，人们无法预测将基因转入一个新遗传背景中会产生什么样的作用，故而需要进行其安全性评价。研发单位在申请安全性评价时应提交该转基因作物详尽的分子生物学资料，并通过国家指定具有资质的机构进行食品安全性评价；同时还要通过中间试验、环境释放、生产性试验等一系列田间试验，获得生态环境安全性的资料，全过程一般需要6~8年。全部项目通过安全委员会综合评价后，须经农业部批准商品化生产，确保转基因植物的食品和生态环境安全。

1)转基因植物的环境安全性

(1)转基因植物演变为农田杂草的可能性

一种植物是否会成为难以控制的野草，取决于其内在的遗传特性与特定的环境条件，两者缺一不可。转基因植物是否会成为不可控制的野草，首先要看它原来的受体亲本是否有此野性，如果亲本与所处环境已多年适应平安无事，那么转基因唯一的改变是在亲本染色体上增加了已知的目的基因，对其他遗传性无任何影响。从目前水稻、玉米、棉花、马铃薯、亚麻和芦笋等转基因植物的田间试验结果来看，大多数转基因植物的生存竞争力并没有增加，因此一般不会演变为农田杂草。

(2)基因漂流到近缘野生种的可能性

转基因植物可以通过天然杂交将其转入的基因漂流到野生种中，并在野生种中传播。在进行转基因植物安全性评价时，应从两个方面考虑这个问题，一方面是转基因植物释放区是否存在与其可以杂交的近缘野生种，若无，则不会发生基因漂流。另一方面即使存在近缘野生种，基因可以从栽培植物转移到野生种中，这时就要分析基因转移后的效果。如果是一个抗除草剂基因，发生漂流后会使野生杂草获得抗性，从而增加杂草控制的难度，特别是多个抗除草剂基因同时转入一个野生种中将会带来灾难。

(3)转基因植物对生物种群的影响

目前，世界上不少国家把各种Bt(苏云金杆菌毒素蛋白)基因转入植物而获得抗鳞翅目害虫的番茄、杨树、棉花和玉米及抗鞘翅目害虫的马铃薯和杨树等。大多数人认为，这类Bt基因是安全的，因为苏云金杆菌作为生物防治已在世界各地应用近30年，对人、畜、禽和鱼都是安全的，因此，推论含该基因的转基因植物也是安全的。但转基因植物体内所表达的Bt蛋白已是被活化的蛋白，因此将过去天然Bt无害论用于转基因植物是有风险的，应当作为新问题来测试不同类型的Bt蛋白的毒性、抗蛋白酶能力及免疫原性等，以确保对人、畜、禽和鱼无害。

2)转基因植物的食品安全性

转基因植物大多是为人类食品或动物饲料所用，因此，食品安全性也是转基因植物安全性评价的一个重要方面。基因工程食品安全性问题主要是由于抗生素或除草剂抗性选择标记基因存留于转基因植物中所产生的，这类标记基因及其产物可能是有毒或过敏的。

1993年经合组织(OECD)提出了食品安全性评价的实质等同性原则，即如果转基因植物生产的产品与传统的产品具有实质同等性，则可以认为是安全的。转基因食品必须在天然有毒物质、成分及抗营养因子、过敏原与自然食品方面具有实质性相同，才是安全的。在进行实质等同性评价时，要考虑两个方面的问题。

(1)有毒物质

要确保转入外源基因或基因产物对人畜无毒,如转 Bt 基因玉米除含有 Bt 蛋白外,与传统玉米在营养物质含量等方面具有实质等同性,要评价它作为饲料或食品的安全性,则应集中研究 Bt 蛋白对人畜的安全性。

(2)过敏源

在基因工程中,如果将控制过敏源形成的基因转入新的植物中,则会对过敏人群造成不利的影响。常见的过敏性物质有花生、大豆和坚果中的 2S 蛋白。用于品质改良的目的基因来源也引起了人们的注意,如为了克服大豆种子中缺乏甲硫氨酸,Nordlee 等把巴西坚果中的 2S 蛋白导入大豆,虽然使大豆的甲硫氨酸增加了,但由于巴西坚果是过敏性植物,也未获准进入商品化生产。

3)转基因植物生物安全性问题的对策

世界主要发达国家和部分发展中国家都已制定了各自对转基因生物的管理法规,负责对其安全性进行评价。对转基因植物生物安全性问题,应排除狭隘的商业厉害和宗教信仰偏见的干扰,在科技水平还难以准确预测全部后果的情况下,采取避害趋利的必要措施。主要的策略、措施如下:

①继续完善转基因技术,如为了阻断转基因植物花粉传播可能带来的外源基因扩散问题,可采取双价基因的方法,既同时转入目的基因和雄性不育基因。

②加强对基因工程生物及其产品的安全性和可能产生的危害进行研究,在开发转基因产品过程中,必须加强其安全性防范的长期跟踪研究。

③建立完善的检测体系和质量审批制度,以保障转基因产品进出口的安全。审批机构应独立于研发机构之外,也不应受到太多行政干预,不断完善相关法规,并执行严格的检测手段,同时培养一批既懂生物技术又能驾驭法律的专门人才。

④有关决策层应对转基因产品的产业化和市场化速度进行有序调控。

⑤通过多渠道、多层次的科普宣传,培养公众对转基因产品及其安全性问题的客观公正意识,从而培养对转基因产品具有一定了解、认识和判断能力的消费群体,并规范转基因产品市场。

13.3　分子标记辅助育种

生物技术的发展对植物遗传育种产生了深刻的影响,DNA 分子标记技术的发展与应用就是其中另一个引人注目的方面。相对于经典遗传育种所侧重的形态性状标记而言,分子标记具有许多不可比拟的优点,因而应用也越来越广泛。一些过去难以开展的研究,如环境因素的影响、数量性状的多重效应等,现在借助于分子标记技术可以得以顺利开展。另外,利用分子标记技术能够比较准确地对育种材料进行分析评价,为亲本的选择选配、育种材料的检测与早期鉴定提供科学依据,从而大大加快了育种速度,降低育种成本,有效地推动传统育种工作的发展。

13.3.1 分子标记的概述

分子标记有广义和狭义之分,广义的分子标记是指可遗传的并可检测的 DNA 序列或蛋白质;而狭义分子标记则是指能反映生物个体或种群间基因组中某种差异的特异性 DNA 片段。分子标记的特点如下:

①直接以 DNA 的形式表现,在植物的各个组织、各个发育时期均能检测到,不受环境影响,不存在表达与否的问题。

②数量极多,遍及整个基因组。

③多态性高,自然存在许多等位变异,不需要专门创造特殊的遗传材料。

④不影响目标性状的表达,与不良性状无必然连锁。

⑤许多分子标记能够鉴别纯合基因型和杂合基因型,提供完整的遗传信息。由于分子标记具有较大的优越性,其应用越来越广泛。

1)分子标记的分类

依据对 DNA 多态性的检测手段,可分为以下 4 类:

第一类为基于 DNA-DNA 杂交的 DNA 标记,主要包括限制性片段长度多态性(RFLP)标记和可变数量串联重复序列(VNTR)标记。这类标记是利用限制性内切酶酶切基因组 DNA 分子后,用同位素或非同位素标记的随机基因组克隆、cDNA 克隆、微卫星或小卫星序列等作为探针进行 DNA 间杂交,通过放射性自显影或非同位素显影技术来揭示 DNA 的多态性。

第二类是基于 PCR(聚合酶链式反应)的 DNA 标记。根据引物的特点,分为随机引物 PCR 标记和特异引物 PCR 标记。前者包括随机扩增 DNA 多态性(RAPD)和简单重复序列间(ISSR)标记等,后者包括简单重复序列标记(SSR)和序列特征性扩增区域标记(SCAR)。此外,由美国加州大学蔬菜系 Li 和 Quiros 博士于 2001 年在芸薹属作物上开发出来相关序列扩增多态性(SRAP)也属于此类标记。PCR 的基本原理如图 13.5 所示。

第三类为基于 PCR 技术与限制性内切酶技术相结合的 DNA 标记,为两种技术的有机结合,如扩增片段长度多态性(AFLP)标记和酶切扩增多态性序列(CAPS)标记等。

第四类为基于单核苷酸多态性的 DNA 标记,即 SNP 标记。它是 DNA 序列中因单个碱基变异而引起的遗传多态性。目前,SNP 标记一般通过 DNA 芯片技术进行分析。

2)常用分子标记的基本原理及技术

(1)RFLP 标记

RFLP 标记的基本原理是由于酶识别序列内的点突变或部分 DNA 片段的缺失、插入、倒位和易位而引起酶切位点的缺失或获得,导致限制性位点的改变,再利用限制性内切酶切割 DNA,产生大量的多态性片段(见图 13.6)。该标记具有共显性的特点,可区别纯合基因型与杂合基因型,提供单个位点上较完整的资料。RFLP 遍布低拷贝编码序列,稳定可靠,重复性好,特别适合于构建遗传图谱,但其操作烦琐,检测周期长,成本高昂,不适于大规模的分子育种,在植物分子标记辅助育种中需要将 RFLP 转换成以 PCR 为基础的标记。

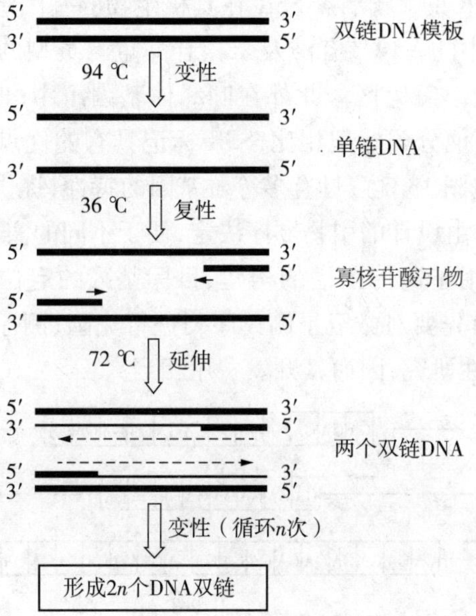

图 13.5　PCR 的原理

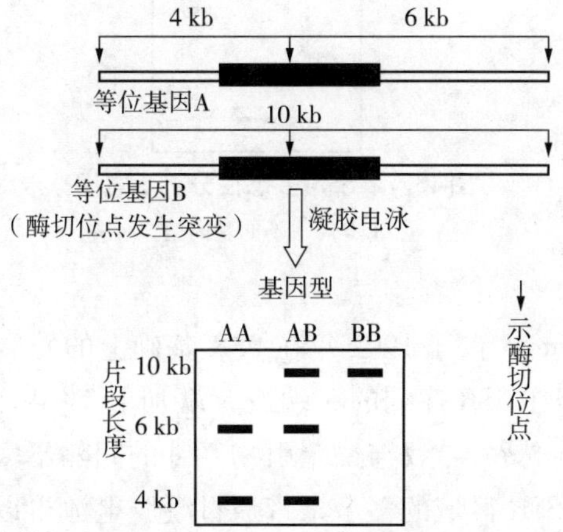

图 13.6　RFLP 的基本原理

(2)RAPD 标记

RAPD 标记以基因组 DNA 为模板,单个人工合成的随机多态核苷酸序列(通常为 10 个碱基对)为引物,在热稳定的 Taq DNA 聚合酶作用下,进行 PCR。扩增产物经电泳分离、溴化乙锭染色后,在紫外透视仪上检测多态性。RAPD 反映了基因组的多态性,方法简便、快速、灵敏度高,DNA 用量少,不需要用同位素标记,安全性好,现已广泛的应用于生物的品种鉴定、系谱分析及进化关系的研究上。但其重复性和稳定性差,不能区分杂合基因型与纯合基因型。

(3)SSR 标记

SSR 标记又称微卫星 DNA,指基因组中有 2 ~ 6 个核苷酸,如(CA)n,(GAG)n,(GACA)n 等组成的基本单位重复多次构成一段 DNA,广泛分布于基因组不同位置,长度一般在 200 bp 以下。同一类微卫星 DNA 可分布于基因组的不同位置上，由于基本单元重复次数的不同，而形成 SSR 的多态性。SSR 在真核生物的基因组中含量非常丰富，而且常常是随机分布于核 DNA 中的。单核苷酸及二核苷酸重复类型的 SSR 主要位于非编码区，而有部分三核苷酸类型位于编码区。此外在叶绿体基因组中，也报道了一些以 A/T 序列重复为主的微卫星。与其他分子标记相比，SSR 标记具有的优点是数量丰富，覆盖整个基因组，揭示的多态性高(见图 13.7)；具有多等位基因的特性，提供信息量大；以孟德尔方式遗传，呈共显性；每个位点由设计的引物顺序决定，便于不同的实验室相互交流合作开发引物。目前，该技术已广泛用于遗传图谱的构建、目标基因的定位、指纹图谱的绘制等研究中。但 SSR 标记的建立首先要对微卫星侧翼序列进行克隆、测序、人工设计合成引物以及标记的定位、作图等基础性研究，因而其开发费用相当高。

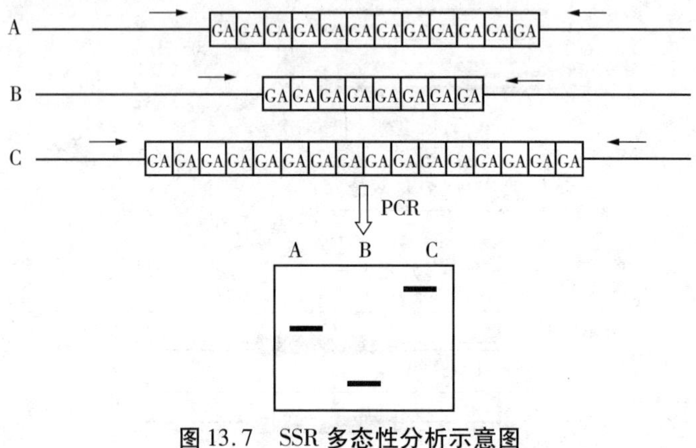

图 13.7　SSR 多态性分析示意图

A，B，C—不同基因型

(4)ISSR 标记

ISSR 标记是 Zietkeiwitcz 等，于 1994 年在 SSR 基础上的发展起来的，其原理是用锚定的微卫星 DNA 为引物，即在 SSR 序列的 3′端或 5′端加上 2 ~ 4 个随机核苷酸，在 PCR 中，锚定引物可引起特定位点退火，导致与锚定引物互补的间隔不太大的重复序列间 DNA 片段进行 PCR。所扩增的 ISSR 区域的多个条带通过凝胶电泳得以分辨，扩增谱带多为显性表现。ISSR 与 SSR 相比，引物开发费用降低，可在不同的物种间通用；而与 RAPD 和 RFLP 相比，ISSR 揭示的多态性较高，可获得几倍于 RAPD 的信息量，精确度几乎可与 RFLP 相媲美，检测非常方便，因而是一种非常有发展前途的分子标记。目前，已广泛应用于植物品种鉴定、遗传作图、基因定位、遗传多样性、进化及分子生态学研究中。

(5)SCAR 标记

SCAR 标记通常是由 RAPD 标记转化而来的，为了提高所找到的某一 RAPD 标记在应用上的稳定性，可将该 RAPD 标记片段从凝胶上回收并进行克隆和测序，根据其碱基序列设计一对特异引物(18 ~ 24 碱基左右)。也可只对该 RAPD 标记片段的末端进行测序，根据其末端序列，在原来 RAPD 所用的 10 碱基引物上增加相邻的 14 个左右碱基，成为与原 RAPD 片段末端互补的特异引物。以此特异引物对基因组 DNA 再进行 PCR 扩增，便可得到与克隆片段同样大小的特异带。SCAR 标记一般表现为扩增片段的有无，为显性标记，但有时也表现为长度的多态性，为共显性的标记。相对于RAPD标记，SCAR标记由于所用引物较长及引物序列与模板DNA完全互补，因此，可在严谨条件下进行扩增，结果稳定性好、可重复性强。随着研究工作的发展，有越来越多重要作物农艺性状的SCAR标记将被开发出来，它们将在分子标记辅助育种方面发挥巨大的作用。

(6)SRAP标记

SRAP标记是一种新型的分子标记技术，已在多种植物的研究中成功地应用，该标记通过独特的双引物设计对基因的ORFs(Open Reading Frames)特定区域进行扩增，上游引物长17 bp，对外显子区域进行特异扩增。下游引物长18 bp，对内含子区域、启动子区域进行特异扩增。因不同个体以及物种的内含子、启动子与间隔区长度不同而产生多态性。该标记具有简便、高效、产率高、高共显性、重复性好、易测序、便于克隆目标片段的特点。目前已成功地应用于作物遗传多样性分析、遗传图谱构建、基因定位、杂种优势的预测及相关基因的克隆等方面。

(7)AFLP标记

AFLP标记基于PCR技术扩增基因组DNA限制性片段，基因组DNA先用限制性内切酶切割，然后将双链接头连接到DNA片段的末端，接头序列和相邻的限制性位点序列作为引物结合位点。限制性片段用两种酶切割产生，一种是罕见切割酶，一种是常用切割酶。它结合了RFLP和PCR技术的特点，具有RFLP技术的可靠性和PCR技术的高效性。由于AFLP扩增可使某一品种出现特定的DNA谱带，而在另一品种中可能无此谱带产生，因此，这种通过引物诱导及DNA扩增后得到的DNA多态性可作为一种分子标记。AFLP可在一次单个反应中检测到大量的片段，是一种新的而且有很大功能的DNA指纹技术。且AFLP可靠性好，重复性强，可信度高，近年来广泛应用于遗传育种研究。

(8)SNP标记

SNP标记用于测定同一物种不同染色体上遗传密码单个碱基的变化，是继RFLP和SSR之后的一种新的分子标记。它是对某特定区域的核苷酸序列进行测定，将其与相关基因组中对应区域的核苷酸序列进行比较，检测出单个核苷酸的差异，这个有差异的DNA区域称为SNP标记。SNP标记在大多数基因组中存在较高的频率，数量丰富，可进行自动化检测。

13.3.2　分子标记数据的处理与分析

1)数据的获得

DNA指纹分析的结果以电泳图谱中条带的有无来体现，条带的有无代表了酶切片段或扩增片段的有无，反映了研究对象基因组中酶切位点或引物结合点的有无以及拷贝数的差异。对所研究材料的DNA指纹作比较，实际上是比较所研究材料基因组的异同，由此推断各类群间的关系。一般DNA指纹分析的结果为二元性状，即某一条带的有无两种状态，用1来表示条带的存在，用0来表示条带的不存在，把这些数据收集起来组成一个原始数据矩阵，根据研究目的选用不同的软件进行数据分析。

2)统计学处理

(1)共有带与特征带

共有带一般指研究的类群都具有的带,通常存在于不同的分类等级,因此,有居群共有带、种共有带及组共有带等。特征带是指某一特定的类群有而别的类群没有的带,有个别特征带、居群特征带和种特征带等。例如,当某一个种的共有带在别的种中不存在时,这个种的共有带则也是这个种的特征带。

特征带在种或品种的鉴定中用处很大,通常可以根据特征带很方便地把一些种或品种与别的类群区分开。在统计出共有带和特征带之后,就可以通过以下公式算出存在于类群间或类群内的多态性。

$$\text{多态性} = \frac{\text{总带数} - \text{共有带}}{\text{总带数}}$$

(2)相似性系数与距离矩阵

分类单位之间的相似性程度用相似性系数来度量。相似性系数与所比较的两类群间的相似性程度成正相关,即该系数越大,两个类群之间的相似性程度就越大,反之,系数越小,则两群体间的相似性程度就越小。距离系数是一种常见的度量分类群间相似性关系的指数,与相关系数不同的是,距离系数越大,类群间的相似性程度越低,距离系数越小,则分类群间的相似性程度越高。

3)表征分析与系统发育分析

(1)树状图

分子系统学的研究结果通常用树状图来表示,树状图可分为表征图和分支图两种,其含义有所不同。表征图是建立在类群间所有特征的全面相似性基础上,要求对所能得到的特征数据进行分类运算,得到的结果反映了所研究类群间的相似性程度,在一定程度上也代表了类群间的亲缘关系。

在系统发育的研究中,一群生物间的进化关系由系统发育树来标明,系统发育树由分支和节组成,节代表了分类单元,而分支从祖先和家系方面定义了分类单元间的亲缘关系。树的分支形式称为拓扑结构,分支长度通常代表了已经发生在那个分支的变换数目,由节所代表的分类单元可以是种、居群、个体甚至基因。

(2)NTSYS-pc 简介

NTSYS-pc 是由 New York 州立大学生态和进化系的 Rohlf 博士用 FORTRAN 语言编写的,可运行于 IBM PC 及其兼容机,需要 DOS 和 Microsoft Windows 系统,支持鼠标操作。该软件主要用来分析和展示多变量数据的结构,最初是用来分析生物学领域的分类学问题,“数学分类学”或“自动分类学”就是对其应用范围的直观描述,但它发展至今已经不仅仅局限于此了,在形态学、生态学、人类学,甚至工程技术等领域也得到了广泛的应用,既可用于表征分析,也可进行系统发育分析。

该软件中包括了数据的标准化、多种相似性系数和距离系数的技术、聚类运算、主成分分析和主坐标分析等,最后以树状图或矩阵的格式存盘或打印。

13.3.3 分子标记在园艺植物遗传育种中的运用

优良品种是当今农业经济发展的基础资源，对目标性状的选择是新品种选育过程的中心环节，传统的育种方法主要是根据植物在田间的表现进行评价和选择，但由于表型性状不仅取决于遗传组成，也受控于环境因素，因此，仅根据表型进行选择往往其效果不够理想。特别是对受多基因控制的数量性状的选择，更难做到准确。虽然育种学已建立了一套完整的选择程序，并在农业生产上培育了许多高产、优质、抗逆的新品种，然而传统的育种方法却仍存在周期长、预见性差、工作量大、工作效率低等问题。随着遗传学的发展，人们注意到利用易于鉴别的分子标记来进行辅助选择可提高选择效果。因此，分子标记已逐渐成为植物遗传育种的重要工具，尤其是分子遗传学的发展及分子标记技术的建立，使作物遗传育种进入了一个新阶段。

1）品种鉴别与分类

由于各种分子标记技术是通过鉴定 DNA 水平的差异来反映品种的真实性和纯度，因此，排除了外界环境条件等的影响，可以形成科学、规范的操作程序，使鉴定实现了标准化和自动化。特别对那些亲缘关系密切、植株外部农艺形状难以辨别的品种，采用合适的分子标记技术将能够对它们进行科学的鉴别。例如，Koller 等用两个引物，通过 RAPD 标记把 11 个苹果品种一一分开；Mulcahy 等仅用两个引物就把 8 个品种的 25 份苹果样品进行了准确区分。

2）遗传多样性检测

DNA 序列的改变是生物演化的最基本单位，因此，通过 DNA 分子标记的分析比较，更能揭示个体间的差异及物种的相关性，这对利用野生种质资源改良的栽培品种也十分有用。在果树上，这方面的研究正成为一个热点，涉及的果树有柑橘、梅子、草莓、桃和葡萄等。例如，Fabbri 等用 40 个 RAPD 引物对分布于地中海地区的 17 个油橄榄品种的 DNA 进行扩增，结果表明这些油橄榄种质资源中存在高度的遗传多样性。

3）亲缘关系及系谱分析

分子标记所检测的是植物基因组 DNA 水平的差异，具有稳定客观的特点，且借助分子遗传图谱对品种之间的比较可覆盖整个基因组，从而可为物种、变种、品种和类群间的系统发育关系提供大量的 DNA 分子水平证据。为种质资源的鉴定与保存、探究物种的起源与进化、杂交亲本的选配、预测杂种优势等提供理论依据。如 Graham 等用 10 个随机引物对 10 个红树莓品种进行 RAPD 分析，结果得到品种间的亲缘关系与系谱记载基本一致。

4）分子遗传图谱的构建

遗传图谱是遗传学研究的重要内容，又是种质资源、育种及基因克隆等许多应用研究的理论依据和基础。数十年来，许多遗传学家利用形态标记、生化标记和传统细胞遗传学方法，为构建各种主要作物的遗传图谱进行了大量的研究，取得了一定的进展。但由于形态标记和生化标记数目少，特殊遗传材料培育困难及细胞遗传学工作量大，因而除极少数作物(如玉米、番茄)外,在分子标记出现之前,大多数作物还没有一个较为完整的遗传连锁图,极大地限制了遗传学理论研究和应用。自20世纪80年代以来,分子标记的迅速发展,大大促进了遗传连锁图的构建。目前,主要农作物、果树、蔬菜等的RFLP和RAPD遗传图谱已相继建立。

5)基因定位

质量性状常由单个或几个基因控制,如果实的形状、色泽等。由于这些性状只受单基因的控制,因此利用分子标记来定位、识别目标基因,以及对具有目标性状的植株进行直观的选择相对比较简单,只要寻找与该目标基因紧密连锁的分子标记即可,且连锁的紧密程度越高,结果就越可靠。作物的许多重要的经济性状是受微效多基因控制的数量性状。20世纪80年代以前,数量遗传学家曾用经典形态学和细胞学标记法来研究与标记相连锁的个别数量性状,试图定位数量性状基因。但由于这些标记数量太少以及技术上的局限性,极大地限制了对数量性状基因位点的深入研究。随着分子标记的建立和发展,使植物QTL作图及其定位方法进展快速,现已在番茄、玉米、水稻和大白菜等20多种作物上绘出100多个数量性状的QTL图谱。

6)早期预选与聚合育种

在许多情况下,园艺植物品种的改良只须针对个别性状即可,因此,只有找到与目的基因紧密连锁的分子标记,即可进行可靠的早期选择。在这个问题上,1991年Michelmore建立的基于RAPD的集团分离分析法,针对某一性状,将分离群体的单株分为两个集团,对其DNA多态性进行分析。从理论上说,这两个集团的DNA基本一样,如果其间确实存在DNA的差异,那么这种差异就很可能与控制该性状的基因连锁,可用于辅助选择。

利用分子标记与目的基因间的紧密连锁,还可以很方便地开展基因的聚合育种。一方面,将控制同一性状的不同基因聚合于同一个品种中,最大限度地加强该性状的表达;另一方面,控制不同性状的多个基因聚合于同一个品种中,使其具有尽可能多的优良性状。

7)特殊种质的鉴定

特殊种质包括杂种、体细胞杂种、突变体、嵌合体、珠心苗等,在科研和生产中往往需要对其真实性进行鉴别,分子标记技术有助于解决这些问题。

根据父本特征带可鉴定有性杂交后代是否为真正的杂种。几乎所有的DNA标记均可用于杂种鉴定,在园艺植物、农作物、园林树木杂交种子纯度鉴定方面,RAPD标记应用最方便。突变体是基因组少数位点发生突变的结果,一个引物仅能检测基因组的极小部分,因而突变体的检测比较困难,需要采用大量引物才能获得成功。

复习思考题

1. 什么叫生物技术?生物技术涉及哪些方面的内容?
2. 简述细胞工程主要涉及哪些内容,各项内容在育种上有何应用价值。
3. 分析花粉培养与花药培养的异同。
4. 简述植物基因工程的基本原理与技术。
5. 怎样进行突变细胞的筛选?

6. 简述原生质体培养的步骤与方法。

7. 植物基因工程在园艺植物育种上的应用价值是什么?

8. 简述你对转基因植物生物安全性的认识。

9. 分子标记分为哪些类别?各类别的特点是什么?

10. 分析分子标记在园艺植物育种中的用途是什么?

第14章 品种审定和良种繁育

学习目标

- 了解品种审定的概念、意义,熟悉品种审定程序。
- 熟悉良种繁育的任务,掌握品种混杂退化的原因及其防止对策。
- 掌握加速良种繁育的方法。
- 熟悉品种推广常用方法。

14.1 品种审定

根据我国2004年8月28日实施的《中华人民共和国种子法》(以下简称《种子法》)的规定,主要农作物品种在推广应用前实行品种审定制度。主要农作物包括水稻、小麦、玉米、棉花、大豆以及国务院农业行政主管部门和省级人民政府农业主管部门各自根据实际情况分别确定的其他1~2种农作物,例如,浙江省确定增加西瓜为主要农作物。园艺植物多属于非主要农作物,其品种管理一般由各省级种子管理部门制定管理办法进行管理,申请人既可申请各级品种审定委员会组织鉴定、认定,也可通过各级科技主管部门组织专家进行科技成果鉴定。

14.1.1 品种审定与登记的概念

品种审定是指对新选育或新引进的品种由权威性专门机构对其进行审查,并作出能否推广和在什么范围内推广的决定。《种子法》规定:"主要农作物品种和主要林木品种在推广应用前应当通过国家级或省级审定,申请者可直接申请省级审定或国家级审定。由省、自治区、直辖市人民政府农业、林业行政主管部门确定的主要农作物品种和主要林木品种实行省级审定。""通过国家级审定的主要农作物品种和主要林木良种由国务院农业、林业行政主管部门公告,可在全国适宜的生态区域推广。通过省级审定的主要农作物品种和主要林木良种由省、自治区、直辖市人民政府农业、林业行政主管部门公告,可在本行政区域内适宜的生态区域进行推广;相邻省、自治区、直辖市属于同一适宜生态区的地域,经所在省、自治区、直辖市人民政府农业、林业行政主管部门同意后可以引种。”可见，品种须经审定合格并公布后，才可正式繁殖推广。

品种登记或备案是指对新选育或新引进的品种，在育种者自愿申请的基础上，履行必要的登记备案程序，经品种审定委员会审议合格后登记在案的一种新品种管理形式。

14.1.2 品种审定与登记的意义

实行品种审定与登记备案制度，有利于加强对新品种的管理，有计划地因地制宜地推广优良品种，实现品种布局的区域化，从而可避免品种繁育推广过程中的盲目性，促进生产发展。

品种审定与登记备案的依据是品种试验。新品种需经过2~3年多点区域试验和生产试验，掌握其特征特性，选育出符合生产要求的优秀的新品种，经审定后在适宜的生态区域进行推广。因此，品种试验是新品种由选育到生产必不可少的中间环节，而品种审定则是对经过试验的品种作出是否符合推广以及在何地推广的决定。

14.1.3 审定机构及其工作任务

我国现阶段在国家和省(直辖市、自治区)两级均设立农作物品种审定委员会和林木品种审定委员会(简称品审会)，地(市)级设农作物品种审定小组(简称评审小组)。审定机构通常由农业和林业行政部门、种子部门、科研单位、农业和林业院校等有关单位的代表组成。品审会的日常工作，由同级农业行政部门设专门机构办理。观赏植物中草本品审会设在国家农业部，而木本品审会设在国家林业局。品种审定机构的主要工作任务如下。

①领导和组织品种的区域试验和生产试验。

②对报审品种进行全面审查，并作出能否推广和在什么范围内推广的决定。

③对自愿申请非主要农作物新品种登记备案的品种进行审核，作出是否予以登记备案的决议。

④根据年度品审会的审定结果，发布通过主要农作物新品种审定的品种目录和非主要农作物新品种通过登记或备案的品种目录。

⑤对通过审定或登记的新品种，提出良种繁育和推广工作的指导性意见。

全国品审会负责全国性的农作物和林木品种区域试验和生产试验，审定或登记适于跨省推广的国家级新品种；省级品审会负责本行政区的农作物和林木品种区域试验和生产试验，审定或登记本行政区内育成或引进的新品种。地(市)评审小组对本地区育成或引进的新品种进行初审，对省负责审定以外的小宗作物品种承担试验和审定任务。

14.1.4 报审品种条件和程序

1)报审条件

经过连续2~3年区域试验和1~2年生产试验，在试验中表现性状稳定、综合性状优良。申报国家级品种审定的需参加全国农作物和林木品种区域试验和生产试验，表现优异，并经一个省级品审会审定通过的品种；或经两个省级品审会审定通过的品种。

报审或登记备案的品种，在产量上要求高于当地同类型的主要推广品种10%以上，或经统计分析增产显著。或产量虽与当地同类型的主要推广品种相近，但品质、熟期、抗逆性等有一项乃至多项性状明显优于对照品种。

申请新品种登记或备案的单位或个人，需到省农业或林业行政主管部门指定单位进行鉴定试验和抗病接种鉴定，并于鉴定结束后，由鉴定单位出具鉴定结果报告。

2）**申报材料**

报审品种需提交以下材料：新品种审定申请书；品种的选育过程（杂交种含亲本来源）；每年区域试验和生产试验的试验报告；指定专业单位的抗病（虫）性鉴定报告；指定专业单位的品质分析报告；品种特征标准图谱照片和实物标本；栽培技术及繁种技术要点；下级品审会审定通过的品种合格证复印件；足够数量的原种。

3）**申报程序**

申报程序通常包括以下4个方面的内容。

①育（引）种单位或个人提出申请并签章。

②育种者单位审核并签章。

③主持区域试验、生产试验的单位推荐并签章。

④申报国家级品种审定需育种者所在省级品审会审查同意并签章。

14.1.5 审定

各专业委员会（小组）召开评审会议，对报审的品种进行认真的讨论审查，用无记名投票的方式决定是否通过审定，凡票数超过法定委员（到会委员须占应到委员的2/3以上）总数的半数以上的品种为通过审定，并整理好评语，提交品审会正副主任办公会议或常务委员会审核。经审核同意的签发审定合格证书。

审定未通过的农作物品种和林木品种，申请人有异议的，可向原审定委员会或者上一级审定委员会申请复审。如复审未通过，不再进行第二次复审。

14.1.6 编号登录、定名与公布

经全国农作物和林木品种审定委员会审定通过的品种，分别由国家农业部、国家林业局统一编号登录并公布；由省级审定通过的品种，由省（自治区、直辖市）农业和林业行政主管部门统一编号登记、公布，并报全国农作物和林木品审会备案。新品种的名称由选育单位或个人提出建议，由品审会审议定名，引进品种一般采用原名或确切的中译名。转基因植物品种的审定和推广，应当进行安全性评价，并采取严格的安全控制措施。

种子法第十七条规定："应当审定的农作物品种未经审定通过的，不得发布广告，不得经营、推广。应当审定的林木品种未经审定通过的，不得作为良种经营、推广，但生产确需

使用的,应当经林木品种审定委员会认定。”

14.2　良种繁育

14.2.1　良种繁育的概念

良种繁育就是运用遗传育种的理论基础和技术,在保持其良种种性和生活力的前提下,迅速扩大良种数量、不断提高良种品质的一整套科学的种子、种苗生产技术。良种繁殖过程中,既要注重保持品种的优良特性,防止品种的混杂退化,又要采取措施使种子高产、优质。因此,良种繁育是育种工作的继续,是良种推广的前提,是种子工作中一个不可分割的重要环节。

14.2.2　良种繁育的任务

良种繁育工作主要包括迅速繁殖良种和品种的提纯复壮两大任务。

1)迅速繁殖良种

良种繁育的首要任务,就是按照一定程序,迅速而大量地生产经过审定的新品种,扩大新品种的栽培面积,以代替生产上原有的性状退化或经济性状不好、不适合市场需求的原推广品种,以满足人民生活水平提高或市场对良种种子的需求。

2)品种的提纯复壮

对生产上仍大面积种植的植物品种,通过良种繁育工作,进行提纯复壮,恢复其优良种性和纯度,用以更新生产上已混杂退化的同一品种种子,是良种繁育的又一大任务。

此外,在良种繁育过程中,还要进行品种鉴定、种子质量检验等工作,以便正确判断其品种的遗传品质和播种品质。

14.2.3　品种的混杂、退化及防治对策

1)品种的混杂、退化现象

一个新选育或新引进的优良植物品种都具有相对稳定的形态特征和生理特性,这些特征、特性综合起来构成一个品种的种性并具有相对稳定的遗传性。但经过一定时间的生产繁殖,会逐渐发生纯度降低、种性变劣等不良变异,导致该品种失去原有特征、特性,抗逆性减弱,产量和品质下降等混杂退化现象。

品种混杂和退化是两个既相互联系又相互区别的概念。品种混杂是指在一个品种群体中混有各种异型株(其他植物或品种的种子或植株),造成品种纯度降低的现象。品种

退化表现为原有种性变劣,优良性状部分或全部丧失,生活力和产量下降,品质变劣,以致降低甚至丧失原品种在生产上的利用价值。混杂了的品种,势必导致其种性的退化;而退化了的品种,植株高矮不齐,性状不一致,也会加剧品种的混杂。

在园艺植物生产中,品种混杂退化是经常发生和普遍存在的现象。例如,郁金香、唐菖蒲等球根花卉,常在引进的开始一两年,表现株高、花大、花色纯正鲜艳等优良性状,而随着繁殖栽培年代的增加,逐渐表现为植株变矮、生活力减退、花期不一、花朵变小、花序变短、花色变晦暗等。因此,必须采取适当措施加以防止,最大限度地保持其优良种性,发挥良种在生产中的作用。

2)品种退化的原因

(1)机械混杂

在种子生产过程中,从播种到收获、加工、运输、贮藏或是接穗的采集、种苗的生产、调运等过程中,管理不善常使繁育的品种内混入其他品种的种子或苗木,从而造成品种混杂,降低了该品种的生产利用价值。机械混杂较易发生于种子或枝叶形态相似以及蔓性很强的品种之间。此外,在不合理的轮作和田间管理下,前作和杂草种子的自然脱落,以及施用混有作物种子或杂草种子的未腐熟厩肥和堆肥,均可造成机械混杂。机械混杂会进一步引起生物学混杂。

(2)生物学混杂

生物学混杂是良种繁育过程中接受了其他品种的花粉,造成一定程度的天然杂交而引起的混杂退化现象。在异花授粉类型的植物中最易发生,其影响会随世代的增加而加大,且发展程度极快。例如,结球甘蓝与花椰菜或球茎甘蓝之间的天然杂交后代不再结球;异花授粉的瓜叶菊后代各种花色单株构成一个花色复杂的群体,如采用混合留种法,后代中较原始的花色(晦暗的蓝色)单株将逐渐增多,艳丽花色单株减少,致使群体内花色性状逐渐退化。

(3)品种本身的遗传变化及自然突变

通常说的优良品种是一个纯系,但完全的纯是没有的,是一个相对的概念。选育的优良植物品种,由于基因型未完全纯合及不利等位基因的存在,在良种繁育过程中,性状会继续发生重组分离,使种性退化,尤其是采用复合杂交、远缘杂交等育成的品种,性状的遗传变化更复杂。

品种在繁殖过程中还会发生自然突变,且突变多数情况下是表现劣变。自然突变的频率虽然很低,但会随着繁殖代数增多而使劣变性状不断积累,导致品种的退化。

(4)缺乏经常性选择

任何优良品种都是在严格的选择条件下形成的,它们的优良种性也需要在精心选择下才能保持和改进。无性繁殖的果树、花木等在大面积生产中微突变发生较为频繁,以嵌合体的形式保存于营养系品种中,在生产和繁殖过程中缺乏经常性选择就很容易将一些劣变材料混在一起繁殖。特别是在这些劣变类型具有某种繁种优势的情况下,更会引起品种的严重退化。

有性繁殖的品种缺乏经常性选择,造成品种的劣变退化更为普遍而严重。如只管留种不管选种;或只进行粗放的片选而不进行严格去劣;或虽进行了选择,但选择标准不当,未起到选优汰劣的作用。例如,果菜类只注意选果而忽略对植株性状的选择,叶菜类只注意产品器官的大小、形状而忽视了经济性状生育期等的典型和一致性;或缺乏必要的鉴定选择条件,如连续小株采种,无法鉴定其结球习性;在肥水充分的条件下繁育耐瘠抗旱品种,难以鉴定其耐瘠抗旱特性;保护地蔬菜、花卉品种连续在露地繁种,难以根据其对保护地环境的适应性进行选择等。总的来说,在良种繁育过程中,经常进行经济有效的选择是保持优良品种种性,防止品种退化的有效措施。

(5)遗传漂移

遗传漂移一般发生在小群体采种中。留种株数过少,会导致遗传学上的基因漂移,而这种基因漂移可能导致一些优良基因的丢失。在良种繁殖中,若采种群体过小,由于随机抽样误差的影响,会使上下代群体间的基因频率发生随机波动,从而改变群体的遗传组成,导致品种退化。一般个体的差异愈大,采种个体愈少,随机漂移就愈严重。

(6)病毒感染

一些无性繁殖植物,如马铃薯、草莓等常受到病毒感染,并且病毒感染植物后能在世代间逐渐积累,影响正常的生理活动,导致品种退化。但是,其遗传性并未发生变异,脱除病原病毒后,还会恢复种性。而某些观赏植物,如菊花、大叶黄杨、大丽花等受病毒侵染会产生一些独特的变异性状却具有非同寻常的观赏作用。

总的来说,植物品种的混杂退化是一个很复杂的问题,任何改变遗传平衡和影响植物生长发育的因素,都可能使品种群体的性状表现发生变化,导致混杂退化,防杂保纯时应综合考虑。

3)品种退化的防止措施

(1)合理选择

经常性地合理选择是避免将劣变个体用作留种繁殖的重要措施。

①有性繁殖园艺植物。要对每代留种母株或留种田连续进行定向选择,使品种典型性得以保持。选择时期为品种特征、特性易鉴别期,可分阶段多次进行,以保证留种母株(田块)在生育期各阶段的特征、特性均达到品种的典型性要求。对于原种的生产要严格进行株选,入选株数不少于50株并避免来自同一亲系,以防止品种群体内遗传基础单一。对于生产用种可进行片选,严格去杂、去劣和淘汰病株。蔬菜植物中采用小株留种时,播种材料必须是高纯度的原种,小株留种生产的种子只能用于生产用种,而不能作为继续留种的播种材料。

②无性繁殖园艺植物。主要淘汰母本园内的劣变个体,或选择性状优良而典型的优株供采接穗或插条用。由不定芽萌发长成的徒长枝或根蘖易出现变异,不能用作繁殖材料,病虫危害严重或感染病毒的植株也应予以淘汰。

③具有两种花色或叶色的观赏植物。如金边黄杨、花叶鸭跖草、花叶常春藤等,应选择其两种花色或叶色的色彩比例最符合要求的植株、花序、花朵留种,或选择典型性枝条作采集插条(接穗)用,否则将会逐渐失去品种的典型特色。

(2)防止机械混杂

①以种子为繁殖材料者。在种子繁殖过程中,首先要对播种用种严格检查、核对、检测,确保亲代种子正确、合格。采种时,从种株堆放后熟到脱粒、晾晒、清选加工、包装、贮运、直到播种的全过程中,应事先对场所、用具进行彻底检查,防止前一品种的残留种子混入。晾晒不同品种时应保持一定距离,包装和贮运的容器外表应标明品种、等级、数量、纯度等。

②以营养器官为繁殖材料者。从繁殖材料的采集、包装、调运到苗木的繁殖、出圃、假植和运输等过程,要备有记录,内外标签应具防湿功能、遇水不褪色,严防出错。

(3)防止生物学混杂

防止种子繁殖田在开花期间的自然杂交,是减少生物学混杂的主要途径。特别是对异花授粉作物,繁殖田必须进行严格隔离。隔离的方式主要有空间隔离、时间隔离和机械隔离。

①空间隔离。生物学混杂的媒介主要是昆虫和风力,因此,隔离的距离因植物种类、昆虫种类、风力大小、风向、花粉量、有无障碍物以及播种面积等而异。一般在花粉量大、花粉易散发、繁殖季节风力较大、播种面积大、易发生天然杂交又缺少障碍物的空旷地段进行繁种时,隔离距离要大一些。

②时间隔离。时间隔离是种子生产的土地面积有限时防止生物学混杂最为有效的方法,可分为跨年度与不跨年度两种。前者是把全部品种分成几组,每组内各品种间杂交率不高,每年只播种一组,将所生产的种子妥善保存,供繁殖周期内几年使用,这种方法对易贮藏的长寿命种子最为实用。后者是在同一年内进行分月播种,分期定植,把不同品种的花期错开,这种方法对于某些光周期不敏感的物种较适用。如花卉中的一串红、蔬菜中的大白菜、萝卜等。

③机械隔离。主要应用于繁殖少量的原种种子或保存原始材料。目前,采用的方法主要有套袋隔离、网罩隔离和网室隔离。隔离材料主要有硫酸纸袋和聚乙烯塑料网。机械隔离采种时必须解决辅助授粉问题。隔离袋内一般必须进行人工辅助授粉,而网罩和温室内可放养蜜蜂和人工饲养的苍蝇辅助授粉。此外,对于花器较大、繁殖系数较高的园艺植物,可以采用嫁接夹等材料夹花的方法隔离。

(4)科学管理、创造有利繁殖条件

田间管理对提高园艺植物的种性非常重要,如选择适宜的种苗繁育地点、拔除带病毒植株、及时防治病虫害、采用轮作等栽培技术给优良品种创造性状充分发育的环境条件。如马铃薯、唐菖蒲等可利用我国不同纬度、不同海拔地区的气候特点,采用高寒地区留种,能有效地防止品种退化。

(5)用优质种苗定期更新生产用种

用纯度高、质量好的原种或原种苗,及时更新生产用种,是防止植物品种混杂退化和长期保持其优良种性的重要措施。无性繁殖的园艺植物,如草莓、菊花、马铃薯等采用组织培养的方法生产脱毒苗,可防止因病毒感染导致的品种退化,显著提高产量和品质。

14.2.4 良种繁育的程序和方法

1）良种繁育的程序

种苗是特殊商品，其质量好坏直接影响产品的质量和产量，为此，必须建立健全科学合理的良种繁育体系、制度和程序。一个品种按繁殖阶段的先后、世代高低的形成过程称为种子生产程序，这种程序各国不完全相同。我国种子生产一般实行分级繁育的制度，通常将种子生产程序划分为原原种、原种和良种3个阶段，由原原种产生原种，由原种产生良种，良种又称合格种子。原原种是由育种者提供的纯度最高、最原始的优良种子。用原原种直接繁殖出来的，或由正在生产中推广的品种经提纯后达到国家规定的原种质量标准的种子称为原种。原种再繁殖一定代数，符合质量标准，供应生产应用的种子称为良种。根据国家颁布的农作物种子的分级标准，除了将棉花种子分为原种和原种一代、二代、三代外，其他作物种子均分为原种、一级良种、二级良种和三级良种4级，不是按世代而是按品种种子的纯度、净度和发芽率的标准来定级的。

2）加速良种繁育的方法

加速良种种子或种苗的繁殖，从数量上满足新品种推广应用的需要，是新品种尽快在生产上发挥作用的关键环节。尤其是品种刚育成而种子较少时，应尽可能提高其繁殖系数。

（1）提高种子繁殖系数的主要技术途径

①避免直播。尽量利用育苗移植提高繁殖系数。如西红柿、辣椒等蔬菜栽培采用育苗移植的方法，比直播可大幅度提高繁殖系数。

②宽行稀植。增大单株营养面积，促进种株能更好地生长发育，不仅可提高单株产种量，而且可提高种子的播种品质。

③栽培技术方面。进行植株摘心处理促进侧枝发育，进行人工辅助授粉和加强田间管理，可提高种子的产量和品质。

④加代繁殖。加代繁殖主要有两种方式：一是利用我国南、北自然气候条件的差异，采取北种南繁的异地采种方式，增加一年内的繁殖代数；二是利用大棚、温室等设施或者进行特殊处理（如春化、光照处理等），只要安排得当，大部分园艺植物一年内均可繁殖2~3代。

⑤有性繁殖与无性繁殖方式相结合，提高繁殖系数。许多园艺植物除了具有有性繁殖习性外，还兼有无性繁殖能力，可以利用这一特性加速良种的繁殖。如番茄等蔬菜作物的侧枝扦插，甘蓝、白菜类蔬菜的腋芽扦插等。

（2）提高无性繁殖园艺植物繁殖系数的主要技术途径

①在采用常规营养繁殖方法的同时，充分利用其他器官的繁殖能力或其他繁殖法来扩大繁殖数量。如菊花、秋海棠等，在常规扦插繁殖的基础上，还可叶插繁殖；扦插繁殖的茶花、月季等，还可采用单芽扦插法进行繁殖。

②以球茎、鳞茎、块茎等特化器官进行繁殖的园艺植物，可采用块茎、鳞茎切割法等增加繁殖系数。如唐菖蒲、仙客来的球茎、风信子的鳞茎、马铃薯的块茎都可使用切割法。

③利用组织培养技术提高繁殖系数。利用茎段、茎尖、腋芽等为外植体进行组织快繁是加快良种繁育的现代手段,具有周期短、速度快、节省用地等优点。目前,已有许多园艺植物建立了高效再生组培体系,并成功应用于生产实践,如草莓、马铃薯等。

14.3 品种推广

14.3.1 品种推广准则

品种推广过程中应遵循下列原则:

①已经实行品种审定的作物,只有经品种审定合格的品种,由农业行政部门批准公布后,才能进行推广。未经审定或审定不合格的品种,不得推广。

②坚持适地适种。审定合格的品种,只能在划定的适应区域范围内推广,不得越区推广。

③新品种在繁育推广过程中,必须遵循良种繁育制度,并采取各种措施,有计划地为发展新品种的地区和单位提供优良的合格种苗。

④新品种的育成单位或个人在推广新品种时,应同时提供配套栽培技术,做到良种良法配套。

14.3.2 品种推广的常用方法

行之有效的推广方式和科学的推广方法,是品种推广成功的基础。在长期的品种推广实践中,各地探索出了许多有效的推广方式,归纳起来主要有以下 4 种:

(1)宣传媒介

利用各种宣传媒介,如电视、电台、报刊等进行新品种特征特性、栽培技术等的广泛宣传,发布有关品种信息,以迅速扩大影响面,加快新品种推广速度。但宣传媒介是单向的信息传播,不能进行现场示范和交流,对信息的接受程度常受信息发布单位和传播机构的权威性左右。

(2)农业行政部门有组织的推广

可结合农技推广咨询机构、种植协会、开展培训班、与科技示范户联合种植新品种示范田等,均可作为新品种推广的组织形式,为用户推荐适宜的新品种。农业行政部门由于具有政府业务机构的权威性,在品种推广中应防止误导,坚持多年行之有效的典型示范、现场交流等方法,按品种通过审定时划定的适应区域推广。

(3)育种者通过生产单位和专业户布点推广

育种者通过生产单位和专业户布点推广是新品种推广中普遍采用的形式。由于生产单位和专业户通常采取只有经过试种表现优异的品种才会被大面积种植的方式，因此，一般不会出现盲目推广的弊端。但因受引种布点数限制，推广面和推广速度常具一定局限性。

(4)利用互联网传播

近年来，随着互联网日益普及，为新品种的推广开辟了一条新途径，且有不断发展的趋势。将育成的具有销售权的新品种在互联网上发布并进行网络销售，可将新品种在全球范围内推广应用。利用互联网传播不仅不受区域限制，还可以以声像形式推介新品种，更容易被广大用户认识和接受。

14.3.3 品种区域化和合理布局

优良品种只有在适宜的生态环境下，才能发挥其优良特性，而每一个地区只有选择并种植合适的品种，才能获取良好的经济效益。这是良种推广中必须考虑的两个方面，亦即品种推广所必须坚持的适地适种的原则，否则将给生产造成损失。尤其是多年生植物，因品种选择不合适造成生产上的损失将持续到品种更换以前，而改正亦较困难。

品种区域化是实现适地适种的主要途径，其内容和任务主要有以下两个方面：

(1)在适宜范围内安排品种

任何品种都是在一定生态条件下，通过不断培育选择而成，故有其相应的生态特点。因此，根据品种要求的生态环境条件，安排在适应区域内种植，才能使品种的优良性状和特性得以充分发挥。另外，在生态条件相似的地区，由于栽培技术水平的差异，常影响品种优良特性的发挥。如不耐粗放管理的品种，在栽培水平低下的地区就难以获得丰产优质。因此，在适应范围内安排品种，除了考虑气候、土壤等生态因子外，还必须考虑地区栽培水平及经济基础。

(2)确定不同区域的品种搭配

搞好品种的合理搭配，可以克服品种单一遇灾害性天气或病虫危害的不利影响，又可避免品种“多、乱、杂”现象发生，有利于规模化、专业化生产。

品种搭配应有主有次。首先根据当地自然、耕作等条件以及品种在当地的表现，市场的需求，选择 1 个或 2 个品种作为主要品种或称为当家品种，再选择 2 个或 1 个作为搭配品种。各具特色的品种搭配恰当，有主有次，各得其所，可以充分发挥良种的作用。如对不耐贮藏的种类，生产上必须考虑早、中、晚熟品种的合理搭配，以减少产品集中采收、贮藏、销售的压力，也延长了其产品供应期。

14.3.4 良种良法配套

良种优良特性的表现，是品种内在遗传性和外界环境条件共同作用的结果。因此，要搞好品种推广工作，充分发挥良种的增产潜力，必须注重良种良法相配套，即推广良种时，要做到良种良法配套、良种良法一起推广。如对于一个新育成或引进品种，在品种选育或引进过程中,特别是进入品种试验阶段,育种单位或个人必须对新育品种同时进行栽培试验,研究其主要栽培技术,以便良种良法配套推广。

学习拓展

植物新品种保护

植物新品种保护也称"植物育种者权利",同专利、商标、著作权一样,是植物领域的知识产权保护制度,是新品种保护审批机关依照法律、法规的规定,授予完成新品种选育的单位或个人生产、销售、使用授权品种繁殖材料的排他独占权。任何单位或个人未经品种权人许可不得为商业目的生产或销售该授权品种的繁殖材料,但利用授权品种进行育种及其他科研活动,或是农民自繁自用授权品种的繁殖材料,可不经品种权人许可。

我国于 1997 年 3 月 20 日颁布实施,并于 2013 年 1 月 31 日修订了《中华人民共和国植物新品种保护条例》,该条例共 8 章 46 条。内容包括授予新品种权的条件;品种权的权益和归属;品种权的申请、受理、审查和批准;保护期限和侵权处罚等内容。我国于 1999 年 4 月 23 日被批准成为《国际植物新品种保护公约》(简称 UPOV 公约)第 39 个成员国,使我国的植物品种保护工作开始逐步与国际接轨,对植物新品种保护的力度和水平亦将逐步提高。目前,我国对植物新品种的保护,主要是通过授予植物新品种权及对授权品种的管理来实现。

植物新品种保护和品种审定是两项性质不同的法规,对于已规定需经品种审定合格才能推广的植物种类,育成的新品种即使已被批准授予品种权,但在生产、销售和推广前,仍应先通过品种审定。品种保护是保护植物的新品种权(保护品种育成者的权益);品种审定保护的是被推广的品种本身(保护品种使用人的利益)。

复习思考题

1. 什么叫品种审定? 报审品种应具备哪些条件,具体的申报程序是什么?
2. 我国品种审定机构及其工作任务是什么?
3. 分析园艺植物品种混杂退化的主要原因,并提出相应的防止措施。
4. 如何加速良种繁育?
5. 品种推广的常用方法有哪些?

第三篇

主要园艺植物育种技术

主要蔬菜植物育种

学习目标

- 掌握主要蔬菜植物的育种目标，能够制订主要蔬菜育种目标。
- 了解主要蔬菜的种质资源及分类，清楚种质资源在育种中的价值。
- 掌握主要蔬菜植物的性状遗传及育种方法，能够独立开展蔬菜育种工作。

15.1 大白菜育种

大白菜[Brassica campastris L. ssp. pekinensis (Lour) Olsson]又名结球白菜、黄芽菜、包心白菜，染色体数 $2n=20$，属一、二年生的低温长日照作物。大白菜在全国范围内均有栽培，它在秋冬春的蔬菜供应中占有很重要的地位。因此，大白菜育种工作历来备受重视，特别是我国在大白菜抗病育种、雄性不育性研究与利用及多倍体育种等方面，均取得了显著的成就。

15.1.1 种质资源

大白菜属我国原产，其种质资源十分丰富，根据大白菜的进化过程、叶球的形态特征及生态特性，将大白菜分为散叶、半结球、花心和结球 4 个变种。其中，结球变种又分为 3 个基本生态型，此外还有由这 3 个基本类型杂交而产生的若干派生类型。

1）**散叶变种**（var. dissoluta Li）

散叶变种是大白菜的原始类型，叶片披张，不形成叶球，以叶丛为产品，纤维多，质粗，品质差，但其抗热性和耐寒性较强。分布在华北、华中及华南地区，主要是山东省中南部至江苏省北部。代表品种有济南的青芽子、黄芽子，北京的仙鹤白。

2）**半结球变种**（var. infacta Li）

半结球变种由散叶变种进化而成。外层顶生叶抱合成球，但因内层心叶不发达，内部空虚，球顶完全开放呈半结球状态。耐寒性、耐瘠性强。多分布于东北、河北省北部、山西北部以及西北高寒地区。代表品种有山西大毛边，辽宁大矬菜等。

3)**花心变种**(var. laxa Tsenet lee)

花心变种是半结球变种的顶生叶抱合进一步加强而成的,但叶尖端向外翻卷,翻卷的部分颜色较淡,多呈白色、淡黄或黄色的"花心"状,俗称"黄芽菜"。耐热性较强。多分布于长江中下游,以湘、赣、闽、苏、浙为主。代表品种有肥城卷心,北京翻心黄、翻心白,济南小白心等。

4)**结球变种**(var. cephalata Tsenet Lee)

结球变种是花心变种的顶芽进一步加强抱合而形成的大白菜高级变种。叶球紧实,顶生叶完全抱合,球顶闭合或近于闭合。分为3个基本生态型。

(1)卵圆型

叶球卵圆形,球形指数约1.5,球顶略尖或钝圆,近于闭合。球叶倒卵形或宽倒卵形,抱合方式为褶抱或合抱,球叶数目多,属叶数型。起源地及栽培中心在山东半岛,故为海洋性气候生态型。适宜于昼夜温差不大,雨水均匀、空气湿润的气候。不抗热,不耐寒,多数品种不抗病毒病。代表品种有福山包头、胶州白菜、旅大小根等。

(2)平头型

叶球倒圆锥形,球形指数近于1,球顶平整,完全闭合。球叶为横到卵圆形,抱合方式为叠抱。球叶较大,但数目偏少,属叶重型。起源地及栽培中心在河南省中部,为大陆性气候生态型。要求气候温和、昼夜温差大、阳光充足的环境,对气候剧烈变化和空气干燥有一定的适应性。代表品种有洛阳包头、冠县包头、太原包头等。

(3)直筒型

叶球细长圆筒形,球形指数>3,球顶尖,近于闭合。球叶倒披针形,抱合方式为拧抱。起源地及栽培中心在冀东一带。当地近渤海湾,基本属海洋性气候,但因接近内蒙古地区,因此受大陆性气候的影响,故属于海洋性与大陆性交叉的生态型。代表品种有天津青麻叶、河北玉田包尖等。

以上4个变种和结球变种的3个生态型是大白菜的基本类型,它们之间相互杂交,又形成了一些优良的中间类型。主要有:平头直筒型,代表品种如北京大青口、小青口等;平头卵圆型,代表品种如城阳青等;直筒花心型,代表品种如德州香把子、泰安青芽等;圆筒型,代表品种如黄县包头、沾化白菜等;花心卵圆型,代表品种如肥城花心、藤县狮子头、黑龙江二牛心等。

利用这些丰富的大白菜种质资源,培育选择了数以千计的大白菜品种,在很大程度上满足了我国大白菜栽培对品种的需求。

15.1.2 育种目标

虽然各地区对育种目标的要求差异较大,但都把优质、丰产、抗病和抗逆性作为今后较长时期的主要育种目标。

1)**优质**

大白菜的品质性状主要包括商品品质、营养品质和风味品质。一个优质大白菜品种的这3个方面的品质都应该表现优良。

(1)商品品质

商品品质是指大白菜作为商品上市时,决定其商品等级的性状,主要是一些能够进行外观评价的形态性状,包括外叶、结球性、球形、球的大小、球色和裂球等。对商品品质的要求,因食用与消费习惯的不同往往存在着地区性差异,如天津地区要求叶色深绿拧抱形品种,胶东半岛则喜欢卵圆型白帮大棵品种。一般来说,优质品种的外叶不要过大,外叶数较少,结球性良好,叶球紧实,球形符合当地消费习惯,春夏收获的球重为1~1.5 kg、秋冬收获的为3.0~4.0 kg,球色浓绿,青帮或淡绿白帮,球心叶以软白色为主,近年来有喜欢黄绿色的倾向,总的要求不裂球。

(2)营养品质

营养品质是指大白菜的营养价值,主要决定于叶球的营养成分含量,同时也受有害成分含量及污染残留物的影响。优良的品种要求干物质、可溶性固形物和维生素C含量高,粗纤维含量适中,含残毒物质少等。

(3)风味品质

风味品质是指人们食用大白菜时,口腔味觉和触觉的综合反应,它包括香甜、脆嫩、柔软、多汁及无异味等。对风味品质的要求往往因食用方法及膳食习性不同而异。一般生食时,要求柔软、鲜嫩、多汁、微甜、无异味。

2)丰产

丰产性是一个品种的基本特性,大白菜单位面积产量主要是由单位面积株数、平均单株重和净菜率等因素构成,因此,丰产性品种选育首先应考虑与这些产量构成因素相关性状的选择。

(1)株型

大白菜的株型主要指叶片的直立与开展度。一般按叶片与地面所成夹角的大小可划分为平展<30°,半直立30°~50°,近直立>50°。株型不仅与群体的光合生产率有关,而且还通过影响株幅而影响单位面积的植株合理密度。理想的株型是叶球较粗、较高,莲座叶较直立而有层次。

(2)叶球重

叶球重决定净菜率的高低,它除受紧实度的影响之外,还受叶球的叶片数和平均单叶重的影响。大白菜品种有叶重型和叶数型。如果能使一个品种既有较多的球叶,又有较大的叶重,就一定能显著高产。可是实际上要得到叶数和叶重都在较高水平上的结合是很困难的。实践证明,一个叶数型亲本和一个叶重型亲本的杂交后代,无论是叶数或叶重都在双亲之间。

(3)净菜率

净菜率是指大白菜叶球重占全株重(毛重)的百分比。大多数品种的净菜率为60%~70%,新育成的杂种一代净菜率不应低于75%。净菜率的测定需确定净菜标准和合理的测定时期。净菜率的大小除与品种特性有关外,还易受栽培管理、气象因子、病害、生长日数等条件影响,在评价净菜率时应着重与标准品种进行比较。

3）**抗病**

大白菜的病害主要是病毒病、霜霉病、软腐病，统称三大病害，每年给大白菜的安全生产造成严重危害。此外，黑腐病、干烧心病、白斑病、根肿病等也是常见的病害。要搞好抗病育种工作，除确立标准的抗病性鉴定方法及掌握对某种病害的抗性遗传规律之外，更重要的是拥有好的抗源材料。实践证明，在选配对病毒病、霜霉病、软腐病和根肿病的抗性组合时，双亲最好都具有较高的抗病性。

此外，对大白菜具有良好的春结球性、夏结球性、耐脱帮性、耐高温性等性状都有一定的要求。

15.1.3 主要性状的遗传规律

关于大白菜性状遗传，目前还缺乏全面系统的研究，尤其是对一些重要经济性状遗传规律的认识还不深入，在杂交亲本的选择选配上往往是凭借育种者的经验进行。这里根据若干资料汇集整理，列出大白菜一些主要性状的遗传表现，以供亲本选配时参考。

1）**植物学性状**

（1）叶片性状

①叶片有毛×无毛→F_1 有毛

②叶片多毛×少毛→F_1 略偏多毛

③绿帮×白帮→F_1 略偏母本

④叶色深绿×淡绿→F_1 偏深绿

⑤莲座叶直立×平展→F_1 中间偏直立

（2）叶球性状

①短筒×倒圆锥→F_1 矮倒卵

②长筒×倒卵→F_1 长倒卵至近直筒

③长筒×矮桩→F_1 高桩

④倒卵×短筒→F_1 近短筒

⑤倒卵×倒圆锥→F_1 矮倒卵

⑥半结球×花心→F_1 花心

⑦半结球×结球→F_1 半结球

（3）叶球抱合方式

①包心×舒心→F_1 包心

②包心×拧心→F_1 多数包心，少数拧心

③叠抱×花心、拧、褶抱→F_1 叠抱

④褶抱×合抱→F_1 近褶抱

2）**生育期**

①早熟×中熟→F_1 偏早熟

②早熟×晚熟→F_1 偏早熟

③中熟×晚熟→F_1 中晚熟

3)抗逆性

①抗霜霉病×不抗霜霉病→F_1 抗霜霉病

②偏抗白斑病×不抗白斑病→F_1 偏抗白斑病

③耐热性×不耐热性→F_1 不耐热

15.1.4 育种技术

1)有性杂交育种

在目前的大白菜育种中,有性杂交育种的作用已不再是直接选育新品种,更重要的是利用有性杂交的方法,进行基因重组,然后再通过自交分离、鉴定选择等一系列过程,培育出具有目标性状的、能满足某种需要的新育种中间材料。当然,在少数情况下也可直接选育出优良品种用于生产。

(1)杂交亲本的选择与选配

根据育种的目标要求收集种质资源,从中选择优良亲本材料,然后再依据目标性状的遗传规律及亲本所具有的特征、特性,按照亲本性状互补的原则配组杂交。

(2)确定杂交方式

如果目标性状主要集中于两个亲本上,则可以采用简单的单交法;如果只需改进某一亲本的一二个不良性状,则可以采用回交方法;如果目标性状较分散,则可考虑采用多亲杂交方法。

(3)杂交后代的选择

采用系谱选择法、混合选择法、母系选择法等对杂交后代进行选择。这3种方法相比,混合选择法最简便,但选择进展和纯化速度较慢;系谱选择法效果最好,但较费工;母系选择法不及系谱选择法,但比混合选择法能提高很多。至于每种选择方法杂交后代处理选择群体的大小,以及各目标性状世代的先后等问题,详细参考前述杂交育种中有关杂交后代处理的内容。

杂交后,一般经过4~6代的选择就可以形成优良品系,从而可以进行配合力测定及品比试验、区域试验和生产试验。

2)优势育种

大白菜的杂种优势十分显著。近年来,由于自交不亲和系、雄性不育系的选育技术的进步及其在杂交制种上成功地应用,大大加快了大白菜品种的优化进程,优势育种已成为大白菜育种的主要途径。目前,生产上应用的新品种绝大多数为一代杂种。优势育种的一般程序如下:

(1)亲本的选择与选配

紧紧围绕育种目标来选择选配亲本。首先应选用亲缘关系较远的亲本配组,比较容易获得强优势组合。3种生态型之间的亲缘关系一般要比同一生态型内品种间的亲缘关系远些，但不同生态型间的品种杂交，其 F_1 往往在球形等商品外观性状上偏离育种目标性状。因此，尽可能在同一生态型不同品种间，甚至同一品种内分离选择出的自交系间配组，有时也可能出现优势组合，而且这类组合往往在形态性状等方面更适合于本地区生产和消费的要求。其次，要根据目标性状的遗传规律，注意重要经济性状的互补和积加，尽量使亲本的优良性状能在 F_1 充分表现出来。

(2)优良自交系的选育及改进

当选择的亲本材料是一个地方品种或常规品种时，就需要采用系谱法，经过连续5～6代的自交、分离、选择，获得基因型纯合，性状整齐一致的自交系，然后再进行杂交组合选配；而当选定的亲本材料已经是一个自交系，但在个别性状上表现不良或不够突出时，就需要对其进行改进。一般可采用轮回选择法、回交法等来改造和提高自交系的质量。此外，在考虑一代杂种制种技术途径时，还应该将优良自交不亲和系及雄性不育系的选育也列为选育改进的重要内容。

(3)配合力测定和品比试验

在亲本材料的自交纯化、自交不亲和系和雄性不育系选育取得一定进展的基础上，可通过一般配合力和特殊配合力的测定，确定符合育种目标要求的优良杂交组合，并配制少量杂种一代种子，然后以亲本系和标准品种为对照，进行品种比较试验。品比试验一般需进行1～2年，根据试验结果，选出具有显著杂种优势的杂交组合申请品种区域试验。

此外，还可通过远缘杂交育种，游离小孢子培养、花药培养、转基因等技术途径获得新品种。如日本利用甘蓝油菜($n=19$)与松岛新2号大白菜($n=20$)杂交，育成了抗软腐病的大白菜品种平冢1号，并已广泛地用作抗软腐病的育种材料；栗根义等(1999，2000)应用游离小孢子培养技术育成了优良新品种豫白菜11号、豫白菜7号等。

15.1.5　良种繁育

目前，国内外大白菜生产上应用的几乎都是一代杂种，且 F_1 杂种种子生产主要是利用自交不亲和系制种。鉴于此，这里主要介绍利用自交不亲和系的制种技术。

1)自交不亲和系的繁殖与保持

自交不亲和系的繁殖主要靠在严格隔离条件下，进行蕾期人工授粉。许多地区采用花期(每隔1～2 d)喷1次3%的NaCl水溶液的办法来克服自交不亲和性，可以完成自交不亲和系的自交留种，收到了良好的效果。

为了提高种子产量，大白菜自交不亲和系的繁殖可采取成株采种和小株采种相结合的办法，以成株繁殖的种子作为原原种，再用小株扩大繁殖原种，避免多代小株采种，造成退化。

2)制种技术

(1)选好自然隔离区

十字花科植物是异花授粉植物，属虫媒花。大白菜不同品种之间容易杂交，还容易与亲缘关系相近的小白菜、芜菁、油菜、乌塌菜等蔬菜作物杂交，因此，应进行严格隔离。大白菜制种安全隔离区在 2 000 m 以上,在周围 2 000 m 范围内,绝对不能种植易杂交的作物。

(2)双亲配比要合理

在利用自交不亲和系或自交系作父本、母本,正反交差异不显著时,父本、母本最好的配比是 1∶1,即 1 行父本与 1 行母本间隔种植,边行采用父本、母本单株间隔种植,收获时种子可以混收。如果是 1 个自交不亲和系作母本,与另 1 个自交系作父本配制一代杂种,母本行与父本行可按 2 ~4∶1 的比例种植,花期结束后拔除父本株,只收母本行上的种子。

(3)调整花期

为保证制种时父本、母本花期相遇,可根据花期早晚,在播种日期上做适当的调整,尽可能使父本、母本花期相遇。但由于气候等原因,父本、母本花期仍有可能出现偏差,因此,必要时可对抽薹过早的亲本重摘心,通过摘心延迟花期,促使下部侧枝萌发,从而起到调整花期的作用。

(4)放养蜜蜂

利用自交不亲和系,双亲需相互授粉。因此,利用蜜蜂群进行传粉,是提高 F_1 的杂交率和种子产量的必要保证。实践证明,蜜蜂传粉优于其他昆虫(蝴蝶、苍蝇)或自然风力传粉。一般要求每公顷设置 15 箱蜂。同时,为保护昆虫传粉,制种田花期要避免使用杀虫剂,应在花前搞好虫害防治。

15.2 甘蓝育种

甘蓝(*Brassica oleracea* L.)别名洋白菜、卷心菜,染色体数 $2n=18$,属十字花科芸薹属的两年生蔬菜。甘蓝类起源于地中海沿岸,以后传至欧洲西北部及北部,到 16 世纪末由俄国传至我国黑龙江及新疆等地。其营养丰富,每 100 g 鲜菜含碳水化合物 27 ~34 g,粗蛋白 1.1 ~1.6 g,维生素 C38 ~41 mg。既可炒食、凉拌,也可腌渍或制作干菜。

15.2.1 种质资源

我国栽培甘蓝的历史虽然不长,但由于我国幅员辽阔,气候资源多样,经过自然选择、人工选择和品种引进,使我国甘蓝资源不断丰富,目前全国已有甘蓝品种千余份。以下仅对部分优良的品种资源加以简介。

1)尖头型

最早英国育成这种类型的品种,以后传至欧美及我国。由于叶球形状似鸡心或牛心,也称牛心形,叶片向上生长,开展度小。叶球较小,呈心脏形,单球重 0.5 ~1.5 kg,多为早熟品种。冬性较强,在长江流域主要作春甘蓝栽培,不易抽薹。主要品种有牛心、鸡心、顺城牛心、绍兴鸡心包、开封牛心、郑州大牛心、郑州小牛心等。

2)圆头型

最初由丹麦育成,以后被引种到世界各地。叶球圆球形或近圆球形,多为早熟或中熟品种。冬性较弱,在北方主要作春甘蓝或早熟的秋甘蓝栽培;在南方作春甘蓝栽培易未熟抽薹,栽培较少。主要品种有金早生、丹京早熟、狄特马斯卡、北京早熟、中甘 15 号、中甘 21 等。

3)平头型

叶球较大,球形扁圆,我国栽培的中熟或晚熟品种多属此类。冬性介于尖头型与圆头型之间。北方以晚熟种贮存过冬,南方可在露地越冬,陆续上市。主要品种有黑叶小平头、黑叶大平头、宁夏大叶甘蓝、南京小平头、二乌叶、大乌叶、四川楠木叶、黄苗、六月黄甘蓝等。

总的来说,我国栽培的甘蓝品种有的是从欧美和日本引进的,有的是从引进的品种经驯化后选出来的,也有少数是通过杂交选育出来的。特别是通过选育自交不亲和系配制了许多一代杂种,并在全国范围内大面积种植推广,取得巨大效益。如中国农业科学院蔬菜所育成的一代杂种中熟品种京丰 1 号等,获得国家发明一等奖。

15.2.2 育种目标

1)丰产性

提高产量是任何甘蓝育种计划都不能忽视的重要目标。产量是一个综合性状,要得到高产,品种也必须有较强的适应能力和抗病虫害的能力。

甘蓝单位面积产量由单位面积内株数和结球率、叶球平均质量构成。单位面积内种植的株数与植株开展度有关,而株幅则与植株的大小和株态有关。植株大小一般是晚熟品种大于中熟品种,中熟大于早熟,但在熟期相似的品种间也是有差别的。两个外叶和植株大小相似的品种,可能由于株态不同而实际株幅不同。甘蓝植株的株态可分为开展、半开展和近直立 3 类。为了有利于密植,至少亲本之一应该有近直立或半开展的株态,才能从后代中分离选得较适于密植的类型。另一方面,株幅小虽有利于密植,但由于叶球大小与株幅大小有一定程度的相关,因此,对株幅的选择必须在叶球相似的基础上进行。这就是说要注意对净球率的选择。

叶球的质量决定于球叶数和平均球叶重。甘蓝也像大白菜一样,品种可分为叶重型和叶数型。早熟品种大多为叶重型,晚熟品种大多为叶数型。在选配亲本时,应注意考虑亲本叶数和叶重之间的关系,以便选配互补的亲本。据报道,叶数与产量的相关系数为 0.67,叶重与产量的相关系数为 0.87。在选择作为亲本的植株时,对球重的选择不能单以叶球大小为标准,因为还有一个充实度的因素,即球形大的并不一定重。

2)提高品质

随着生活水平的提高,人们对品质的要求也愈来愈严格。在我国,甘蓝以鲜食为主,要求质地脆嫩多汁,味甜,无苦味及辛辣味,含有较多的维生素及其他营养成分。目前,衡量甘蓝品质好坏的内容主要体现在3个方面:营养成分含量、质地风味、有害物质含量。

(1)营养成分含量

提高营养成分首先是提高抗坏血酸(Vc)的含量。斯密斯等(F. G. Smith,1946)用抗坏血酸含量低的和高的品种进行杂交,杂种第一代的抗坏血酸量介于亲本之间,F_2 成常态分布。球小的品种一般比球大的含有较多的抗坏血酸;即使血统相近的品系,抗坏血酸的含量也相差很大。环境和遗传对抗坏血酸都有影响,重施氮肥和完全肥料能提高其含量。

据 G. A. 洛考夫宁可瓦(1976)研究,甘蓝的糖含量以晚熟品种最高,中熟品种次之,早熟品种最低。他分析了90个甘蓝品种,晚熟品种干物质和糖含量的相关系数为 $r=0.89$,中熟品种为 $r=0.6$。此外,选择含糖量高的植株,除了可以提高营养物质含量外,还可以增强抗寒、抗旱和抗病性。

(2)质地与风味

因食用习惯不同,各地对甘蓝品种有不同的爱好。一般来说,质地细嫩,味甜汁多,无苦味和辛辣味,叶柄和中心柱等部分占的比例小的品种总是受欢迎的。选种时应选叶脉细小,叶柄扁平而短,中心柱小,质地细嫩的品种。通常 F_1 叶片的质地介于亲本之间。风味特征与营养成分(如总糖、纤维素及氨基酸等)的含量有关。一般总糖含量高的品种味感较好。

(3)有害物质含量

甘蓝中硫代葡糖苷的含量与其风味有重要关系。硫代葡糖苷的葡糖苷配基经黑芥子硫苷酸酶水解后能产生苦味,而且这些葡糖苷配基的产物有些是有毒的。

据 C. Chong 和 M. S. Chiang 等(1983,1984)的研究,品种间硫氰酸盐的含量有较大差异。F_1 杂种硫代葡糖苷的含量和甘蓝品种成熟的天数呈正相关。据 V. V. 伏斯克来森斯卡娅测定,22个白球甘蓝品种硫代葡糖苷的含量为每100g鲜重含3.9~9.4 mg;早熟品种比晚熟品种含量低;皱叶甘蓝的含量较高,抱子甘蓝的含量最高,达每100 g鲜重含13 mg。

3)不易先期抽薹

我国大部分地区春甘蓝往往因先期抽薹而遭受巨大损失,例如,1976年北京郊区早熟甘蓝因先期抽薹造成20%~30%的损失。据研究,冬性弱的品种一般表现为不完全显性,因此,配制春甘蓝一代杂种时所用亲本都应该是冬性强的系统。早熟甘蓝品种的虽多数冬性较弱,但品种间存在相当大的差异,另外同一品种的株间差异也相当大,即使在冬性弱的品种内也能分离出冬性较强的自交系。

4)耐热性

夏甘蓝栽培期间,夏季及早秋高温多雨,所以夏甘蓝品种需要有较好的耐热性,以保证在较高的温度条件下也能较好地结球。迄今发现的耐热品种不多,较突出的有青种小平头、乌市冬甘蓝、二叶子、杂一代夏光等。

5)抗病性

近年来,病害对甘蓝(特别是夏秋甘蓝)的危害十分严重。目前,国内主要病害有黑腐病、病毒病、霜霉病、软腐病等,在南方根肿病也较严重。因此,选育具有复合抗病性的杂一代品种已成为甘蓝育种极重要的目标。从20世纪60年代中期开始,中国农业科学院蔬菜研究所、西南农业大学、东北农业大学及陕西省农业科学院蔬菜研究所等全国抗病育种协作攻关组已把抗病毒病兼抗黑腐病列入夏秋甘蓝的育种目标之中。

此外,早熟性及早、中、晚熟品种配套也是甘蓝育种的重要目标。

15.2.3 主要性状的遗传规律

甘蓝是异花授粉作物,一般品种都是杂合的,因此,研究它的遗传比较困难,由于所用亲本材料纯合程度的差异,试验结果也会不尽相同。下面根据前人的研究结果,将一些重要经济性状的遗传规律叙述如下,作为育种时的参考。

1)结球性

研究认为控制结球的是隐性基因。如甘蓝与羽衣甘蓝杂交,F_1 的叶簇只有稍微向内卷曲的倾向,F_2 出现了近似亲本的类型,其间呈连续变异。甘蓝与球茎甘蓝的杂交得到类似的结果。结球紧实的甘蓝和结球松的皱叶甘蓝杂交,显示结球紧实的控制因子为隐性,F_1 代接近皱叶甘蓝,F_2 代尚未出现和甘蓝一样包得紧的类型。

2)球形

尖头×圆球或扁圆,显示尖头为显性,F_2 分离出钝尖和三角形的类型。圆球形对倒卵形为不完全显性,圆球形×扁圆形的 F_1 为中间形,春季表现近圆球形,秋季稍扁,F_2 由圆到扁各种球形都有。自交系间杂交后代的球形指数常为中间性。球形的狭义遗传力有报告为0.51。

3)裂球性

据推断至少有3对基因控制,基因作用大半是累加的,早开裂为不完全显性。狭义遗传力估算为0.47。

4)抽薹性

品种间差异很大,不易抽薹为单因子的显性,但修饰基因能影响抽薹百分数。

5)外叶多少

多×少,F_1 为中间性。有报告(Pearson,1983)认为外叶多少属加性遗传。

6)叶色

紫红色和绿色杂交,F_1 为淡紫红色,F_2 分离为3紫红∶1绿或9紫红∶7绿或15紫色∶1绿;黄色×绿色,绿色为显性;绿色×深绿色,F_1 一般为中间型偏向于深绿色。

7)叶球品质

叶球的质地、叶脉粗细,营养成分的含量等,在 F_1 代一般也表现为双亲的中间型。

8)产生腋生小球

该性状受一个或少数几个隐性基因控制,并受修饰基因和环境影响。

9)内茎长度

由两对基因控制,短内茎为不完全显性。但也有研究认为,长中心柱对短中心柱为显性(中国农业科学院蔬菜研究所,1980),这些差异可能与不同材料对不同环境的反应有关。

10)外短缩茎

短的对长的为不完全显性。

11)叶形

叶片宽×窄 F_1 接近宽形,F_2 分离为3宽∶1窄,皱叶和平叶杂交,F_1 为中间性,F_2 分离为9皱∶7平,证明皱叶由两对互补基因支配。

12)对病毒的抗性

危害甘蓝的病毒在我国主要为芜菁花叶病毒(TuMV)。据研究,甘蓝对TuMV的抗性属于显性遗传。

13)对黑腐病的抗性

威廉姆斯(Williams)和斯道薄(Staub)研究发现,对黑腐病的抗性是由1个主效基因支配的,当其为杂合状态时,其表现受1个隐性的和1个显性的修饰基因影响。

14)熟性

许多研究认为,甘蓝的早熟性可能受多个显性基因控制。因此,当早熟×早熟时,F_1 成熟期接近双亲或超过双亲(杂种优势);当早熟×晚熟时,F_1 的成熟期介于双亲之间,但偏早熟。

15.2.4 育种技术

甘蓝是典型的异花授粉植物,杂种优势十分明显,不仅能提高产量,而且对提高品质、增强抗病性、抗逆能力以及商品的一致性等有重要作用。加之群体内自交不亲和基因频率较高,通过选择可以得到稳定的自交不亲和系为配制杂一代之用,因此,杂种优势利用已成为目前甘蓝育种最为主要的育种方法。

1)亲本的选择选配

在选择选配亲本时,一般亲本结球类型来源不同的组合产量优势较为明显。如圆球×扁圆球型等不同的组合,产量优势往往更为显著。但这类组合双亲花期常常不一致,制种时要花较多人力物力来调节花期。球形相似但叶色的深浅、蜡粉的多少等性状有一定差异的组合,如叶色灰绿×深绿、绿×深绿等组合也常常可获得很好的产量优势。这类组合的双亲花期往往比较一致,制种容易,一代杂种的整齐度更好。

同品种不同自交系产量配合力相差很大。因此,在品种间配合力测定的基础上,分离和选配配合力强的自交系很重要。据方智远等(1983)报道,两个品种不同自交系间杂交一代产量的高低与亲本系产量的高低成高度正相关,相关系数达0.698~0.83。因此,选用丰产性好,自交退化慢的系统作亲本配成的杂交组合,一般具有较高的产量配合力。

2)优良自交不亲和系的选育

配制甘蓝杂种一代目前主要利用自交不亲和系,国内推广的杂种一代甘蓝如京丰1号、庆丰、报春、中甘11号、中甘8号等都是利用自交不亲和系配成的单交种,因此,选育优良的自交系已成为甘蓝杂种优势利用的关键环节。自交不亲和系选育出来后,再经过配合力的测定,最后选出最佳组合生产杂交种。

甘蓝各品种内出现不亲和株率虽有高低,但出现的比例是相当高的,通过自交分离,少则2~3代,多则4~5代就能分离出稳定的自交不亲和系。其具体做法如下:

(1)选择优良单株自交纯化

在一些经济性状优良、配合力好的甘蓝品种中,选择部分优良单株(一般为10~30株)实行隔离自交,从中选出自交结实率低的自交不亲和株。花期自交的同时,应注意在相同植株的不同花枝上进行人工蕾期自交,以保证获得自交不亲和性强的材料的种子。对初选出的优良自交不亲和植株,还应连续进行花期自交分离、纯化,并严格测定自交不亲和性,每代都注意选择那些自交不亲和性与经济性状综合表现好的植株留种(每系统10株左右),直到自交不亲和性稳定为止。

(2)系统内花期近交授粉测试

欲获得理想的自交不亲和系,除要求系统内所有植株花期自交都不亲和外,还要求同一系统内所有植株在正常花期内相互授粉也表现不亲和(也称系内近交不亲和),这样才能保证亲本系统制种时有尽可能高的杂交率和尽可能低的系内交配(假杂种)率。系内近交不亲和性的测试方法有二:一是混合花粉授粉法,即在系内随机取4~5个植株的花粉混合,在花期给同株系内各姊妹株授粉。如各姊妹均表现不亲和,通常即可认为该株系内近交是不亲和的;二是成对授粉法,即在花期于系内姊妹株间成对相互授粉。如均不亲和,则证明系内近交是不亲和的,如果有的组合亲和,有的组合不亲和,则应将那些表现不亲和的植株选出来,到下一代再行系内姊妹交,直到系内所有植株间近交均不亲和时为止。此法工作量较大,但较易选择剔除近交系内的亲和株。

必须注意的是,在选择、测试自交不亲和性的同时,应特别注意蕾期授粉结实性状的选择。因为蕾期自交结实性状,直接关系亲本种子繁殖的难易,直接决定着一个自交不亲和系的实用价值。为提高自交不亲和系的繁殖系数,一定要注意选择人工蕾期自交结实率高(一般蕾期自交亲和指数在5以上)的系统。对那些蕾期自交结实差的系统,则应及早淘汰。同时要注意选择那些自交后代生活力下降慢、下降程度小的系统,这对克服自交后代生活力衰退,保持自交不亲和系活力有着重要意义。

3)自交不亲性的实用标准

研究结果表明,把花期自交及系内株间近交亲和指数小于1作为甘蓝不亲和性的实用标准比较妥当,因为用亲和指数小于1的自不亲和系作亲本配制杂种一代,能较好地保证制种时的杂交率。

4)克服自交不亲和性的省功办法

为节省蕾期授粉的人工,降低杂种一代种子的生产成本,可在开花期每隔1~2 d用

5%食盐水喷1次,喷时要尽量喷到柱头上,这样才能引起乳突细胞失水收缩,对乳突细胞合成脟胝质具有抑制作用,导致自交亲和。

15.2.5 良种繁育

甘蓝一代杂种种子生产,包括亲本的繁殖保持与杂一代制种两个重要的环节。

1)亲本的繁殖保持

繁殖保持杂种亲本,是配制杂一代种子的前提。亲本系种子的纯度决定 F_1 种子的质量。甘蓝杂一代亲本自交系的繁殖保持主要用蕾期系内人工授粉或5%的食盐水喷雾。

亲本系的保持与原种生产一样,必须设置专门的留种田。留种田须与甘蓝类作物(抱子甘蓝、球茎甘蓝、羽衣甘蓝、花椰菜、青花菜等)严格隔离,隔离距离须在1 000 m以上。亲本的采种方法通常有"小株采种法"和"成株采种法"两种。

对于亲本自交不亲和系采用蕾期授粉方法时,要注意以下几个方面:一是要严格隔离;二是要选择好适龄蕾,一般开花前2~4 d的蕾授粉结实最好;三是要采用适龄的花粉,通常采用开花当天的花粉授精结实率最高;四是要避免碰伤花柄或柱头,最好采用蜂棒授粉结合使用剥蕾器,这样可大大提高授粉效率。

此外,亲本的繁殖过程中还应注意种株的多次严格选择,要在第一年的苗期、莲座期、包心期都对各亲本系实行严格的去杂去劣;在翌年抽薹开花期,还要针对种株的特性再次进行选择,淘汰掉非典型植株,以确保亲本种子的遗传纯度。

2)杂一代制种

配制杂一代生产用种,方法依亲本系的不同而异。如果父本、母本系均为自交不亲和系,通常会出现以下两种情况:一是二亲本正反交差异不大,则制种田内收获的 F_1 种子可混合使用;二是两亲本正反交差异较大,则应将父本、母本上的 F_1 种子分别收获,分开使用。而当父本、母本一个为自交不亲和系(母本);另一个为自交系(父本)时,则只能从母本上收获 F_1 种子。

配制甘蓝杂一代种子,也必须严格隔离,与甘蓝类作物的采种田相距1 000 m以上。至于制种的方式,则可采取露天地制种、保护地制种及露地—保护地制种等多种形式。

生产甘蓝的 F_1 种子,从播种育苗到种子收获,历时将近1年,周期较长。其间除注意严格隔离、选择、去杂去劣外,还须切实搞好各个环节的管理,才能确保 F_1 种子产量和质量,获得预期的经济效益和社会效益。

15.3 番茄育种

番茄(Lycopersicon esculentum Mill.)又名西红柿、洋柿子、番柿。属茄科,番茄属,一年生或多年生的草本植物,染色体数 $2n=24$,属全世界年产量最高的30种作物之一。番茄具有多种营养价值,可以食用栽培、药用栽培,也可作为观赏用栽培,是重要的蔬菜作物,世界各国广泛栽培。2005 年全世界番茄生产面积 4.53 万 km^2,总产量 1.24 亿 t。其中,中国栽培面积 1.3 万 km^2。

番茄原产于南美洲西部的高原地带,即今天的秘鲁、厄瓜多尔、玻利维亚的热带、亚热带地区海拔 2 000 ~4 000 m 气候比较冷凉的地带。番茄的驯化和栽培最初是在它的起源中心之外,由墨西哥早期的印第安人开始。到 16 世纪传入欧洲,18 世纪传入美国。约 17 世纪传入中国,不过真正的生产栽培始于 20 世纪 20 年代以后。与其他作物相比,番茄的栽培历史虽然不长,但已成为世界上最重要的蔬菜之一。

15.3.1　种质资源

1)番茄属的主要种及近缘野生种

(1)秘鲁番茄(L. peruvianum Mill.)

其果实干物质含量高达 12% ~13%,维生素 C 含量约 4 倍于普通番茄,100 g 鲜重达 50.4 mg,高者可达 109.5 mg。对普遍分布的番茄病害有较强的抗性,如对烟草花叶病毒(TMV)、枯萎病、黄萎病、斑枯病等,是 Tm 基因来源之一。

(2)智利番茄(L. chilense Dun.)

根系发达且深,能在很干旱条件下生长;对缩顶病毒病有高度的抗性,对凋萎病的抗性近于免疫,对番茄、黄瓜花叶病毒(CMV)也有较强抗性。

(3)多毛番茄(L. hirsutum Humb. et Bonpl.)

典型特征是茎、叶和果实覆盖有黄色茸毛,茸毛可长达 2.5 ~3.5 mm,其腺毛分泌的黏液含天然的杀虫剂(十三烷酮),可杀死或抵御蚜虫、红蜘蛛、根结线虫等多种害虫,是抗虫育种最有价值的种质资源;果实含干物质 10.1%,胡萝卜素含量高于栽培品种的 3 ~4 倍;对 0 ~3 ℃甚至-2 ℃的低温有较强的忍耐力,但在高温及干燥气候下生长很差;对番茄细菌性斑点病、叶霉病、早疫病、TMV 病毒等多种病害有较强的抗性。

(4)醋栗番茄[L. pimpinellifolium (Jusl.) Mill.]

植株有短绒毛,果实的含糖量和干物质含量高,是培育加工番茄品种的重要亲本;对多种病害有强抗性,如番茄枯萎病、叶霉病、青枯病、细菌性茎腐病、烟草花叶病毒病、斑萎病毒病等。

(5)多腺番茄(L. glandulosum Mill.)

对缩顶病有抗性,对由 Verticillium alboatrum 所引起的黄萎病接近免疫,抗根瘤线虫和叶霉病;能耐受 4 ~8 ℃低温。但多腺番茄与栽培种杂交困难,并且杂交后在传递抗病性时相伴随的是结实率少和晚熟,因此,在育种应用时应想办法克服。

(6)契斯曼尼番茄(L. cheesmanⅡ Riley)

植株具有高度耐盐力,能在 70% 的海水灌溉下生存和结果;高抗番茄黄化卷叶病毒。

(7)潘那利番茄[L. pennellⅡ(Corr) D'Arcy]

叶的上表皮气孔较多,吸收空气中的水分能力强,是番茄抗旱育种中重要的种质资源;

它的叶和茎上覆盖着腺毛，分泌一种黏液，可抵抗如马铃薯蚜虫、红蜘蛛等害虫的危害；抗番茄卷顶病毒病。

（8）普通番茄（L. esculentum Mill.）

茎有蔓性、半蔓性、直立性及半直立性，基部带木质；叶多为羽状复叶；花序单总状到复总状，部分花序着生于茎的顶端，取代生长点而形成有限生长类型；果实有扁圆形、圆球形、卵圆形、长圆形，成熟时呈红色、粉红色、黄色、白色；生长类型有无限生长型及有限生长型。

（9）类番茄茄（S. IycoPersicoides Dun.）

类番茄茄是目前能和番茄进行有性杂交的唯一茄属种类。类番茄茄耐干旱，耐寒性强，能耐轻霜，在10 ℃时生长旺盛，花多；对早疫病、枯萎病、TMV、CMV均有抗性。

2）普通番茄的亚种、变种及代表品种

（1）野生型亚种（subsp. pimpinellifolium Brezh.）

①醋栗状番茄（var. eupimpinellifolium）是抗病性育种、提高干物质及糖含量方面选种的原始材料。

②房果状番茄（var. racemigerum）亦称总状番茄。根系强大，抗旱性强，可作为选育干物质含量及糖含量高、抗旱或早熟品种的原始材料。

（2）半栽培型亚种（subsp. subspontaneum Brezh.）

①樱桃番茄（var. cerasiforme）有些系统抗晚疫病、炭疽病、早疫病、花叶病，较耐热耐湿。可作为选育抗病品种、加工品种和观赏用品种的原始材料。代表品种有美味樱桃番茄、圣女、美樱2号等。

②梨形番茄（var. pyriforme）可用作培育加工品种的亲本。代表品种有红梨、黄梨和牛奶等。

③李形番茄（var. pruniforme）较耐热耐湿。可用作育成加工品种的亲本。代表品种有红李和红皮。

④长圆形番茄（var. elongatum）具有较高的干物质含量，是培育加工品种的原始材料。代表品种如长玛瑙和亨皇等。

⑤多室番茄（var. succenturiatum）抗旱，抗多种病害，但果实棱褶多，糖分含量少（1.8%～2.1%），酸分高（0.4%～0.5%），育种价值不高。

（3）栽培型亚种（ssp. cultum Brezh.）

①普通番茄（var. vulgare）绝大部分的栽培品种属于这一变种。

②大叶番茄（var. grandifolium）叶大，似马铃薯叶，故又称薯叶番茄。

③直立番茄（var. validum）植株矮性或中等高，茎粗壮，分枝力强，初期直立。

世界各国历来都非常重视番茄种质资源的收集工作。苏联学者瓦维洛夫，最早重视植物种质资源的收集和研究工作，其所在的植物研究所收集了来自22个国家约6 000份栽培番茄材料。国际植物遗传研究所1990年报道全世界共收集番茄种质40 000余份。我国大量种植番茄仅有90年左右的历史，在1955年开始开展蔬菜品种的调查与整理工作，目前，由国家农作物种质资源库正式登记保存的番茄种质资源已有2 257份。番茄种质的保存比较简单，在2 ℃低温干燥条件下番茄种子可保存20年以上。

15.3.2　育种目标

随着番茄生产的发展及人民生活水平的提高，人们对番茄的需求如果实的颜色、大小、形状、硬度等逐渐趋于多样化，同时对长货架期，富含番茄红素、高可溶性固形物、高维生素等品质要求日益提高。因此，番茄育种目标的制订应紧密结合当前市场的需求和生产上存在的问题，抓住主要矛盾来确定具体的育种目标，同时也要看到生产和科学技术发展的新动向及其对品种可能提出的要求。

1）丰产性

高产稳产是优良品种的基本特征，也是番茄品种选育的重要目标。丰产性是许多复杂因素的综合体现。首先，总产量取决于单位面积的株数和在该密度下单株的平均产量的乘积。单株产量则取决于花序数、花数、座果率、果实的大小，同时还受株型、叶面积系数、光合效率以及对环境条件的适应性和抗病性等诸多因素的制约，选育时要进行多方面的综合考虑。近年来，以与丰产性有关的生理特性和生理指标如高光效、低呼吸、低补偿等进行的选育日益受到重视，以求在产量和品质上有更大的突破。

2）品质

（1）外观和果色

鲜食品种要求果实着色均匀、果色鲜艳均匀、果形指数接近1、果面光滑无棱褶、果顶蒂痕小、梗洼木质化部圆小、无纵裂或环裂、果肩和近果梗部分同时成熟并呈同一果色。多数消费者喜欢大红或粉红的果色，少数喜黄色或紫果色。

（2）质地

质地主要是指果实的硬度以及果肉与心室内含物的比例。特别是果实的硬度是决定番茄耐贮运的重要因素，因此，多数生产者和消费者喜欢较硬的番茄。影响番茄硬度的表观因素有表皮坚韧度、果肉硬度及果肉与心室的比例等。也可在生理方面通过降低多聚半乳糖醛酸酶的含量、调节成熟过程中的呼吸跃变等因素来增强果实的硬度。在加强果实硬度的同时应注意与果实的良好风味相一致。

（3）风味

果实要有良好的风味，除了必须有较高的含糖量、较高的糖/酸比外，还应有一定的含酸量，否则，即使有良好的糖酸比和含糖量，也会缺乏酸甜适度的感觉。

（4）营养价值

番茄果实的营养价值除糖酸外，主要在于含维生素C、番茄红素、胡萝卜素等。番茄红素是极好的抗氧化剂，对抑制前列腺癌、消化道疾病和心血管疾病等都有一定的作用。番茄果实中的β-胡萝卜素（一种橙色色素）能转变为维生素A原，在增强机体免疫力、抵抗疾病等也起着重要的作用。因此，高番茄红素和胡萝卜素的育种已成为番茄育种的重要目标。但是番茄红素的增加反而减少维生素A原的含量，特别是橙色品种维生素A原的水平高出红果品种8～10倍，因此在实际育种中应综合考虑。

3)抗病性

抗病性一直是番茄的突出目标性状。这不仅是因为番茄的抗病与否会影响它的产量、品质,最重要的是番茄是一种多病的蔬菜。据研究,已发现的番茄主要病虫害中,由真菌和细菌引起的有19种,由病毒引起的有6种,由昆虫和根线虫引起的有3种以及7种寄生性的病害。我国目前番茄生产上的主要病害有病毒病、早疫病、晚疫病、青枯病、枯萎病、叶霉病、脐腐病等20余种,尤其是病毒病(TMV,CMV)危害更重。因此,解决番茄抗病问题已成为需要集中优势科研力量进行协作攻关的战略性课题。

4)早熟性

在番茄的不同熟性中,早熟性显得特别重要,因为早熟品种不仅可提早上市,调节淡季供应,还可增加生产者收入。特别是在我国北方地区,春季蔬菜缺乏,故特别重视早熟品种,对番茄等喜温蔬菜更是如此。

番茄的早熟性主要由花序节位低、现蕾早、开花早、果实发育快、转色快等性状构成。此外,早熟性还与株型、分枝习性有关,一般节间短、矮生、自封顶者较早熟。

5)耐热性

番茄的生长发育虽然需要较高的温度,但高温多雨的夏季极易造成番茄的生理过程失调,导致落花落果,病虫害严重,特别是青枯病、TMV、CMV更加猖獗。因此,培育出能在高温胁迫下正常结果及抗病的基因型是我国夏季高温地区番茄育种的目标之一。

6)耐贮运性

番茄耐贮运性能的好坏与品种的关系极为密切。通常果皮厚、韧性高、肉质致密、水分较少、干物质含量高、呼吸强度低及组织保水力强的品种,其耐贮运性较强。据研究,番茄在正常贮藏情况下,一个月因呼吸消耗的糖约为果重的0.4%,贮藏3个月含糖量将下降1.2%,而当果实的含糖量低于2%时则风味明显变淡。因此,长期贮藏的番茄应选含糖量在3.2%以上的品种。

7)适于保护地栽培

近年来,保护地番茄栽培的面积日益扩大,而保护地的低温、高湿、弱光等小气候环境对品种的要求,明显不同于露地栽培。因此,培育出适合保护地栽培的番茄品种愈加重要。在选育保护地番茄品种时,应注意到不同于露地栽培品种的一些特殊要求,如无限生长型、叶子和节间开放型、在较低温寡照等非适宜条件下营养生长和花的发育正常、坐果率高、畸形果少、果实品质良好、抗温室中严重发生的病害等。

8)适合加工

番茄加工制品的种类较多,如番茄酱、番茄汁、番茄罐头等。加工用的番茄品种对品质要求更高,并有一些不同于鲜食品种的独特要求。

(1)可溶性固形物

可溶性固形物的含量不仅会影响番茄的风味,而且是影响番茄酱、番茄汁等制品原料消耗定额的重要因素。通常可溶性固形物含量每增加1%,原料的消耗可降低25%。此外,可溶性固形物含量低,加热浓缩时间增长,维生素C、胡萝卜素及番茄红素分解,降低产品品质。一个优良的罐藏番茄品种,其可溶性固形物含量应高于5%,糖酸比应不低于8。

(2)番茄红素

番茄红素是衡量一个罐头番茄品种优劣的最重要标准之一。只有利用番茄红素含量高的品种作原料,才有可能获得颜色鲜红的番茄制品。目前,我国所用的罐头番茄品种每100 g番茄红素含量一般为6~11 mg。

(3)pH与维生素C

茄的风味有49%的可能性由含酸量决定,只有25%的可能性由含糖量决定。因此,要选择酸度较高即pH较低的番茄品种作原料;加工番茄品种应具有较高含量的维生素C。目前,番茄果实中维生素C含量因品种而有很大的差别,甚至可相差几倍,要选育维生素C含量高的品种用于加工。

15.3.3 主要性状的遗传规律

1)番茄质量性状的遗传

研究表明,番茄多数质量性状是由1对主基因控制,一般表现为完全显性或接近完全显性(见表15.1),其自交后的表现型均呈典型的3∶1分离比率,只有少数基因如茸毛基因的异质结合子(Hh)呈中间性的融合遗传,F_2的分离比率为1∶2∶1;此外,还发现某些性状也存在基因的互补作用,如两种矮茎类型及两种绿茎类型的F_2分离比率分别为12∶3∶1(显性上位作用)和9∶3∶4(隐性上位作用)。

表15.1 番茄相对性状的显、隐性遗传规律

亲本的相对性状	F_1的性状表现(显性)	亲本的相对性状	F_1的性状表现(显性)
株直立性×非直立性	非直立性	圆果×扁果	圆果
株矮生性×高性(蔓性)	高性(蔓性)	卵形果×扁果	圆果
有限生长×无限生长	无限生长	少心室×多心室	近少心室
薯叶型×普通叶型	普通叶型	多种子×少种子	近多种子
紫色茎×绿色茎	紫色茎	多肉×少肉	中等
小叶不分裂×分裂	分裂	早熟×晚熟	中间偏早熟②
花序非总状×拟总状	拟总状	抗病×不抗病	多数抗病③
复花×单花	近于单花	幼果绿色×幼果淡绿色	绿色
黄果×红果	红果	绿色果肩×着色一致	绿色果肩
黄果皮×透明果皮	黄果皮	茎光滑×茎有茸毛	茎光滑
小果×大果	中等或稍接近小果①	正常育性×雄性不育	正常育性
果实无棱褶×有棱褶	接近无棱褶		

注:①、②为倾向某一亲本的程度因具体组合而异;③同前,并因病害种类而异。

2)番茄产量有关的性状遗传

(1)果重

番茄在果实重量方面的优势不显著,对提高总产量的作用不恒定。如果双亲单果重差别不太大,则 F_1 的单果重往往是中间偏小,小果是不完全显性。

(2)单株结果数

单株结果数对单株产量的影响比平均果重大,当亲本单株结果数相差较大时,其杂种的果数大多为中间稍偏多。单株结果数一般配合力和特殊配合力都显著,说明两种基因效应都有,其中以加性效应占比值较大。

(3)前期产量与总产量

番茄产量性状的显性和上位效应较其他性状明显,产量的杂种优势相当强,但番茄产量性状遗传力低。在产量的遗传变异中,早代的环境变异系数明显高于遗传变异系数,表明早代产量主要受环境的影响。

3)番茄成熟期的性状遗传

早熟对晚熟为显性或部分显性,至少涉及4对基因。2个成熟期差异较大的亲本杂交,如早熟×中熟、早熟×晚熟,F_1 熟期大多是中间偏早;2个熟期相近的亲本杂交,F_1 往往早于双亲,但早熟×早熟的 F_1 超亲者不多。

4)烟草花叶病毒病(TMV)的抗性遗传

目前,可供番茄育种使用的抗 TMV 基因有3个,即 Tm-1,Tm-2,Tm-2a,后两者的抗性基因均来自秘鲁番茄。单显性基因 Tm-1 可以减轻对 TMV 侵染的敏感性;显性基因 Tm-2 具有比 Tm-1 基因强的抗性,但与隐性黄叶基因 nv 紧密连锁,在纯合情况下引起植株矮缩和黄化;单显性基因 Tm-2a 与 Tm-2 基因呈紧密连锁但又不与 nv 基因连锁,Tm-2a 和 Tm-2 对 TMV 病毒株系的反应有着明显的差异,它们各自可以成为纯合系统,也可以得到抗病性更广泛的 Tm-2/Tm-2a 的杂合系统。

15.3.4 育种技术

目前,生产上利用的番茄品种几乎都是杂交一代的品种。这些品种具有高产、品质好、适合保护地或露地栽培、对病害的综合抗性强、耐贮运等显著优势。但并非任何两个亲本杂交都能获得杂种优势。育种技术路线如下:

①首先通过多种途径搜集符合育种目标的种质资源,并对其抗病性、抗逆性、品质性状等进行全面鉴定分析,筛选优质或具特殊性状的原始材料,并对主要性状的遗传规律进行研究,以提高育种效率。

②通过杂交、回交、远缘杂交,甚至外源基因导入等方法,选育出遗传稳定,经济性状优良的自交系材料。

③对选育的自交系材料进行一般配合力、特殊配合力分析,然后根据测定的配合力分析结果和杂交亲本的选配原则选配强优势亲本组合。

④通过和有关种子企业、合作社及农业行政部门等合作,开展区域试验、生产试验及品种审定推广等工作。

此外,利用雄性不育可以降低番茄杂交种子的成本,也取得有一定的成绩,但利用并不普遍,其原因一方面是缺乏理想的雄性不育材料;另一方面番茄种子的繁殖系数高,去雄相对容易,而且利用雄性不育只是省去了去雄工作,仍需人工授粉。

15.3.5 良种繁育

为提高番茄杂交种子生产的质量和数量,须注意下列问题:

①杂交亲本的配比以母本:父本=4~5:1为宜,为便于去雄授粉,母本株要及时进行整枝,父本一般不整枝。

②为使父本、母本花期相遇,父本一般比母本提早播种20~30 d。

③去雄时间应在花冠露出萼片,但未开裂,花药变黄以前进行,因为当花药变黄时花粉便成熟,有可能发生非目的花粉授粉。一般在去雄后25~36 h授粉。去雄方法通常是用镊子去掉未开放的花的花瓣和花药筒。大量采集花粉的有效方法是将含苞待放的大花蕾集中采集,去掉花瓣,放入盛有干石灰等干燥剂的容器内,然后用塑料薄膜密封,常温下使其散粉。再用320目筛筛取花粉,低温贮藏备用。授粉时要授充足的花粉于柱头上。

④人工授粉后的花应立刻去掉两个萼片作标记,以便与自花授粉的果实区别。每天要及时摘除已去雄开放但来不及授粉的母本花,以及摘除未去雄已开放的花;随时把杂交植株上的非杂交果摘除,使营养集中在杂交果上。

⑤杂交果成熟后即采收种子,过度成熟会降低种子活力或种子在果内发芽。不能用乙烯利化学催熟,以免降低种子发芽速度和发芽率。

⑥杂交果的种子取出后,在容器内发酵18~20 h,再用水清洗干净,然后在稀盐酸液(1.5%)中浸几分钟,这可改善种子外观,有助种子脱毛。如种子量少,可用5%盐酸液或果胶酶处理种子,以替代发酵。种子洗后进行干燥,干燥速度要慢而均匀。

15.4 辣椒育种

辣椒(Capsicum spp.)又名青椒、菜椒、番椒、秦椒等,是茄科辣椒属的一年生或多年生蔬菜,染色体数$2n=24$。辣椒的营养价值较高,含有人体所需的多种维生素、糖类、类胡萝卜素、辣椒素等多种营养物质。辣椒以其嫩果或成熟果供食,可炒食、凉拌、腌制等,是一种世界性的重要蔬菜和调味品。

辣椒起源于中南美洲热带地区的墨西哥、秘鲁、玻利维亚等地,是一种古老的栽培作物,具有极丰富的野生种和近缘野生种资源。哥伦布在北美新大陆首先发现了辣椒,并把它带回欧洲。1493年辣椒传入西班牙,到16世纪中期才在欧洲各地传播开来。17世纪,许多辣椒品种传入东南亚各国。明朝末年(1640)引入中国。目前辣椒生产遍布世界各地。

15.4.1 种质资源

辣椒属的种质资源十分丰富,可分为2个白花组、1个紫花组,每个组都有1~2个栽培种及数个与之关系密切的野生种。关于辣椒的植物学分类有很多分类方法,如林奈(Linnaeus)分类、伊利希(Irish)分类、贝利(Bailey)分类、国际植物遗传资源委员会(IBPGR)分类、斯密斯(Smith)分类等,但是这些分类方法至今仍未形成统一的共识。具体的详细分类请参考《中国作物及其野生近缘植物蔬菜作物卷(上)》。

在生产上,目前应用的辣椒品种主要分为3大类:鲜食菜用、加工干制用和加工腌制用。

1)鲜食菜用品种

(1)甜椒品种

甜椒品种如茄门、早丰1号、双丰、中椒2号、甜杂1号、甜杂2号、农大40等。

(2)辣味型品种

辣味型品种如湘研4号、湘研5号、湘研6号、湘研9号、湘研10、云阳椒、伏广1号、伏地尖、矮脚黄、羊角辣椒等。

(3)微辣型品种

微辣型品种如湘研1号、湘研2号、早杂2号、苏椒1号、苏椒2号、长丰、洛阳4号等。

2)加工干制用品种

干制用品即干辣椒品种如杭州鸡爪椒、线辣子、永城辣椒、皇椒1号、邱北辣椒、邵阳朝天椒、天鹰椒等。

3)加工腌制用品种

腌制用品主要有长沙河西牛角椒、锦州油椒、龙游小辣椒、西双版纳大米椒等。

15.4.2 育种目标

1)丰产性

高产是辣椒品种选育的重要目标。丰产性是受许多性状影响和制约的数量性状,其中最直接地受产量构成性状的影响。辣椒产量不仅取决于花数、坐果率、单果重、采收期,而且还受株型、叶量、光合效率以及对环境条件的适应性和抗病性等因素的制约。因此,选育时要进行多方面的综合考虑。多数研究认为,配制杂种一代要以果数型作母本、果重型作父本产量优势才最大。

2)抗病性

病害是造成辣椒减产、品质下降,甚至绝收的关键因素,因此,抗病育种逐渐成为辣椒育种的首要目标。

(1)抗病毒育种

黄瓜花叶病毒(CMV)在辣椒上能产生严重的花叶症状,导致叶片畸形和损害果实的商品性状,是辣椒较严重的病害之一。CMV 抗性是典型的数量性状,至今没有发现一份材料对 CMV 有完全的抗性,但部分抗性在栽培辣椒的野生品系和近缘野生种中时有发现。这些材料的抗性机制主要有 3 种:一是抑制病毒侵入宿主细胞;二是抑制病毒的繁殖;三是抑制病毒的移动。在育种时,如能把控制这些抗性机制的基因通过育种叠加在一起是获得高抗品种的重要途径。此外烟草花叶病毒(TMV)也是抗病毒育种的主攻目标。

(2)抗疫病

辣椒疫病也是一种严重危害辣椒生产的土传病害。在辣椒生育期的各个阶段、在各个器官上均可发生寄生。"八五"期间,我国已将抗疫病作为辣椒抗病育种的目标,并确定了统一的辣(甜)椒苗期人工接种疫病的鉴定方法。

国内外众多的育种家从现有栽培品种及古老地方品种中找到了抗性材料。目前,辣椒育种界公认的抗病性最强的材料是来自于墨西哥的小果型的地方品种 Criollo de Morelos (CM334),此外还有如 Sotirova 等(1978)找到了对疫病免疫的品种 Mulato 和 Bogiliszlo;北京市农林科学院筛选出抗疫病的87J-1,88J-2。此外具水平抗性的或高抗的材料如法国的 Phy0636,P51 和 PM217,美国的 Smith 5,PI201234,PE201232 等。我国当前种植的尖辣椒一般抗病性较强,甜椒多不抗病,染病轻的品种有黑龙江省的克山四道筋、徐州鹰嘴椒、锦州油椒、长春尖椒、日本黑椒、保加利亚辣椒、茄门甜椒、牟农 1 号甜椒等。

(3)抗其他病害育种

国外育种工作者在野生资源中相继发现了抗白粉病、黄萎病、细菌性斑点病、果腐病、细菌性枯萎病、根结线虫病等抗病材料。在开展抗性育种工作时,也应认真考虑这些病害。另外,青枯病、疮痂病、炭疽病等也是为害辣椒的重要病害,抗病育种亦应注意。

3)品质

优质育种也是辣椒育种的重要目标。辣椒品质是一种由多种因素构成的综合性状,它主要包括 3 方面的内容。

(1)营养品质

维生素 C、可溶性糖、干物质的含量、矿质营养元素等主要决定着辣椒的营养品质。我国"八五"期间育成的辣椒品种要求维生素 C 含量每 100 g 鲜重高于 70 mg,甜椒维生素 C 含量每 100 g 鲜重高于 65 mg。

(2)辣味与风味

辣椒的辣味是由辣椒素($C_{18}H_{27}NO_3$)引起的,辣椒素含量是辣椒果实风味品质的主要指标。在墨西哥产的 jalapano 中,辣椒素含量最高的部位是横壁,其次是胎座、种子和外果皮。不同的辣椒品种其辣椒素含量差异大,一般认为灌木状辣椒的辣椒素含量较高。

据 Jones 等(1928)研究,辣椒的风味是由果实中存在的几种含量很少的芳香物质所致。Buttery 等(1969)首次鉴定出甜椒的重要风味成分是 2-异丁基-3-甲氧基丙嗪,这种成分在果实的外果皮中浓度最高,横壁和胎座中较少,种子中没有。热处理会破坏部分风味成分。

(3)商品品质

商品品质由单果重、果长、果宽、果肉厚及可食用比率等构成。一般果实较大、形状及大小较一致("八五"期间育成的品种要求平均单果重甜椒大于50 g,半辛辣型为25 g左右)、具光泽、质地紧密、果肉厚的辣椒耐运输,较抗果顶腐烂病。果实太大并不理想,因为它通常产量低、果形不规则、不耐贮运。适宜长度的果梗有利于果实的发育,特别是大果型的甜椒,果梗过短会导致畸形果的产生。

4)成熟期

为了达到周年均衡供应的目的,辣椒生产要求早、中、晚熟品种配套。过去一段时间,由于蔬菜春淡明显,早熟辣椒效益好,育种工作者曾把早熟作为一个重要的育种目标。我国在"六五""七五""八五"期间选育出了早丰1号、湘研1号、甜椒1号等早熟品种。但是由于早熟品种生育期短、产量相对较低、品质也不高。因此,随着目前交通运输和贮藏保鲜的发展,选育适于延后栽培、耐贮运的品种将成为辣椒育种的新目标。

15.4.3 主要性状的遗传规律

辣椒果实性状杂种一代的遗传研究历来受到育种者重视,因为果实性状是决定辣椒商品价值最重要的因素。根据俞纯清(1981)、时桂嫒(1982)、刘桂艳(1985)、何启伟(1987)和李惠清(1988)等人的研究,曹家树将辣椒不同亲本杂交产生杂种一代果实性状遗传表现归纳为表15.2。下面就辣椒几个重要状性的遗传作进一步介绍。

表15.2 辣椒杂种一代果实性状遗传表现

项 目	亲本性状	F_1 表现	项 目	亲本性状	F_1 表现
果形	灯笼形×圆锥形	圆锥形	果色	绿×黄绿	绿
	灯笼形×长锥形	长锥形		绿×浅绿	绿
	灯笼形×长锥形	粗锥形		浅绿×黄绿	浅绿
	灯笼形×羊角形	羊角形		黄×绿	黄绿
	牛角形×灯笼形	粗牛角形		黄×浅绿	黄绿
	羊角形×灯笼形	羊角形		黄×深绿	浅绿
	柿形×灯笼形	灯笼形		浅绿×深绿	浅绿
	柿形×羊角形	羊角形		绿×深绿	绿
	短羊角×柿形	短羊角		深绿×绿	深绿
	圆锥形、短羊角×长锥形、细锥形、羊角形	长锥形、细锥形、羊角形		绿×深绿	深绿
	长锥形×细锥形	细锥形	果肉	厚×薄	中
	长尖形×细尖形	中间偏短		厚×中	厚
	粗尖形×细尖形	中间偏短		厚×中	中
	大型果×小型果	中间偏小		薄×厚	中(偏厚)
				薄×中	中

续表

项 目	亲本性状	F_1 表现	项 目	亲本性状	F_1 表现
果面	光滑×少棱	少棱	果味	辣×甜	辣
	光滑×多棱	多棱		辣×甜	稍辣
	少棱×多棱	多棱		极辣×甜	辣
	光滑×皱沟	皱沟		极辣×辣	极辣
	少棱沟×皱沟	皱沟		稍辣×甜	稍辣
果顶	尖×凹	纯凹或纯尖		不辣×甜	甜
	纯尖×凹	纯尖或纯凹		不辣×辣	辣
	纯尖×尖	尖		不辣×极辣	辣
果基部花萼	下包×平展	平展	果纵径	小×大	中偏大
	下包×凹下	平展	心室	少×多	少
	平展×凹下	平展	维生素 C	高×低	中
果重	轻×重	中	含糖量	高×低	中
果横径	小×大	中			

1)产量性状的遗传

产量是受许多性状影响和制约的数量性状,其中坐果数和单果重是构成产量的主要因素。时桂媛(1981)报道,F_1 杂种的坐果数和单果重与亲代的遗传关系为:大多数组合的 F_1 杂种的坐果数居双亲中间倾向多果,表现为多果×多果,F_1 多果或超双亲;多果×少果,F_1 介于双亲之间倾向多果;少果×少果,F_1 果较多或超双亲。F_1 杂种的单果重是介于双亲之间而倾向于小果。研究结果表明产量的遗传力较低,受环境影响较大。

2)品质性状的遗传

Khadi (1988)研究表明,绿熟果中维生素 C 含量由加性和显性效应控制,成熟果中则受加性、显性、上位性影响。thakur 等(1976)指出控制维生素 C 含量的基因表现出部分显性。Gupta 等(1984)测得维生素 C 含量的遗传力为 98.3%。可溶性糖含量的研究指出,可溶性糖含量主要受基因的加性效应影响。辣椒素含量受多基因控制,其遗传力较高。大量研究表明,辣椒素含量主要由加性效应控制。

果实可食用(果肉)比率在品种间存在明显的差别。在可食用比率的遗传系统中,加性效应比显性效应更重要,显性性质为不完全显性。Singh 等(1976)研究表明,在种子比率、不可食(果柄、果萼、胎座)比率的遗传中,显性和上位性效应比加性效应大几倍,而果肉比率的加性效应比显性和上位性效应大几倍。

果形指数(果长/果宽)研究结果表明,果长及果宽主要受基因加性效应控制。果长、果宽至少各有 1 对基因控制(周群初,1990)。Milkova (1982)指出,果形指数(果长/果宽)的遗传力较高,且稳定遗传,由少数几个基因控制。果肉厚的遗传力较高,在果肉厚的遗传中加性效应起主要作用。

Setiamihardia 等(1990)认为,果柄长、果柄宽的遗传大多受基因的加性效应影响。王得元等(1993)研究证实,果柄重仅受加性效应和显性效应控制,加性效应更为重要,果柄重的遗传力较高。

3)成熟期的遗传

研究表明,F_1 的成熟期一般介于双亲之间,并多倾向早熟亲本,表明早熟亲本对成熟期作用较大,遗传力较强。具体表现为:早熟×早熟→F_1 偏向较早熟亲本,早熟×中熟→F_1 偏向早熟亲本,中熟×中熟→F_1 中熟,中熟×早熟→F_1 偏向早熟,中早×中早→F_1 早熟,早熟×晚熟→F_1 中间偏早熟,中熟×晚熟→F_1 中间偏早熟,晚熟×晚熟→F_1 晚熟。郭家珍等(1981)还指出,利用成熟期相近的品种杂交,可获得早期产量超双亲的组合,成熟期差异大的品种杂交,大多属于中间偏早。

4)早期产量的遗传

早期产量是评价早熟性的主要指标,而早期果重及早期采果数是构成早期产量的主要因素。辣椒早期产量的杂种优势十分明显。曹家树等(1988)测得辣椒早期产量的平均杂种优势值为90.04%,且有88.9%的杂交组合超过高亲。然而辣椒早期产量的遗传力较低,早期采果数/株的遗传符合加性显性模型,显性性质为部分显性,显性基因是增效基因,显性效应比加性效应更重要。

5)始花节位和开花期的遗传

始花节位的遗传力较高,受环境影响较小。控制始花节位的基因系统中,加性效应比显性效应重要,显性为部分显性。始花节位的遗传变异由1个主基因控制(周群初,1990;王得元,1993)。何晓明等(1986)试验表明,多数杂交组合(占83.33%)开花期早于双亲中亲值;周群初(1990)、王得元等(1993)研究指出,辣椒开花期(从播种至开花的天数)遗传力较高,受环境影响较小,开花期主要由加性基因效应控制,控制开花期的基因至少有3对。

15.4.4 育种技术

利用常规杂交育种也曾选育出不少优良的辣椒新品种,如农大40是中国农业大学从茄门×7706的杂交后代中,经多代系选而育成。但是这种方法存在育种时间长、进展慢、不利于保护育种者的权益等局限性,但它仍将是重要的育种辅助手段。特别是在未找到新的抗源或所需的特殊材料时,可利用远缘有性杂交使后代发生基因重组,再经若干代的定向选择鉴定,或采用回交法筛选材料,这仍是一条比较理想的途径。

利用辣椒杂种一代可比对照品种增产30%~40%以上,并且有早熟、抗病、优质等优点。自20世纪60年代后,辣椒杂种优势利用技术日趋成熟,并在辣椒育种中日渐成为应用最多、成效最显著的育种途径。我国目前生产上应用的辣椒优良品种多数是杂种一代,如湖南省蔬菜研究所育成的湘研系列辣椒、江苏省农业科学院蔬菜研究所育成的苏椒系列、中国农业科学院蔬菜花卉研究所育成的中椒系列等。

目前，杂种一代绝大多数为人工杂交制种技术。即选用两个杂交配合力高的、杂种优势表现明显的和性状互补性强的纯系品种或自交系进行人工授粉杂交，而后经田间比较鉴定育成。辣椒杂种优势利用的关键是探明主要经济性状的遗传规律，正确选择亲本，配制强优势的组合。袁仲桂等(1985)研究指出，决定杂种一代品质的优劣、产量高低、抗性强弱，是双亲综合性状的互补作用，而不决定于某一性状。

15.4.5　良种繁育

目前，辣椒杂交种子生产最普遍采用的方式是人工杂交制种。繁育技术如下：

①安全隔离。辣椒是常异花授粉作物。据报道，辣椒在露地有7.6%～36.8%的天然异交率，平均为16.5%。因此在播种制种材料时，应采用大棚扣尼龙网纱隔离，若采用空间间隔距离应在100 m以上。

②父本适期播种及花粉采集。在制种时，为确保父本能供应足够的花粉和花期相遇，播期应比母本提前5～7 d，植株可不整枝以增加单株花数，父本、母本种植的比例为1∶3～5。在杂交开始前必须彻底拔除父本杂株，然后摘取花药尚未开裂的大花蕾，剥出花药、干燥、筛出花粉，将花粉保存于干燥、低温的器皿内备用。

③母本植株整理、去雄。为了制种时操作方便，可适当增加母本种植株行距。杂交工作开始时，摘除弱枝及门椒以下所有分枝，摘除“根椒”“对椒”花蕾，利用第3～4层花制种。开花前一天选花药未开裂散粉的大花蕾去雄，将全部花药及花冠一起摘除。

④授粉、标记。母本花蕾去雄后最好当天授粉。授粉适宜时间是在上午植株露水稍干后尽早进行，因为这时湿度大，坐果率高。授粉后要用细线或小铁环等缚在花柄上作标记。授在柱头上的花粉量要充足，有条件的地方最好在两天内进行重复授粉，可增加单果种子数。

杂交工作结束后，将全部未人工去雄授粉的花蕾、小果摘除，并摘除枝条顶点，以免再生长花蕾。

⑤收获种子。采收前，根据果实形状和颜色、植株形态清除母本田杂株一次，然后采收已充分成熟、有标记的、发育良好的果实作种。完全红熟的果实采收后不用后熟，而没有完全红熟的果实应适当后熟。取出的种子应清除胎座等杂质，不用水洗，在通风处晾晒，得到的种子颜色鲜黄、发芽率高。经充分晾干的种子应放在低温、干燥的地方贮存。在种子装袋前要进行种子净度、含水量、发芽率测定，净度高于99%、含水量低于8%的种子才可包装入袋。

15.5　黄瓜育种

黄瓜(*Cucumis sativus* L.)别名胡瓜、王瓜，属于黄瓜属黄瓜亚属，一年生攀缘性草本植物，$2n=14$。黄瓜营养丰富、清脆爽口，可鲜食、凉拌、泡菜、盐渍、糖渍等多种食用方法，已成为世界的主要蔬菜之一。

野生黄瓜起源于喜马拉雅山南麓的北部、锡金、尼泊尔、缅甸以及中国的云南等地。这些地区属于热带森林区和热带高原气候带,赋予了栽培黄瓜以喜温、不耐干旱、根系较浅等生物学特性。约3 000年前,印度开始栽培黄瓜,黄瓜约在西汉时经由丝绸之路从西域引进我国,由于黄瓜引入我国后深受欢迎,加之栽培历史悠久,所以逐渐在中国形成了次生中心。

15.5.1 种质资源

黄瓜从起源地传播到世界各地,在各地区发生品种分化,逐渐形成了不同的生态类型和品种。

1)欧洲温室型

温室型主要分布在英国、荷兰、西班牙、罗马尼亚等东欧地区。较耐低温弱光,茎叶繁茂,但在露地栽培生长不良。果实光滑,鲜绿色,圆筒形,果长达50~60 cm以上,肉质致密而富有香气。单性结实性强,种子少,抗病性弱,不适于露地栽培。

2)欧美露地型

露地型主要分布在欧洲及北美洲各地,适于露地栽培。植株生长旺盛,分枝多。果实长20 cm左右,圆筒形,较粗,果面平滑,果肉厚而味道平淡。白刺品种多,也有黑刺品种。白刺品种成熟时,变为黄红色,黑刺品种呈黄褐色,抗病性中等。

3)华北型

华北型主要分布在我国北部,并扩展到中亚细亚、中国的东北、朝鲜及日本。植株生长势中等,喜土壤湿润和天气晴朗的气候条件。根群分布浅,茎节较细长,分枝少,不耐移植,不耐干燥。大部分品种耐热性强,较抗白粉病与霜霉病,对CMV免疫。经过长期栽培选择,已形成春黄瓜、夏黄瓜和秋黄瓜3种类型。春黄瓜的代表品种有长春密刺、安阳刺瓜、唐山秋瓜、北京丝瓜青等;夏黄瓜的代表品种有津研2号、津研7号、宁阳大刺等;秋黄瓜代表性品种有唐山秋瓜、天津秋黄瓜等。

4)华南型

华南型主要分布在我国长江流域以南及印度、日本各地。华南型黄瓜多为短日照性植物,茎蔓粗,根群密而强,较耐旱,能适应低温弱光。果实有绿色、白色或黄色,皮硬而味淡,肉质不及华北型。主要代表品种有广州二青、杭州青皮、武汉青鱼胆、成都二早子、昆明早黄瓜以及日本的青长等。

5)加工型

加工黄瓜有西方酸渍型和中国酱制型两大类,主要指供加工用的小型果品种群。植株较矮小,叶片小,分枝性强,结果多,果实呈短卵形或圆筒形。一般果实长度达5 cm即开始收获。大多为黑刺,但也有白刺品种。肉质致密而脆嫩,果肉厚,瘤小,刺稀易脱落。

15.5.2 育种目标

1)抗病性

黄瓜的主要病害有枯萎病、霜霉病、白粉病、细菌性角斑病、早疫病、灰霉病等,防止这些病害最根本、最有效的途径就是培育抗病品种。我国"八五"攻关要求达到兼抗角斑病、霜霉病、白粉病、疫病或枯萎病中3种以上病害的目标;"九五"攻关则要求兼抗更多的病害,其中对主要病害要求达到高抗,一般病害要达到耐病。

2)品质

品质包括感官品质和内在品质。外观品种包括果实形状、表皮颜色、刺色、有无刺瘤等。内在品质包括质地和风味,其中,质地又包括硬度、紧密度、苦味等。一般鲜食品种要求质脆,味清香,皮薄,色均匀;瓜把长不超过果长的1/7,种子腔小于瓜径的1/2,畸形瓜率小于15%。腌渍品种则要求加工性能优良,如肉质致密,心腔小,无空心现象等。

果实硬度是衡量感官品质的一个重要性状。较硬的果肉可使产品具有更好的嫩脆性,增加果肉的硬度还可以有效地减少囊腔内心皮分离的发生。然而,与果实硬度相关的果皮柔软度却是一个较难把握的性状。粗糙的果皮适口性差,但能有效地减少果实在采收和运销过程中的损伤;柔嫩的果皮适口性好,但在采收、运销及加工过程中易于损坏,并易因失水而大量失重。

3)保护地专用品种

随着大棚、节能日光温室的快速发展,保护地栽培在黄瓜生产中占据了越来越重的地位。因此,针对保护地栽培的环境和农艺特点,选育专用的保护地栽培品种已显得非常迫切。

早在19世纪初,欧洲已育成温室生态种群,尤以英国、荷兰发展较早。近些年来,不少国家都已培育出适于保护地栽培的专用品种,如荷兰已成功地育成在12~15 ℃低温条件下能正常生长的黄瓜品种,可节约能源30%~40%。我国自20世纪70年代以来,蔬菜保护地栽培已发展到约1 100 km^2。但一直缺乏适宜的专用品种,致使不少地区保护地栽培效益不高,甚至遭受损失。目前,较适早春保护地栽培的有长春密刺、北京小刺、津优31号等品种,因抗病性等需进一步改良,急需优良的保护地专用品种予以替换。根据保护地栽培特点,节能日光温室中黄瓜的生长和生产季节多处于冬季,正值我国北方光照最弱、最短、温度低的季节。因此,选育专用品种除考虑耐低温、抗病等因素外,还需选择低光饱和点材料,使能耐弱光、从而保证对日光温室栽培的适应性。

4)丰产性

黄瓜产量的构成因素与其他果菜类一样,单位面积的产量由单株坐果数、单果重、种植密度构成。因此,可以通过增加单果重,或增加坐果数,或适当增加种植密度来提高单位面积的产量。研究表明,坐果数是以上诸因子中影响最大的因子。

5)雌性系

雌性系是指具有雌性基因的品系。此种品系的植株只生长雌花不长雄花,不仅可以直接用于商品生产，而且也可用作杂交一代种子生产的母本，省去人工去雄的手续，降低杂交种子生产成本。有研究指出（Lower 等，1985），控制株型的基因 de 和 CP（已知能减少植株的株幅）也能减少雌性杂种中的雄性表现。这种促雌作用可以增强雌性系的稳定性，同时提高结果数。

此外，为做好黄瓜的周年均衡供应，除利用保护地延长生产季节外，还需选育不同熟性配套的黄瓜系列品种，如早熟品种、中熟品种、中晚熟品种等。只有这样，才能满足不同时期对消费的需要。

15.5.3 主要性状的遗传规律

1）产量性状

产量是典型的数量性状，与单果重、单株果数及蔓性（影响种植密度），单性结实能力等因素相关。

（1）单瓜重

大果亲本与小果亲本杂交，F_1 果重接近双亲的几何平均数。有研究表明，单果重与单株产量显著相关。

（2）单株果数

单株果数对产量的影响尤其明显，其相关系数达到 0.814，为极显著水平。

（3）雌花数

此性状与单株果数紧密相关。以雌花节率高的亲本（第一雌花节位低）与第一雌花节位高的亲本配组，其 F_1 处于两亲之间稍偏于低节位亲本。

（4）果长

短果亲本与长果亲本组配，F_1 处于两亲本中间值，略偏于长果。

2）品质性状的遗传

（1）果刺

果刺的多少受一单基因控制，少刺对多刺为显性。刺色受一主效基因 B 及一些修饰基因控制，果刺黑色或褐色对白刺为显性。

（2）果瘤

受一主效基因 P 控制，果面有瘤对褐皮无瘤为不完全显性。

（3）果色

白色果受控于基因 w，对绿色果为隐性；未熟果黄绿色对深绿色为隐性，但对浅绿色为上位性；果皮无光泽对有光泽为显性。

（4）果皮

薄果皮对厚皮为隐性。

（5）瓜把长度

长把×短把，F_1 介于双亲之间。

(6)苦味

黄瓜苦味对不苦为显性,受控于基因 Bi 和 bi,含 Bi 基因者为苦味果;含 bi 基因者无苦味,植株各部位都不含瓜苦味素。

3)抗病性的遗传

多数研究认为,黄瓜对霜霉病的抗性由 3 对以上的多基因控制,抗病对感病不完全隐性,其广义遗传率为 62.33%,狭义遗传率为 47.74%;但也有研究认为,该抗性由 1 对隐性基因控制,并与深绿色果皮基因 D 或亮绿色果皮基因 d 连锁,也与抗白粉病基因 S 或 s 连锁。

国外研究认为,黄瓜对枯萎病的抗性受控于单基因,对易感为显性;国内有研究则认为,黄瓜枯萎病抗性系由显性基因控制的数量性状,抗病×感病其 F_1 抗性介于两亲之间稍偏抗性亲本。

4)早熟性

黄瓜的早熟性主要由初花出现所需天数、第一雌花着生节位、果实发育速率等因素构成。

15.5.4　育种技术

目前,我国黄瓜育种主要目标之一是抗病育种。黄瓜主要病害有霜霉病、枯萎病、疫病、白粉病、细菌性角斑病、炭疽病和病毒病等,对这些病害最积极、最根本和最有效的手段是培育抗病品种。20 世纪 80 年代以前,抗病品种的选育以单抗某个病害为多,20 世纪 80 年代以后的总趋势是以兼抗多种病害为目标。此外,黄瓜育种目标一般还包括有:丰产性选育、早熟性选育、品质选育和适于保护地栽培品种选育等。黄瓜丰产性选育的总趋势是利用杂交优势选育杂种一代。杂交优节位,同时,要求幼瓜在低温下膨大发育快。适于保护地栽培品种的选育是一项具有重大意义的育种目标。理想的保护地黄瓜品种,应是结瓜早、坐瓜部位低、节成性强、雌花多、分枝性弱、抗病力强且适于密植的品种。

1)选择育种

经 2 000 多年的栽培驯化、环境适应,又加以自然杂交,各种类型的品种层出不穷,黄瓜品种有长日照和短日照之分,有早、中、晚熟品种之分。近些年,随着人类活动的增多,相互间引种的增加,品种间的混杂较为严重,可以从混杂的群体中对优良的植株进行选择,可采用单株混合选择法等方法进行选择。

2)杂交育种

(1)开花授粉习性

黄瓜通常是一种雌雄同株的一年生蔓性或攀缘性异花授粉植物。花一般为单性花,但有的除雌、雄花外,还有完全花(两性花),因此其植株的性别表达较为复杂。黄瓜植株的性型表达可分为下列 8 种类型:

①强雌株。株上大多数是雌花,有少数雄花。

②纯雄株。株上着生的全部是雄花。

③纯雌株。株上着生的全部是雌花。

④雌雄同株。这就是普通的黄瓜植株,株上雌花和雄花都有,但雄多雌少,因此也可以称为强雄株。

⑤纯全株。株上着生的全部是完全花。

⑥雌全同株。株上有雌花和完全花两种花。

⑦雄全同株。株上有雄花和完全花两种花。

⑧雌雄全同株。株上雌花、雄花和完全花3种都有。

就一个品种来讲,可能有一种或一种以上性型株,因此除最普通的雌雄同株外,可能有下列性型的系统。

①雌性系。通常所称的雌性系包含全部为纯雌株的纯雌系、全部或大部分为强雌株而小部分为纯雌株的强雌株系。

②雌全异株系。部分植株为纯雌株或强雌株,部分植株为纯全株或雌全同株。

③雄全异株系。部分植株为纯雄株或雌雄同株,部分植株为纯全株或雄全同株。其他在一个品种中,部分植株为雌性株,部分植株为雄性株的雌雄异株系,以及一个品种内雌性株、雄性株和完全花株都有的雌、雄、全异株系则尚未发现。

黄瓜性别表现类型除受基因型控制外,还受环境条件的影响。低温主要是夜间低温有利于形成雌花,因此,同一品种春季播种越早雌花率越高,有利于雌花分化的夜温是15 ℃左右。短日照也有利于雌花分化,当温度相同时,短日照下第一雌花的节位较低,雌花率也较高。有利于雌花分化的日照长短是每天8~10 h。不同品种对于温度和日照长短的敏感性是不同的。此外,栽培管理、肥料种类和用量等对花的性型也有一定影响。

(2)亲本的选择

实践表明,亲缘关系较远的品种之间相配,如东方系品种配西方系品种、华北系品种配华南系品种、主蔓结果型品种配支蔓结果型品种、早熟品种配中晚熟品种、春黄瓜配秋黄瓜、鲜食黄瓜配加工黄瓜等,大多在产量上表现出较明显的高配合力。但是,亲本选配还须同时考虑抗病性、熟性和瓜条性状等性状的遗传规律,即充分考虑双亲的相对性状在F_1代的显隐性表现,以求在F_1代能够充分表现出综合的优良性状。因此,对于一些优良的隐性性状(如对霜霉病的抗性等),双亲必须同时具备,才能配出真正优良的组合。

黄瓜的大部分重要经济性状直到瓜条达到商品成熟期才能充分表现出来,这时植株上大部分雌花都已开过,不能供杂交之用。为了防止植株过早衰老病死而收不到种子,通常对于作为亲本用的植株是在最初的雌花开放前进行初选,根据当时能够观察到的经济性状,如第一雌花节位、前期若干节内的雌花节率和子房形态等,选取约为计划数2倍以上的植株,在这些植株上用第一雌花(早熟育种)或第二雌花、第三雌花作为母本花,用选定父本株上的雄花作为父本花进行杂交。用第一雌花杂交,种瓜卧地容易腐烂,瓜条往往发育不正常,应该采取措施避免。一般情况下,每株可杂交多朵雌花,以后选留1~2个杂交果。待杂交瓜达到商品成熟期时再按初选株的经济性状,淘汰其中一部分不合要求的植株,到种瓜成熟时再进行一次淘汰。

(3)杂交技术

黄瓜通常是先开雄花,植株在一生中有逐渐从雄性状态向雌性状态转变的趋势。早熟品种这种趋向开始得较早,往往在第三或第四节就出现雌花;晚熟品种的性态转变开始得较晚,有些品种要在第十几节才出现第一雌花。性态转变得早晚是一种遗传性状,同时也受环境的影响。但环境条件只能影响性型趋向转变的迟早,不能改变性型趋向的顺序。雄花在开放前一天花粉已有一定的发芽能力,开花当天花药开裂时花粉发芽率达到最高。雌花的柱头在开花前 2 d 到开花后 2 d 都有受精能力,但以开花当天受精能力最高。

在进行人工杂交时,在开花前一天下午就对雌花和雄花进行隔离,开花当天上午进行授粉。黄瓜的控制授粉技术简单。只要能排除蜜蜂及其他传粉者,就不必再考虑防止其他花粉污染的措施。因为黄瓜是雌雄异花作物,其花粉在花朵上有较强的附着性,风不会传播。研究表明,黄瓜果实发育与授粉的顺序有关,先授粉的果实对后受精的果实发育有抑制作用。因此,开花后尽快实行控制授粉,最易获得成功。同时,除去先前有可能自然受精的雌花,可以明显增强控制授粉的效果。

3)抗病育种

黄瓜的病害较多,各种病害的发病条件、侵染途径均不同,选择兼抗几种病害的品种难度较大,现以选育抗霜霉病的品种为例加以说明。

黄瓜霜霉病是一个真菌性病害,病原菌喜冷凉潮湿的环境条件。昼暖夜凉,多雨潮湿,大雾重露天气最有利于本病发生。发病的温度范围为 10 ~ 28 ℃,适温为 16 ~ 22 ℃,主要侵害叶片,下部老叶先受害。发病初期,病斑呈淡黄色,扩大后为叶脉所限制,呈四方形或多角形黄褐色病斑;后期在湿度大的情况下,叶背面有黑色霉层,病斑彼此联合成大斑,使全叶呈黄褐色干枯,使产量大幅度下降。

(1)抗性种质资源的收集

目前,生产上应用的黄瓜品种遗传基础相对狭窄,造成对抗病性的能力较弱,在收集抗病的品种资源时,应尽可能收集不同生态型的品种,以扩大培育品种的遗传基础。目前,抗霜霉病较强的品种有山东的宁阳大刺瓜、辽宁的大八杈、北京截头瓜、山西的阳城刺瓜、天津的津研 1,2,3,4 号等。

(2)抗性鉴定

一个作为抗病亲本品种,对霜霉病的抗性之强弱,要经过仔细的鉴定。

①自然鉴定。将受试的品种,在最有利于发病的季节及条件下大田播种,采用不抗病的品种作对照。一般来说,不抗病的品种在夏、秋季选择和鉴定抗病性是最有利的。需要注意的是,栽培条件对一个品种的发病及严重程度有相当的影响。例如,栽植地土壤板结、通风不良,肥水不足(特别是缺乏磷钾肥)或灌水不当,均有利于病害发生。这些情况,在进行自然鉴定时要注意考虑。

②接种鉴定。掌握接种技术是重要的一环。了解病害的传染方式与侵染途径,对于接种工作也是非常必要的。霜霉病菌的孢子囊落到感病的寄主叶片上,在有水浸入时萌发芽管或产生游动孢子,游动孢子游动片刻后静止,也产生芽管,芽管从气孔侵入寄主。寄主感病后 4 ~ 5 d 就可以发生病斑,在叶背病斑上产生大量孢子囊。在有利于病害发生条件下,

10～15 d此病就可以流行成灾。

据研究，霜霉病菌不能用人工培养，必须保留在植株上，最好每周生产一批黄瓜幼苗，以保存病菌。如果不是霜霉病发病期，如冬天霜霉病菌可以保存在温室中，6～10 d苗龄的小苗有5～6株即可。病菌培养期为7～14 d，培养温度以20～24 ℃为宜。让病菌生长1～2个星期，因为病菌只能生存一个星期，所以要创造霜霉发生的环境，即把病苗放入100%相对空气湿度中保持48 h，在饱和的空气湿度下，孢子在叶背面生长，然后用少量无菌水清洗，再将其保存在小容器里，加入20 ℃没有任何杂质的去离子蒸馏水，病菌孢子在20～24 ℃情况下，保存48 h，就可以产生小的游动孢子。这些游动孢子就是接种体，接种方法可采用点滴法、喷雾法、注射法等。

(3)亲本选配

抗霜霉病育种的首要关键是亲本选配。天津市农业科学研究所在黄瓜抗病育种工作中，亲本选配的经验如下：

①如果双亲都是抗病品种，杂交后，如果F_1是抗病的，那么在F_2，F_3就有可能分离出比双亲更抗病的类型。如抗病性强的唐山秋黄瓜和抗性较强的天津棒槌瓜杂交，在F_2，F_3就分离出抗病性能超过其双亲的津研1～4号黄瓜新品种。

②如果一亲本抗病，另一亲本不抗病，杂交后，F_1的抗病性倾向于不抗病亲本，F_2，F_3中没有发现抗病性接近抗病亲本的单株，如津研1号(抗病)×汶上刺瓜(不抗病)，F_1抗病性表现和汶上刺瓜相似，从这个组合中经过连续几代单株系统选出的优良品系，抗病性虽比汶上刺瓜有所增强，但远远赶不上津研1号的抗病性能。

③双亲均为不抗病类型，其杂交后代亦均表现不抗病。

选配亲本时如能够选得双亲都具有高度抗病能力而经济性状又互相搭配得当的，那是最理想的组合。但事情常常是，一个具有高抗性的品种往往又缺乏某些主要经济性状。在这种情况下只能和一个抗性中等或者抗性低但经济性状很好的品种来杂交，然后在后代中系统选择兼具抗性及良好经济性状的植株。如广东农业科学院与华南农业大学合作育成的宁青黄瓜，就是用抗霜霉病:能力强的山东宁阳大刺与低抗性的广州二青黄瓜杂交而培育出来的，具有相当好的抗性而又兼具二青黄瓜的经济品质的品种。

15.5.5 良种繁育

黄瓜是异花授粉的虫媒作物，繁育良种需要隔离。大面积制种时需要地区隔离，地区隔离越远，自然杂交率越低。建筑物、村庄及山林等亦可起一定的隔离作用。一般是繁殖原种隔离1 000 m，繁殖生产用种隔离200～500 m。少量的原种生产可采用网室、网罩隔离，以确保获得高遗传纯度的种子。

雌性系的繁育，由于纯雌性植株，只长雌花不长雄花。可采用人工诱导雌性株产生雄花，在有隔离条件的地区进行自然授粉。一般在苗期时用0.1%赤霉素喷洒叶面1～2次，每隔5 d喷1次，刺激形成雄花。在繁种田把喷赤霉素的雌性株与不喷的雌性株按一定比例间种，如1∶3，即1行处理的间3行不处理。喷赤霉素后到雄花开放，一般需经过半月左右，因此，赤霉素处理的要比不处理的提早播种，花期才能相遇。

利用其进行杂种一代制种时以3行雌性系的植株间1行父本植株。母本植株开花之前，拔除其出现雄花的弱雌性株。在每株母株上只选留种瓜2条左右，把多余的小瓜摘去。

一年中不同季节有不同气候。春季品种应在春季繁殖留种，夏季品种应在夏季繁殖留种，使各自保持并加强其对该季节气候的适应性。

种瓜经后熟，充分黄熟或红熟后即可剖瓜取子。把种瓜内种子连同瓜汁盛入非金属的器皿中，不加水并防止雨水渗入，静置室内让其发酵2～3 d。在自然发酵过程中会将包裹种子的胶囊溶化。待胶囊充分溶化后，即可注入清水，把种子漂洗干净后立即晒干贮藏。黄瓜每一果实内种子数一般为200～500粒，千粒重约16～30 g。

复习思考题

1. 大白菜的种质资源有哪些？
2. 大白菜的主要育种目标有哪些？
3. 简述大白菜的主要育种技术。
4. 甘蓝杂交一代的品种育种技术路线是怎样的？
5. 番茄的主要育种目标有哪些？
6. 番茄杂交一代的品种育种技术路线是怎样的？
7. 辣椒杂交种子生产繁育技术是怎样的？
8. 黄瓜的主要育种目标有哪些？
9. 黄瓜抗病育种中有哪些关键技术环节？

第16章 主要花卉育种

学习目标

- 掌握主要花卉植物的育种目标,能够制订主要花卉的育种目标。
- 了解主要花卉的种质资源及分类,清楚种质资源在育种中的价值。
- 掌握主要花卉植物的性状遗传及育种方法,能够独立开展花卉育种工作。

16.1 一串红育种

一串红(Solvia splendens),又名万年红、墙下红、爆竹红、节节高等,是唇形科鼠尾草属植物。原产南美巴西南部。不耐寒,喜温暖湿润,忌干热气候,生长最适温度为20~25 ℃。喜阳光充足但也能耐半阴,适合疏松肥沃的土壤,很怕涝,大雨后要及时排水,否则易涝死。常见品种株型优美,叶色浓绿,花色鲜艳,总状花序开花不断,花后萼片宿存,观赏时间长,观赏价值高。在重要节日里,一串红是不可缺少的花卉,不仅可以布置花坛、花境,还可以大量盆栽摆设,为草本花卉中的佼佼者。

16.1.1 种质资源

一串红属于唇形花科(Labiatae)鼠尾草属(*Salvia*)植物,该属植物有500多种,形态特性因种而异,表现为一、二年生草本、宿根草本、亚灌木与灌木,各个种的起源地也有差异。目前用于观赏的有17种,常见的有以下7种:

1)**一串红**(Salvia splendens Ker-Gawl)

原产于巴西,$2n=32$。本种是园艺上最重要的种,也是本属植物的代表性种,本种有9个变种,常见栽培的有var. alba(一串白)、var. atropurpurea(一串紫)、var. bicolor(复色一串红)、var. compacta(丛生一串红)、var. nana(矮型一串红)。

2)**朱唇**(S. coccinea L. **或** S. glaucescens Poh)

原产于北美及墨西哥,$2n=20$,为亚灌木,作一年生栽培。特别耐热,夏季花期长。

3)**一串蓝**(S. farinacea Benth)

原产于北美,$2n=20$。耐寒性强,在暖地为宿根,现作一年生栽培,花期从春天到10月。

4)**蝶花鼠尾草**(S. hor minum L.)

原产于欧洲南部,$2n=14$。一年生直立草本。植株最上部叶片膜质化密集着生成蝴蝶状,显出透亮美丽的色彩,宜作插花材料。

5)**黄花鼠尾草**(S. flava Forrest)

目前园艺品种很少。该种为短日性,10月上旬至霜降前开花,可做切花。

6)**药鼠尾草**(S. officinalis L.)

原产于欧洲南部、地中海沿岸,$2n=18$。叶茎入药或作香辛料之用,现有13个变种。

7)**蓝花鼠尾草**(S. patens Cav)

原产于墨西哥,$2n=18,20$,为半亚灌木。一般作宿根或一年生栽培,花冠天蓝色。

16.1.2 育种目标

1)选育适合盆栽的矮生类型及微型品种

一串红常常作为花坛、花境的主体材料之一,对株高、株型、叶色、花色要求非常严格,特别是株高。矮型育种的任务不但要为地栽盆栽培育冠面积大、花色鲜艳、花密度大、株高在20~30 cm的品种,而且要注意选育适合于案头、茶几、餐桌摆放的微型品种。

2)选育耐高温和低温的品种

一串红的生长对温度要求比较严格,喜温暖湿润阳光充足的环境,不耐寒,怕霜冻,也不耐高温,最适生长温度为20~25 ℃,15 ℃以下停止生长,10 ℃以下叶片枯黄脱落。因此,要加强生态育种,选择抗逆性强,适合我国不同地区、不同季节栽培的品种类型。北京市园林科学研究所花卉研究发展中心,采用杂交育种和选择育种相结合的手段,培育出“奥运圣火”系列两株矮生、耐35 ℃高温的一串红新品种。其极强的耐热特性,是不少国外一串红品种所无法比拟的。

3)选育抗病虫害品种

一串红在生长期常发生叶斑病、霜霉病和花叶病毒病的危害,虫害主要有蚜虫、红蜘蛛、地老虎、介壳虫、刺蛾。这些病虫害的发生势必影响一串红的生长和观赏性。通过抗病育种,对解决大规模培养中的病虫害发生具有重要意义。

4)多花色品种的选育

目前,生产中应用的绝大多数为红色,蓝色、白色、紫色及复色品种较少,黄色品种极少。要加强花色的选育,进一步丰富花色品种。

5)多倍体育种

目前,多倍体育种在一串红上尚未广泛开展。尽管一串红栽培的品种也有多倍体,但多数是通过自发突变而来的,在数量上不能满足需要,在质量上也存在一些缺点。一串红及其近缘种、变种的多倍体品种选育既能拓宽一串红育种领域,也能丰富创造一串红的遗传资源。因此,多倍体育种也是育种者追求的目标之一。

16.1.3 主要性状的遗传规律

目前,对一串红遗传规律的研究较少。根据北京市园林科研所的杂交试验,初步认为有以下遗传规律,仅供参考,还有待于进一步确认。

①花色。红色对白色、白色对紫色、紫色对红色、红色对粉色、紫色对粉色显性。

②叶色。深绿色对浅绿色是显性或不完全显性。

③株高。受微效多基因控制,子代株高介于父本、母本之间。但是一串红的高型是显性遗传,矮型是隐形遗传。

④花序长度。长花序对短花序是显性,花序节数少对节数多是显性。

⑤小花密度。高密度小花对低密度小花是不完全显性。

⑥开花节数。开花节数少对开花节数多是显性。

16.1.4 育种技术

一串红易于杂交,矮生品种的培育大多是利用杂交和自然突变体选育而来的。花色育种可以用黄花鼠尾草作亲本,通过杂交培育黄花品种或通过基因工程的方法,利用鼠尾草属种间或变种间远缘杂交是培育超亲、抗逆性强和抗病虫品种的重要途径。在杂交优势的利用上,目前,已经发现了一串红具有雄性不育的现象,这为进一步发现不育系与保持系实现两系或三系配套和生产 F_1 代杂交种提供了可能。

通过杂交育种、单株选育、突变体选育等方法培育矮化品种。加强抗性基因筛选,通过种内、近缘种间杂交或强逆境胁迫条件下系统选种等手段选育抗热、抗病及耐寒品种。结合人工加倍与自然突变多倍体选择培育花大色艳、抗逆性强、观赏价值高的多倍体品种。充分利用杂种优势,通过种间或变种间远缘杂交培育具超亲性状新品种。

16.1.5 良种繁育

一串红天然杂交率高,在隔离措施差和长期自留种情况下容易引起品种间的自然杂交及劣变个体的出现和蔓延,是种性退化的重要原因之一。选择适当的隔离区和一年中多次对劣变个体的淘汰以及通过优良个体单株选留种是保持种性防止退化的重要手段。

一串红多采用种子繁殖,用种量很大。由于一串红具有连续开花的结实习性,导致了种子成熟期不一致,而且成熟种子极易脱落,给种子生产带来一定的困难。中国农业大学从 1995 年起对一串红的种子发育规律、采种栽培技术、种子精选技术、种子萌发生理、种子超干贮藏技术进行了系统的研究,这为今后一串红的优质种子生产及商品化奠定了基础。

16.2 矮牵牛育种

矮牵牛(Petunia hybrida),又名番薯花、碧冬茄、灵芝牡丹、杂种撞羽朝颜,原产于南美,是茄科,矮牵牛属多年生草本植物,通常作一、二年生草花栽培。茎梢直立或匍匐,全身被短毛,株高20~60 cm。上部叶对生,中下部叶互生,叶卵形,全缘,近无柄。花单生叶腋或枝端,花冠漏斗形,直径2~5 cm,尖端有波状浅裂。花色丰富,花型多变。颜色有白、粉、红、紫、斑纹等,有单瓣、重瓣、瓣缘皱褶等花型。蒴果卵形,先端尖,成熟后呈两瓣裂。种子细小黑褐色,千粒重0.10 g,寿命3~5年。

16.2.1 种质资源

1)野生资源

矮牵牛属约有30余种,原产于南美,主要有撞羽矮牵牛、腋花矮牵牛、膨大矮牵牛等。

2)品种资源

矮牵牛种质资源丰富,商业上常根据花的大小以及重瓣性将矮牵牛分为以下几类:

①大花单瓣类。单瓣,花径一般为7.5~10 cm。

②丰花单瓣类。单瓣,花径一般为6~7.5 cm。

③多花单瓣类。单瓣,花径一般为4~6 cm。

④大花重瓣类。重瓣,花径一般为7.5~10 cm。

⑤丰花重瓣类。重瓣,花径一般为6~7.5 cm。

⑥多花重瓣类。重瓣,花径一般为4~6 cm。

⑦其他类型。不同于以上类型的其他类型。

另外,根据植株形态可分为垂吊或匍匐型,具有长的匍匐茎,花朵小,适宜吊栽;矮生和紧凑型,适宜作镶边材料。

16.2.2 育种目标

1)花色育种

矮牵牛花色丰富,常见的有20多种,主要有红、大红、粉红、玫红、紫红、鲑鱼红、淡紫、酒红、蓝色、天蓝、青色、白色、乳黄、各种星条以及带网纹的颜色。在众多的花色中缺少橘红、砖红和纯黄等颜色,这是以后育种的一个目标。另外,除了在现有的色系基础上培育各种过渡色以外,还应培育各种带星条以及网纹的花色。

2)花径和重瓣性育种

目前重瓣品种较少,因此培育更多的重瓣品种是今后矮牵牛的育种目标之一。通过用现有的重瓣品种与更多的品种系列的杂交,有望培育出不同花径,不同花色的重瓣品种。

3)抗性育种

矮牵牛较抗病虫,但是抗热、耐雨水较弱,因此,矮牵牛抗性育种的目标是培育出耐热、抗雨水的品种。

4)产量目标

矮牵牛的出苗率不高,生产中种子出苗率低、小苗分苗成活率低和壮苗率低。高质量壮苗是生产高产量矮牵牛的关键。培育出成苗率高、适应性强的品种是今后育种目标之一。

16.2.3 主要性状的遗传规律

1)花色

由于矮牵牛是遗传学上的模式植物,对其性状的研究比较深入。试验结果表明:父本母本花色相同时,杂交后代花色与双亲一致,没有分离情况;父本母本颜色不同,杂交后代的花色表现各异。紫色相对玫红、鲑鱼红、大红、白色为显性;以白色为父本时,杂交后代除表现母本花色外,都不同程度的出现了白色条纹,白色和其他颜色相比并不呈现简单的显隐性关系;玫红色相对鲑鱼红、浅鲑鱼红和大红色为显性;鲑红相对浅鲑红为显性;浅鲑红相对大红色为显性。由此可见,矮牵牛花色一般是深色对浅色是显性。另外,大红色分别和玫红色、鲑鱼红色和浅鲑鱼红色杂交,后代表现为深玫红、深鲑鱼红和浅鲑鱼红色,说明矮牵牛花色遗传存在着一定的加性效应。矮牵牛的花色遗传受母性影响较大,配制大花的杂交一代组合时应以大花亲本作为母本。

2)花径

矮牵牛的花径大小属于数量性状,受多对等位基因控制,并符合多基因假说。大花 F_1 代品种和自交一代(F_2)后代花径大小发生分离,而且变异是连续的,后代花径变化从小到大均有出现,但以中间类型最多,基本呈正态分布。从 F_2 代中选择大花单株继续进行自交,后代连续发生分离,其变异同样是连续的,但大花单株明显增多。F_3 和 F_4 代的情况基本类似。这说明经过多代连续选择,控制大花的基因逐渐纯合。当纯合的大花植株与纯合的小花植株杂交后,其后代表现为一致的大花植株,说明大花性状对小花性状是显性。商业 F_1 大花型品种的种子,多是通过用大花型父本与多花型母本杂交后得到的。

3)重瓣性

重瓣花是由雄蕊的瓣化引起的,雌蕊显著退化不能结实。重瓣性状对单瓣是显性,且与雌蕊退化连锁,只能产生少量可育雌蕊以延续后代。重瓣性状还受一些小的遗传因子的影响,如自交不亲和等,因此很难形成纯系,在同一品种中一般只能保证花型和花色一致。在商业上,重瓣矮牵牛品种是由单瓣的母本和纯合的重瓣父本杂交而得到的。重瓣型矮牵牛尤其是亲本,一般通过扦插保持其性状。

4)株型

矮牵牛的株型分为直立型和匍匐(垂吊)型两种,直立对匍匐是显性。

5)抗逆性

矮牵牛较抗病虫害,但对化学物质臭氧、硝酸过氧化乙酰敏感,因此矮牵牛也是一种指示植物,可用来检测空气污染。

16.2.4 育种技术

1)生物技术育种

20世纪70年代以来,随着组织培养的发展,植物基因工程、体细胞工程及单倍体育种在种质资源创新和品种选育中的地位越来越重要。矮牵牛组织培养较易成功,在植物基因工程育种、体细胞育种及单倍体育种都取得了一定的进展,基因工程育种已创造出新品种并加以应用,而体细胞育种和单倍体育种直至现在尚无新品种产生,但它们在探索这两种技术在植物育种上的可能性和前景作出了极大的贡献,并为其他植物种类的生物技术育种提供了理论基础和技术模式。

矮牵牛基因工程育种开展的较早,已有新品种应用于生产。矮牵牛因比较容易再生,组织与细胞操作技术简单,生活周期短,遗传背景清晰,又是一种重要花卉,而成为转基因的模式植物。Horsch等(1985)首次获得矮牵牛转基因植株以来,矮牵牛因易于进行根癌农杆菌介导的基因导入,为通过转基因方法研究基因的功能提供了有利的条件。从此,矮牵牛的基因工程育种纷纷展开,并创造了一系列新品系。

2)引种选育

矮牵牛原产南美洲,在美国栽培十分普遍,常用在窗台美化、城市景观布置,其生产的规模和数量列美国花坛和庭园植物的第二位。在欧洲的意大利、法国、西班牙、荷兰和德国等国,矮牵牛广泛用于街旁美化和家庭装饰。为此,美国的戈德史密斯、泛美和鲍尔等种子公司,每年培育出新品种供应世界各地。其中,意大利的法门公司盛产的双色迷你矮牵牛闻名世界。

我国矮牵牛于20世纪初开始引种栽培,当时仅在大城市有零星栽培。直到20世纪80年代初,开始从美国、荷兰、日本等国引进新品种,极大地改善了矮牵牛生产的落后面貌。同时,我国花卉育种家开始自己培育矮牵牛品种,并取得了较好的成就。近年来,中外合资的园艺公司又大量从美国、意大利等国引进新品种,并进行规模性生产,大大地推动了矮牵牛的发展。

3)杂交育种

现今栽培的矮牵牛园艺品种都是杂交种。种类繁多的杂交品种的父本、母本是产自南美热带地区的两大类矮牵牛,总共包括有37个原生种,它们是开白花晚上有香气的腋花矮牵牛(P. axillaris)和紫色的撞羽矮牵牛(P. violacea)。早期,国外选育矮牵牛雄性不育系生产F_1代种子,后因矮牵牛花器较大,人工杂交操作较容易,因每一蒴果较多而摒弃。20世纪 70 年代开始的矮牵牛杂交 F_1 代的培育,大大提高了矮牵牛的质量,通过杂交育种改良,将株型松散、软垂的矮牵牛培育成了枝条粗壮、株型紧凑的丛生灌木状,使植株能更好地直立,经受室外露天环境的风吹雨淋,而原生种花朵所含有的香气则逐渐消失了。尽管有一些较少被用于人工授粉育种的矮牵牛种类仍然保持有香味,但它们的花的颜色一般都很平淡。与此同时,抵抗不良天气开花的特性得到了加强,花的颜色和杂色花不断增加,其结果是形成了两个园艺大类的矮牵牛,即大花类矮牵牛和多花类矮牵牛。而不断求新的育种又使这两大类的园艺品种更加混杂繁多,难以区分。我国由于没有自己的 F_1 代种子生产体系,每年都要从国外大量进口 F_1 代种子,因此,培育矮牵牛杂种 F_1 代种子将是今后育种工作的一个主要目标。杂交培育 F_1 代种子的程序如下:

①确定育种目标。

②收集品种。

③根据育种目标选择 2 ~5 个品系,在每个系列中确定 3 ~5 个花色。

④在每个花色中选择 10 ~15 个优秀单株自交 3 ~5 代。

⑤在同一品系同一花色间,不同品系同一花色间,同一品种系列内不同花色间选择优秀的自交系做杂交组合试验以确定理想组合。

⑥初步确定杂交优势强的杂交组合。

⑦进一步筛选杂交组合供商品种子生产用。

16.2.5 良种繁育

矮牵牛为多年生草本植物,常作一年生栽培,良种繁育常用播种繁殖,也可进行扦插繁殖和组培繁殖。播种时间视上市时间而定,如 5 月需花,应在 1 月温室播种。10 月用花,需在 7 月播种。播种时间还应根据品种不同进行调整。

16.3 菊花育种

菊花(Dendranthema morifolium)原产我国,别名鞠、菊华、秋菊、九华、黄花、寿客、帝女花等,是我国的传统名花,有悠久的栽培历史,是菊科菊属多年生宿根亚灌木。不仅供观赏,布置园林,美化环境,而且可食、可酿、可饮、可药。菊花是切花中常用的花卉,既能盆栽,又能庭院栽培,由于它是典型的短日照植物,对日照十分敏感,可以通过延长或缩短日照使其周年开花,所以近年来,菊花的销售量在切花总量中一直位居榜首,约占总量的 30%。在继承前人经验的基础上,提高栽培技术,采用杂交育种、辐射诱变、组织培养等新技术,不仅提高了菊花的产品质量,并使品种数量剧增。

16.3.1　种质资源

1)野生资源

菊属约40余种,我国产20余种。主要的野生种有:毛华菊(D. vestitum)、野菊(D. indicum)、紫花野菊(D. zawadskii)、小红菊(D. chanetii)、甘野菊(D. lavandulifolium)、蒙菊(D. mongolicum)、菊花脑(D. nankingense)、细叶菊(D. maximowiczii)等。

2)品种资源

(1)原有品种资源

菊花原产于中国,据文献记载已有3 000余年的悠久历史,菊花的栽培距今也有1 600多年。南京农业大学在农业部中国菊花品种资源调查整理研究项目的支持下,从全国各地收集整理出菊花品种3 000个(李鸿渐和邵建文,1990),这是目前为止对我国菊花品种最全面的记载。在各地不断培育新品种。目前,我国菊花品种估计会大大超过此数。我国原有品种资源主要以盆栽大菊、秋菊为多;露地栽培、切花品种及春菊、夏菊、寒菊少。

(2)引种品种资源

①盆栽大菊引种。主要引自日本。目前已整理出日本菊花品种有50种,花型有大球型、舞球型、勾环型、卷散型及丝发型等。日本菊花以其花朵硕大或秀丽为特点,这些品种大大丰富了我国盆栽大菊品种资源,已成为我国盆菊的新热点。

②小菊引种。主要引自美国、日本、加拿大、波兰。这些引进小菊被直接应用于园林美化,同时也作为育种亲本,育成了许多小菊品种系列。

③切花菊引种。主要引自日本、荷兰。引进的一支独朵的标准菊和多支多花的散枝花,已被各地先后扩大栽培。引进的切花菊花品种已成为当前生产与市场的主体,并大体上构成了周年供花的格局。

3)菊花的品种分类

菊花的品种有以下5种分类方法。

①依花径大小分类。大、中、小。

②依花型分类。平瓣、匙瓣、管瓣、桂瓣、畸瓣。

③依花色分类。黄、白、紫、绿、红、粉、双色、间色。

④依花期分类。春菊、夏菊、夏秋菊、秋菊、寒菊。

⑤依用途分类。盆栽菊、切花菊、造型艺菊、花坛菊。

16.3.2　育种目标

1)花期育种

花期是影响菊花生产与观赏的一个重要性状。目前,多数具有较高观赏价值的菊花优良品种花期都集中在秋季,即10月底至12月。其他季节开花的品种,如春菊、夏菊、冬菊很少,远远不能满足人们的需求。另外,如能培育花型美丽而常年开花的品种将更受人们喜爱。因此,培育早花品种甚至四季菊应当作为育种工作者的目标之一。

2)品质育种

对于盆菊,要求株型适中,枝健叶润而且花型丰满;而对于切花菊,则要求中花型至大花型,花瓣厚而且花朵圆,茎长而且坚韧,耐长途运输,水养后花能开足而且经久不凋,如莲座、反卷、球型等新品种。不论何类菊花,总是以花色鲜明,花型饱满为育种目标。

菊花的观赏品质主要表现在花型和花色两个方面。在花型方面,要选育出有更多色彩的飞舞型品种。花色方面,应更加艳丽新奇,重点进行纯蓝色品种及墨绿色品种的选育,鲜红色品种的提高,对于一些稀有的单轮型品种要进一步丰富花色。

3)经济、观赏兼用型品种的选育

目前菊花多数品种,千姿百态,观赏价值极高,但缺乏经济价值。而有些具有经济价值的品种,如杭白菊可饮用,毫菊可药用,梨香菊可提取香精,但其观赏价值不高。为了能综合利用资源,就要尽可能选育出既具观赏价值又具经济价值的新品种。

4)抗性育种

选育耐寒、耐旱、耐涝、耐热而抗病虫害的新品种,不仅扩大了菊花的种植范围,还便于管理。选育抗病品种,以抗病毒病和线虫病为主要目标。

5)选育其他用途的菊花品种

如选育地被菊,要求植株低矮紧密,能迅速铺满地面,花期长,群体效果好;又如选育香菊、药菊和茶菊等。

16.3.3 主要性状的遗传规律

菊花的黄花色、紫花色、大花心和长花序性状均有较强的遗传力,花色等性状还有倾母遗传现象;花序径、舌状花数、茎粗、株高均为数量性状,株高遗传呈一定程度的优势,而其他性状的杂种平均值下降较明显,但仍可能出现少数超亲个体;秋菊杂交 F_1 代,花期遗传可出现一些提前开花的超亲个体,也可能出现极少比双亲开花更晚的 F_1 代,这一特征为不同花期的切花菊花品种选育提供了选择机会。

16.3.4 育种技术

1)引种

引种是一种方法简单,见效快的育种手段。只要引种区和原产地的生态条件相似,或能人工创造相似的环境条件,即可引种。

2)选择育种

(1)芽变选种

菊花在自然栽培的过程中,芽变的可能性很大。一旦发现优良的芽变,应马上以无性繁殖的方式,将变异的性状固定下来,使之成为新的品系。如白色品种“巨星”产生过浅桃色的芽变,“玉凤还巢”是“风流潇洒”的芽变。

(2)单株选择

菊花在栽培过程中,群体内不同个体间常出现性状分离现象,可根据育种目标进行选择。

3)杂交育种

人工有性杂交是传统的、经典的选育方法,也是目前菊花新品种选育最主要、最有效和最简便易行的途径。

(1)亲本选配

在进行定向杂交育种时,必须根据育种目标及各性状的遗传规律,严格地选配亲本。要求双亲都具有较多的优点,无严重的缺点,且其优缺点能够互补。而且母本要选择结实能力强的类型。注意多选具花心的品种作父本,同时作正反交。一次杂交只求解决1~2个具体问题。

(2)花期调节

菊花的花期不一致,为了使杂交顺利进行,可通过控制繁殖的时间、定蕾的时间及调节光照时数来调节花期,使不同花期的父本、母本花期相遇。

(3)人工杂交

菊花是自花不孕植物,杂交前可不用去雄,但必须套袋。舌状花自外向内逐渐成熟,当三四成花开放时,可逐层剪短花瓣,有利于用毛笔蘸父本花粉授粉。柱头成熟期不一,应分批重复授粉。一般在晴朗无风的上午10:00—12:00进行,授粉后重新套袋,1周后摘掉。

(4)杂交后的管理

要加强对母株的养护,适当控水,给予充足的光照。花干枯时,连同花梗剪下阴干,然后晒种、清种、干藏。

(5)后代选择

第二年2~3月播种,由于菊花为异花授粉植物,所以自 F_1 代就可以进行选择,通过2~3年的比较鉴定,即可培育出性状稳定的新品种。

4)诱变育种

诱变育种的方法是用适当剂量的 ^{60}Co 进行处理,以提高芽变的突变率,选育更多的新品种。在辐射材料的选择上,无论是种子、扦插生根苗、盆栽整株苗木还是枝条、组培苗、单细胞植株及愈伤组织均可进行诱导。东北林业大学曾用自然授粉的小菊种子,搭载返回式卫星,在距地200~300 km的空间飞行近15 d后返回地球。播种后代变现为重瓣性降低、植株变矮、花径变小、开花提早、耐寒性提高。但这些变异是空间辐射诱变的结果,还是杂交后代性状的分离,尚需进一步研究。

5)组织培养

利用组织培养、细胞融合可以打破种属间的界限,克服远缘杂交不亲和性的障碍,在新品种培育及种性改良上具有巨大的潜力。在菊花育种上应用较为成功的是对嵌合体花色的分离。上海园林科学研究所曾以“金背大红”品种的花瓣作为外植体进行组织培养,通过对筛选的突变体进行诱导，再生的植株开出了不同色彩的花，从而选择培养出具有奇异花色的品种。

6）基因工程育种

采用转基因技术，培育菊花新品种。菊花转基因大多致力于改变花色、花型、花期、株型和抗病虫等方面。

16.3.5 良种繁育

由于菊花是异花授粉植物，种子播种后性状容易出现分离。为了保持菊花品种性状的优良特性，采用营养繁殖的方法进行培育，如扦插、嫁接、分株或者组织培养等方法，以保持优良性状能够稳定的遗传给下一代。

16.4 百合育种

百合是百合科（Liliaceae）、百合属（Lilium）植物的总称，为多年生鳞茎草本植物。百合花朵硕大、花色艳丽、花姿百态、芳香怡人、栽培及应用历史悠久。既能做切花、盆花，又能在园林绿地中应用；既能观赏，又能食用和药用，深受人们的喜爱。目前，百合与月季、菊花、香石竹和非洲菊一起并称为世界五大鲜切花，在世界鲜切花市场上占有十分重要的地位。

16.4.1 种质资源

全世界百合约有90多个种，主要分布在北半球的温带和寒带地区，少数种类分布在热带高海拔地区，南半球没有野生种分布。中国是百合种类分布最多的国家，也是世界百合起源的中心。据调查，中国约有47个种18个变种，占世界百合总数的一半以上，其中，有36种15个变种为中国特有种，10个种3个变种为中国与日本、朝鲜、缅甸、印度、俄罗斯和蒙古等邻近国的共有种。百合在中国27个省、区都有分布。北起黑龙江有毛百合，西至新疆有新疆百合，东南至台湾有台湾百合，其中，如野百合、岷江百合、宜昌百合、通江百合、渥丹、紫花百合、玫红百合、蒜头百合、大理百合、湖北百合、南川百合、宝兴百合、川百合、乳头百合、绿花百合、乡城百合等均为我国原产特有种，尤以西南和华中为多。1982年国际百合协会提出了目前普遍认可的分类系统，该系统将百合分为9类，包括亚洲百合杂种系（Asiatic hybrids）、美洲百合杂种系（American hybrids）、欧洲（星叶）百合杂种系（Martagon hybrids）、白花百合杂种系（Candidum hybrids）、东方百合杂种系（oriental hybrids）、麝香百合杂种系（longiflorum hybrids）、喇叭型百合杂种系（trumpet hybrids）、其他类型杂种系（Miscellaneous hybrids）、原种（包括变种和变型）（Species）等，种植资源较为丰富。

16.4.2　育种目标

1）抗性育种

（1）抗病育种

百合易受百合病毒、黄瓜花叶病毒、郁金香断枝病毒、无病症病毒4种主要病毒的危害，同时也容易受到真菌的危害，因此，开展百合抗病育种十分必要。湖北百合具有较强的抗病、耐盐碱等特性，所以一直被用来作为抗病育种的原始亲本。

（2）抗热育种

我国大部分平原地区夏季炎热，对亚洲百合杂种系和东方百合杂种系的生长十分不利，越夏的百合常常出现生长缓慢、植株低矮、病虫害严重、花小、茎秆软等现象，严重影响切花质量和造成百合种球退化。通过抗热育种，培育耐高温品种是解决夏季百合生产困难的重要途径。可以利用耐热性强的百合作亲本，如淡黄花百合、台湾百合、王百合、和通江百合等。

（3）抗寒育种

冬季在设施里种植抗寒品种，可以节约能源，降低生产成本，因此，培育抗寒的百合品种，对我国百合的促成栽培具有重要意义。俄罗斯育种家利用西伯利亚生长的百合培育的抗寒品种可在积温100～160 ℃时就能生长。

（4）耐低光照育种

百合在温室的促成栽培中，经常出现花芽脱落、植株高度降低两个主要问题。其中原因之一是光照不足，但采用人工补光措施又会加大生产成本，因此培育耐低光照的品种显得尤为重要。

2）品质育种

（1）花色、花型和花香的改良育种

百合尤其是亚洲百合的花色多样，是培育商业彩色百合的基因库。百合花型变化也很大，有喇叭形、漏斗形、钟形等。开花的方向有向下、向上、向外开等多种形式，这些都为培育新品种创造了条件。

百合花香改良是目前百合育种研究中的薄弱环节。由于长期以来香味育种没有受到重视，许多种类在长期的杂交过程中香味消退。香味源于花被片中的芳香油，含有类胡萝卜素类的亚洲百合无香味，而含有花青素类的大部分东方百合则香味浓烈，很多消费者并不喜欢增加亚洲百合的香，降低东方百合的香味是育种学家试图实现的目标。

（2）矮化育种

控制植株高度，以便用于盆栽或切花生产。特别是亚洲型的一些矮化百合品种非常适用于盆栽。育种家们已培育出了第一朵花显色时茎高为30～45 cm的盆栽品种。切花品种要求植株高大，标准为第一朵花显色时茎高大于60 cm。

（3）减少花粉的育种

百合大量的花粉给杂交育种工作带来很大麻烦，而雄性不育植株能解决这一问题。

(4)切花育种

如何延长鲜切花百合单花瓶插寿命是育种的主要目标之一。目前,普遍认为百合的瓶插寿命大于7 d(20 ℃)是较为理想的,因此,应培育花瓣质地硬且厚实、植株生长健壮、花茎结实、成熟度好的品种栽植。

另外,培育百合的早花、速生和需冷时间短的品种和适合机械化定植、采收和分级生产的品种也是近年来百合的育种目标。

16.4.3 主要性状的遗传规律

百合有些性状属于显性等位基因效应,如亚洲百合的斑点、金色、有花药等和东方百合的正常高度和斑点等;有些性状属于隐性等位基因效应,如亚洲百合的无斑点、金色条纹、无花药等和东方百合的低矮和无斑点等。显性基因出现的几率要远远大于隐性基因控制的性状。

16.4.4 育种技术

1)杂交育种

(1)亲本选择

应选择亲缘关系较近的两个百合品种作为亲本。实践证明,亲缘关系远的百合类型间杂交几乎是不可育的。

(2)去雄授粉

在花药散粉之前去掉花药,然后套袋来保护柱头,待柱头分泌黏性物质,将父本的花粉授到柱头上,然后再套袋以防风或昆虫带入外部的花粉。每个杂交组合授粉的花朵至少要在3朵以上,并均给花朵挂标签。待子房膨大后去袋,并保护蒴果生长数周,直至蒴果成熟。

(3)收获种子

当种子成熟时,蒴果开始变干,顶部开裂,成熟种子散落。此时要及时收获蒴果,防止种子散落。采收蒴果,放上标签,将其放在干燥、空气流通的地方。百合的种子生长于具有3个小室的蒴果中,呈褐色,扁平,很薄,具膜。

(4)播种育苗

百合种子具有两种发芽方式:快速发芽子叶出土型和推迟发芽子叶不出土型。子叶出土型,即在地表长出子叶来,除了东方杂交种以外的大多数百合种和杂交种均属这个类型。早春将种子播到温室或露地苗床上,在几个星期内就可以发芽,生长1~2年才能开花。子叶不出土型,子叶不露出地面,一般发芽较慢,较困难,较成熟的种子需要大约3个月以上才能发芽。

2)多倍体育种

百合正常的染色体数为24,是二倍体,即$2n=24$,也有三倍体和四倍体。如三倍体与四倍体杂交，产生的种子可能是二倍体与四倍体，也可能产生三倍体和四倍体。多倍体百合的优点是植株生长健壮，产生粗壮的茎秆和肥大的叶片，具有花大、花瓣宽、质地厚、抗病、花期长等性状。缺点是花姿不优美，花蕾脆弱等。多倍体的可育性不同，一般三倍体是高度不育的，用秋水仙碱处理能产生四倍体，恢复其可育性。值得指出的是，如果用不同染色体数目的百合杂交，应该用倍数高的百合作父本。

3）辐射育种

辐射对百合染色体、DNA 和 RNA 的影响极大。由于这些物质与遗传有着密切的关系，因此，它们受辐射后产生的异构现象，都会导致有机体的性状变异。以低温贮藏过的鳞茎作诱变材料效果较好。如采用剂量为 2—3 Gy ^{60}Co 进行外照射鳞茎盘，鳞茎盘便会产生变异。另外，种子、花粉、子房、珠芽等也可作为诱变材料。

16.4.5 良种繁育

1）选择合适的良种繁育基地

由于百合在夏季生长时要求平均最高气温不超过 22 ℃，为了保持优良种性和防止退化，必须选择高海拔冷凉山区作为百合良种繁殖基地，以保证百合生长期有适合的温度。除此之外，土壤条件应选择腐殖质含量高、肥沃、排水良好的沙质壤土，pH 值为 6 ~ 7，具有灌溉条件，交通方便等。

2）生产体系的建立

每年不仅要有品种球产出，而且还要进行子球繁殖，故应建立切花生产和商品种球繁殖分开进行的生产体系，以保证每年有一定量的商品种球供应切花。

3）利用组织培养

利用此法，生产脱毒种苗。如可以用茎尖进行组织培养，获得无病毒苗。

4）提供良好的栽培管理技术措施

百合鳞茎种植时期，根据不同地区气候条件决定种植时期，可秋植，也可以春植，以保证植株发育和种球膨大能在最适合的季节进行。肥水管理要合理，氮肥的使用要控制，要增施磷、钾肥，及时防治病虫害等。

16.5 月季育种

月季泛指蔷薇科蔷薇属（Rosa L.）植物，染色体基数 $x=7$，属内有 $2n=2x,3x,4x,5x,6x,8x$ 的种或品种形成多倍体系列。月季是世界重要花卉，要求品种不断提高和更新。因此，月季育种历来备受人们青睐。

16.5.1 种质资源

1)野生资源

月季野生资源十分丰富,有许多种及其变种。英国的Lindly记载为281个种、亚种和变种;美国月季协会"Morden Roses 10"中登录了250个种;我国余德浚在《中国植物志》中指出全属约200种,并记述了中国产和引进的82个种,分成2个亚属7个系8个组。其中包括部分种及其变种有月季花(R. chinensis)、月月红(var. semperflorens)、月月粉(cv. Parson's Pink China)、小月季(var. minima)、绿月季(var. vividiflora)、变色月季(cv. Mutabilis)等,巨花蔷薇(R. gigantea),野蔷薇(R. mutiflora)、粉团蔷薇(var. cathyensis)、七姊妹(cv. Platyphylla)、白玉堂(cv. Albo-plena)等,百叶蔷薇(R. centifolia)、麝香蔷薇(R. moschata)、玫瑰(R. rugosa)、紫玫瑰(var. typica)、红玫瑰(var. rosea)、白玫瑰(var. alba)等,黄刺玫(R. xanthina)、法国蔷薇(R. gallica)、突厥蔷薇(R. damascena)、异味蔷薇(R. foetida)、黄蔷薇(R. hugonis)、光叶蔷薇(R. wichuraiana)、木香(R. banksiae)、报春刺玫(R. primula)、峨眉蔷薇(R. omeiensis)、疏花蔷薇(R. laxa)、美蔷薇(R. bella)、香水月季(R. X odorata)、淡黄香水月季(cv. Ochroleuca)、橙黄香水月季(var. pseudoindica)、粉红香水月季(cv. Erubescens)、彩晕香水月季(cv. Hume's Blush Tea-Scented China)、大花香水月季(var. gigantea)等。

2)品种资源

月季(Rosa)为我国十大名花之一,在我国有着悠久的栽培历史,月季花大色艳,适应性强,四季开花,花色丰富,品种繁多,是世界上应用最为广泛的园林植物。月季分古代月季和现代月季,一般以1867年作为分界线。

(1)古代月季(Old garden roses)

杂种香水月季(Hybrid tea rose)育成之前(1867年)栽培的所有月季花。法国蔷薇系(R. gallica)、突厥蔷薇系(R. damascena)、百叶蔷薇系(R. centifolia)、杂种长春月季(Hybrid Perpetual Roses)、杂种玫瑰系(Hybrid Rugosa Roses)、包尔苏蔷薇(R. X iheritierana)、波旁蔷薇系(R. X borboniana)、白蔷薇系(R. X alba)、波特兰月季系(Portland Roses)等。

(2)现代月季(Modern roses)

杂种香水月季育成之后的所有月季新品种。如灌丛月季(Shrub Rose)、杂种香水月季(Hybrid Tea)、壮花月季(Grandiflora)、微型月季(miniature Rose)、聚花月季(Floribunda)、藤本月季(Climber)、蔓性月季(Rumbler)、小姐妹月季(Polyantha)等。这些都是月季育种的种质材料,是遗传资源最为丰富的园艺植物之一。

16.5.2 育种目标

1)花色

花色是月季的重要观赏性状之一。因此,改善提高月季的花色一直是育种的重要目标，包括培育白色、黄色、橙色、粉红色、朱红色、红色、蓝紫色、表里双色（花瓣正背面颜色不同）、混色（含变色、镶边色、斑纹嵌合色）等新品种，特别是白色纯正、黄色不褪色、红色不黑边的新品种，也包括培育真正蓝色、黑色、绿色等珍奇品种，使品种不断更新，花色更加丰富多彩。

2）花香

花香为数量性状，且遗传力较强，浓香与不香的品种杂交，后代全部表现出不同的香味；浓香品种间杂交，后代绝大多数浓香，没有不香的植株。但现代月季的香味远比不上麝香蔷薇和突厥蔷薇那样芳香浓郁。因此培育浓香型月季品种，提高月季的观赏品质和芳香油含量。

3）花型

培育高心（翘角或卷边）杯状形品种是育种者追求的目标之一。培育高心翘角杯状花型，一般选用长阔花瓣、中脉明显而粗、主次脉分枝次数多、瓣缘肉薄的品种作亲本；培育高心卷边杯状花型，一般选用圆阔花瓣、主脉分枝次数多、瓣缘和瓣中厚度差异小的品种作亲本。

4）株型

月季株型有灌丛、矮丛、藤本、矮生（微型）等类型，不同用途需要培育不同株型的品种。因此株型也是育种必要的目标。

5）花期

一年四季都有花开是现代月季绝大多数品种的基本特征，也是月季的重要优点之一。因此四季开花性状一直是育种的首要目标。

6）产量高、花枝长、耐瓶插等

月季是世界四大鲜切花之一，销量大，价格高。在切花上的应用要求茎秆粗壮、高大、挺直，叶色光亮，无刺或少刺，花型美观，高心翘角状或高型杯状大花，花色艳丽，花瓣厚韧，香味浓郁，花头多，水养时间长，耐贮运，抗病虫，适于露地栽培或温室栽培，切花产量高。

7）抗性

为延长月季的观赏期和提高品质，减少病虫害防治等管理，应把抗寒、抗旱、抗高温高湿、抗病虫害等性状作为育种目标，以培育出花期长、抗性强的露地和保护地栽培应用的品种。

16.5.3　主要性状的遗传规律

1）花色

花色遗传为数量性状遗传，也表现出明显的显隐性遗传趋势，红色对白色、黄色为显性。

2）花香

花香为数量性状遗传，且遗传力较强，如浓香与不香的品种杂交，后代全部表现为有不同程度的香味,没有不香的植株。

3)花型、花期及株型

三者均是可遗传性状,花型遗传中,具高心杯状形性状的品种间杂交就能获得高心杯状形后代。花期遗传中,四季开花的品种间杂交后代全部表现为四季开花性状。已经证实,一季开花对四季开花为显性。株型遗传中,藤本对矮丛株型为显性。另外,月季抗黑斑病趋向于显性遗传,抗白粉病趋向于隐性遗传。

16.5.4 育种技术

1)引种

月季引种一直是丰富某一地区种、变种,特别是品种的重要方法。在月季栽培和演化发展史上,引种起到了重要作用。引种使月季野生类型成为栽培类型,中国月季和欧洲的蔷薇有机会杂交演化产生了现代月季,野生资源和栽培品种得到了充分利用,使月季栽培分布区扩大到南半球地区。月季引种一般采取确定引种类型及其品种、引种试验、栽培应用鉴定这一引种步骤进行。

2)选择育种

(1)实生选种

有些月季品种在自然条件下,由于自然授粉产生种子。可有计划地保留某些优良品种的花朵,任其接受其他品种的花粉,使之结子,种子成熟后,及时采收、处理、播种,然后培育、选择出优良植株。再通过繁殖、鉴定,从而选育出优良品种。这样的品种只知道母本,不知道父本,为自然杂交种。

(2)芽变选种

月季花色、株型的芽变频率较高,特别是现代月季品种常易发生芽变,给培育新品种提供了机会。这就要求细致观察,及时使芽变分离、纯合、稳定繁殖。

3)杂交育种

(1)亲本选择

亲本应具备育种目标所要求的优良性状,双亲之间的优缺点要相互弥补,优良性状要突出。一般可选用综合性状优良,仅有较少缺点的品种为亲本。

(2)去雄

父本、母本选择之后,将母本植株上发育正常的,当天或次日要开的花苞,在初开期去掉雄蕊。以每天上午10:00以前为好,一般采用镊子或手去掉花瓣萼片,再去掉雄蕊的方法;少量杂交也可剥开花瓣只去掉雄蕊。去雄后套袋(硫酸纸袋等)隔离,以防自然授粉混杂。

(3)授粉

一般在去雄后次日上午10:00以前进行,此时母本雌蕊柱头已分泌黏液,将事先采好的花粉用干毛笔等授粉工具涂于柱头上;第二天重复授粉并套袋,挂牌,7~10 d进行检查后去掉纸袋,进行正常管理直到成熟。

(4)播种与选择

10—11 月份果实成熟收果采种，然后进行 1 ~5 ℃低温沙藏处理 50 ~60 d，沙藏后的种子播种，5 ℃以上就发芽出苗。逐级选优去劣，直到符合育种目标的性状稳定，最后选出优良的植株进而成为新品种。

4)诱变育种

(1)辐射诱变育种

月季的诱变育种包括物理诱变和化学诱变。国内的月季诱变育种主要采用物理诱变中的射线诱变即辐射育种。射线包括 X、β、γ 射线和中子等。目前，多采用^{60}Co 的 γ 射线进行诱变，可处理月季的枝芽、种子、花粉、幼苗等。

(2)多倍体诱变育种

对月季的种子或正在生长的茎尖，用秋水仙碱处理，可获得染色体加倍的植株，从而选育出多倍体的植株。处理后，经过一定时间的观察，若发现被处理者生长明显高大、粗壮、或花大，则可能是诱导成功，已经产生了多倍体植株。再经过鉴定、繁殖，新的多倍体品种就诞生了。

5)生物技术育种

生物技术育种作为月季育种新方法还处于摸索阶段，难度大，目前国内还没有培育出一个新品种。有资料表明，澳大利亚、日本正在进行蓝色月季的育种工作。

16.5.5　良种繁育

首先要扩大繁殖材料的来源，可采用增施肥水，合理修剪和摘心，摘花蕾控制开花，高接扩繁等，促进营养生长产生大量的枝芽。其次是经济利用繁殖材料，以单芽嫁接和扦插，提高成活率。在栽培种要加强管理，早嫁接、早成苗、早出圃，改进繁殖技术，延长繁殖时间，采用保护地育苗和露地育苗相结合，周年嫁接和扦插、茎尖组织培养等技术。

16.6　牡丹、芍药育种

牡丹(Paeonia suffruticosa)、芍药(Paeonia lactiflora)同为芍药科芍药属植物。牡丹是原产我国的落叶亚灌木，素有“花中之王”“国色天香”之美誉，是富贵、吉祥的象征；芍药为宿根草本，被人们奉为“花相”。

16.6.1　种质资源

牡丹、芍药均属芍药属植物，本属约有 33 个种，分为 3 个组：牡丹组、芍药组和北美芍药组。除中国原产的种类外(其中部分种在国外其他地区亦有分布)，在世界各地还分布有17个种及若干亚种、变种。其中牡丹组中有牡丹(Paeonia suffruticosa)、卵叶牡丹(P. qiui)、紫斑牡丹(P. rockii)、四川牡丹(P. decomposita)、杨山牡丹(P. ostii)、黄牡丹(P. lutea)等几个种;芍药组中有草芍药(Paeonia obovata)、山芍药(P. japonica)、芍药(P. lactiflora)、多花芍药(P. emodi)、欧洲芍药(P. peregrina)等多个种。多个种经长期栽培,在各地形成了许多品种。据不完全统计,中国牡丹品种在800个以上,芍药品种400余个。全世界牡丹品种1 600多个,芍药品种在3 000个以上,可见其种质资源极为丰富。

16.6.2 育种目标

1)品质育种

(1)丰富花色

中国现有牡丹、芍药品种中,均缺乏真正的黄、绿、蓝及鲜红色彩。丰富花色仍然是主要任务。

(2)延长花期

二者花期较短,也较集中,因此选育单株花期较长的品种,增加早期、晚期品种数量,是育种目标之一。

(3)色香兼备

培育花色艳丽、花型丰富、香味浓郁、开花容易的新品种,当是牡丹、芍药的育种目标之一。

(4)特色品种选育

特色品种包括牡丹、芍药切花品种和微型牡丹的选育,多次开花品种的选育等。

2)抗性育种

抗性育种主要是增强耐寒性、耐湿热性和抗病虫害能力的品种选育工作。

3)提高繁殖能力、缩短实生苗开花年限

牡丹实生苗生长缓慢,需4~5年以上才能正常开花,使育种周期延长。需要选育繁殖容易、实生苗开花早的品种。

16.6.3 主要性状的遗传规律

牡丹花色遗传相当复杂,在决定花色的多个因素中,最主要的是花色素。花色素主要由色素种类、色素含量和色素分布3大因素所决定,亦即由控制色素种类、含量及其分布,控制细胞液酸碱度以及使生成助色素等的基因或基因群所决定。任一部分有所变化,花色即呈现不同。色素积累到一定程度,花色就比较鲜艳。根据陈德忠等人对紫斑牡丹的主要性状遗传特性的研究表明:在具有不同表现型的亲本杂交后代中,具有母本性状的个体数量显著高于具有父本性状的个体数量,说明紫斑牡丹受母性影响较大,并且相对于其他花色和重瓣性而言,白色和单瓣性两个性状的遗传力均较高。

16.6.4 育种方法

1)引种驯化

种质资源的搜集和研究,世界各国都很重视。对我国丰富的芍药属种类,应在摸清家底,加强就地保护的同时,选择合适地点,建立种质资源圃,实行迁地保护;同时搜集世界各地的芍药属植物(包括种与品种),开展系统研究与育种工作。不论北引还是南移,均应注意以下几个方面:

(1)栽培环境

注意原产地与引种地气候、土壤条件的差异,引种与逐步驯化相结合,循序渐进。

(2)苗木引进与播种相结合

引种驯化与杂交育种、实生选育相结合。对于有一定抗性的种类直接引进苗木栽植,可大大缩短引种工作进程,但不应忽视近区采种,逐步驯化改良的原则,对东北地区的抗寒育种与南方的抗湿热育种尤为重要。

2)选择育种

(1)芽变选择

芽变选择是获得新品种的重要途径。当牡丹栽培个体受到环境条件、栽培技术以及体内代谢的影响,都有可能发生体细胞突变,进而形成芽变。要经常注意观察,一旦发现优良性状变异,应立即标记,并通过嫁接等方法将其固定。将性状优良的单株单独繁殖选育,可望获得新的优良品系。

(2)实生选种

实生选种即在实生苗群体中,通过反复评选,经单株选择而育成新品种。选种时可根据以下要点决定去留:

①初开花时,雄蕊多达100枚以上,大多是单瓣花,初开花时雄蕊少,花瓣也少的,多为重瓣。

②初开花时,雌、雄蕊已有少量瓣化或变态的,以后逐渐变为重瓣。

③花色从初开起,以后极少变化。

④有些重瓣品种不易结实,或结实后种子较弱,其实生苗也较弱,但往往有较高观赏价值的植株。

⑤花瓣的大小、多少及香味浓淡与水肥条件、栽培管理条件密切相关。

3)杂交育种

(1)正确确定育种目标

育种工作要从实际出发确定主要目标,在可能的条件下兼顾其他次要目标。如在中原一带,牡丹、芍药育种的重点应是提高观赏品质与抗病性,兼及其他;但在江南一带,则耐湿热育种应是主攻方向;而在东北地区,抗寒育种是首要任务。

(2)注意选择亲本,配制杂交组合

亲本应该具备育种目标所需要的突出的优良性状,尤其是母本性状,双亲之间的优缺点要能相互弥补。此外,野生种应用潜力很大,丰富花色、延长花期、增强抗性等育种问题,均可利用野生种质资源加以解决。

(3)提高杂交结实率和杂种成苗率

可采用多次重复授粉、化学药剂或激素处理柱头、杂种胚培养、花期调控、加强培育、细致观察等方法提高结实率和成苗率。

4)倍性育种

倍性育种包括多倍体诱导、单倍体诱导等。芍药属植物染色体大,数目少,是从事倍性育种的好材料。通过用秋水仙素、咖啡碱等药剂,对牡丹、芍药进行诱变处理可产生多倍体,同时芍药组中本身就存在天然四倍体及二倍体与四倍体混倍种(如草芍药等),可通过人工加倍的四倍体与四倍体种类进行远缘杂交。

16.6.5 良种繁育

牡丹、芍药育种虽然已经取得重要成就,特别是为牡丹逐渐成为世界名花奠定了基础,但传统育种技术仍占主导地位。如组织培养等新技术在牡丹繁殖中仍处于试验阶段,一些主要问题还未得到根本解决,因此,良种繁育仍需采用常规嫁接技术。其加快繁殖的关键是尽快建立采穗圃,使其能够提供更多优良接穗。

复习思考题

1. 论述一串红、矮牵牛的育种目标。
2. 如何利用杂种优势进行一串红的种子生产?
3. 简述矮牵牛的主要育种技术。
4. 菊花有哪些种质资源?其育种技术有哪些?
5. 百合主要育种目标有哪些?
6. 月季有哪些育种技术?
7. 牡丹、芍药有哪些育种技术?

第17章 主要果树育种

学习目标

- 掌握主要果树的育种目标,能够制订主要果树育种目标。
- 了解主要果树的种质资源及分类,清楚种质资源在育种中的价值。
- 掌握主要果树的性状遗传及育种方法,能够独立开展果树育种工作。

17.1 柑橘育种

我国是柑橘的原产地,栽培历史悠久,广布于南方各省区。柑橘大多数品种具有多胚性,而世界消费追求无籽性状,现在多数品种均存在不同程度的败育现象,这导致了在其品种选育中芽变选种占了很大的比例。自20世纪初以来,美国率先开展了柑橘的杂交育种,随后,世界各国的育种者也先后开展了柑橘杂交育种工作,取得了一定的成绩。但由于其童期长和性器官败育等问题,使得柑橘育种进展缓慢。如何快速得到既定目标品种并很快应用于生产,已成为柑橘育种者亟待解决的问题。随着生物技术的发展,一定程度上加速了柑橘育种的步伐。

17.1.1 种质资源

我国是绝大多数柑橘种类的起源地,资源丰富,柑橘种质库已建成,入库种质在1 200份以上。柑橘在植物分类上属于芸香科、柑橘亚科,本书中选用我国学者曾勉等的分类观点。

1)枳属

本属有枳和富民枳两种,后者主要分布于云南省富民县等地。枳是我国柑橘的主要砧木,具有矮化、抗寒、抗病虫、丰产和稳产等特点。

2)金柑属

原产我国,一年数次开花结果,果小,果皮厚而甜,可食,较抗寒。

3)柑橘属

(1)大翼橙类

原产我国云南南部,可做砧木和育种亲本。

(2)宜昌橙类

宜昌橙类主要包括宜昌橙、香橙和香圆3种。

①宜昌橙。抗寒性仅次于枳,单胚,果实不能食用,作杂交亲本后代开花早,作砧木有矮化作用。分布于湖南、湖北、云南等省。

②香橙。原产于长江中下游,可作砧木或育种亲本。

③香圆。原产于长江中下游,可能是宜昌橙与橘的杂种。

(3)柚类

柚类主要包括柚和葡萄柚两种。

①柚。树体高大,果实在所有柑橘类中最大,种子单胚。易与柑橘类杂交,天然杂种有橘柚和柚橙等。

②葡萄柚。柚和橙的天然杂种,鲜食或制汁,味略苦。

(4)橙类

原产我国,分布广,经济价值高。主要分为酸橙和甜橙两种。

①酸橙。分布于浙江、福建、江西、湖南、湖北和四川等地,主要用作砧木。

②甜橙。不抗寒,良种较多,其中很多是无核或少核的,如脐橙、伏令夏橙等。

(5)宽皮柑橘

原产我国,亚洲栽培最多,抗寒性较强,是柑橘北缘地带的主栽种类。主要分为柑类和橘类两种。

①柑类。多为杂种起源,皮较厚。常见品种有温州蜜柑、蕉柑等。

②橘类。在历史上出现较早的一类,分布较广,主要品种有椪柑、红橘和本地早等。

(6)枸橼类

抗寒性弱。枸橼类主要有枸橼、黎檬、柠檬和来檬4种类型。

①枸橼。原产我国广东、云南等地,佛手柑即枸橼变种。

②黎檬。有白黎檬和红黎檬两类,是广东等地的优良砧木。

③柠檬。在地中海沿岸和美国栽培较多,我国四川等地也有大量栽培。

④来檬。原产南美,在美国及拉丁美洲栽培较多。

17.1.2 育种目标

1)选育高产、稳产、优质的品种

当前,柑橘生产中存在的主要问题之一是一些优良品种产量低,大小年严重;而一些高产、稳产的品种品质又较差。因此,选育高产、稳产、优质的品种,对于柑橘产业的发展具有重要意义。

2)选育极端成熟期的品种

我国目前种植的柑橘品种,成熟期大多集中在秋、冬季,夏季成熟的品种很少。除用贮藏方法延长市场供应外,选育特早熟和特晚熟品种是达到全年供应鲜果的一条重要途径。

3)选育高抗性品种

我国柑橘产区北缘地带有周期性冻害问题,选育抗寒品种是这些地区柑橘育种的主要目标之一。云贵高原春、秋两季常有旱害发生,选育抗旱品种对该地区柑橘产业的发展具有重要意义。此外,我国柑橘产区的黄龙病、溃疡病、裂皮病等均给生产带来巨大损失。在加强防治和推广无病毒苗木的同时,选育抗病性强的品种是柑橘育种一项长远的战略目标。

4)选育适于加工的品种

选育适于制汁的品种是我国柑橘育种的一大趋势,目前,一些鲜食品种出汁率较低或味较苦,不适于加工果汁,如脐橙。加工的另一方面是制罐,但目前用于制罐的品种均存在一些问题,如香气欠佳、有种子、含酸量不足,罐藏期间常出现白色沉淀等。因此,选育加工性能好,罐藏品质高的品种十分必要。

5)选育优良的砧木类型

柑橘很多抗性,如抗寒、抗旱、抗病,甚至果实品质均与砧木密切相关。因此在选育新的接穗品种时,必须重视和加强选育适应性强,与良种亲和性好,抗病性强的优良砧木类型。

17.1.3 主要性状的遗传规律

1)多胚性的遗传

柑橘多胚性的遗传受一对基因控制,多胚性基因(P)对单胚性(p)为显性,当显性基因存在时(P_)表现出多胚性,只有隐性基因纯和时(pp)才产生单胚性状。胚数目的遗传则受微效多基因控制(见图17.1)。

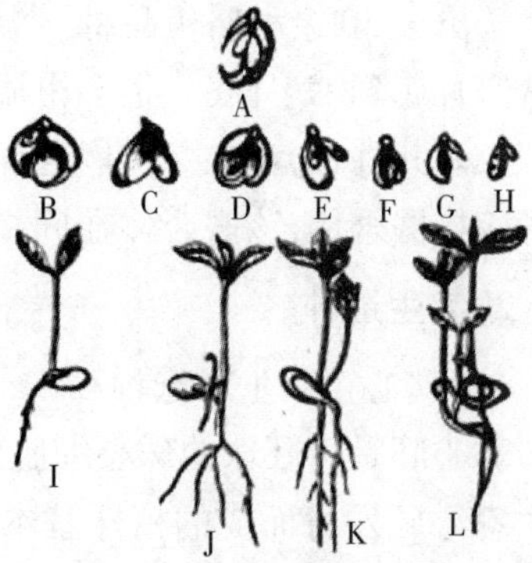

A B C D E F G H I J K L

图17.1 柑橘的多胚性

A—多胚种子;B~H—多胚种子的各个胚;I——一个种子一棵苗;J,K——一个种子两棵苗;L——一个种子三棵苗

2)不育性的遗传

(1)生殖器官败育

脐橙和温州蜜柑的无核性主要原因是花粉不育,脐橙还存在胚囊败育。岩政正男在温州观察了“温州蜜柑×枳”杂种的花粉母细胞,认为其生殖器官败育是简单遗传。我国报道了20余个无核柑橘突变也大多表现为雄性不育。

(2)自交不亲和性

柑橘的很多品种均有自交不亲和现象,具有单性结实的品种可以生产无籽果实。自交不亲和性和其他作物一样也是由S复等位基因系统控制的。

3)抗寒性遗传

抗寒性遗传是由多基因控制的数量性状,以抗寒性较强的枳、宜昌橙等种类与栽培品种杂交,杂种抗寒性比栽培品种强,但果实品质差。

4)成熟期的遗传

两个早熟品种杂交的 F_1 可能出现比亲本成熟期更早或中熟类型。早熟与中熟亲本杂交,F_1 多数为中熟。早熟与晚熟亲本杂交,F_1 多倾向于晚熟。这说明成熟期的遗传是由多基因控制的数量性状,有分离,并表现趋中的特点。

5)果实品质的遗传

含酸量低的品种与含酸量中等的品种杂交,获得了含酸量相对较低的杂种。但两个含酸量中等的品种杂交,其后代含酸量则高于双亲。这说明柑橘含酸量也是数量性状遗传。此外,父本、母本中任何一方带有异味,杂种一般也均带有异味。

6)叶形态的遗传

枳的三出复叶对柑橘类的单身复叶为显性。蜜柑和橙类与叶大、翼叶发达的柚子杂交,杂种表现为叶大,翼叶发达。

17.1.4 育种技术

1)芽变选种

柑橘芽变发生的频率较高,岩政正男对温州蜜柑的调查结果为四万分之一。芽变的类型很多,常见的有短枝型,及果实大小、形状、色泽、成熟期、产量和品质等。一般芽变中劣变较多,也有少数优变,如华盛顿脐橙是由甜橙芽变选出的品种,以后通过芽变又从这个品种中选出了 30 余种脐橙品种。温州蜜柑现有的数百个品种也均绝大多数来自芽变,成熟期从 8 月底到 12 月底。很多柑橘芽变常呈嵌合状态,后代稳定性较差,常表现出复杂的分离现象。此外,还存在嫁接嵌合体,如福建改良橙是由红橘作砧木与印子柑嫁接后产生的一种嫁接嵌合体,该嵌合体在同一植株上结有橙黄肉和红黄肉嵌合的果实。

2)实生选种

(1)珠心苗新生系选种

珠心胚是由胚珠的珠心细胞发育而成的,具有和母体细胞相同的遗传组成。因此,一般由珠心胚发育而成的植株基本上表现母体特征,但也会出现一些变异,如日本梶浦经过 20 年的观察后发现,200 株珠心苗在果皮色泽、光滑程度及果形等方面均有明显差异。珠心胚实生苗变异的原因比较复杂,从遗传的角度来看,仍然属于芽变的范畴。许多国家利用珠心胚培养出了很多柑橘的新生系,珠心胚新生系生长健壮,树势较强,前期表现与一般实生苗相同,但到结果时,果实品质会逐年发生改变。

(2)有性系选种

变异来源于有性过程的基因分离和重组,多胚性柑橘品种中存在大量的无性胚,其变异性小于单胚品种。实生选种不仅可以选出优良单株,而且还可利用天然杂交从杂种中选出优良类型。

3)有性杂交育种

柑橘为雌花先熟,花粉可保存在干燥密封容器内3~4周,在-20 ℃下贮藏一年以上仍具有生活力。自然生长状况下,从授粉到完成受精的时间需要5~7 d。受精后,首先是胚乳核进行分裂生殖,过一个月左右,受精卵才开始分裂。不同品种受精后得到的种子数目不同,一些胚囊败育的品种较难得到种子,如脐橙。多数品种可以自花授粉,但在异花授粉条件下,可提高结实率和增加种子数。

(1)获得杂种的途径

获得杂种的途径主要包括以下3个方面的内容。

①选择单胚或胚数少的类型做母本。为了获得有性杂种,以单胚类型作为母本是最有效的方法。但单胚品种很有限,若需要选择多胚品种作母本时,尽可能选择平均胚数较少的类型,或选择单胚多胚混合型品种。

②选育某些相对性状显著者作父本。选用相对性状显著者作父本,可以根据杂种有无该性状来区分是否真杂种。例如,以三出复叶的枳作父本时,真杂种会出现三出复叶。

③胚分离培养。在幼胚阶段,珠心胚尚未发育或发育量很少时,进行有性胚分离培养,可获得杂种,克服杂种胚败育。

(2)杂种的早期鉴定

为了克服珠心苗的干扰,最好能找到可靠的鉴定方法。利于上述相对性状显著的特征来鉴别仍有很大极限。随着分子生物学的发展,利于同工酶分析技术和DNA分子标记技术来进行杂种的早期鉴定既准确又快速,因此也得到了越来越多人的青睐。

(3)杂种实生苗的选择

利用与目标性状相关的性状进行杂种苗的早期选择。此外,在实生苗生长发育最初几年,枝条上有粗大长刺是野生性状之一。杂种进入结果时,果实也不稳定,往往第一次结的果实较小,品质也不够理想,但几年后可变好。若以抗病育种为目的,则大多可在苗期或幼年期进行人工接种评选。

4)其他育种途径

(1)多倍体育种

柑橘类染色体基数为9,大多数为二倍体 $2n=2x=18$,也存在三倍体、四倍体、五倍体、六倍体和八倍体,偶尔有非整倍体。四倍体柑橘可以从珠心苗中获得,也可利用秋水仙素进行人工染色体加倍获得。四倍体柑橘一般生长缓慢,树体较小,枝短而密生,开花结果迟,结果少,缺乏直接作为接穗应用的潜力,但在育种上可与二倍体杂交选育三倍体无核品种。三倍体也可从自然界的实生苗中获得。此外,通过胚乳组织培养等方法也可获得三倍体。由于珠心胚的存在,个别三倍体柑橘品种也会出现种子。

(2)辐射育种

柑橘不同品种对辐射的敏感性不同,一般采用的是γ射线,枝条5~7.5 kR,种子10~15 kR,剂量率100~200 R/min。柑橘辐射育种速度快、变异大、效果较好,供试材料可以是芽条、种子和花粉。处理的枝条可以进行高接,处理的种子可以采用胚芽高接,促进提早开花结果,加速育种进程。

(3)体细胞杂交

自20世纪80年代中期以来,柑橘体细胞杂交取得的进展超过任何一种果树,已获得了近100个体细胞杂种。体细胞杂交可以克服有性杂交中遇到的珠心胚干扰和性器官败育无法杂交的困难,并在一定程度上克服有性杂交不亲和性,且该技术不受季节限制。这一技术的关键是亲本一方的原生质体必须来自具有胚胎发生能力的愈伤组织或悬浮细胞。

(4)遗传转化技术

Kobayashi和Uchimiya首次报道了通过PEG介导法获得转标记基因的特洛塔甜橙原生质体,但并未获得再生植株。之后,遗传转化技术在柑橘育种上得到快速的发展。Moore等首次应用根癌农杆菌进行柑橘实生苗上胚轴切段转化,成功地获得转标记基因的卡里佐枳橙植株。在柑橘遗传转化中,转化基因类型包括筛选标记基因、报告基因,以及具有农艺性状的一些基因,如抗病虫基因、抗逆相关基因、改善果实品质相关基因及短童期相关基因等。

17.2 苹果育种

苹果由于具有高产、优质、营养丰富、供应期长、耐贮运、适应性广,鲜食及加工皆可等特性而素有"果王"之美誉。世界上除少数低纬度国家外,苹果在多数国家的果树生产中都占有重要地位,近年来发展更是迅速。我国苹果育种工作取得了一定成绩,育成了几十个比较优良的品种,选出了一批优良的芽变株系。在育种中积累了一些经验,但还存在不少问题。总的来说育种适应不了苹果生产发展的形势,资源的征集评价及性状遗传研究工作薄弱,使亲本选择、选配极限性较大。此外,育种群体较小,早期选择研究不够,从而影响育种的质量和效率。

17.2.1 种质资源

1)苹果属内种的多样性

世界上公认的苹果属植物有35种,分布在欧洲、亚洲和北美洲的北纬30°~50°地带。据李育弄等报道,苹果属分布不均匀,北美有8个、欧洲3个、西亚2个、中亚10个、日本4个、中国24个,中国川滇古陆是苹果属植物的初生起源中心。

2)野生种内的多样性

苹果属植物均可天然异交,多数种间不存在生殖隔离,因此其树种多样性尤为复杂。不少种类就是来源于种间杂交,如樱桃苹果和沙果等。

3)苹果栽培品种的分类

(1)苹果系统

含家苹果的品种及近缘杂种。

①中国苹果组。原产我国,树干直立、果皮薄、果皮中果胶及有机酸含量低,味甜质松。

②欧亚苹果组。起源于欧洲和亚洲西部,以此为亲本在世界上育了很多苹果品种,具有森林苹果等树种的遗传成分。

(2)寒地小苹果系统

寒地分布的中型和小型苹果品种均属于此类。多为家苹果和海棠果、扁棱海棠、山荆子的种间杂种后裔,分为北俄罗斯品种群、乌拉尔品种群、西伯利亚品种群、远东品种群及北美小苹果品种群。

(3)海棠果系统

楸子及其近源杂种,果径4 cm以下,果梗长于纵径,枝、叶少毛或无毛。含尖嘴海棠果品种群和平顶海棠果品种群。

(4)沙果系统

沙果及其近缘杂种,花萼宿存,肉质松软,不耐贮藏,含白沙果品种群、红沙果品种群和槟楸品种群。

17.2.2 育种目标

1)选育优质、高产、耐贮运的晚熟品种

非产果季节的苹果供应几乎全靠晚熟耐贮品种。在非苹果产区和外销的苹果中绝大部分也是晚熟耐贮运品种。我国苹果主要栽培区晚熟品种约占80%以上,但品质、丰产性和贮运性方面都存在不同程度的缺点。因此,要选育果形端正、色泽艳丽、肉质细脆、风味好、高产、稳产、耐贮运和适应性强等晚熟新品种。

2)选育适于集约化生产的紧凑型品种

国内外果树生产发展的新趋势是以矮化密植为特点,除可利用矮化砧木外,还可以选育紧凑型品种。我国从国外引入矮化效果较好的M系列,在我国栽培存在不同程度的缺陷,因此必须选育对我国各产区气候土壤适应性强的矮化、半矮化(砧)品种。

3)选育抗寒、优质、耐贮藏、果大的品种

我国北方寒冷地区,年均温在7 ℃以下,冬季绝对低温达-40 ~ -28 ℃,不适于一般大苹果生长,对当地条件适应性较强的小苹果果形较小,品质较差,不耐贮藏,供应期集中。在这些地区的南部,接近现在苹果主产区的北界,有少数适应性较强的大苹果品种,育种目标上可侧重于这些大苹果品种的北移。

4)选育耐高温、高湿、抗病性强的高产、优质品种

苹果产业的一个特点是原来分布很少的高温、高湿低纬度地区发展迅速。低温度地区由于高温、高湿的天气导致了枝梢生长旺盛,养分消耗多积累少,各种病害严重。这些地区对苹果品种选育的要求除了对高温、高湿具有较强适应性外,还要求果实发育期短,可躲过炭疽病和伏旱的伤害。

17.2.3 主要性状的遗传规律

1)果实大小的遗传

果实大小为多基因控制的数量性状,据研究,大苹果与小苹果杂交后,杂种的绝大多数个体果实大小介于父本、母本之间而倾向于小果亲本一方,果实接近大果亲本者占极少数。

2)果皮色泽的遗传

苹果的色泽由表色和底色共同构成,当底色很淡时,表色鲜红,当底色深绿时,表色呈暗红褐色。Crane 提出底色受一些累加基因的控制,黄对绿为部分显性。表色受花青素合成的显性主基因 R_f 控制,有一些修饰基因影响 R_f 的表现。关于色相的遗传,Wilcox 等报道,条状着色对片状着色为显性。

3)果实风味的遗传

含酸量高低对风味的影响尤为重要,品种之间杂交后代含酸量通常比中亲值有不同程度下降。含糖量为微效多基因控制的数量性状,杂种通常表现为连续变异的正态分布,平均值接近于中亲值。大苹果品种间的杂交后代一般很少带苦涩味,而小苹果间的杂交后代中这一问题比较突出。

4)果实品质的遗传

鲜食品质是若干个基本独立遗传的性状综合作用的结果。苹果的鲜食品质在杂交或天然实生繁殖的情况下,品质级次的平均值比亲本明显下降。大苹果与小苹果杂交时,杂种的品质很大程度上受小果亲本的影响。

5)果实成熟期的遗传

苹果果实成熟期为多基因控制的数量性状。实生后代的成熟期比亲本有明显的提早趋势,但也有报道与中亲值接近的情况。此外,正交早熟品种作母本的平均成熟期比早熟品种作父本的平均成熟期要早,说明细胞质基因组也与成熟期有关。

6)果实耐藏性遗传

耐藏性是一个多基因控制的复合性状,它不仅受呼吸系统的影响,还受果肉结构、果皮蜡质、气孔和贮藏病害强弱的影响。通常成熟期越晚耐藏性越强。

7)抗寒性遗传

抗寒性是加性效应为主的数量性状遗传。杂种抗寒性和亲本品种的抗寒性级次呈正相关,还存在母本优势现象。此外,抗寒性受小果亲本的影响比大果亲本大。

8)树势的遗传

树体乔矮的遗传是一个极其复杂的数量性状。矮化或乔化的非加性效应较大,而遗传力较小。此外,还有一类由显性主基因 Dw 控制的矮性遗传,后代矮化和非矮化类型呈 1∶1 分离。

17.2.4 育种技术

1)杂交育种

新中国成立以后,我国有计划、有规模地开展了苹果的杂交育种工作。从事苹果杂交育种较早的单位有中国农业科学院果树研究所、辽宁省果树研究所、河北省昌黎果树研究所、吉林省果树研究所、华中农业大学等单位。吉林省果树研究所培育的金红是新中国成立后从杂交单株中选出的第一个苹果品种,随后,辽宁省果树研究所选育出了迎秋、北丰、伏红、红花、双红、锦红、露香、八月酥、脆红、解放、七月鲜、伏锦、小帅、甜黄魁、瑞香、红铃果、东风、艳铃果等十几个品种,河北省昌黎果树研究所选育出了国庆、红生、向阳红、金丰、葵花、胜利、伏香等品种,中国农业科学院果树研究所选育出了国帅、果铃等,华中农业大学选育出了狮子山 1 号、狮子山 2 号等。这些品种的育出,开创了新中国苹果杂交育种的先河。随后,中国农业科学院郑州果树研究所、陕西省果树研究所、山西省果树研究所、山东省果树研究所、山西农业大学、新疆八一农学院、黑龙江省牡丹江农科所、辽宁省丹东市农科所、青岛市农科所、云南省农业科学院园艺研究所、沈阳农业大学等单位也先后开展了苹果杂交育种研究,共培育出 181 个苹果品种,其中,近 20 年来培育出的品种有象牙黄、秦星、夏阳、华红、华金、矮丰、硕红、云霞、云富、鄂苹果 1 号、丹光、丹苹、寒富、寒光、青香、青帅、丽红、宁丰、宁酥、宁富、国红、杭冠、杭翠、甘金、绿香蕉、宁锦、宁冠、岳帅、秋香、新苹 4 号、富红、富秋、夏艳、华冠、华帅等。

在杂交育种的亲本选择上,元帅、国光、金冠、红玉是最常用的育种亲本。用杂交育种获得的品种中,以元帅(包括其芽变系红星和新红星)为亲本培育而成的品种有 53 个,其中以元帅系为母本的品种有 18 个,以元帅为父本的品种有 35 个;以金冠(包括其芽变金矮生)为亲本培育而成的品种有 43 个,其中以金冠为母本的品种有 31 个,以金冠为父本的品种有 12 个;以国光为亲本培育而成的品种有 34 个,其中以国光为母本的品种有 30 个,以国光为父本的品种有 4 个;以红玉为亲本培育而成的品种有 19 个,其中以红玉为母本的品种有 15 个,以红玉为父本的品种有 4 个。随着生产上栽培品种的不断更新和育种目标的变换,在亲本选配上也有不断的变化,各单位都特别注重选用新培育的优良品种为杂交亲本,如富士、新红星等。在过去 10 年中,富士是杂交育种中作为育种亲本频率最高的品种。目前,以富士为亲本杂交培育而成的品种有华冠、华帅、宁丰、宁酥、云早、寒富、富红和富秋 8 个,其中,3 个品种是以富士为母本培育而成,5 个品种是以富士为父本培育而成。还有一大批以富士为亲本所做的杂交组合株系正在筛选之中,若干年后会有更多以富士为亲本的新品种问世。

2)芽变选种

大规模的苹果芽变选种始于 20 世纪 70 年代,通过发动群众参与,在短短的几年间,选出了不同类型的优良芽变系 200 多个。截至 2001 年,报道选出的苹果芽变系品种有 50 个,其中在近 10 年间报道的有 23 个。在所有通过芽变选出的品种中,富士类的芽变系品种 12 个;元帅类的芽变系品种 15 个;金冠类的芽变系品种 8 个;国光类的芽变系品种 3

个;红玉类的芽变系品种 2 个;嘎拉类的芽变系品种 2 个。玫瑰红、烟红、烟青、惠民短富、礼泉短富等芽变系品种已在生产上发挥了很大的作用。目前,烟嘎 1 号、烟嘎 2 号、烟富 6 号、昌红、短枝华冠等仍是生产上的主要推广品种。

3)实生选种

早期培育的品种大多是利用实生选种的方法培育出来的。在我国利用实生选种培育的苹果品种累计有 31 个。在这些品种中以国光实生和金冠实生为多。有些品种已在生产上发挥了很大的作用,成为当地的主栽品种,如甘肃省果树研究所从金冠实生中选出的抗寒晚熟品种金富,宁夏回族自治区农林科学院园艺研究所从国光实生中选出的抗寒晚熟品种宁香,山东省果树研究所从金冠实生中选出的早熟品种岱绿、自然实生中选出的晚熟品种秀水、龙金蜜,山东省烟台果树试验站从自然实生中选出的晚熟品种烟红蜜,山西省果树研究所从金冠实生中选出的丹霞等。

4)辐射诱变育种

在辐射诱变育种方面,先后有 10 个科研和教学单位利用 $^{60}Co-\gamma$ 射线处理苹果休眠枝条和种子的研究。其中,用 $^{60}Co-\gamma$ 射线处理苹果休眠枝条,培育成的品种有辽宁省果树研究所处理金矮生获得的无果锈类型-岳金和河北省昌黎果树研究所处理向阳红获得的短枝类型-短枝向阳红;利用 $^{60}Co-\gamma$ 射线处理种子培育而成的品种有东垣红、宁光、宁富。

5)其他育种途径

其他育种途径主要有倍性育种、基因工程育种等。如中国农业科学院果树研究所利用苹果花药培养进行单倍体育种,已经获得了元帅、国光、赤阳、金冠、祝光、富士、新红星、红玉等 8 个品种的花药培养植株,并通过染色体加倍获得了纯系植株,有一些单株已开花结果。东北农业大学在 20 世纪 80 年代利用花药培养也获得了小苹果黄太平的花药培养植株,但未进行继续观察。在用秋水仙素诱导苹果进行多倍体育种研究方面,山东省果树研究所开展得较早。1986 年利用秋水仙素诱变并获得了秀水、龙金蜜、岱红、岱绿、绿光、富士等 12 个品种杂种胚的同质四倍体新种质;还利用秋水仙素处理叶片离体培养材料,获得到了早生富士、好矮生、艾尔斯塔、早捷等品种的四倍体植株。1996 年山东农业大学也获得到了嘎拉品种的四倍体植株。在苹果胚乳培养方面,山东农业大学和中国科学院植物所从二倍体苹果金冠和国光的胚乳培养中获得了三倍体的苹果植株。在苹果的转基因抗虫育种研究上,1992 年陕西省果品研究中心与美国加州大学合作,利用叶片圆盘法将 Bt 基因导入绿袖叶片中,并从中获得了携带 Bt 基因的抗虫再生植株;1997 年,沈阳农业大学也获得了乔纳金的 Bt 基因转化植株。到目前为止,我国已在金矮生、绿袖、乔纳金、皇家嘎拉、富士、早生富士、辽伏等 7 个苹果品种上获得了携带 Bt 基因的转基因植株。

17.3 桃育种

桃是原产我国的第三大落叶果树,在我国已有 4 000 多年的栽培历史。自 20 世纪 70

年代后期以来,我国桃产业发展迅速,逐渐成为世界桃和油桃生产的第一大国。桃产业的可持续发展依赖于新品种的不断推出,几十年来,我国桃育种研究经历了从无到有、从选到育、从传统育种到常规育种与生物技术育种相结合,取得了令人瞩目的成就。同时,我们也应该清醒地认识到,我国的桃育种与发达国家相比还存在很多不足,很多方面还无法满足生产者与消费者的需求。

17.3.1 种质资源

1)植物学分类

桃属于蔷薇科李亚科李属桃亚属,共有5种。

(1)桃

桃又名毛桃,原产我国陕西、甘肃一带。野生桃适应性广,抗性强,果小,品质差。几乎所有的栽培品种都是由这个种演化而来的,其类型多,分布广。变种有圆桃、蟠桃、油桃、寿星桃、垂枝桃和碧桃。

(2)山桃

山桃起源于我国东北、华北、西北等山岳地带。小乔木,树干表皮光滑,略带红褐色。果实小,球形,不堪食用,离核。抗寒、耐旱、耐盐碱,花期早,与桃杂交容易。在我国北方桃产区用作砧木。

(3)甘肃桃

甘肃桃原产陕西、甘肃。冬芽圆球形,无毛,花柱长,果肉白色,品质差。核面有沟纹,无点纹。当地用作砧木,易与桃杂交。

(4)新疆桃

新疆桃在新疆和中亚地区均有栽培,有白肉、黄肉的桃和油桃类型。叶片侧脉直出叶缘,不成网状,核纹平行。能与桃杂交结实。

(5)光核桃

光核桃原产我国西藏、川西一带。乔木,果实近球形,果小,核光滑无纹,抗寒力强。近年发现有大果、含糖量高的类型。

2)生态学分类

(1)华北系品种群

华北系品种群主要分布于黄河流域的山东、河北、山西和甘肃等省。具有较强的抗寒和抗旱性,树体直立,多单花芽,果实顶部常有乳头状突起,缝合线深而明显。

(2)华中系品种群

华中系品种群主要分布于长江流域各省,尤以江苏和浙江为盛,该地区为夏湿气候。本品种群能适应阴雨多湿气候。

(3)欧洲系品种群

欧洲系品种群又称波斯系品种群,是由我国早期传出去的桃演变而来的。主要分布在亚洲西部和地中海沿岸的南欧国家,以意大利、土耳其和西班牙为主。小果型、黄肉、不溶质和油桃等在这一品种群中较多。

17.3.2 育种目标

1)鲜食品种的育种目标

对鲜食桃的育种任务是从软溶质型逐渐过渡到硬溶质的耐运输品种。在继续选择大果、优质、不同成熟期、丰产、抗病品种的同时,应着重改善果实的商品外观,选择红晕覆盖面大,着色鲜艳,同一果实成熟均匀一致,果实圆正,两半对称,无突出果尖的果形。此外,还要选择富含胡萝卜素的黄肉品种供鲜食,避免那些容易发生褐变的单株入选。为了食用方便,还应选育离核品种。

2)油桃品种的育种目标

油桃的育种应保持在果实外观鲜红的同时,着重选择大果形、不裂果,风味较甜的品种,并努力增强气候适应性,提高产量。

3)短低温品种的选育目标

近年来,美国、巴西等国选育出了短低温品种,使桃在热带、亚热带地区的生产栽培得到了发展。我国华南地区有很多短低温桃种质,可开发利用。选育短低温品种可以扩大桃的栽培区域,提早桃的市场供应。我国短低温桃品种的改良应以早、中熟,大果和优质为主,以便充分发挥华南地区气温高,季节早的优势,满足早期市场需求。

4)罐藏品种

桃的果实经罐藏加工后,不但便于贮运,且具有独特的风味品质,在国际市场上较畅销,发展前途好。罐藏品种选育必须符合黄肉、不溶质和黏核这3个基本加工条件。

17.3.3 主要性状的遗传规律

桃的许多经济性状为质量性状,显隐性明显,利于遗传分析,加之桃能自交结实,实生苗结果早,育种周期短,且染色体数目少,便于细胞遗传学研究,所以对桃的性状遗传了解较多。表17.1所列的桃树性、叶片、花和果实等性状是经许多研究者证实的质量性状。其中多为一对基因控制的完全显性遗传模式;也有一对基因不完全显性遗传的,如叶色、叶腺等;还有二对基因控制同一性状的,如桃树灌丛性生长习性等。

桃的开花期、果实成熟期、果实大小、含酸量等为典型的数量性状,而果实品质、产量、树体抗寒性等是由若干单一因子综合表现的结果,又称复合性状。它们遵循数量性状的遗传模式,在后代群体中呈连续变异的正态分布。然而由于存在某些主基因的作用,数量性状也可能表现偏态分布的情况。

表 17.1　桃单基因控制的遗传性状

器　官	性　状	基因符号	备　注
根	抗根线虫/感染	Mi/mi	
	抗根癌病/感染	Ca/ca	
茎	正常乔化/短枝型矮化	Dw/dw	不完全显性
	正常乔化/灌丛型矮化	Bu_1、Bu_2/bu_1、bu_2	Bu_1 和 Bu_2 为重复独立基因
叶	红叶/绿叶	Gr/gr	
	叶缘平直/叶缘波状	Wa/wa	不完全显性
	有腺体/无腺体	E/e	EE 肾形,Ee 圆形,不完全显性
	有花青素/无花青素	An/an	
花	花粉能育/花粉不育	Ps/ps	不完全显性
	铃型花/蔷薇型花	Sh/sh	
	大型/小型	L/l	
	彩色/白色	W/w	
	粉红/红	R/r	
	深粉红/浅粉红	P/p	
	单瓣/重瓣	D/d	
果	扁盘形/圆球形	Sa/sa	不完全显性
	有毛/无毛	G/g	
	红皮/白皮	R/r	
	白肉/黄肉	Y/y	
	离核/黏核	F/f	
	溶质/不溶质	M/m	
	软溶质/硬溶质	St/st	

注:引自赫斯,1975。

17.3.4　育种技术

1)有性杂交育种

桃花芽通过休眠后,在春季花芽膨大期进行减数分裂产生小孢子。有些品种花粉皱缩退化,呈淡黄或白色,缺乏花粉。对盛开的花朵进行人工授粉,结实率最高,一般雌蕊适于授粉的时期约在开花前后的 3～5 d 内,正常受精在授粉后 24～48 h 内完成。花粉在干燥的室温条件下(20 ℃左右)生活力能保持两周左右;贮藏于 0～2 ℃,相对湿度低于 25% 的条件下,能保持生活力 1～2 年。

在完成受精后的 1～2 d 受精卵开始分裂,几天之后形成极微小的原胚,但胚的发育在随后的几周内非常缓慢。桃的果实发育可明显分为 3 个阶段,花谢后为第一阶段,这一阶段果实膨大较快,种皮白色,种皮内含有胶状胚乳,未形成种胚;第二阶段为硬核期,果实膨大非常缓慢,种胚吸收胚乳迅速长大,逐渐充满种皮,种子变厚,色泽加深,胚内干物质含量增加;第三阶段为果实成熟前的迅速膨大期。早熟品种与晚熟品种的主要差别在果实发育的第二阶段,早熟品种在完成第一阶段后不久就进入果实成熟期。因此,很多早熟和极早熟品种果实达到成熟时,种皮内还保留许多半透明胚乳,核未硬化。

桃的种子一般要求 60 ~ 70 d 的低温休眠才能发芽。中晚熟品种果实充分成熟后采收,取出种核,轻度发酵,洗净核上附着的果肉,晾干,于室内冷凉处保存。入冬后直接播种在事先准备好的苗床中,或在湿润的河沙里层积。播种或层积前应把种核在清水中浸泡 24 h,使种子充分吸水。早熟品种的种子从新鲜果实中取出,清洗后立即用清洁、湿润的滤纸或纱布包裹保湿,放入培养皿,加盖,置于 0 ~ 5 ℃的冰箱里。发芽的种子应播种在营养钵中,待入冬后移至温室继续生长。

桃实生苗在幼年期可进行某些性状的预先选择。例如,根据叶片颜色选择未来果肉色泽或成熟期;根据萌芽期来选择未来的花期;某些矮化树形可根据早期小苗的分枝角度,枝条萌发率和节间长短等性状进行选择;叶柄有蜜腺者对白粉病和缩叶病有较强的抗性。根据萌芽和落叶期可选择短低温类型,低温要求量少的植株萌芽早落叶迟。抗寒性的差异也可通过小苗越冬表现和某些生理指标进行早期选择。但早期选择性状有限,对大多数果实经济性状的选择主要还是在结果期进行。

进入结果期以后,应对杂种进行全面的观察记载,记载的内容大体分为 3 个部分。开花时,记载开花物候期,花量多少和花器官特征等。采收期应记载果实成熟期,果实形状、大小、茸毛、着色等外观特征,以及果肉颜色、质地、品质、黏离核和贮运性等。此外,还应对实生苗的生长势,结果习性,产量,采前落果,抗病虫性等作出综合评价。最后,根据这些性状与当地同期成熟的主栽品种进行比较,作出取舍。

2)芽变选种

桃的自然芽变相对普遍,变异性状包括果实大小、性状、色泽、成熟期、花粉育性以及生长习性等。芽变多为个别性状的变异,适用于优良品种的进一步修缮。早熟品种由于果实发育期短,制约果实大小和品质的发育,要通过杂交育种同时获得果实大、品质好、成熟期早的新品种,难度非常大。而芽变选种则能实现同一品种同时兼具上述 3 个优良性状。例如,安徽农业大学从沙子早生的芽变中选出特大果形的安农水蜜。Shamel 等从黄肉的西姆士中发现了白肉的芽变。

3)辐射育种

利用辐射处理可人为创造变异,Hough 和 Weaver 曾利用 γ 射线对几个桃品种的苗进行了慢照射,发现成熟期有提早或推迟、离核变为黏核、果实花青素明显增加等变异。照射处理延续 8 个月或 20 个月,每天照射 10 ~ 60 R,总剂量 2 450 ~ 36 300 R。李树举等利用 γ 射线对 7 个观赏桃品种休眠枝条进行辐照发现,观赏桃休眠枝条的适宜辐照剂量为 20 ~ 40 Gy,变异率高达 17.9% ~ 19.1%,由此选育出了 6 个观赏价值较高的变异新品系。

4)组织培养与遗传转化技术

桃组织培养起步于 1993 年,Tukey 首先开展了胚培养,至今桃组织培养工作已有广泛的发展,外植体有茎尖、腋芽、叶片、胚、胚乳、胚珠、子叶、悬浮细胞和原生质体等。其中大多数的研究集中于茎尖和胚培养方面。桃茎尖培养的主要目的是脱毒和快速繁殖,危害桃树的病毒有30余种,病毒病给生产带来了巨大损失。桃树经分化途径产生再生植株的报道不多,其中,大多数的研究是经过诱导愈伤组织和体细胞胚胎发生两条途径完成再生的。

桃树遗传转化难度较大,目前还无应用于生产的转基因植株。Smigicki 首先开展了桃的转基因工作,他分别利用细胞分裂素合成酶基因和生长素酶突变基因的根癌农杆菌与桃的成熟细胞共培养进行感染,获得了内源细胞分裂素含量比非转化愈伤组织中含量高的转化愈伤组织,但转化的细胞或愈伤组织没有产生不定芽。Ye 用基因枪轰击桃未成熟胚、胚轴、子叶、茎尖、叶片和长期胚性愈伤组织转化 GUS/NPGⅡ嵌合基因,所有类型的外植体均获得了 GUS 基因的瞬时表达,并在长期胚性愈伤组织中固定表达。此外,吴延军等已在桃树上分离了 ACC 氧化酶基因并构建了反义表达载体,可以用于桃树的转化以提高其耐贮性。

17.4 葡萄育种

葡萄为葡萄科葡萄属落叶藤本植物,是世界上栽培最早、分布最广的果树之一,全球的葡萄业产值更是位居世界农产品第5位。随着我国果树产业的发展,葡萄跃升成为发展速度最快的果树种类之一,与香蕉、柑橘、苹果、梨和桃并称为我国六大水果。优良的葡萄品种是葡萄产业持续发展的重要保障,葡萄育种水平的高低、培育新品种的数量和葡萄优良品种的产业化能力则决定了葡萄产业发展的走向及市场竞争力的强弱。

17.4.1 种质资源

1)葡萄种质资源分类

葡萄科有15属,约980种,绝大多数分布于温带、亚热带和热带的山林河谷。我国有7属,共110余种,果实有经济价值的仅葡萄属。该属分为圆叶葡萄亚属和真葡萄亚属,共70余种,我国有30余种,通常所说葡萄均属于本属。

(1)圆叶葡萄亚属

圆叶葡萄亚属分布于墨西哥湾及美国东南部大西洋沿岸的热带和亚热带地区。有圆叶葡萄和乌葡萄两种,染色体 $2n=40$,与真葡萄亚属不易杂交。圆叶葡萄果穗小,果较大,多黑色,果皮厚,不易与果肉分离,鲜食或酿酒,有若干较好的栽培品种。其优点是对葡萄根瘤蚜为完全免疫和对一些真菌病害及线虫有很强的抗性。但扦插不易生根,与欧洲葡萄嫁接不亲和,无法用作抗根瘤蚜的砧木。

(2)真葡萄亚属

真葡萄亚属共有70余种,染色体 $2n=38$,种间杂交容易,主要的栽培品种均为此亚属。按地理起源可分为北美、东亚和欧亚3个种群。

①北美种群。共有28种,原产北美大西洋沿岸的墨西哥至加拿大东部。主要特点为

叶背绒毛厚或有些为雌雄异株；果圆形，黑色，皮厚，有肉囊，多具草莓香味；抗寒，抗湿，抗病，抗根瘤蚜。代表种类有美洲葡萄、河岸葡萄、沙地葡萄、冬葡萄等。本种群无食用价值，一般不作酿酒品种的育种亲本，因其草莓味影响酒质，可用作抗性育种或抗性砧木。

②东亚种群。共40余种，起源于我国的有30余种。主要特点为多雌雄异株；果小，紫黑色；抗寒，耐湿，较抗病。代表种类有山葡萄、蘡薁、刺葡萄、华东葡萄、毛葡萄、秋葡萄等。可作为酿酒、制汁和抗寒、抗病砧木或育种亲本。

③欧亚种群。只有一个种即欧洲葡萄，目前世界各国栽培的葡萄品种绝大多数均属本种，其产量约占世界葡萄产量的90%以上。主要特点为丰产，含糖量高，含酸量低，风味好。抗病和抗寒性差，不抗根瘤蚜。适于鲜食，酿酒，制干和制汁。

2）欧洲葡萄生态学分类

（1）东方品种群

东方品种群原产于中亚细亚、高加索、阿富汗、伊朗、近东。植株发育旺盛，生长期长，抗寒性弱，适宜在雨量稀少，气候干燥，日照充足，有灌溉条件的地域栽培。可鲜食或制干，是选育大粒、鲜食和无核品种的主要原始材料。

（2）黑海品种群

黑海品种群原产黑海沿岸和巴尔干半岛。植株生长中庸或旺盛，与东方品种群比较，生长期较短，抗寒性较强，但抗旱性较差，对根瘤蚜有一定的抵抗力。本种群多数品种适于酿酒，少数用于鲜食，也可用作酿酒、鲜食品种选育的原始材料。

（3）西欧品种群

西欧品种群原产法国、西班牙、意大利及荷兰等国。生长期较短，抗寒性较强。绝大多数品种适于酿酒，是选育酿酒品种的原始材料。

（4）欧美杂种

欧美杂种是欧洲葡萄与美洲葡萄的人工种间杂种。生长势强，叶大，叶背绒毛较多，卷须不规则，适应性强，较耐高温多湿，抗病较强，丰产，质较优。

17.4.2 育种目标

1）选育丰产、大粒的无核品种

无核葡萄主要供制干和鲜食。目前，无核葡萄品种大多适应性差，果枝率低，果粒不够大，无香味，成熟不够早。为此，需要选育大粒、丰产、早熟的无核制干品种和大粒、抗病、丰产、耐贮运的无核鲜食品种。

2）选育优质、适应性强的酿酒品种

葡萄最主要的用途是酿酒，葡萄酒的质量除酿造技术外，主要取决于品种。只有优良的品种原料才能酿出优质的葡萄酒。目前，我国虽然从国外引入了不少著名的酿酒品种，但适应我国复杂气候土壤条件的不多。因此，选育高糖、优质、丰产、抗逆性强的酿酒品种，对发展我国葡萄酒工业有很重要的意义。对酿酒葡萄的要求是抗病、丰产、含糖量高于15%、有果香、出汁率在70%以上。

3）选育极端成熟期的高产、优质品种

绝大多数葡萄品种的成熟期集中在7—9月。到葡萄集中成熟期，市场供应过盛，常导致很多优质葡萄低价出售，严重影响了整个葡萄产业的发展。而葡萄本身不耐贮藏，很难做到周年供应。

4）选育优质的抗寒品种

欧亚种葡萄抗寒性较弱，我国陕西关中和黄河以北的广大葡萄产区，冬季绝对低温大多在-28～-17 ℃，必须埋土防寒越冬。因此，选育优质、抗寒、抗病，冬季不埋土或轻度埋土的鲜食和加工品种十分重要。

5）选育耐湿、抗病性强的品种

在葡萄的生长期中，6月前后是我国南方的梅雨季节，湿度大；7—9月又是北方黄河流域的雨季，致使为害葡萄的一些真菌病害，在大部分地区普遍发生。因此，选育优质、耐湿、抗病的葡萄新品种，在我国具有重要意义。

6）选育抗逆性强的砧木品种

为我国北部寒冷地区选育易扦插繁殖、与栽培品种嫁接亲合力强的抗寒砧木品种；为盐渍化土壤地区选育抗盐碱的砧木和栽培品种以及抗湿、抗根瘤蚜、抗根腐病、抗根癌病、抗线虫的砧木品种。

17.4.3　主要性状的遗传规律

1）花型的遗传

葡萄的花型有雄花、雌能花和两性花3种。栽培品种绝大多数为两性花，少数为雌能花；野生类型为雌雄异株。在葡萄杂交育种中，由于亲本的不同，这几种类型的花都可能在后代中出现，如图17.2所示。

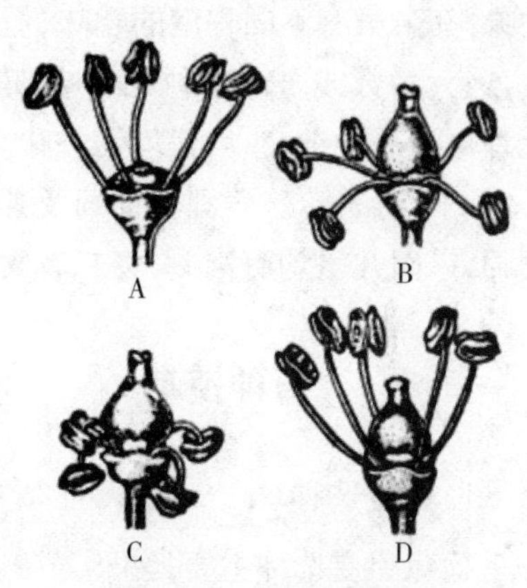

图17.2　葡萄的花性

A—雄花；B，C—雌能花；D—两性花

2）果实成熟期的遗传

在葡萄杂交后代中，果实成熟期的变异有趋于早熟的倾向，尤其当两个杂交亲本的成熟期相近或用较早熟的品种作母本时，杂种早熟趋势更为明显。

3）无核果实的遗传

无核葡萄可分为两大类：第一类卵细胞受精后约一个月左右，胚败育，不能形成正常的种子，称为假单性结实。第二类卵细胞不经过受精而发育成果实，称为单性结实。有核品种自交或相互杂交，后代中无核实生苗所占比例极低。有核与无核品种杂交，后代无核单株所占比例低于50%。因此，认为葡萄无核是隐性性状，但不是简单的隐性遗传。

4）抗病性的遗传

Mortensen 认为，葡萄黑痘病受3种独立基因所控制。显性基因 An_1 和 An_2 决定感病，

显性基因 An_3 决定抗病，当 An_1 和 An_2 同时存在时，不论 An_3 是否存在仍表现为感病。当 An_1 或 An_2 任何一个缺少时，An_3 决定抗病，an_3 决定感病。

5）果穗、果粒大小的遗传

欧洲葡萄品种间杂交时，后代果穗有变小的趋势。果穗大的欧洲葡萄与果穗极小的山葡萄、董氏葡萄杂交，多数杂种的果穗小，倾向野生亲本，少数为中间型，倾向栽培品种的极少。欧洲葡萄品种间杂交，后代果粒大小多数居于双亲中间或接近于小果粒亲本。

6）果实及果汁颜色的遗传

葡萄果实的颜色分为3类，即白色、红色和黑色。葡萄果实颜色的遗传受一对基因控制，有色对白色为显性，白色属于隐性同质结合。果汁颜色为质量性状，有色对无色为显性。

7）果实含糖量的遗传

葡萄杂种果实的含糖量一般与亲本相近或介于双亲之间，超亲现象并不多见。但据北京植物园报道，欧洲葡萄与野生种葡萄杂交时，杂种含糖量普遍提高，表现出明显的杂种优势，说明远缘杂交是提高葡萄含糖量的有效途径。

8）果实香味的遗传

果实香味的遗传主要有玫瑰香味和草莓香味两种。

①玫瑰香味。玫瑰香味浓的与玫瑰香味中等或淡的品种杂交，半数以上的杂种果实无香味，其余虽有不同程度的香味，但香味浓的只占极少数；玫瑰香味浓的与无香味的品种杂交，绝大多数或全部杂种无香味；玫瑰香味中等的或淡的与无香味的品种杂交以及双亲全无香味的品种杂交，后代均无香味。

②草莓香味。美洲种葡萄及其杂种所特有的一种香味，遗传力强。凡具有草莓香味的葡萄，果肉几乎均有肉囊，将二者紧密地联系在一起。

17.4.4 育种技术

1）芽变选种

葡萄芽变选种主要是果实成熟期间在果园中进行，一旦发现个别枝条或单株所结果实与原品种有明显差异时，立即标记，并对其变异性进行拍照、记载和分析。然后进行无性繁殖，以鉴定其变异的真实性与稳定性；通过与原品种的对比试验，以确定其产量、品质和抗逆性等。例如，念红忠等从昆明地区主栽葡萄品种华夫人的芽变中选出了华变新品种，新品种果穗重、单粒及种子大小均显著大于其亲本。

2）实生选种

葡萄品种的选育是从实生选种开始的。目前，世界上还有许多著名的品种和不知起源的古老品种都来自播种天然授粉的种子。如瑞必尔是一位法国苗圃工人1860年从播种的实生苗中选出的。1968年，美国人播种康可的自由授粉种子获得了制汁品种Sunbelt。日本品种高尾，中国品种京超和甜峰，均起源于巨峰自由授粉种子。北京植物园1990年定名的大粒、早熟品种京亚也是黑奥林的实生后代。

实生选种之所以能够选育出新品种,除基因的分离、重组外,还具有其独特的受精选择作用。人工控制杂交一般仅向母本提供一种父本基因型花粉,但在自由授粉情况下,向母本提供花粉的不只是一种基因型花粉,为授粉与受精提供了较为充足的选择机会,因而自由授粉实生苗一般比人工杂交实生苗的变异范围更广,往往也会出现少数突出的优良性状。

3)有性杂交育种

随着遗传育种理论的发展,我国育种工作者根据育种目标有目的地选择选配杂交亲本,广泛开展了葡萄杂交育种工作。据统计,我国运用杂交方法已成功育出73个优良葡萄品种,以鲜食品种最多,共54个品种,占所有优良鲜食品种的62.1%;酿酒品种15个,占所有优良酿酒品种的88.2%;育成的3个砧木品种、3个制汁品种和制干、制罐品种也都是利用杂交方法选育而成的。可见,杂交育种是我国葡萄育种中极为成功的方法,这些育成的品种性状优良,不乏广泛栽培品种。如我国早期育成的鲜食品种早玛瑙、凤凰51号、紫珍香等,近年来通过审定的酿酒品种如左优红、北冰红、北红等酿造的酒质好,抗病、抗寒性强。

4)其他育种途径

多倍体育种的发展有利于满足人们对大粒葡萄的需求。多数葡萄多倍体具有的典型特征为茎粗、节间短、生长点粗秃、叶色浓绿、叶片大且厚、果粒大、果实成熟期提前。此外多倍体葡萄种子发育不良且少,特别是三倍体品种,大多不育,果实无核或少核,这些性状对于葡萄来说是一个突出的优良性状。通过无性繁殖能固定这个优良性状,并使其稳定地遗传下去,在生产中长期利用。

基因工程的发展为葡萄的品种改良带来了很大的方便,大大缩短了育种年限。葡萄遗传转化工作难度较大,常常无法获得转基因再生植株。目前,葡萄遗传转化导入的基因多为报告基因,近年也成功地导入了少量有重要经济价值的目的基因,其中包括葡萄扇叶病毒、西红柿斑点病毒、葡萄铬黄花叶病毒的CP(Coat Protein)基因,Bt(苏云金杆菌)杀虫蛋白基因及几丁质酶基因。Levenko等人用抗除草剂转基因改良赤霞珠,转基因植株可以在喷施除草剂剂量为10 mL/L的条件下存活,而未经转基因的植株在除草剂浓度达到3 mL/L时就会死亡。对于我国北方而言,冬天极低的温度是影响葡萄正常生长的重要因素,通过转入抗冻基因,培育抗冻性较强的葡萄品种,是一项意义深远的探索。

17.5　荔枝育种

荔枝是原产于我国的南亚热带著名常绿果树。目前,全世界荔枝种植面积超过8 000 km^2,总产量约250万t。我国是荔枝最大的生产国,栽培历史悠久,种质资源丰富,种植面积及产量均居世界首位,近5年来,其产量连续超过100万t。就面积而言,荔枝已跃升为我国第四大果树,发挥着重要的经济和社会效益。荔枝产业已成为华南地区的重要农业支柱产业。

新品种选育是荔枝产业良性发展的必要保障。不断培育适宜各种生态条件和市场需求的优良品种,是荔枝产业持续发展的迫切需求。长期以来,由于荔枝树体高大,童期长,遗传杂合度高,导致常规育种工作困难。因此,荔枝育种工作者主要采用实生选种和芽变选种。近年来,人工杂交育种及与生物技术相结合也逐渐受到重视并在育种中开始应用。

17.5.1 种质资源

荔枝为无患子科荔枝属常绿果树,共有两个种:一种为中国荔枝,栽培品种均起源于该种;另一种为起源于菲律宾的野生荔枝,果实长椭圆形,果皮有长刺状突起,种子大,假种皮(果肉)不发达,味酸涩,无食用价值,但可作为育种资源或砧木使用。

1)中国荔枝野生种质资源

自20世纪50年代以来,相继在广东、广西、海南和云南等省区发现野生荔枝。在海南南部的金鼓岭、霸王岭,广东西南部和广西东南部的森林里,均发现较大面积的野生荔枝资源。其中,有高达30 m以上,胸径接近2 m,树龄估计达千年以上的老树。

野生荔枝与栽培品种的枝、叶、花和果食形态没有明显差异。野生荔枝植株高大,果实较小,核大肉薄,味酸,品质低劣,但也存在某些性状优良的单株,如大果、早熟、迟熟和抗寒等,在育种中具有较大的价值。原始野生荔枝是育种的宝贵基因库,除加以重点保护外,应加强研究利用。

2)栽培品种类群

据不完全统计,荔枝有约400个品种,主产区主要分布在广东、广西、福建、海南和台湾等省区,云南和四川也有少量栽培。其中,广东现有栽培品种最丰富,主要有三月红、桂味、糯米糍、黑叶、怀枝、妃子笑、水东、白腊、尚枝、香荔、甜岩和雪怀子等。广西荔枝品种也很多,主栽品种有禾荔、钦州红荔、鸡嘴荔、大造和灵山香荔等。福建的主要品种有早红、乌叶、兰竹、陈紫和元红等。海南的主栽品种有大丁香、无核荔、小丁香、脆肉荔和紫娘喜等。四川的荔枝品种多从广东引入,台湾的荔枝品种则多从福建、广东引入。然而,各地报道的荔枝品种资源有些是同名异物的品种,需进一步整理归并。

荔枝的品种分类尚无统一标准。一般认为,果皮上的龟裂片形态和裂片的尖峰特点,是比较稳定的遗传性状,可作为荔枝分类的主要依据。其他性状如果实形态,叶形和叶色,果实成熟期和果肉品质等性状,亦可作为分类上的参考。

17.5.2 育种目标

1)选育优质、丰产、稳产的品种

荔枝产量极不稳定,丰歉年往往相差数倍,这既与栽培技术密切相关,也与遗传上有关。今后从育种方面入手,选育具有优质、丰产、稳产的焦核(胚败育)品种,是荔枝品种选育工作中的首要任务。

2）选育极端成熟期的优质品种

荔枝果实成熟期过于集中，广东、广西产区绝大多数品种集中在6月中旬成熟，福建产区则多数品种集中在6月下旬到7月上旬成熟。目前，已有的特早熟和特晚熟品种中，多数品质欠佳。由于荔枝采收期极短且集中，采后的保鲜期也极短，因此，选育极端成熟期的品种具有十分重要的意义。

3）选育抗寒品种

荔枝的生长适温为24～30 ℃，冬季低温是限制其生长和分布的主要因素，即便在主产区，荔枝也常受到极端低温的伤害，造成巨大的损失。如果能培育出抗寒性较强的新品种，且可以相对北移栽培，对整个荔枝产业的发展具有重要意义。

4）选育耐贮运及适宜加工的专用品种

糖水罐头，品质极优，不仅能保持其色、香、味，而且还可以解决荔枝成熟期过于集中，鲜果供应期过短的问题。目前，适宜罐藏的品种不多，较适合的品种有乌（黑）叶也存在一些不足之处。

5）选育适于集约化生产的紧凑型品种

荔枝由于树体高大，给生产管理带来诸多不便，为了实现集约化生产，降低劳动成本，在生产上迫切需要培育和利用矮化（砧）品种，以期最大限度地节本增效。在荔枝上，一直没能实现矮化栽培，幸运的是张永福等对YA1和紫娘喜进行了深入的研究后发现，这两个品种（系）具有较强的矮化特性。为了实现荔枝的集约化生产，选育矮化品种至关重要。

17.5.3　主要性状的遗传规律

一般认为荔枝的童期可能为9～10年或更长，但实际并非如此。源自实生繁殖的章逻荔，从种子发芽到开始挂果需时6年；圆枝的种子播种后6年可进入结果期；特早熟荔枝单株97-10的种子播种5年后就可挂果。由此看来，荔枝的童期应为5～6年或略长，且与基因型有关，早熟、极早熟基因型的童期相对较短。丁晓东等于1998年创建了"乌叶×绿荷包"的F_1群体共68个单株，通过RAPD分析发现，多数位点的分离符合孟德尔定律。刘成明等于1998—1999年创建的"马贵荔×焦核三月红"的F_1群体共获得76个单株，在形态学和RAPD位点上都表现出广泛分离，其株高、主干周长、童期、苹果酸含量、酒石酸含量、蔗糖含量及单果重7个性状表现为连续分布，具有典型数量性状特征。

17.5.4　育种技术

1）实生选种

由于历史上荔枝栽培多以播种自然授粉种子为主，天然异交、基因重组和基因突变使得实生群体中不同个体间产生遗传变异。以这些实生群体为基础，从20世纪50年代中后期以来，就大规模地开展了荔枝实生选种工作。通过实生选种，我国已获得了丰富的品种，如广东、广西的三月红、白糖罂、白蜡、圆枝、妃子笑、大造、黑叶、甜岩、鸡嘴荔、新兴香荔、灵山香荔、桂味、糯米糍、怀枝和雪怀子，福建的绿荷包、岵山小核荔、元红、陈紫、东刘1号和及第等。云南省从褐毛荔枝中选出特早熟的优良株系，如南曼荔枝、元阳2号、元矮1号、元阳焦核荔、石荔2号、石荔5号等优良单株；台湾选出大果、优质、高产、晚熟的品种台农3号。美国夏威夷农业试验站从Hak Ip的实生后代最早选出H. A. E. S.，随后又选出稳产、晚熟、风味极佳、焦核率高的Groff。印度的Yadav等选出几个优良品种，其中的一个品种Swarna Rupa，果色诱人、核小、可溶性固形物含量高、抗裂，比中国品种晚熟一个星期。

2）芽变选种

长期以来，我国荔枝的主栽区多采用高压法繁殖苗木。近20年来，嫁接繁殖也被广泛采用。由于多年、大量的无性繁殖，产生了丰富的芽变类型。20世纪90年代以来，我国通过芽变选种获得的焦核优系，如焦核三月红、焦核怀枝和焦核桂味等。广东先后选出多个芽变品系，其中有一个三月红的早熟优质芽变阳春红荔枝；海南从无核荔中优选出大果型的低温敏无核荔A4和高温敏无核荔13号；福建荔从乌叶中选出早乌叶、青壳乌叶等10多个品系，此外还发现了陈紫的早熟品系。这些芽变的性状变异多种多样，涉及叶片形态、果皮颜色、果皮厚度、果实大小、种子大小、果实品质、成熟期等多个性状。

3）引种

荔枝品种大体上可分为两类，即北热带型品种和南亚热带型品种，前者如三月红、褐毛荔和妃子笑等，对冬季低温的需求不严格，能在最冷月均温15～18 ℃、年均温23 ℃以上正常成花。后者如糯米糍、桂味和怀枝等绝大多数品种，在年均温20～23 ℃、最冷月均温10～14 ℃的气候下才能成花。生产引种时应充分考虑这一特性。荔枝向北引种已有成功之例，如美国佛罗里达州地处北纬25.5°～27.5°，从1880年开始了荔枝的简单引种，经过20余个品种的试种比较，筛选出两个适应当地气候的品种，即大造和陈紫。浙江苍南县，地处北纬27.15°，年均温18 ℃，最低月均温8 ℃，极端低温-2.2 ℃，全年有218 d气温稳定在15 ℃以上，该地区于20世纪60年代从福建引种，经试种比较，选出适应当地气候的元红。

4）杂交育种

有目的地选配遗传性不同的材料作为亲本，通过人工杂交，实现基因重组，可以综合亲本的优良性状，甚至产生超亲现象，从而为优良品种的选育提供更多的机会。近年来，杂交育种在荔枝新品种选育上受到了广泛的重视。

Dixon等对几个荔枝品种进行了正反交，后代在生长势、树形及叶片等性状上差异很大，并选出一个高产、大果单株。中国荔枝杂交育种起步较晚，刘成明等于1998—1999年配制了“马贵荔×焦核三月红”和“马贵荔×无核荔”两个组合，目前，已初步选出若干优良株系。如“马贵荔×焦核三月红”的48号单株，童期为5.5年，平均单果重达58.9 g，可食率为77.5%，可溶性固形物为16.8%，该单株的最大优点为果大，耐贮藏；68号单株，童期为4.5年，平均单果重43.37 g，可食率为73.48%，可溶性固形物为15.0%，该单株具有特殊香味，口感极佳。这两个单株的共同特征为童期短、果实发育天数长、极晚熟、果大、可食率高。此外,从“马贵荔×无核荔”中选育出了童期短、焦核或小核、果大和可食率高的两个单株,其中,4 号单株为无核或焦核率极高、果皮鲜红、果肉清甜多汁;37 号单株的无核或焦核率高、果皮鲜艳、口感清脆爽口、完全不流汁。

另外,荔枝和龙眼为无患子科不同属,在生物学上具有许多相似之处,并在果实成熟期、果实大小、抗逆性等方面具有很多互补的有利基因,如果能把这些基因进行交流重组,可望对荔枝和龙眼的种质改良与创新产生深远的影响。因此,国内外一些研究人员力图实现其属间的杂交,然而,直至 20 世纪 90 年代后才取得了局部的成功。

澳大利亚的 McConchie 等,以两个荔枝品种与两个龙眼品种为亲本,进行属间正反交,最终在荔枝做母本的情况下,实现了荔枝和龙眼的属间杂交。华南农业大学园艺学院刘成明课题组也开展了荔枝、龙眼的属间正反交研究,通过混合授粉克服了远缘杂交的不亲和性,最终在“紫娘喜荔枝×石硖龙眼”后代中获得了两株属间真杂种,在“中秋龙眼×紫娘喜荔枝”中获得了 3 株属间真杂种,在“石硖龙眼×紫娘喜荔枝”中获得了 5 株属间真杂种,在“早熟龙眼×紫娘喜荔枝”中获得了 9 株属间真杂种,在“灵龙×紫娘喜荔枝”中获得了 1 株属间真杂种。经试验初步证明,这些属间杂种的抗寒性差距较大,低温半致死温度从 -7.9 ~ 4.8 ℃,具有较大的分离。然而,目前在荔枝和龙眼品种中,公认抗寒性最强的元红,半致死温度为 -2.7 ℃;其次是妃子笑,半致死温度为 -2.5 ℃。因此,通过荔枝与龙眼的属间杂交来选育高抗寒种质是可行的。

果树的良种繁育推广

目前,我国果树尚无完整的良种繁育推广体系,存在的主要问题有发展盲目,品种结构不合理;良种繁育和推广的规章制度尚不健全,《果树种苗管理办法》等规章制度难以实施;良种繁育基地建设比较薄弱,经营分散,导致良种繁育和推广难以控制,种苗质量参差不齐,合格苗木率低;各种种苗广告未经过资质及真实性审查,存在夸张和不实之词,给生产种植者造成财力、物力和人力的损失;繁育推销和种植发展没有有机结合,致使种苗质量得不到保证,种植成功率低;加之科技普及率低,广种薄收的局面还没有根本改变;检疫部门对来自疫区的苗木、接穗及鲜果等的控制能力下降。为确保果树良种的生产繁育和推广发展,促进果树业的持续发展,必须加速建立果树良种繁育推广体系。

首先,制定果树繁育和推广方面的法律法规,规范全国及各省、市、县果树生产和繁育推广的各种规章制度,明确果树繁育和推广发展的各级主管部门,明确良种繁育的“四证”(“母本确认证”“植物检疫证”“生产许可证”“质量合格证”)管理制度,明确较大推广发展计划的管理方式(行政或项目等),明文规定成立各级监管部门,为果树的繁育、推广、调运、检疫及其管理等提供法律依据,以达到归口管理,分工协作,统一规划,规模发展,健康运作的目的。

其次，加强国家果树种质资源圃的投入与管理，以加大国内外果树种质资源收集及保存力度，加快果树种质资源的评价、鉴定及利用进程，确保果树发展所需的种源；加速建成国家果树无病毒苗繁育中心，让无病毒果树良种尽快应用于生产；建立国家、省、市、县级果树良种母本园及繁育中心，搞好品种品系的引种试验、适应性试验和比较试验，为品种品系的生态适宜范围提供依据，为各繁育基地及生产单位提供良种展示基地及良种种源，减少果树检疫性病虫害的蔓延和长距离调运造成的损失，同时，也有利于降低种植者的成本；建立各生产繁育单位果树良种繁育技术及质量保证机构，确保各生产单位按照有关质量标准和技术规程进行生产繁殖，确保所繁殖品种的优良性及可靠来源，确保所繁殖品种的纯度及质量，尽量减少种苗调运的损失，确保种苗到达目的地的成活率，确保引进和引出种源无检疫性病虫害。

最后，建立高质量的良种繁育基地。要求：第一，基地除通常要求的交通、土壤、水源、坡度等立地条件外，还应具备一定规模，以利集中发展，集约经营；第二，脱毒母本园及无病毒苗圃应具备适当的隔离条件，种源应经过严格脱毒处理，达到脱毒种源要求，所用工具也必须进行严格消毒；第三，基地内所繁殖的用于推广的品种来源可靠，品种纯正。其必须是从国外或国内各级母本园引进或国内选育出的经过品种适应性试验，区域性试验和品种比较试验，已经过国家或省（市）品种审（认）定委员会审（认）定的品种，或虽未经过品种审（认）定，但已经过区域试验和品种比较试验，并经县级以上果树主管部门或国家大中专院校、科研院所等确认为表现优良的中试品种；第四，建立品种展示园。要求基地内所繁殖推广的品种必须有丰产园进行展示，且供展示的树应具有一定数量，其数量以多为好，也可根据具体情况酌情考虑，但为确保展示品种品系的代表性，每品种品系至少不得少于5株；各生产繁育单位应建立种源来历、生产繁育技术、田间定植繁育图及数量、销售情况（销售合同、销售品种、销售数量、销往地点、销售金额、经办人员）等档案管理制度，以利监管部门监管。

复习思考题

1. 柑橘起源于哪里？怎样对柑橘种质资源进行分类？
2. 我国柑橘品种选育的主要目标是什么？针对这些目标怎样来进行柑橘的选育种？
3. 苹果的主要性状是怎样遗传的？研究这些性状的遗传规律对我们选育种有何意义？
4. 桃常用的育种方法有哪些？为什么在木本果树育种中，桃的育种进展较快？
5. 葡萄种质资源包括哪些？怎样进行葡萄抗性育种？
6. 三倍体葡萄有哪些优点？怎样选育三倍体葡萄品种？
7. 目前荔枝育种的主要目标有哪些？怎样才能实现这些目标？
8. 荔枝远缘杂交的意义何在？

实验实训指导

实验实训 1　植物花粉母细胞减数分裂的制片与观察

1）目的

了解植物花粉形成中的减数分裂过程，观察此过程中染色体的动态变化和各个时期的特征，学习并掌握制备减数分裂玻片标本的方法和技术。

2）说明

高等植物性细胞的形成过程，都是先由有性组织（胚珠和花药）中的某些体细胞分化为孢母细胞（2n），这些孢母细胞连续进行两次分裂，即减数第一次分裂和第二次分裂，产生 4 个小孢子（n），再发育成雌、雄配子体。

3）材料与用具及药品

（1）材料

松类小孢子叶球或其他植物适当大小的花蕾，如玉兰、百合等。

（2）用具及药品

显微镜、镊子、解剖针、载玻片、盖玻片、培养皿、酒精灯、量筒、吸水纸、滴管、卡诺氏固定液、醋酸洋红、石蜡黏胶。

4）方法步骤

（1）取材

选取发育适当时期的花蕾是观察花粉母细胞减数分裂的关键性步骤。减数分裂的植株形态和花蕾大小，依植物种类和品种而不同，须经过实践记录，以备参考，通常应从最小的花蕾起试行观察，例如，水仙减数分裂一般在球茎未萌动前。

（2）固定

将采集的实验材料置于卡诺氏固定液 3 h，换入 70% 的酒精中，若保存时间较久，可放在 70% 的酒精：甘油为 1：1 的溶液中。

（3）染色

取固定好的花蕾置于载片上，吸去多余的保存液，用解剖针将花药横切，滴上一滴醋酸洋红溶液染色。为了加强染色效果，也可在酒精灯上微微加热，即手拿载玻片在酒精灯上方来回晃动 4 ~6 次，切勿使载玻片达到烫手的程度。

(4)压片

用针头轻压花药,挤出花粉母细胞,去除空壳,加上盖片,在盖片上覆一层吸水纸,并把周围的染色液吸干。用拇指轻压盖片,使成堆的花粉母细胞散开,勿使盖片错动。立刻置于低倍镜下观察,注意观察减数分裂不同时期典型的花粉母细胞及其动态变化。

(5)封片

如有清楚的分裂图像,分裂时期典型,可用石蜡黏胶(2/3 石蜡溶入 1/3 松香)将盖玻片的四周封起来,写上分裂时期,即可临时保存。

5)作业

画出所观察的典型图像,并标出各为减数分裂的哪个时期、有什么特点。

实验实训2　分离规律的验证

1)目的

通过玉米杂交后代与粒色显性和隐性性状的观察、统计,验证分离规律,并加深对分离规律的理解。

2)说明

限于目前园艺植物中用于进行分离规律的分析的典型材料较少,故用遗传分析较为成熟的玉米为材料进行分析。用玉米进行研究分离规律主要具有以下优点:

①由于"花粉直感"现象,很多性状可在种子上看到。

②同一果穗上有数百粒种子,便于计数分析。

③雌雄蕊长在不同花序上,去雄容易,杂交也方便。

④便于贮藏保管。

⑤玉米是一种经济作物,有些实验结果可直接用于实践,且由于经过多年深入研究,人们对其遗传规律已有较清楚的了解,因此,目前玉米已被普遍用于遗传学实验研究。

3)材料

玉米白粒自交系与黄粒自交系杂交的杂种一代(F_1)若干果穗标本、杂种二代(F_2)的若干果穗标本、杂种一代(F_1)与白粒亲本测交的若干果穗标本。

4)方法步骤

先观察 F_1,F_2 果穗、测交果穗的标本在粒色上有什么不同。再仔细统计每一个 F_2 果穗、测交果穗上黄色和白色籽粒的数目,将统计结果填入相应的表内,见表 1、表 2。最好是将多个果穗的统计结果填入一个表中,这样统计的结果更接近理论值。

表1　F_2 代玉米果穗粒色统计表

果穗号	显性粒数	隐性粒数	显隐性比例
1			
2			
⋮			
4			

表2　测交玉米果穗粒色统计表

果穗号	显性粒数	隐性粒数	显隐性比例
1			
2			
⋮			
4			

5)作业

①F_1,F_2 果穗、测交果穗的粒色各有几种？为什么？

②计算统计表中的比例,实际比例和理论比例为什么有偏差？

实验实训3　园艺植物遗传力的估算

1)目的

学习观察整理田间数据,掌握园艺植物遗传力估计的基本方法。

2)原理

百日菊重瓣性的遗传为数量性状的遗传,其重瓣类型(P_1)与单瓣类型(P_2)杂交后,F_2 代群体中呈现较大的变异幅度,且出现了两种亲本类型。因此,通过对 F_2 代群体的分析,可以估计出百日菊重瓣性的遗传力。

3)材料与用具

百日菊的重瓣类型(P_1)、单瓣类型(P_2)、杂种 F_2 的群体。

4)方法步骤

具体方法步骤如下：

①统计全重瓣类型(P_1)每朵花的花瓣数量(至少10朵)。

②统计全单瓣类型(P_2)每朵花的花瓣数量(至少10朵)。

③统计 F_2 群体每朵花的花瓣数,至少100朵。

④绘制出花瓣数频率分布图,并计算遗传力。

⑤观察是否有其他性状与重瓣性相关。

$$H_B^2 = \frac{V_{F_2} - V_E}{V_{F_2}} \times 100\% = \frac{V_{F_2} - \frac{1}{2}(V_{P_1} + V_{P_2})}{V_{F_2}} \times 100\%$$

5)作业

每人数10朵花,然后填入下表,全班汇总,估算遗传率。

花瓣数量分组	计数			平均数($\bar{x}$)			方差(S^2)		
	P_1	P_2	F_2	P_1	P_2	F_2	P_1	P_2	F_2
0～10									
10～20									
20～30									
30～40									
⋮									

实验实训4　园艺植物种质资源的调查

1）目的

了解园艺植物种质资源调查的意义，掌握园艺植物种质资源的调查方法。

2）材料与用具及药品

（1）材料

选择本地区主要栽培的园艺植物，包括蔬菜、果树、花卉等。

（2）用具

简单测量用具、标本夹、种子袋、照相机、有关工具书等。

3）方法步骤

具体方法步骤如下：

①选择本地区主要栽培的园艺植物1～3种，分别进行其野生种和栽培种在当地的分布、分类、生长、应用、研究等状况的调查。

②调查本地区种质资源的发展趋势。

4）作业

每组完成1份被调查植物的种质资源情况报告。

实验实训5　园艺植物引种因素分析

1）目的

通过对影响园艺植物引种结果的基本因素分析，使学生加深对引种理论知识的理解；熟悉引种工作的主要环节；提高组织、领导开展引种工作的实践能力，为进一步设计引种方案，科学有效地进行引种试验作准备。

2）说明

园艺植物种类繁多，不同的园艺植物，甚至同一植物的不同品种，对自然条件均有特定的要求。如果植物生长的环境条件不适宜，植株的生长发育就会受到影响。引种前，首先应充分考虑引种植物生长地的气候条件，尽量选择从纬度、海拔高度、土壤条件相似的地区引种。另外，还应考虑引种植物的适应性大小、引入地的栽植管理条件和人为方面等因素。园艺植物适应性的大小，与目前分布区的生态环境有关，还与系统发育历史中的生态条件有关。

3）内容

全面收集、分析引种材料原产地和引入地的相关资料，对比影响引种结果的各种因素，对影响引种的重要因素进行全面论证。

4）方法步骤

（1）收集、整理资料

实训开始前，安排学生收集或调查以下资料，并整理资料。

①引种材料的分布、经济栽培意义、生物学特性和系统发育历史等方面的资料。

②引种材料原产地的地理、气候、土壤、植被等资料。

③引种材料引种成功的经验、总结报告等。

（2）分析比较影响引种的主要因素

根据引种材料各方面的资料，分析比较其原产地和引入地各种因素的相似程度，找出影响引种成功的限制因素。例如，地理纬度、海拔、气候（光照、温度、湿度和雨量等）、土壤、植被等，还有栽培历史、栽培管理和经济发展水平等。

（3）交流论证

①引种的必要性论证。结合课堂学习的引种理论知识和收集的相关资料，阐述园艺植物引种的必要性。

②引种的可行性论证。针对引种材料的生物学特性、原产地或其自然分布区，与引入地的地理、生态因子进行对比分析，交流论证引种的可行性。

③生产管理措施的论证。根据引入地的经济水平和栽培管理水平，分析论证引种材料的栽培管理要求，并对引种材料拟定相应的栽培管理技术措施。

5）作业

（1）说明园艺植物引种的意义。

（2）分析影响园艺植物引种结果的基本因素。

实验实训6　园艺植物选择育种

1）目的

使学生熟悉园艺植物选择育种（混合选择法和单株选择法）的育种程序；掌握选择育种中两种基本选择法的操作技能。

2）说明

选择育种是利用植物现有的有利自然变异材料，通过人工选择，培育成新品种的育种途径。园艺植物的种类、品种中经常会出现一些自然变异类型。在相对一致的栽培环境条件下,若群体中出现个别植株的性状表现与大多数植株差异明显,而且这种性状可以多代稳定遗传,可以认定这一性状为可遗传变异,对其材料进行选择有可能选育出新品种。

3)**材料与用具**

(1)材料

凤仙花、菊花、鸡冠花、虞美人、一串红等观赏植物的种子。

(2)用具

钢卷尺、量角器、游标卡尺、放大镜、种子袋、挂牌、铅笔、记录本等。

4)**内容**

(1)播种

选择适宜地块,整地作畦,进行原始材料的播种(撒播、条播或点播),之后进行田间管理。

(2)混合选择法

①选择优良单株。在原始材料群体中,按照育种目标,在植株的各个生长阶段进行仔细观察,选择株型、花期、观赏性等主要性状符合育种目标的优良单株(或单个花序或单花),挂牌标记。待标记材料的种子发育成熟后,混合采收种子。

选择时注意入选材料的植株必须具有本品种的典型性,以防品种纯度和性状的一致性下降。

②混合播种。将混合收获的种子播种在混选区内,并在相邻小区内种植对照品种(当地同类优良品种)和原始材料群体,进行比较鉴定。通过鉴定,选择比对照品种和原品种优异的材料留种,混合采收种子。若一次选择未达到育种目标的要求,可如此重复多次(多次混合选择),直到选出符合育种目标的新品种为止。

(3)单株选择法

①选择优良单株。在原始材料植株生长发育的各个阶段,按照育种目标,进行仔细观察,发现符合标准的植株,选择其中经济性状优良、具有个别突出优点的单株(或单个花序或单花),及时挂牌标记。待种子发育成熟后,对入选单株(或单个花序或单花)分别采收种子,分别编号并保存。

②株系圃比较。将入选材料的种子分别种植在小区(即株系圃),按顺序排列,以原始品种和当地标准品种为对照进行比较鉴定。在各个生长阶段进行观察鉴定;淘汰不良株系圃,选择优良株系圃(性状符合育种目标,且单株间表现一致)即成1个品系,待种子发育成熟后采收种子。

若一次选择未达到育种目标的要求,可在优系中重复选择单株,进行多次单株选择,直到优良株系内单株的主要性状表现一致时为止。

5)**作业**

总结选择育种中两种选择法的品种选育过程、分析混合选择法与单株选择法的异同。

实验实训7　果树芽变选种

1)目的

使学生熟悉芽变的规律和特点;掌握芽变选种的程序。

2)说明

芽变选种是对植株芽的分生组织自然发生的有利变异(体细胞突变),通过人工选择,培育成新品种的育种方法。其最大应用价值是对于无性繁殖园艺植物的现有变异,在保持原品种优良综合性状的基础上,改进其个别性状,使品种更符合人们的需要。

芽变选种的关键在于发现变异并区分性状的遗传性变异(即芽变)和非遗传性变异(即饰变)。另外,芽变常以嵌合体的形式存在,育种中需对变异材料进行遗传稳定性的测定,从中筛选出变异稳定的材料,进而形成新品种。

3)材料与用具

(1)材料

苹果、柑橘、桃或其他果树的成年树果园。

(2)用具

钢卷尺、游标卡尺、折光仪、照相机、水果刀、枝剪、采果袋、油漆、标签、铅笔、记录本等。

4)内容

(1)确定选种对象和选种目标

芽变选种是从原有优良品种中选择更优良的变异,需在保持原品种优良变异的基础上,通过选择改善其存在的主要缺点。芽变选种的目标主要是针对当前果树生产中存在的问题、市场需求及发展方向来确定的。如,苹果。元帅系苹果,主要选浓红耐贮型和短枝丰产型;“国光”主要选浓红抗裂果型;“金帅”主要选抗早期落叶病、抗果锈、耐贮藏的高桩和短枝丰产型。柑橘。温州蜜柑系柑橘,主要选无核变异、浓橙色大果型变异、紧凑丰产型变异。

(2)确定选种时期

①选择最易发生芽变的时期。通常可在果实采收期,此期最易发现果实经济性状的变异,如结果习性、果实着色期、成熟期、果实形状、颜色、品质和丰产性等。

②选择灾害发生期。选择抗性强的变异时,应在灾害发生期进行。如,冻害发生后,去田间观察,若发现一个单株或枝条未受冻害,而其他植株几乎全受到冻害,则这个单株或枝条可能是一个抗寒性较强的芽变;再从此株上剪取枝条进行高接鉴定,若其抗寒性仍然较强,可断定其抗寒性为遗传性变异。发现抗病性芽变时,应在病虫害高发的地段或高发时期,去田间检查,若发现一些病虫害发生较轻的单株或枝条,先仔细分析变异情况,判断其为芽变还是饰变。

(3)制定选种程序

①初选。组织广大群众并向其说明选种的意义、目标和要求,发动群众选报变异。根

据选报情况，由专业人员到现场核实，对变异进行比较分析，筛除有充分证据肯定的饰变，并对可能为芽变的植株或枝条进行标记、编号，作为选种材料。同时，详细记录初选过程，见表3和表4。

表3　苹果芽变选种记录表

选种地点：	品种名称：	植株编号：	
选种地自然条件：			
土壤(土质、土层厚度、pH、地下水位、土壤结构)：			
海拔：		植被：	
被选择品种的正常表现：			
树龄：	树势：	树高/m：	树形：
枝：	果实：	叶片：	干周/cm(离地10 cm处直径)
被选单株的变异特征：			
树形：	枝条：	叶片：	果实：
变异的主要器官：			
变异的主要特征：			
变异类型(劣变、优变)：			
当地群众对变异的评价：			
选种者的评价和利用意见：			

记录人：　　　　　　　　　　　　　　　　　　　　年　　月　　日

表4　柑橘选种单株记录表

选种地点：	品种或品系名称：	植株编号：
地势：	土质：	土层深度：
树龄：	繁殖方法：	砧木名称：
栽培管理(施肥、修剪、病虫防治等)情况：		
病虫危害情况：	适应性：	
抗逆性(抗寒性、抗旱性及其他抗逆性)：		
树势：	树高/m：	冠径/m 东西：　，南北：
干周/cm(离地10 cm处直径)：	干高/cm：	
枝梢抽生情况：	叶片特征：	
果实成熟期：	果形：	整齐度：
果皮色泽：	单果重/g：	单果纵横径/cm：
产量/kg　当年：	去年：	前年：
种子数正常：	退化：	

续表

果实可溶性固形物含量/%：	风味：	
变异特点：		
田间总评：	优点：	缺点：

记录人：　　　　　　　　　　　　　　　　　　　　年　　月　　日

②复选。将初选材料集中在栽培环境条件相似的条件下进行分析鉴定，从中选择符合育种目标或具有其他优良特点的优良品系。复选在高接鉴定圃和选种圃进行。对初选优株高接鉴定其变异的稳定性、变异的性质和程度及其经济价值等。高接鉴定时以原品种为对照，鉴定结果有希望的优良单株，要尽快嫁接繁殖建立选种圃，用于对芽变系进行系统观察和全面鉴定。待植株进入结果期后进行连续3年的观察，同时参考原母本和高接鉴定圃材料的表现，选择优良的单株参加决选，并同时进行多点试验鉴定其适应性。

③决选。对复选出的优良品系进行最后的鉴评，以便选出最优异的新品系。具体操作方法是由选种组提出决选申请，同时向鉴评委员会提供完整的记录资料和实物材料及相关的鉴定、评价。再由主管部门组织专家进行鉴评。如果确属优良品系且有发展前途的，即可作为芽变新品种命名并繁殖推广。

(4)组织选种实施

确定选种目标、程序和时期后，便可组织实施选种工作。实施中，应根据不同阶段的工作任务有条不紊地进行。因此，应作好具体的实施计划，如实施人员、实施地点、实施时间和实施经费等。

由于完成本实训项目需要的时间较长，在具体的时间安排上，可分3个阶段进行：第一阶段，让学生充分熟悉芽变选种的方法、相关性状的特点及其变异规律后，教师指导学生观察各种芽变的具体性状表现，发现具体的变异并作好标记。同时在预先设计好的表格中填写相应的观察结果。第二阶段，将作好标记的变异枝条剪取一部分芽进行高接，同时剪取未变异的芽也进行高接，高接于同一株树上，后期观察其性状表现，发现其性状差异。第三阶段，若变异性状是果实的特性，如果实颜色、果实大小等，第二年结果后即可观察其果实的变异情况；若变异性状表现为抗逆性方面，如抗寒性、抗病性等，可以在高接后再在高接枝条上进行冻害处理或病菌的接种处理，能较为迅速地检测出其抗逆性的差异。

5)作业

①通过现场观察，说明园艺植物的芽变有哪些特点？

②在芽变选种中，如何区分芽变与饰变？

③如何鉴定芽变？如何纯化芽变嵌合体？

④结合本实训，说明如何简化芽变选种的程序？

实验实训8　园艺植物实生选种

1)目的

使学生熟悉实生选种的特点;掌握实生选种的程序。

2)说明

园艺植物的实生选种是无性繁殖园艺植物选择育种中常用的育种方法。它是利用园艺植物的实生种子,播种后观察比较单株的性状差异;从中选择符合育种目标要求的优良单株,进行标记。结合适当的无性繁殖方式(如扦插、压条、分株、嫁接、组织培养等),在适宜的无性繁殖时期,进行无性扩繁,形成株系圃。之后进行多代连续的无性繁殖,直到无性繁殖群体内植物的主要性状整齐一致,符合育种目标要求时为止。

实生选种的关键在于,从实生繁殖群体中发现符合育种目标的优良单株;并对筛选出的优良材料进行无性繁殖,使其优良的遗传性状被固定,并稳定传递给后代群体,进而形成新品种。

3)材料与用具

(1)材料

园艺植物的成年植株生产园或园艺植物的实生种子若干。

(2)用具

钢卷尺、游标卡尺、照相机、枝剪、采果袋(采种袋)、油漆、标签、铅笔、记录本等。

4)内容

(1)播种实生种子,繁殖实生苗

实生选种是从种子繁殖获得的实生圃地中,选择优良单株,经过无性扩繁,形成新品种的选择育种方式。实生选种的主要目标是从现有的变异群体中,筛选出符合育种目标和市场需求的新品种。

果实或种子发育成熟阶段,在园艺植物生产园仔细观察,选择综合性状基本符合育种目标的优良单株,采集种果或种子。也可直接选用现有的实生种子。选择适宜的地块,在适宜播种期进行播种,繁殖实生苗圃。植株生长发育中,应加强田间管理,创造适宜的生育环境,使植株的各方面性状得以充分的表达。

(2)选择优良单株

实生苗生长期间,经常进行田间观察,并记录主要性状。特别是在植株经济性状出现的时期,应重点观察,增加观察频次,测定相关经济性状的观测数据;对圃地内出现的符合或接近育种目标性状的植株进行重点观测。如果树植物应重点观测其结果习性、果实着色期、成熟期、果实形状、颜色、品质和丰产性等。

结合观测资料和数据,从实生圃地中筛选出符合育种目标的单株,作好田间标记、编号,并记录。

(3)优良材料的无性繁殖

从实生圃地的标记植株上选取无性繁殖材料,选择适宜的繁殖时期,按编号在株系圃内进行无性繁殖,扩大群体数量。进一步观察鉴定其主要性状,淘汰与育种目标明显不符合的株系圃;从优良株系圃中选择优良单株,作标记、编号并记录。

之后,可以连续进行多代无性繁殖,直到群体内植株的主要性状整齐一致、并能稳定遗传,方可停止扩繁和观测鉴定。

对筛选出的优良品系,与对照品种和原始材料品种进行比较鉴定。如果确属优良品系且有发展前途的,即可作为实生新品种命名并繁殖推广。

5)作业

(1)说明园艺植物实生选种的基本程序?

(2)分析哪些园艺植物可以通过实生选种获得新品种?

实验实训9　园艺植物开花习性调查与花粉采集

1)目的

使学生熟悉园艺植物的开花习性、花器结构和传粉特点;掌握园艺植物花粉采集的基本技能。

2)说明

不同园艺植物的生长发育习性不同,开花习性也各不相同。根据植株的性型,园艺植物的开花习性可分为雌雄同株、雌雄异株两类;雌雄同株植物中,根据花器结构,又可分为完全花和单性花两类;两性花植物中,根据其授粉习性不同,又可进一步分为自花授粉、常自花授粉和异花授粉植物3类;异花授粉植物中,根据其传粉媒介不同,可分为风媒植物和虫媒植物等。园艺植物杂交育种中,首先需要充分熟悉育种对象的开花习性,掌握其开花、传粉的特点。

另外,各种园艺植物的花粉发育也不尽相同,掌握其花粉的发育规律及其散粉特点,对杂交父本花粉的采集和后期的杂交授粉工作的成效至关重要。

3)材料与用具

(1)材料

处于开花期的不同种类园艺植物植株若干株。

(2)用具

小镊子、刀片、毛笔、脱脂棉、放大镜、冰箱、培养皿、70%酒精、玻璃棒等。

4)内容

(1)开花习性调查

观察不同种类园艺植物的开花习性、花期构造,了解其开花和传粉的特点。

(2)花粉采集

①对于易散落花粉的园艺植物,如白菜、萝卜、南瓜等植物,在田间对其已开放的花用

镊子、毛笔或用手指直接把花粉抖落，收集花粉。

②对于花药结构不易散落花粉的园艺植物，如番茄、茄子等植物，在田间摘取第二天即将开放的花蕾，在室内剥去花瓣，取下花药，摊放在纸上阴干。再用玻璃棒碾碎花药，用240目筛子过筛后，收集花粉。

③对于花粉粒较大的园艺植物，如黄瓜、甜瓜等植物，在田间摘取第二天即将开放的大花蕾，放在纸盒中，在室内置于低温高湿处。收集花粉前，把花蕾平铺在纸上，在其上方10～20 cm处放置一个100瓦灯泡烤，待开花散粉后收集花粉。

④对风媒花植物，如菠菜、胡萝卜等植物，把即将开放的花序套上隔离纸袋，采集花粉时将花序和纸袋一起剪下，用手敲打纸袋，把散落在纸袋内的花粉震落在玻璃器皿中或用羊皮纸包好。

⑤对于花粉粘重不易散落花粉的园艺植物，如大葱等植物，将其初开花或去除花瓣的花器放入烧杯，倒入适量有机溶剂(甲苯、乙醚、丙酮、辛烷等)，用玻璃棒捣碎花器，倒掉上面的漂浮物，再加少量有机溶剂清洗一次，把花粉和有机溶剂一起在漏斗中过滤，最后把滤纸和花粉一起放在45 ℃恒温箱中，挥发10～15 min，收集花粉。

将以上方法搜集的各种植物花粉，用羊皮纸或玻璃纸分别包好。注明花粉种类、采集日期、处理时间和姓名，并置于0～5 ℃冰箱中。

5)作业

(1)归纳园艺植物开花习性的主要类型。

(2)分析说明哪种采集花粉的方法较为方便适用?

实验实训10　花粉的贮藏及花粉生活力的测定

1)目的

了解花粉的贮藏原理和技术，掌握花粉生活力测定的方法。

2)说明

有性杂交育种常因亲本间的花期不遇或两亲本所在地区相隔甚远给杂交工作带来困难。有的园艺植物可以通过从栽培上进行调整来解决花期问题，有的园艺植物则不得不进行花粉贮藏。在贮藏期间，应人为创造低温、干燥、黑暗等条件延长花粉寿命。

不了解活力的花粉或贮藏了一段时间的花粉，在使用前应测定其花粉的生活力，以便确定能否继续使用。

3)材料与用具及药品

(1)材料

选用处于花期的园艺植物，并采集其花粉作为实训材料。

(2)用具

生物显微镜、冰箱、生化培养箱、干燥器、电子分析天平、电炉、烧杯、量筒、凹形载玻片、小镊子、解剖刀、玻璃棒、培养皿、试剂瓶、10 mL离心管、花粉瓶、医用纱布、脱脂棉等。

(3)药品

硼酸、蔗糖(或葡萄糖)、琼脂、氯化三苯基四氯唑(TTC)、95%乙醇、碘、碘化钾、变色硅胶、蒸馏水等。

4)内容

(1)花粉的贮藏

①采集花药。在雄花盛开期,于早上9:00以后到果园采集雄花带回实验室把花药粒拨到培养皿中,不要带花丝,置于盛有变色硅胶的密封箱里,室温干燥3~5 d。

②收集花粉。待花药完全干透后,置于直径10 cm,200目,孔径0.075 mm的标准检验筛中,用研磨棒轻轻研磨,把研磨出的花粉装入花粉瓶中,盖严瓶盖,外口用封口膜封紧,最后在小瓶外贴上小标签,注明花粉品种和采集日期,将其置于盛有变色硅胶等吸水剂的干燥器内。

③冷藏。盛有花粉的干燥器应放在阴凉、干燥处,或置于0~2 ℃的冰箱里保存,或需长期保存则应置于-80~-20 ℃的冰箱中。

(2)花粉发芽率测定

①花粉发芽培养法。

A. 配制培养基。

液体培养基:100 mL蒸馏水中加入10 g蔗糖(或葡萄糖)和0.01%硼酸充分溶解。

固体培养基:取4只100 mL的烧瓶,每个烧杯中分别加入100 mL蒸馏水、0.01 g硼酸和1 g琼脂,再往这4只烧杯中分别加入5,10,15,20 g蔗糖(或葡萄糖),搅匀,在电炉上把培养基煮沸。

B. 制片。趁热把煮好的固体培养基倒在凹形载玻片上,平整放置,直至培养基凝固。吸取1~2 mL液体培养基于离心管中,加入少量花粉,配制成花粉悬浮液,静置片刻后,用玻璃棒蘸取少量花粉悬浮液,均匀涂抹于凝固后的固体培养基上。注意花粉粒要涂抹均匀,不可过多,否则在显微镜下不易数清数目。

C. 培养。将制好的载玻片置于带盖搪瓷盘,下面垫有用蒸馏水浸湿的医用纱布或脱脂棉,盖好搪瓷盘,置于20~25 ℃的生化培养箱中进行培养。培养时间依不同植物而异,发芽快的仅需几小时即可观察到发芽的花粉,如凤眼莲和凤仙花等;而有些植物培养十几甚至几十小时才能观察到发芽的花粉,如葡萄和桃等木本植物。

D. 镜检。为了保证实验结果的代表性,应随机在生物显微镜下取5个视野,统计花粉总数及发芽率,计算出平均值。或花粉发芽率在5%以下则为极弱,不能再使用。

②氯化三苯基四氯唑(TTC)染色法。

A. 配制试剂。准确称取0.5 g TTC于烧杯中,加入少许95%乙醇使其溶解,再用蒸馏水稀释到100 mL,配制成0.5%的TTC溶液,保存于棕色瓶中。

B. 染色。吸取2 mL 0.5% TTC染液于离心管中,加入少量花粉,摇匀,放置在35 ℃的生化培养箱中30 min。

C. 制片。然后吸取少许染过色的花粉液滴在载玻片上置于生物显微镜下观察。凡是被染成红色的花粉生活力强,淡红色的次之,无色者则为没有生活力或不育的花粉。

D. 镜检。观察 2 ~3 个制片,每片取 5 个视野,分别统计花粉数,并计算花粉生活力。

③碘-碘化钾染色法。

A. 碘-碘化钾试剂配制。取 1 g 碘化钾于 10 mL 蒸馏水中,加入 0.5 g 碘,待完全溶解后,加蒸馏水 140 mL,贮存于棕色瓶中。

B. 染色及制片。取少数花粉撒于载玻片上,加几滴碘-碘化钾试剂,放置几分钟。凡是被染成蓝紫色的为生活力强的花粉,黄色或淡黄色的花粉粒则没有生活力。

C. 镜检。观察 2 ~3 个制片,每片取 5 个视野,分别统计花粉数,并计算花粉生活力。

5)作业

(1)用花粉发芽培养法计算花粉生活力(各取 5 个视野)。

(2)用染色法计算花粉生活力(各取 5 个视野)。

$$\text{花粉生活力}=\frac{\text{有生活力的花粉数}}{\text{观察到的总花粉数}}\times 100\%$$

(3)分析花粉发芽率高低的原因,测定结果记入表 5。

表 5　花粉发芽率测定结果

发芽率/% 培养基浓度/%	5 个视野中的花粉粒数量					统　计		
	1	2	3	4	5	发芽数	总数	

实验实训 11　园艺植物有性杂交技术

1)目的

使学生熟悉园艺植物的开花习性;掌握园艺植物有性杂交的基本操作规范。

2)说明

绝大多数园艺植物的栽培种体内的遗传物质是高度杂合的,其基因型十分复杂,杂交后代千变万化,性状分离非常广泛,甚至常常出现超亲现象。因此,园艺植物杂交育种中,按照育种目标选配适当的亲本,在 1 ~2 年时间内即可获得大量变异后代。其中,有些植物类型的优良材料还可通过无性繁殖,选育出该植物的无性系新品种。目前,园艺植物生产中的大部分品种都是人工杂交选育而成,这也是园艺植物新品种选育中最主要、最有效、最简便的途径。

一般园艺植物的雌蕊在花初开时,分泌的柱头黏液最多,接受花粉的能力最强;雄蕊在花朵初开时,开始发育成熟,散落花粉,此时也是花粉生活力最旺盛的时期。因此,园艺植物的有性杂交最好选在花朵初开时进行。注意各种园艺植物的开花时间有明显差异,花粉生活力的时间长短也存在很大的差异,育种实践中,应充分熟悉育种对象的开花授粉习性,提高杂交育种的效率。

3)**材料与用具**

(1)材料

某种园艺植物的不同品种3～4种,各若干株。

(2)用具

放大镜、小镊子、花粉瓶、授粉器、脱脂棉、70%酒精、培养皿、温箱、干燥器、挂牌、纸袋、回形针等。

4)**内容**

(1)选择亲本

根据育种目标,选择综合性状优良、主要经济性状符合要求的园艺植物品种作为杂交亲本。杂交后代的经济性状可能会出现一些意想不到的变化,这种情况在花卉植物中更常见,如菊花杂交育种中,黄色与红色杂交后代会出现金黄色和古铜色,粉色与紫色杂交其后代可能出现粉色、紫色和黄色;夏菊和秋菊的杂交后代多为秋菊等。

(2)杂交

①选择杂交植株或杂交花朵。在母本种植田中,选择生长健壮、无病虫为害、符合母本品种特征的单株作杂交植株,再从植株上选择开花部位适宜、花器发育优良、次日即将开放的花作为杂交用花,作好标记,并隔离。父本种植田中,及时检查,拔除不符合父本品种特征的单株,摘掉已开放的花朵。父本露地栽植或同一隔离区内有不同材料时,同时应对次日开放的父本花进行隔离,防止花粉被污染。

②采集花粉。从父本材料的花上采集花粉。多数园艺植物在花朵初开时,花粉量最多,活力也最强,为最佳采粉时间。采集花粉前,去掉父本隔离袋,用毛笔将花粉扫落在培养皿中备用,再对父本套上纸袋。把培养皿放置在室内温暖干燥的地方,待花粉自然散出后装入花粉瓶,贴好标签,注明品种名称和采粉日期;再放在干燥器内置于冰箱待用。也可以直接采集父本花"对花"授粉;或收集花粉后,借助授粉工具,直接对母本授粉。

③授粉。多数园艺植物上午开花,应选择无风的晴天上午,进行人工授粉。将花粉授至母本雌蕊的柱头上。完成授粉后,对母本花套袋,挂牌标明亲本材料、授粉日期等内容。授粉结束后一周左右,柱头萎蔫时,应去除隔离纸袋,促使授粉花朵正常发育。

④杂交后管理。授粉后加强母本植株的管理,可多施钾肥以促进种子发育饱满。剪掉过多的花枝和花朵,使杂交花的养分充足,促进种果和种子的发育成熟。授粉后浇水不可淋湿花朵,更不能淋雨,以防授粉花发霉,影响种子发育。

⑤采收杂交种子。不同的园艺植物种子发育时间长短不同。一般授粉后30～40 d种子便可以发育成熟。种子成熟后剪下种果,或直接收集种子,晾干贮藏种子,并作好记录。注意对于种子成熟后种果易开裂的植物,应适当提早采收种果,待种果完成后熟后,再收集种子;对于种子成熟后容易随风飘散的植物,应在种子成熟前约1周左右,套袋收集种子,以减少杂交种子的损失。

5)**作业**

(1)说明有性杂交的操作程序。

(2)分析有性杂交中最容易产生失误的技术环节有哪些?

(3)简述提高园艺植物杂交结实率的主要技术措施。

实验实训12 园艺植物多倍体的诱发与鉴定

1)目的

了解秋水仙素诱发多倍体的原理,初步并掌握用秋水仙素诱发多倍体的一般方法。掌握间接鉴定多倍体的方法。

2)说明

多倍体植物由于具有很多优点而成为园艺植物育种的重要项目之一。诱变多倍体的方法和药剂很多,但以秋水仙素应用最普遍,效果最好。秋水仙素能抑制纺锤体和膜的形成,但不妨碍染色体分裂,结果因细胞不能分裂而使染色体加倍。处理材料一般选用处于细胞分裂状态的芽或萌动的种子。诱导成功的多倍体细胞随着细胞的增殖与分化,便产生了多倍体的器官和组织。

巨大性是多倍体器官的一个重要特征,通常表现为叶柄变粗短缩,花和果实变大,有时还表现为生长缓慢,出现花斑和结实性下降等。除了根据上述外部特征鉴定多倍体以外,更可靠的方法是看气孔和花粉粒是否增大。在有条件的情况下,直接观察染色体数目最可靠。

3)材料与用具及药品

(1)材料

园艺植物即将萌发的芽或生长点、萌动的种子或幼苗等。

(2)用具

生物显微镜、测微尺、卷尺、游标卡尺、放大镜、塑料标签牌、脱脂棉、小塑料套、10 mL玻璃注射器、载玻片、盖玻片、镊子、解剖刀、培养皿、试剂瓶、吸水纸、细铁丝等。

(3)药品

秋水仙素、甘油、番红、70%乙醇、蒸馏水等。

4)内容

(1)多倍体的诱发

①配制试剂。

A. 1%秋水仙素溶液。准确称取1.0 g秋水仙素溶解于90 mL冷蒸馏水中,充分溶解后加入10 mL甘油,即为1.0%秋水仙素溶液。

B. 处理液的配制。把1%的秋水仙素溶液分别稀释成0.2% ~1.0%的2 ~4个处理浓度。

②处理材料的选择。选用园艺植物正处于分裂状态的芽或生长点,或刚萌动的种子,或展开小叶的小苗等进行处理。

③处理方法。在芽部固定一个小棉球中,用小塑料套套严后用细铁丝扎紧下端开口

处，每天早晨 9:00 以后用注射器把处理液注射到小棉球上，以能敷湿不外流为度，每个处理重复 3～5 次，以蒸馏水为对照。连续处理 2～3 d 或更长，然后去掉棉球，用蒸馏水把芽冲洗干净。萌动的种子则用 0.2% 秋水仙素浸泡 24～36 h（中间更换 1 次处理液），然后洗净置于恒温箱中催芽。小苗则把处理液滴于生长点上，每天早晚各 1 次，连续处理 2～3 d。

④挂标签牌、观察。每个处理均要挂上标签牌，记载处理日期、次数与方法，并观察其生长变异情况。

（2）诱发材料的鉴定

①形态鉴定。仔细观察处理后长出的枝条或植株与对照枝条或植株在形态上的差异，如抽梢时间、梢长度、节间长度；叶大小、厚度、叶色深浅、是否有变形的叶；叶脉粗细、多少；花器官的大小、形态、颜色；果实大小、形态、颜色及成熟期等。

②花粉粒鉴定。将处理后长出的枝条或植株和对照枝条或植株上的花粉收集起来，撒在载玻片上，于生物显微镜下观察花粉粒的大小。多倍体的花粉一般比二倍体大。

③气孔鉴定。

A. 1.0% 番红染色。准确称取 1.0 g 番红溶于 70% 乙醇中，过滤后使用。

B. 气孔观察。撕取叶表皮平放于载玻片上，滴一滴番红染液，数秒后用吸水纸吸掉染液，并滴上几滴蒸馏水清洗几次，加上盖破片，于生物显微镜下观察。多倍体的气孔一般比二倍体大，密度低，保卫细胞叶绿素含量也比二倍体多。

5）作业

（1）将观察到的诱变材料和对照植株的外部形态和花粉特征记入表 6。

表 6　诱变材料与对照的外部形态和花粉特征比较

品种	处理	叶形态					花			果实			花粉大小	种子数目
		大小	厚度	色泽	叶柄	叶脉	大小	形态	色泽	大小	形态	色泽		

（2）气孔特征记入表 7。

表 7　诱变材料与对照的气孔特征比较

品种	处理	气孔密度/(个 · μm^{-2})	平均纵径/μm	平均横径/μm	处理与对照的百分比/%

实验实训13　园艺植物转基因技术

1)目的

了解植物遗传转化原理及方法,明确园艺植物番茄叶盘法转基因的操作程序。

2)说明

植物遗传转化体系是以离体培养的植物组织、细胞及原生质体为受体,通过某种途径和技术将外源基因导入植物细胞并使其在受体细胞或再生植株中稳定保留和表达,最后通过有性或无性繁殖传递给后代。

自1985年Horsch等以烟草为试材首创叶盘法后,这一经典方法已成功应用于番茄、马铃薯、棉花、莴苣、芹菜、拟南芥、芥菜、向日葵等多种植株的遗传转化,这是目前双子叶植物中较为常见、有效的方法。

3)材料与用具及药品

(1)材料

番茄种子。

(2)用具

高压灭菌锅、细菌培养摇床、冷冻离心机、超净工作台、天子天平、电热干燥箱、光照培养箱、冰箱、pH仪、干燥器、三角瓶、培养瓶、烧杯、量筒、容量瓶、试剂瓶、滴瓶、酒精灯、镊子、剪刀、解剖刀、切苗纸、培养瓶等。无菌接种室及培养室。

(3)药品

配制MS培养的各种药品(硝酸铵、硝酸钾、硫酸镁、磷酸二氢钾、氯化钙、硫酸亚铁、乙二胺二乙酸二钠、硫酸锰、硫酸锌、硼酸、碘化钾、钼酸钠、硫酸铜、氯化钴、甘氨酸、盐酸硫胺素、盐酸吡哆素、烟酸、肌醇),以及蛋白胨、酵母浸膏、氯化钠、卡那霉素、头孢霉素、蔗糖、琼脂、6-苄氨基腺嘌呤、激动素、萘乙酸、吲哚乙酸、吲哚丁酸等。

4)实训内容

(1)无菌苗的获得

方法1:将种子用10%次氯酸钠溶液消毒20~30 s后,用无菌水冲洗3次以上。将种子播种在1/2MS0培养基(矿物盐4.3 g/L,蔗糖30 g/L,琼脂0.8%,维生素B5 1 mg/L,pH 5.7)上,在光照培养箱中培养至子叶完全展平。用小镊子或解剖针在子叶上穿刺数个孔。

方法2:将种子播种在培养盘上,每1~2周播种1次,在适合的光照和较低的温度下培育小苗,在新培养的小苗上选用无斑痕的叶片,用10%次氯酸钠消毒15~20 min后,用无菌水冲洗至少3次,用打孔器或解剖刀将叶片切成圆形、条形和长方形,以增加伤口面积。

(2)选择材料

在MS104培养基(MS0,BA 1.0 μg/L,NAA 0.1 μg/L)中预培养1~2 d,使切伤的叶片开始生长,还可减少由于灭菌中造成的叶片伤害。选取切口开始形成愈伤组织的材料接种。

(3)接种

将农杆菌菌种接种在含有适宜抗生素的 LB 培养基(蛋白胨 10 g/L,酵母浸膏 5 g/L,NaCl 10 g/L,pH 7.2)过夜培养。取过夜培养菌液用 MS0 培养基按 1∶20 的比例稀释作为接种均液。再将外植体伤口浸入接种菌液一段时间,如番茄以 5 min 为宜。

(4)滋养培养

配备 1～1.5 mL 番茄细胞悬浮培养液作滋养培养,加入含有 25 mL MS104 培养基的标准培养皿中,摇动培养皿使悬浮液分散在培养基表面,再用一张与培养皿大小合适的灭菌滤纸盖上。将盖好的外植体倒置接种在滋养培养基上培养 2～3 d。

(5)选择培养

将外植体转入 MS 选择培养基(MS104,头孢霉素 500 μg/L,卡那霉素 300 μg/L)培养 2～3 周后,在外植体伤口处切取转化部分,并换上新鲜选择培养基。外植体在诱导发芽后,转入 MS 生根培养基(MS0,头孢霉素 500 μg/L,卡那霉素 100 μg/L,琼脂 0.6%)中培养。

(6)生根培养

当肉眼可见芽已经形成时,用解剖刀将芽从外植体和愈伤组织上分出,接种在 MS 生根培养基上培养。需要注意的是,为了避免来自同一细胞植株的再生,每一个外植体只取 1 个芽用于生根培养。在生根小苗转接前,可取一小叶接种在选择培养基以鉴定其对卡那霉素的抗性,为此后植株基因表达研究提供信息。

(7)移栽

当芽生根后,就可移栽小苗。移栽时,要冲洗干净根上的琼脂,移栽于营养钵并用聚乙烯薄膜覆盖保湿。7～10 d 后,在薄膜上逐渐开大通风口使其适应环境湿度。

(8)培育转化植株

在常规植物生长条件下,培育转化植株。

5)作业

(1)各组根据实训的情况,写出园艺植物番茄叶盘法基因转化的程序。

(2)比较各种基因转化方法及叶盘法基因转化的优势有哪些?

实验实训 14　园艺植物良种苗木的鉴定与检验

1)目的

通过对常见苗木品质的鉴定和评价,熟悉园艺植物良种苗木的品质标准,掌握园艺植物良种苗木的鉴定与检验方法。

2)说明

优质苗木是顺利发展园艺植物生产的基本保证。苗木的品质直接关系其经济效益,生产的发展规模,甚至生产的成败。品质优良的苗木除应具有良好的遗传品质外,还必须具有良好的栽培品质,即我们常说的壮苗。壮苗主要表现为生长发育健壮,对逆境适应性强,移栽成活率高,生长迅速等;对苗木群体而言,还应表现为群体株型整齐,成花均匀,花期一致等。

由于园艺植物种类繁多,鉴定和评价苗木品质指标也不尽相同。苗木品种鉴定主要是通过对植株的形态特征、生物学特性等方面加以鉴定,必要时采用染色体观察、同工酶分析等技术,确定品种的真实性和品种纯度。苗木检验是对引进、引出苗木的病虫害等检疫对象以及苗木的等级进行检验。检疫对象和苗木等级应根据国家或地区政府的有关法规执行。

3)材料与用具

(1)材料

各类园艺植物良种的苗木。

(2)用具

游标卡尺、卷尺、标签、记录本和笔等。

4)实训内容

(1)品种鉴定

为保证良种苗木的典型性和纯度,在良种繁育过程中,除了在采种、采穗和繁殖过程中应作好明确标志,繁殖后绘制苗木品种分区种植图外,还要在生长期和起苗出圃前各鉴定1次。前者是在苗木停止生长到落叶前,枝叶性状能充分表现时进行鉴定,按品种为单位划分检查区,超过3 300 m^2 的选2个检查区,超过6 700 m^2 的选3个检查区,每个检查区内苗数以500~1 000株为宜,在划定的检查区内按确定的取样规划,划出取样点,受检查的株数不应少于检查区总数的30%。

熟悉预鉴定品种的主要特征、特性。选择其中容易区别的几项特征、特性,如枝条颜色、节间长短、分枝角度、叶片大小、厚薄、绒毛多少、芽的特征、新梢停止生长早晚等。

对取样点植株进行典型性和纯度调查。把混杂的苗木系上标签,作好记录,统计百分率。

(2)种苗检验

种苗检验包括引进和出圃苗木的检验。本次实训以苹果出圃苗木的检验为例。

一般苗木落叶前,调查主要的检疫对象。如苹果树的对外检疫对象有苹果食蝇(Phylloxera pomonella Walsh.)、苹果蠹蛾(Carpocapsa pomonella Hampson);对内检疫对象有苹果棉蚜(Erisoma lanigerum Hausman)、苹果吉丁虫(Agrilus mali Matsumura)、苹果锈果病等。

苗木出圃时,随机抽取30~50株,对苗木的根、茎等项目进行调查,并填入表8中。然后参照表9"实生砧苹果苗品质标准"统计分析1,2,3级苗木各自的百分率。

表8 苹果苗木品质级别调查统计表

行号	株号	品种与砧木	根				茎				根皮与茎皮	整形带饱满芽数	接合部愈合程度	砧桩处理与愈合程度	苗木鉴定级别
			侧根数量	侧根基部粗度	侧根长度	侧根分布	砧段长度	高度	粗度	倾斜度					

表9　实生砧苹果苗品质标准(GB 9847—88)

项　目		级　别		
		一级	二级	三级
品种与砧木种类		纯正		
根	侧根数量/条	5以上	4以上	4以上
	侧根基部粗度/cm	0.45以上	0.35以上	0.30以上
	侧根长度/cm	20以上	20以上	20以上
	侧根分布	均匀、舒展而不卷曲		
茎	砧段长度/cm	<5	<5	<5
	高度/cm	120以上	100以上	80以上
	粗度/cm	1.2以上	1.0以上	0.80以上
	倾斜度/(°)	<150	<150	<150
根皮与茎皮		无干缩皱皮,无新损伤处,老损伤总面积不超过1 cm^2		
整形带饱满芽数		8以上	6以上	6以上
接合部愈合程度		愈合良好		
砧桩处理与愈合程度		砧桩剪除,剪口环状愈合或完全愈合		

5)结果分析

(1)良种的纯度

通过调查统计该苗圃品种纯度百分率,分析产生品种混杂的原因,制订保证品种纯正的有效措施和方法。

(2)出圃苗木的检验

不同苗木级别所占的百分率可以反映出圃苗木的总体品质,进而分析造成苗木品质下降的原因,以及培育优质苗木的方法和措施。

6)作业

提交实训报告一份。

参考文献

[1] 季孔庶. 园艺植物遗传育种[M]. 2 版. 北京:高等教育出版社,2011.
[2] 李淑芹. 园林植物遗传育种[M]. 重庆:重庆大学出版社,2006.
[3] 王小佳. 蔬菜育种学总论[M]. 北京:中国农业出版社,2011.
[4] 张天真. 作物育种学总论[M]. 北京:中国农业出版社,2004.
[5] 蔡后銮. 园艺植物育种学[M]. 上海:上海交通大学出版社,2002.
[6] 景士西. 园艺植物育种学总论[M]. 北京:中国农业出版社,2007.
[7] 梁红. 植物遗传与育种[M]. 北京:高等教育出版社,2002.
[8] 包满珠. 园林植物遗传育种[M]. 北京:中国农业出版社,2004.
[9] 何启谦. 遗传育种学[M]. 北京:中央广播电视大学出版社,1999.
[10] 戴思兰. 园林植物遗传学[M]. 北京:中国林业出版社,2005.
[11] 程金水. 园林植物遗传育种学[M]. 北京:中国林业出版社,2000.
[12] 张明菊. 园林植物遗传育种[M]. 北京:中国农业出版社,2009.
[13] 胡延吉. 植物育种学[M]. 北京:高等教育出版社,2003.
[14] 王芳. 园艺植物育种[M]. 北京:化学工业出版社,2008.
[15] 李际红,崔群香. 园艺植物育种学[M]. 上海:上海交通大学出版社,2008.
[16] 包满珠. 园林植物育种学[M]. 北京:中国农业出版社,2004.
[17] 林顺权. 园艺植物生物技术[M]. 北京:中国农业出版社,2007.
[18] 孙树权. 基因工程原理与方法[M]. 北京:人民军医出版社,2002.
[19] 周维燕. 植物细胞工程原理与技术[M]. 北京:中国农业大学出版社,2001.
[20] 方宣钧,吴为人,唐纪良. 作物 DNA 标记辅助育种[M]. 北京:科学出版社,2002.
[21] 靳德明. 现代生物学基础[M]. 北京:高等教育出版社,2009.
[22] 李惟基. 新编遗传学教程[M]. 北京:中国农业大学出版社,2002.
[23] 赵寿元,乔守怡. 现代遗传学[M]. 北京:高等教育出版社,2001.
[24] 刘宏涛. 草本花卉栽培技术[M]. 北京:金盾出版社,2005.
[25] 朱军. 遗传学[M]. 北京:中国农业出版社,2011.
[26] 王海英,王洁琼. 金盏菊栽培技术[J]. 农业科技与信息,2004,3(39).
[27] 徐晋麟,徐沁,陈淳. 现代遗传学原理[M]. 北京:科学出版社,2001.
[28] 许智宏,刘春明. 植物发育的分子机理[M]. 北京:科学出版社,1998.
[29] 扬业华. 普通遗传学[M]. 北京:高等教育出版社,2000.
[30] 李天忠,张志宏. 现代果树生物学[M]. 北京:科学出版社,2008.
[31] 王亚馥. 遗传学[M]. 北京:高等教育出版社,2004.

[32] 朱德蔚,王德槟,李锡香.中国作物及其野生近缘植物蔬菜作物卷:上[M].北京:中国农业出版社,2008.
[33] 杨晓红.园林植物遗传育种学[M].北京:气象出版社,2004.
[34] 张启翔.中国观赏园艺研究进展[M].北京:中国林业出版社,2006.
[35] 申书兴.园艺植物育种学实验指导[M].北京:中国农业大学出版社,2002.
[36] 吴建慧.园林植物育种学实验原理与技术[M].哈尔滨:东北林业大学出版社,2006.
[37] 王明庥.林木遗传育种学[M].北京:中国林业出版社,2001.
[38] 刘成明,梅曼彤.利用RAPD分析鉴别荔枝的焦核突变体[J].园艺学报,2002,29(1):57-59.
[39] 王国英.转基因植物的安全性评价[J].农业生物技术学报,2001,9(3):205-207.
[40] 代色平,包满珠.矮牵牛育种研究进展[J].生物学通报,2004,21(4):385-391.
[41] 张玉满,田砚亭.葡萄生物技术研究进展[J].北京林业大学学报,1997,19(1):71-76.
[42] 林顺权,宋刚,马英,等.果树转基因研究进展[J].园艺学报,2001,28(增刊):589-596.
[43] 赵玉辉,郭印山,黄穗生,等.荔枝株高、干周和童期的QTL分析[J].果树学报,2011,28(3):526-530.
[44] 张永福,卢博彬,潘丽佳,等.荔枝矮化品种的相关机制研究[J].果树学报,2011,28(4):624-629.
[45] 吴延军,徐昌杰,张上隆.桃组织培养和遗传转化研究现状及展望[J].果树学报,2002,19(2):123-127.
[46] 尹新彦,郭伟珍,孟维英,等.一串红的栽培管理与花期控制技术[J].河北林业科技,2004,12(6):45.
[47] 王贵余.作物杂种优势利用的制种途径[J].中国林业,2002(8):25-26.
[48] 彭晓明.色彩斑斓矮牵牛[J].中国花卉园艺,2003(4):28-29.
[49] 张献龙,唐克轩.植物生物技术[M].北京:科学出版社,2005.
[50] 黄清龙.药用植物遗传育种[M].北京:中国中医药出版社,2006.